JOURNAL DES OBSERVATIONS PHYSIQUES, MATHEMATIQUES ET BOTANIQUES,

Faites par l'ordre du Roy ſur les Côtes Orientales de l'Amerique Meridionale, & dans les Indes Occidentales, depuis l'année 1707. juſques en 1712.

Par le R. P. LOUIS FEUILLÉE, *Religieux Minime, Mathematicien, Botaniſte de* SA MAJESTÉ, *& Correſpondant de l'Académie Royale des Sciences.*

TOME PREMIER.

A PARIS, RUE S. JACQUES,
Chez PIERRE GIFFART, Libraire, Graveur du Roy, & de l'Académie Royale de Peinture & de Sculpture.

M. DCC. XIV.
AVEC APPROBATIONS ET PRIVILEGE DU ROY.

AU ROY.

IRE,

VÔTRE MAJESTÉ *m'ayant honoré en l'année* 1707. *de la qualité de son Mathématicien, j'ay crû ne pouvoir mieux remplir ce Titre glorieux, qu'en travaillant à la perfection de l'Astronomie, de la Geographie, & de la Navigation. Les grands progrez que ces Sciences ont faits de nos jours, sont dûs à la liberalité de* VÔTRE MAJESTÉ, *& à la protection qu'elle a accordée à tous ceux qui s'y sont appliquez. Depuis que le sçavant Monsieur Cassini a reglé les mouvemens des Satellites de Jupiter, moyen assuré pour trouver les longitudes sur la terre, on a fait dans l'Europe, dans l'Asie, & dans l'Afrique un grand nombre d'Observations ausquelles j'ay eu assez de part; & elles ont servi à corriger les erreurs qui se trouvoient dans les Cartes Geographiques. L'Amerique, ce vaste pays, dont la connoissance nous est si necessaire, étoit presque inconnuë, & nous n'avions jusques à present que des observations qui avoient été faites dans quelques-unes de ses Isles par Messieurs de l'Académie Royale des Sciences. Je jugeai donc devoir me transporter dans ce nouveau Monde, & j'eus le bonheur en deux voyages que je fis à ce dessein, de determiner dans le premier, la vraye situation de plusieurs Isles, & des côtes de la Terre-ferme; & dans le second, celle du Perou & du Chily dans la mer du Sud. Je ne me bornai pas,* SIRE, *à ces seules Observations Astronomiques & Geographiques. La nature ayant diversifié dans ce pays les ani-*

maux & les plantes, je crus qu'il ſeroit utile au Public d'en faire la deſcription, & d'en decouvrir l'uſage. Je les deſſinai avec leur couleur naturelle de la maniere que j'eus l'honneur de les preſenter l'année paſſée a VÔTRE MAJESTE'. *Je fus d'autant plus porté à ce travail, que je n'ignorois pas les utilitez qu'on pourroit en retirer dans la Medecine. Les Sauvages ſe ſervent avec ſuccès d'un grand nombre de ces Plantes pour ſe guérir de leurs maladies. La Nature a ſuppléé en cela au défaut de leurs connoiſſances; elle leur a préſenté des Specifiques, dont l'effet eſt merveilleux, & dont nous connoiſſons quelques-uns, comme le* Quinquina *& l'*Hypecacuanha. *Ne pourroit-on pas trouver pour les autres maladies des remedes auſſi sûrs, leſquels par le bien qu'ils procureroient au Public, pourroient être regardez comme des richeſſes bien plus conſiderables que celles qu'on tire des mines du Perou. Ce ſont toutes ces raiſons,* SIRE, *qui m'ont porte à entreprendre ce travail, & à répondre aux intentions de* VÔTRE MAJESTE', *qui toûjours appliquée à la conſervation de ſes Sujets, leur a procuré avec tant de liberalité en pluſieurs occaſions de ſi grands ſoulagemens dans leurs maladies. Je rapporte la Deſcription & l'uſage de ces Plantes dans cet Ouvrage,*

EPITRE.

que j'ay l'honneur de présenter à VÔTRE MAJESTÉ, *m'estimant tres-heureux, si Elle veut bien l'agréer, & le regarder comme un témoignage du tres-profond respect avec lequel je suis & seray toute ma vie,*

SIRE,

DE VÔTRE MAJESTÉ,

Le tres-humble, tres-obéïssant, & tres-fidele serviteur & sujet, LOUIS FEÜILLÉE, Religieux Minime.

TABLE
DES MATIERES
Contenuës dans ce premier Volume.

TABLE

Dessein

TABLE

Fin de la Table des Matieres du premier Volume.

EXTRAIT DU REGISTRE
de l'Académie Royale des Sciences, du 6. Decembre 1713.

MEssieurs *Cassini* & *Maraldi* qui avoient été nommez pour examiner le Journal que le R. P. Feüillée, Mathematicien Botaniste du Roy, & Correspondant de l'Académie, a fait de son voyage dans l'Amerique Meridionale, en ayant fait leur rapport; la Compagnie a jugé que cet Ouvrage seroit utile & agréable au Public par les Observations d'Astronomie, de Geographie & de Physique qui y sont contenuës. En foy dequoy j'ay signé ce present Certificat. A Paris, ce 7. Decembre 1713.

FONTENELLES,
Secretaire perpetuel de l'Académie Royale des Sciences.

PERMISSIO
REVERENDISSIMI PATRIS GENERALIS
Ordinis Minimorum.

F*Rater Syrus Joseph Vicus, Lector Jubilatus, ac totius Ordinis Minimorum Corrector Generalis: Præsentium virtute licentiam concedimus R. P. Ludovico* Feüillée, *Ordinis nostri Sacerdoti, Theologo, ac Regis Christianissimi Mathematico & Botanico, ad publicam utilitatem Typis mandandi diversa opera quorum Titulus est*, Journal des Observations Physiques, Mathématiques & Botaniques, &c. *Servatis tamen de jure servandis; & in fidem præsentibus Officii nostri sigillo munitis subscripsimus. Datum ex nostro S. Andreæ de Fratris Almæ urbis Conventu, die* 4. *Februarii, anno* 1712.

Fr. Syrus Joseph VICUS,
Corrector Generalis.

De Mandato Reverendissimi Patris Generalis.
Fr. Joan. Soulas, Collega Gallus.

PERMISSION
du R. P. Provincial des Minimes de Provence.

VEuë l'Approbation de Messieurs de l'Académie Royale des Sciences, & celle du Reverendissime Pere General, nous permettons au R. P. Louis Feüillée, Theologien de nôtre Ordre, Mathématicien & Botaniste de Sa Majesté, de faire imprimer le *Journal des Observations Physiques, Mathématiques & Botaniques, faites par l'ordre du Roy, &c.* Ouvrage que nous croyons être utile & agréable au Public. En foy dequoy nous avons signé ces Présentes. A Marseille, ce 30. Decembre 1713.

Fr. BERTIER,
Provincial des Minimes de Provence.

PRIVILEGE DU ROY.

LOUIS, PAR LA GRACE DE DIEU, ROY DE FRANCE ET DE NAVARRE: A nos amez & feaux Conseillers, les Gens tenans nos Cours de Parlement, Maîtres des Requêtes ordinaires de nôtre Hôtel, Grand Conseil, Prevôt de Paris, Baillifs, Sénéchaux, leurs Lieutenans Civils, & autres nos Justiciers qu'il appartiendra: SALUT. Nôtre Académie Royale des Sciences Nous ayant tres-humblement fait exposer, que depuis qu'il Nous a plû luy donner par un Reglement nouveau de nouvelles marques de nôtre affection, Elle s'est appliquée avec plus de soin à cultiver les Sciences qui sont l'objet de ses exercices; ensorte, qu'outre les Ouvrages qu'elle a déja donnez au Public, Elle seroit en état d'en produire encore d'autres, s'il Nous plaisoit luy accorder de nouvelles Lettres de Privilege, attendu que celles que Nous luy avons accordées en datte du 6. Avril 1699. n'ayant point de temps limité, ont été declarées nulles par un Arrest de nôtre Conseil d'Etat du 13. du mois d'Aoust dernier. Et desirant donner à ladite Académie en corps, & en particulier à chacun de ceux qui la composent, toutes les facilitez & les moyens qui peuvent contribuer à rendre leurs travaux utiles au public; Nous avons permis & permettons par ces Présentes à ladite Académie, de faire imprimer, vendre & debiter dans tous les lieux de nôtre obéïssance, par tel Imprimeur qu'Elle voudra choisir, en telle forme, marge, caractere, & autant de fois que bon luy semblera, *Toutes les Recherches ou Observations journalieres, & Relations annuelles de tout ce qui aura éte fait dans les Assemblées de l'Académie Royale des Sciences;* comme aussi *les Ouvrages, Memoires, ou Traitez de chacun des particuliers qui la composent*, & generalement tout ce que ladite Académie voudra faire paroître sous son nom, lors qu'après avoir examiné & approuvé lesdits Ouvrages aux termes de l'article xxx. dudit Reglement, elle les jugera dignes d'être imprimez: & ce pendant le temps de dix années consecutives, à compter du jour de la datte desdites Présentes. Faisons tres-expresses défenses à tous Imprimeurs, Libraires, & à toutes sortes de personnes de quelque qualité & condition qu'elles soient, d'imprimer, faire imprimer en tout ni en partie, aucun des Ouvrages imprimez par l'Imprimeur de ladite Académie, comme aussi d'en introduire, vendre & debiter d'impression étrangere dans nôtre Royaume sans le consentement par écrit de ladite Académie ou de ses ayans cause, à peine contre chacun des contrevenans de confiscation des Exemplaires contrefaits au profit de sondit Imprimeur, de trois mille livres d'amende, dont un tiers à l'Hôtel-Dieu de Paris, un tiers audit Imprimeur, & l'autre tiers au Dénonciateur, & de tous dépens, dommages & interêts: à condition que ces Présentes seront enregistrées tout au long sur le Registre de la Communauté des Imprimeurs-Libraires de Paris, & ce dans trois mois de ce jour: Que l'impression de chacun desdits Ouvrages sera faite dans nôtre Royaume & non ailleurs, & ce en bon papier & en beaux caracteres, conformément aux Reglemens de la Librairie; & qu'avant de les exposer en vente, il en ſera mis de chacun deux Exemplaires dans nôtre Bibliotheque publique, un dans celle de nôtre Château du Louvre, & un dans celle de nôtre tres cher & feal Chevalier Chancelier de France le ſieur Phelypeaux Comte de Pontchartrain, Commandeur de nos Ordres, le tout à peine de nullité des Préſentes: du contenu deſquelles Vous mandons & enjoignons de faire joüir ladite Académie ou ſes ayans cauſe pleinement & paiſiblement, ſans ſouffrir qu'il leur ſoit fait aucun trouble ou empêchement. Voulons que la copie deſdites Préſentes qui ſera imprimée au commencement ou à la fin deſdits Ouvrages ſoit tenuë pour dûëment ſignifiée, & qu'aux copies collationnées par l'un de nos amez & feaux Conſeillers-Secretaires foy ſoit ajoûtée comme à l'original: Commandons au premier nôtre Huiſſier ou Sergent de faire pour l'exécution d'icelle tous Actes requis & neceſſaires, ſans autre permiſſion, & nonobſtant Clameur de Haro, Chartre Normande, & Lettres à ce contraires: CAR tel eſt nôtre plaiſir. DONNE' à Verſailles le neuviéme jour de Février, l'an de grace mil ſept cens quatre, & de nôtre Regne le ſoixante-uniéme. Par le Roy en ſon Conſeil,

LE COMTE.

Regiſtré ſur le Livre de la Communauté des Libraires & Imprimeurs de Paris, Num. CVI. *pag.* 136. *conformément aux Reglemens, & notamment à l'Arreſt du Conſeil du* 13. *Aouſt dernier. A Paris, ce* 13. *Février* 1707.

P. EMERY, *Syndic.*

Je ſouſſigné, confeſſe avoir cedé & tranſporté au ſieur PIERRE GIFFART, Libraire à Paris, la permiſſion d'imprimer le *Journal des Obſervations Phyſiques, Mathématiques & Botaniques, &c.* à moy accordée par M. Rigaud, Libraire & Imprimeur de l'Académie Royale des Sciences, pour en joüir ſuivant l'accord fait entre nous. A Paris, le 3. Decembre 1713.

Signé P. FEÜILLE'E, *Religieux Minime.*

Regiſtré ſur le Regiſtre, Num. 3. *pag.* 856. *de la Communauté des Libraires & Imprimeurs de Paris, conformément aux Reglemens, & notamment à l'Arreſt du* 13. *Aouſt* 1703. *A Paris, le* 5. *Novemb.* 1713.

C. ROBUSTEL, *Syndic.*

Fautes furvenuës de l'Impreſſion.

Pages.	*lignes.*	*fautes.*	*corrigez.*
2	6	prouvé	trouvé
21	25	l'eſtay	l'Etay.
41	22	ſervi.	ſervir.
54	10	$32^{d}\ 32'\ 30''$	$32^{d}\ 42'\ 30''$
63	30	étre	n'être
69	38	1500.	15000
71	19	ſeul.	ſeule,
80	7	Mariette	Mariotte
94	26	de levant	de l'avant
118	25	furent.	firent
120	24	il ajoûta	ils ajouterent
140	26	A B.	A C.
172	27	laiſſai	laiſſé
173	15	Pilores	Pilotes
176	28	découvert	découvertes
181	32	parcourus	parcouruës
197	19	vingt	neuf
202	2	longueur,	hauteur.
214	18	Pic-mere.	Pie-mere
214	21	l'Aphoſphiſe	l'Apophiſe
233	26	*ajoûtez*	furent
238	17	$16^{d}\ 45'\ 0''$	$15^{d}\ 45'\ 0''$
299	30	au.	en calme
307	0	*ajoûtez*	par l'obſervation de &c.
313		*il faut ôter* 2' minutes des hauteurs correſpondantes	
317	28	71^{d}	72^{d}
388	31	malatres	mulatres
406	19	diametre	demi-diametre
406	23	le.	la
409	12	bouroge	bourage
422	18	46'	49'.
439	21	7.	27
466	7	42'	43'
470	26	le	ſe

JOURNAL
DES OBSERVATIONS
PHYSIQUES,
MATHEMATIQUES ET BOTANIQUES.

Faites en 1708. 1709. 1710. 1711.

YANT eu dès ma plus tendre jeunesse une inclination naturelle pour les Mathematiques, je me sentis porté plus particulierement à l'Astronomie, & à la meditation de ces corps celestes, dont les mouvemens ont fait l'étude des plus sçavans hommes des siecles passez & de nos jours.

L'usage qu'on en pouvoit faire m'y fit trouver tant d'agrément, que j'y donnai avec plaisir tout le temps qui me restoit libre, après avoir satisfait aux principaux devoirs de mon état. Je meditai de mettre en pratique les connoissances que j'avois aquises, & je conçus le dessein de travailler à la perfection de l'Astronomie, de la Geographie, & de l'Hidrographie.

J'entrepris donc en l'année 1700. un voyage dans le Levant, pour y déterminer la situation de plusieurs

AFRIQUE
GUINÉE
Golfe de Panama
Isles Galapes
la Ligne
TERRE FERME
GUIANE
R. des Amazones
Quito
PEROU
BRESIL
AMERIQUE MERIDIONALE
Tropique du Capricorne
MER DU SUD
MER DU NORD
PARAGUAY
CHILI
R. de la Plate
Buenos Aires
Detroit de Magellan
C. de Horne
I. des Etats
Meridien du Pic de Teneriffe
Baye de Tous les Saints
Rio Janeiro
Cap Frio
I. de l'Ascension
I. de Noronha
Isle S.te Helene
CARTE DE
L'AMERIQUE MERIDIONALE
dressée Sur les observations
du R.P.L. Feuillée,
Et Botaniste du Roy
en 1714.
A PARIS.
Chez Pierre Giffart Graveur du Roy
A L'image S.te Therese. Avec privilege

villes & ports confiderables, qui jufques alors avoit été inconnuë. Le fuccés de ce voyage que je fis par ordre du Roy, & de concert avec feu M. Caffini, à qui je devois les principales connoiffances que j'avois de l'Aftronomie & de la Phyfique, & qui le premier a prouvé le myftere des longitudes, caché durant tant de fiecles à tous les hommes, & échapé aux plus fubtiles recherches des Aftronomes ; ce fuccés, dis-je, dont Monfieur Caffini le fils, Maître des Comptes, & de l'Académie Royale des Sciences, a fait fon rapport en partie dans les Memoires de la même Académie, me fit naître le defir d'aller faire des nouvelles obfervations dans les ifles de l'Amerique, & fur les côtes de la nouvelle Efpagne, païs encore plus inconnu par rapport à la Geographie, que ceux où j'avois été dans mon premier voyage. Ayant enfuite repaffé en France, je formai le deffein de pénetrer dans la mer du Sud, pour déterminer les côtes du Perou & du Royaume de Chily, dont nous n'avions aucunes obfervations, & avoir par ce moyen l'exacte pofition de tout ce continent. La connoiffance en eft affez intereffante par les trésors immenfes qu'on en tire tous les jours pour enrichir l'Europe.

Pour réüffir plus feurement dans ce voyage, il me falloit de nouveaux ordres de Sa Majefté, & des Lettres de recommandation pour le Vice-Roy & les Gouverneurs des principales villes. J'en écrivis à feu M. Caffini, & je lui expliquai mon entreprife. Il communiqua ma lettre à Monfieur l'Abbé Bignon, la lumiere de nôtre fiecle, qui toûjours prêt à favorifer les Sciences & les Arts, lui promit de lui donner toute la fatisfaction qu'il fouhaitoit fur les propofitions que je lui faifois dans ma lettre. En effet, il en parla à Monfeigneur le Comte de Pontchartrain : ce vigilant Miniftre, comprenant les avantages que les Sciences & les Arts tireroient de mon deffein, fi je pouvois l'executer, & de quelle utilité il feroit au public, demanda au Roy la permiffion de m'envoyer en qualité de fon Mathematicien ; il me fit donc expedier des Lettres Patentes, fignées & fcellées du grand Sceau de cire jaune, dont voicy la teneur :

LOUIS, PAR LA GRACE DE DIEU, ROY DE FRANCE ET DE NAVARRE : A tous ceux qui ces presentes Lettres verront, SALUT. Etant bien aise de contribuer de nôtre part à tout ce qui peut de plus en plus établir la seureté de la navigation, & perfectionner les Sciences & les Arts, Nous avons crû que pour y parvenir plus seurement, il étoit necessaire d'envoyer dans les Indes & à l'Amerique quelques personnes sçavantes & capables d'y faire des Observations ; & jugeant que pour cet effet nous ne pourrions faire un meilleur choix que du Pere Louis Feuillée, Minime, par la connoissance particuliere que nous avons de sa capacité. A CES CAUSES & autres, à ce Nous mouvans, de nôtre grace speciale, pleine puissance & autorité Royale, AVONS ledit Pere Feuillée ordonné & établi, & par ces Presentes signées de nôtre main, ordonnons & établissons nôtre Mathematicien. VOULONS qu'en cette qualité il puisse se transporter aux Indes & à l'Amerique, pour y faire toutes les Observations necessaires pour la perfection des Sciences & des Arts, l'exactitude de la Geographie, & établir de plus en plus la seureté de la navigation.

DONNONS EN MANDEMENT à nôtre cher & bien-aimé Fils le Comte de Toulouse, Amiral de France, aux Vice-Amiranx, & Lieutenans generaux de nôtre armée navalle, Chefs d'Escadre, Gouverneurs particuliers de nos Villes & Places, Maires, Consuls, & tous autres Officiers qu'il appartiendra, de donner audit Pere Feuillée & au Religieux qui l'accompagnera, toute l'aide, faveur, & assistance qui leur sera necessaire pour l'execution de ces Presentes, sans permettre qui leur soit donné aucun trouble ni empêchement qui puisse retarder leur voyage. CAR tel est nôtre plaisir; En témoin de quoy Nous avons fait mettre nôtre Scel à ces Presentes; Prions & requerons tous Rois, Princes, Potentats & Republiques, nos amis, Alliez & Confederez, leurs Officiers & sujets, d'accorder audit Pere & à sa compagnie toute sorte d'assistance & de secours pour l'execution d'un dessein qui regarde également l'avantage de toutes les nations, sans souffrir qu'il soit exigé d'eux aucune chose qui soit contraire à la liberté de leurs fonctions, & aux usages & droits du Royaume. DONNE' à Fontainebleau, le vingt-cinquiéme Septembre, l'an de grace mil sept cent sept, & de nôtre Regne le soixante-cinquiéme. Signé, LOUIS. Et sur le replis, par le Roy, PHELYPEAUX.

Je reçus cette Commission, accompagnée d'une Lettre de Monseigneur le Comte de Pontchartrain, par laquelle il me recommandoit de mettre tout à profit dans mon voyage, & de luy envoyer par toutes les occasions qui se rencontreroient toutes les observations & les experiences que j'aurois faites. Peu de jours aprés, le Navire qui devoit me transporter aux Indes Occidentales, sortit du port de Marseille, pour aller moüiller aux isles de Chasteau-dif, qui sont à une lieuë de cette ville, & y attendre un vent favorable pour mettre à la voile. On s'avisa de dire dans cette petite course que le Navire étoit trop chargé, & que dans un voyage de si long cours on avoit besoin de prendre toutes les mesures & les précautions necessaires pour la conservation du Navire, qui devoit être aussi celle de tout l'équipage; cela nous causa du retardement. Il fallut décharger toutes les marchandises, & les remettre une seconde fois. Tout cela demandoit du temps, que j'employay à disposer ce qui étoit necessaire pour mon voyage, Monsieur de Montmort, Intendant des galeres du Roy, eut ordre de Monseigneur le Comte de Pontchartrain, de me donner tout ce que je luy demanderois pour l'execution de mon projet, qui consistoit dans les trois articles suivans.

ARTICLE I.

DE L'ASTRONOMIE.

JE m'étois proposé d'observer, premierement, par le moyen des hauteurs meridiennes, la declinaison de quelques étoiles les plus remarquables qui sont dans la partie meridionale, cachée aux Européans.

2. Les Eclipses du Soleil & de la Lune qui devoient arriver durant mon voyage.

3. Les Immersions & les Emersions des Satellites de Jupiter, lesquelles, après une exacte comparaison de mes Observations avec celles qu'on en faisoit à l'Observatoire Royal de Paris, devoient servir à déterminer la difference en longitude de tous les lieux, où j'observerois par rapport à cette ville capitale du Royaume.

4. La rencontre des Planettes avec les Etoiles fixes pour déterminer leurs mouvemens, tant en ascension droite, qu'en declinaison, & les éclipses des Planetes & des Etoiles fixes par la Lune, qui par la methode inventée par Monsieur Cassini, peuvent servir à trouver les longitudes.

5. Les hauteurs meridiennes des Etoiles fixes & du Soleil pour la determination des hauteurs du Pole, les taches, s'il en paroissoit sur son disque, & le temps, que le diametre de cet Astre demeureroit à passer par le Meridien, &c.

ARTICLE II.

DE LA PHYSIQUE.

NOs conventions pour la Physique avec Monsieur Cassini étoient,

1. D'observer exactement la variation de l'Aiman, tant sur mer que sur terre, & son inclinaison à l'égard de l'horison,

2. Le flux & reflux de la mer, le temps que les eaux mettent à monter & à descendre dans les rivieres; si elles suivent alors la pression de la Lune, ou si d'autres agens les arrêtent, & les obligent à suivre les mouvemens qu'ils leur impriment, préferablement aux mouvemens de cette même pression.

3. La difference du poids des eaux de la mer, des rivieres, & des sources de ces differens païs, dont la connoissance peut être fort utile aux navigateurs, outre les avantages que la Physique en peut retirer.

4. La hauteur du Mercure dans le Baromettre, dont le nouvel usage pour mesurer la hauteur des montagnes, trouvé par Monsieur Maraldi, de l'Académie Royale des Sciences, pourroit par son élevation & par son abaissement donner quelque connoissance de la condensation ou de la rarefaction de l'air dans les differentes distances de la ligne équinoxiale.

5. De rectifier, *à l'égard de la distance de la Ligne*, les observations que j'avois déja faites de la longueur des pendules, sur d'autres observations que je devois souvent réïterer dans mon voyage pour me convaincre de mon exactitude.

6. Les Bassesses de l'horison de la mer observées d'un lieu élevé, pour connoître en differents climats les refractions qui se font sur cette partie de la mer, qui semble s'unir avec le Ciel.

7. Les vents qui regnent, leurs forces, & leurs va-

riations, les tremblemens de terre, tous les phenomenes qui me paroîtroient nouveaux, & dont la Physique pourroit retirer quelque avantage.

ARTICLE III.

DE L'HISTOIRE NATURELLE.

L'Histoire naturelle ne devoit pas être frustrée des avantages qu'elle pouvoit retirer du même voyage. Je m'engagai donc,

1. De dessiner les Plantes les plus curieuses, & les arbres dont les fruits ne seroient pas connus en Europe, d'en décrire l'histoire, & de tâcher par le moyen des Indiens d'en découvrir l'usage & les proprietez.

2. De dessiner aussi tous les animaux que je trouverois, & les representer dans leurs couleurs naturelles.

3. De lever le Plan des ports, dessiner les vuës des villes principales & des côtes les moins connuës, pour avoir par leur representation quelque connoissance des terres tout-à-fait utiles aux Pilotes, & à ceux qui voyagent sur mer.

4. De tâcher de m'informer exactement des maladies ordinaires parmi les differents peuples des Indes, leurs symptomes, & les remedes dont ils se servent pour les guerir, &c.

Je tins exactement mes promesses, autant que le tems, le lieu, & les conjonctures me le permirent, comme on verra dans la suite de cet ouvrage, où l'Histoire naturelle n'y aura que peu de part, à cause des fonds qu'il faudroit pour la graveure des planches qui sont en grand nombre : ce qu'on pourra executer dans des temps plus faciles, & au retour d'une heureuse paix dans toute l'Europe.

Je ne rapporte pour l'Histoire naturelle que ce que j'ay vu ; je ne m'en suis pas voulu fier à une infinité de contes qu'on m'a fait, dont j'aurois rempli des volumes, pour n'abuser pas de la credulité de ceux qui liront mes Obſervations, aimant mieux dire moins & dire la verité, que de rapporter de longues hiſtoires, dont les faits n'ont eu de la realité que dans l'imagination de ceux qui les ont décrites.

ARTICLE IV.

DES INSTRUMENS qui me ſervirent pour faire mes Obſervations & mes Experiences.

UN voyageur Aſtronome & Phyſicien a beſoin de prévoyance, une infinité de choſes luy ſont neceſſaires pour remplir ſes projets, & pour ne manquer de rien; il doit ſe perſuader qu'il n'aura pas ailleurs ce qu'il trouve dans ſon pays.

Les inſtrumens les plus utiles à un Aſtronome ſont, un quart de cercle juſte, un horloge ou pendule bien exacte, & une bonne lunette depuis douze juſques à vingt-cinq pieds de longueur; les plus grandes, quoique meilleures, ſont trop incommodes pour un voyageur, qui ne doit porter que le plus neceſſaire au ſujet de ſon voyage, & laiſſer le plus embarraſſant.

Les inſtrumens les plus compoſez étant les plus faciles à rompre dans le tranſport, je craignis pour ma pendule; elle étoit delicatement travaillée; & comme dans les debarquemens elle devoit paſſer par pluſieurs mains, pour plus de ſeureté, & pour les progrez de l'Aſtronomie, je m'en pourvûs d'une autre que je fis faire à Marſeille par le plus habile ouvrier. J'avois donc deux bonnes pendules, dont je m'aſſuray du mouvement avant que de partir, les ayant montées dans ma chambre, & verifiées par des hauteurs correſpondantes du Soleil. Celle que j'avois fait faire à Paris, & qui me ſervit dans toutes mes Obſervations, avoit le long de la verge un petit poids qu'on pouvoit hauſſer & baiſſer pour accelerer ou retarder l'horloge. Lorſque j'eus trouvé

trouvé une position de ce petit poids sur le pendule par laquelle le mouvement de l'horloge s'accordoit au moyen mouvement du Soleil ; je marquay cette position, qui me servit dans la suite pour examiner dans les differents lieux où j'observai, si le petit poids étant mis à l'endroit marqué, l'horloge suivroit le moyen mouvement du Soleil, ou s'il accelereroit ou retarderoit à son égard ; de cette maniere je connus que le pendule diminuë en approchant de la ligne, & qu'il faut necessairement le raccourir, comme on verra dans la suite de ces Observations, qui serviront à verifier celles que j'avois déja faites dans mon dernier voyage sur les côtes de la nouvelle Espagne, & dans les Isles de l'Amerique.

Le quart de Cercle qui servit dans toutes mes Observations étoit de quinze pouces de rayon exactement divisé ; avant que de partir pour aller en Provence, où je m'embarquai, je le verifiai à l'Observatoire Royal. Cet instrument est presque universel, & on peut l'employer dans toutes les plus importantes operations de la Geometrie-Pratique, du Nivellement, & de l'Astronomie.

Usage du quart de Cercle pour la Geometrie-Pratique.

Comme presque toutes les operations dans la Geometrie-Pratique consistent dans l'observation & dans la mesure de certains angles, il n'y a pas d'instrument plus propre, & plus exact pour les déterminer, que le quart de Cercle ; ces angles sont ou dans un plan horizontal, comme lors qu'on leve un plan ou une côte, ou dans des plans verticaux, comme lors qu'on veut prendre la hauteur d'une tour ou d'une montagne, &c. ou dans des plans inclinez, comme lors qu'on veut mesurer quelque distance particuliere.

Premierement, lors qu'on veut observer les angles de position, on place le quart de Cercle horizontalement, on pointe alors une des lunettes à un des objets, & l'autre à l'autre objet, & comptant ensuite les degrez qui sont entre les deux lunettes on a la quantité de l'angle. Il faut être assuré dans cette operation, comme dans toutes les autres, que la lunette immobile eſt placée ſur le commencement de la diviſion, ou ſçavoir combien elle en eſt éloignée.

Secondement, lors qu'on veut prendre la hauteur de quelque objet, on met le quart de cercle verticalement, en pointant la lunette immobile à l'objet, & au lieu de la lunette mobile qui tournoit au centre dans l'uſage précedent, on met le Cilindre qui porte le centre du quart de cercle où pend un cheveu, auquel on attache le plomb à un des bouts, & l'autre au centre de l'Inſtrument. Ce cheveu qui porte le plomb ou perpendicule eſt enfermé dans un tuyau de cuivre, ou d'autre matiere qui tourne autour du centre de l'Inſtrument, afin que l'air exterieur ne l'agite point : pour pouvoir donc bien s'en ſervir dans cette poſition, il faut mettre deux des vis du pied de l'Inſtrument dans la ligne qui va à l'objet; les deux autres feront perpendiculaires à cellelà. Par ce moyen, lors qu'on voudra tant ſoit peu ajoûter ou diminuer à la hauteur, on hauſſera ou on baiſſera une des vis qui ſont tournées vers l'objet; & lors qu'on voudra faire, que le perpendicule batte librement ſur la diviſion de l'Inſtrument, en ſorte qu'il ne ſoit ni trop appuyé ni trop éloigné, on hauſſera ou on baiſſera les vis qui ſe trouvent perpendiculaires au plan de l'Inſtrument, & c'eſt là ce qu'on appelle le bien caler.

En troiſiéme lieu, lors qu'il eſt queſtion d'obſerver un angle dans un plan incliné, il faut ajoûter à l'Inſtrument un autre genoüil par le moyen duquel on puiſſe tourner le plan de l'Inſtrument en tout ſens. Dans cet uſage on ſe ſert de deux lunettes. On met d'abord le plan de l'Inſtrument dans le plan, qui paſſe par les deux objets dont on veut obſerver l'angle ou la diſtance; enſuite pointant la lunette immobile à un des objets, on cherche l'autre objet avec la lunette mobile, & les degrez qui ſe trouvent entre les deux lunettes ſont l'angle ou la diſtance cherchée.

Pour le Nivellement.

Lors qu'on veut niveller par le quart de cercle, c'est-à-dire, chercher des points à la hauteur de l'œil, il faut que l'Instrument soit bien verifié, c'est-à-dire, que la lunette immobile soit exactement placée au commencement de la division d'un côté, comme je diray cy-aprés; ensuite l'Instrument étant bien calé, on le hausse du côté de l'œil jusques à ce que le cheveu ou perpendicule batte librement, & précisément sur l'autre commencement de la division; ensorte que le perpendicule & la lunette fassent un angle droit, alors tous les objets vûs dans la lunette sous le fil horizontal placé dans son foyer, sont à la hauteur de l'œil qui les regarde par cette lunette; c'est-à-dire, également éloignez du centre de la terre, sauf la petite correction qu'il faut faire par rapport à sa rondeur, suivant l'éloignement des objets.

Pour la Verification du Quart de Cercle.

On entend par la verification du quart de cercle, la position exacte de la lunette sur le commencement de la division, ou du moins la connoissance de combien elle en est éloignée. Entre tous les moyens qu'on pratique pour cette verification, je ne me suis servi que de deux, dont le premier est celuy qu'on tire des observations des hauteurs meridiennes, tant du côté du Nord que du côté du Sud.

On observe, par exemple, la hauteur meridienne de l'Etoile Polaire du côté du Nord, & celle de l'Epy de la Vierge du côté du Sud, on ôte de chacune de ces hauteurs la refraction qui luy est due (suivant la table des refractions rapportées aprés les tables des mouvemens du Soleil qu'on trouvera à la fin de ce Journal) pour avoir leurs hauteurs purgées de la refraction, on prend ensuite le complement au zenith de chacune de ces étoiles, on fait une somme de ces deux complements de hauteurs, laquelle somme doit être égale, si l'Instrument eſt juſte à la diſtance qui ſe trouve entre les deux étoiles, qu'on peut tirer des tables des declinaiſons, que l'on trouvera aprés les tables des mouvemens du Soleil. S'il y a de la difference, la moitié de cette difference eſt l'erreur de l'Inſtrument : un exemple fera mieux comprendre cette methode.

On obſerva à Marſeille, le 22. de Mars de l'année 1712. du côté du Nord, la hauteur meridienne de l'Etoile Polaire de 41d 7′ 40″

La refraction dûë à cette hauteur qu'on trouve dans la table des Refractions, eſt de 0. 1. 7.

Hauteur veritable de l'Etoile Polaire, 41. 6. 33.

Donc le Complement de la hauteur de l'Etoile Polaire eſt de 48. 53. 27.

On obſerva le même jour 22. la hauteur meridienne de l'Epy de la Vierge, de 37d 4. 30″

La Refraction à ôter de cette hauteur eſt de 1. 18.

Hauteur corrigée & veritable 37. 3. 12.

Donc le Complement de la hauteur de l'Epy de la Vierge, 52. 56. 48.

Ajoûtant à ce Complement celuy de l'Etoile Polaire, la ſomme ſera de 101. 50. 15.

Cette ſomme doit égaler la diſtance qui eſt entre les deux Etoiles, ſi la lunette de l'inſtrument eſt bien placée.

On peut tirer cette diſtance des tables des Declinaiſons, qui ſont aprés les tables des mouvemens du Soleil, de la maniere ſuivante.

La Declinaiſon Auſtrale de l'Epy de la Vierge étoit alors de 9d 39′ 53″

La diſtance de la Polaire au Pole, 2. 14. 40.

Ajoûtant à ces deux nombres 90d pour la diſtance du Pole à l'Equateur, 90d 0′ 0″

On aura la diſtance de 101. 54. 33.

Qui ſera la diſtance entre les deux Etoiles.

Celle qui s'étoit trouvée entre les deux Obſervations étoit de 101d 50′ 15″

Leur difference fut donc de 0. 4. 18.

Donc la moitié 0. 2. 9.

étoit l'erreur de l'Instrument qu'il falloit ôter des hauteurs, puisque la distance entre ces deux Etoiles se trouvoit plus grande qu'elle ne devoit être; ainsi la veritable hauteur meridienne de l'Etoile Polaire devoit être de 41d 4' 24"

Et celle de l'Epy de la Vierge, 37. 1. 3.

D'où l'on conclut autant par l'une que par l'autre Etoile, que la hauteur du Pole de Marseille étoit de 43d 19' 4"

La seconde maniere & la meilleure de verifier l'Instrument ou quart de cercle, est de renverser le Limbe; en sorte que le point de la division qui marque O. soit dans la partie superieure. On attache à ce point un cheveu avec un plomb qui le tient suspendu, & on dirige le fil horizontal de la lunette à un objet éloigné, placé sur l'horizon; en sorte que le cheveu qui porte le plomb passe par le centre de l'Instrument qui est alors dans la partie inferieure. On remet ensuite le quart de cercle dans son état naturel, & on fait ensorte que la lunette soit de la même hauteur sur le plan du lieu où l'on observe. On dirige le fil horizontal de la lunette au même objet que l'on a vû, lorsque l'instrument étoit renversé. Si le cheveu marque alors O, c'est signe que l'Instrument est juste; s'il marque quelques minutes au dessus, il faut en prendre la moitié qu'on retranchera de toutes les observations pour avoir la hauteur veritable. S'il marque quelques minutes moins, il faut aussi en prendre la moitié, & les ajoûter à la hauteur observée pour avoir la veritable. Cette pratique est courte & facile, & on pû verifier l'Instrument dans toute sorte de temps, ayant dans une distance raisonnable un objet qu'on pût facilement distinguer avec la lunette du quart de cercle.

Avant que de partir de Marseille je verifiai mon quart de cercle par l'une & par l'autre methode. Je trouvai qu'il donnoit toûjours les hauteurs trop grandes de quatre minutes; & pour m'en assurer davantage je fis à Marseille plusieurs Observations des hauteurs meridiennes du bord superieur du Soleil, pour determiner la hauteur du Pole, dont j'en rapporterai icy quelques-unes.

OBSERVATIONS

Pour la hauteur du Pole de Marseille.

J'Observai à Marseille, le 29. Avril de l'année 1707. la hauteur meridienne du bord superieur du Soleil de 61ᵈ 21′ 0″.

Refraction moins la Parallaxe,	28.
Hauteur corrigée,	61. 20. 32.
Demi-diamettre du Soleil,	15. 52.
Hauteur du Centre,	61. 4. 40.
Declinaison septentrionale,	14. 20. 1.
Hauteur de l'Equateur,	46. 44. 39.
Donc la hauteur de Marseille est de	43. 15. 21.

Le 1. du mois de May de la même année 1707. hauteur meridienne du bord superieur du Soleil, 61ᵈ 59′ 0″.

Hauteur veritable du Centre,	61. 42. 39.
Hauteur de l'Equateur,	46. 45. 0.
Donc hauteur du Pole de Marseille,	43. 15. 0.

Le 5. du même mois, hauteur du bord superieur du Soleil, 63ᵈ 9′ 20″

Hauteur veritable du Centre,	62. 52. 2.
Hauteur de l'Equateur,	46. 44. 58.
Donc la hauteur du Pole de Marseille de	43. 15. 2.
Le 22. hauteur meridienne du même bord,	67. 20. 15.
Hauteur veritable du Centre,	67. 3. 52.
Hauteur de l'Equateur,	46. 45. 13.
Donc la hauteur du Pole de Marseille est de	43. 14. 47.

La difference entre la moindre & la plus grande de ces hauteurs fut trouvée de 0. 0. 34.

La moitié, 0. 17.

Cette moitié étant ajoûtée à la moindre hauteur du Pole, donne pour la hauteur du Pole de Marseille, 43. 15. 4.

La hauteur de cette ville a été trouvée par plusieurs Observations, 43. 19. 0.

En ôtant donc la hauteur trouvée par le quart de Cercle, le reste de la soustraction sera ce que le quart de Cercle donnoit de trop, qui étoit de 0d 3′ 58″

Ces Instrumens étoient accompagnez de Lunettes de differentes longueurs, de 8. pieds, de 15. & de 18. Celle de 15. qui servit dans toutes mes Observations me fut donnée par M. Cassini. Les objectifs des autres étoient de mon travail, & me servirent dans le Perou à faire des presens à des personnes de consideration, pour me faciliter les moyens de travailler avec plus de seureté.

Je portai aussi deux Boussoles, dont l'une avoit la boëte de cuivre, & l'autre étoit du bois. Les experiences que j'avois des variations differentes, qui arrivent dans des boëtes de cuivre, m'avoient fait prendre cette précaution, persuadé que l'aiguille aimentée ne varie pas dans des boëtes de bois. La longueur de l'aiguille de la Boussole de bois étoit de 11. pouces, & celle de la Boussole de cuivre de 4. pouces. A celle-cy j'avois fait mettre un Cercle vertical, qui coupoit le Cercle horizontal à angles droits, pour representer le meridien Magnetique qui étoit divisé de même que l'horizontal en 360. degrez, dont l'usage fut d'observer les Inclinaisons de l'aiguille aimentée.

Les experiences de l'Equilibre des eaux demandoient des instrumens particuliers, qu'on appelle Areometre. J'en fis faire dans une verrerie de plusieurs grandeurs; je les fermai hermetiquement, aprés avoir mis dans chacun deux onces de Mercure. Je fis ensuite des petits poids de plomb, matiere qui ne roüille pas, & qui se conserve long-temps, lesquels servoient pour charger l'Areometre dans les experiences, jusques à ce que son extrémité égalât celle de l'eau, lors qu'on le mettoit dans quelque vase rempli. La figure de l'Areometre est icy representée en D. & celle des petits poids en A. B. C.

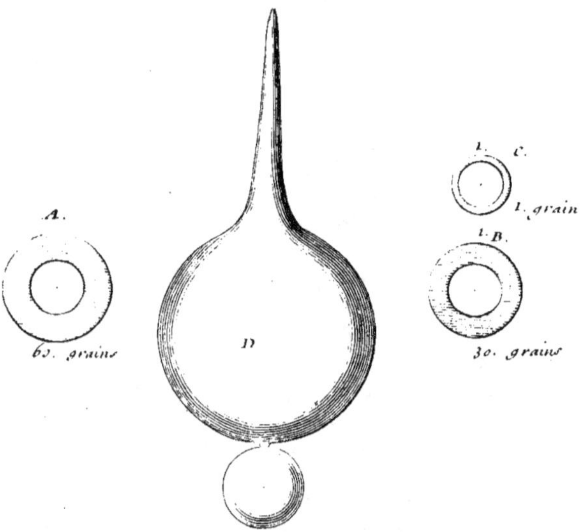

J'achetai chez un Emailleur, avant mon départ de Paris, six tuyaux de verre, pour m'en servir dans les expériences de la pesanteur de l'air, chacun de 33. pouces de longueur, & une quantité de Mercure necessaire à ces mêmes expériences.

J'avois deux bons Microscopes, qui grossissoient les objets huit cent fois plus que nature, pour m'en servir dans la découverte des plus petites parties des plantes & des animaux. Afin de les dessiner plus commodément, j'avois fait faire au même ouvrier qui avoit travaillé mon quart de Cercle, une regle de cuivre divisée en pieds & pouces de Paris, qui me fut d'un grand secours pour les dimensions des animaux & des plantes que je dessinois, & pour plusieurs autres mesures geometriques, &c.

Comme on ne fait pas dans la vie plusieurs voyages dans les Indes, me persuadant que celuy-cy seroit l'unique, je tâchai de ne rien oublier de ce qui me seroit necessaire. Je demandai à M. Cassini ses tables Astronomiques,

nomiques & celles des Satellites de Jupiter ; j'ay rapporté à la fin de mon Journal les tables du mouvement du Soleil & leur usage, absolument necessaires pour trouver la hauteur du Pole, en se servant des hauteurs meridiennes du Soleil, &c.

Après que tous les instrumens dont je viens de parler furent encaissez, je partis pour le Château d'If, où étoit nôtre Navire. Les vents de Sud-Ouest, qui regnent le plus en Automme dans la Mediterranée, nous arrêterent quelques jours ; l'Hyver s'approchoit, & l'impatience où j'étois de l'aller passer dans l'Ocean où les froids ne sont pas sensibles, augmentoit mes inquiétudes. Le 12. Decembre les vents de Sud-Ouest calmerent ; leur calme nous amena les vents de Sud-Est, qui soufflerent avec tant de violence, que bien-loin d'appareiller, nous nous crûmes fort heureux de nous trouver dans un port, à l'abri de quelque cruel naufrage. Ils durerent deux jours, & ils n'eurent pas plutôt fini, qu'un petit vent de Nord-Ouest vint prendre leur place : c'étoit celuy que nous attendions pour nous mettre à la voile.

Le XIV. *Decembre* 1707.

Nous appareillâmes des isles du Château-d'If, qui sont éloignées d'une lieuë du port de Marseille. On s'apperçut étant sous voile, qu'un de nos Officiers manquoit, ce qui obligea nôtre Capitaine de mettre côté en travers pour l'attendre. Sur les neuf heures du matin un batteau parut venant à nous à toutes voiles ; & ne doutant point que nôtre Officier ne fist toutes ses diligences pour nous joindre, nous crûmes que revirant de bord sur luy, nous ne perdrions pas le temps à l'attendre, nous nous rencontrâmes bien-tôt ; & l'Officier s'étant embarqué dans le Navire, nous poursuivîmes route pour nôtre grand voyage avec un vent de Nord-Ouest, qui nous promettoit beaucoup. Après midy le Ciel se couvrit, l'air se broüilla, & à l'entrée de la nuit nôtre bon vent calma, & le vent de Sud-Ouest entierement opposé à nôtre route, souffla ; & succedant au Nord-Ouest, il

1707. Decembre.

1707. Decembre. commença d'exercer nôtre patience. Le 15. au matin le Sud-Oueſt continuoit encore ; on avoit quelque eſperance au Soleil levant de le voir changer ; cependant nous vîmes élever le Soleil ſur l'horiſon , ſans apparence de changement. Fâcheux commencement de nôtre navigation , duquel nous avions lieu de tirer un méchant augure. Enfin battant la mer inutilement, nous reſolûmes d'aller moüiller à Toulon, & d'y attendre un temps plus favorable.

xvj. *Decembre.*

Nous entrâmes dans la grande rade de Toulon, où nous moüillâmes à peu de diſtance d'un navire de Roy armé en courſe, qui auſſi embarraſſé que nous, n'attendoit qu'un bon vent pour ſortir. Cette rencontre nous fut avantageuſe, comme on le verra dans la ſuite. Toutes nos mers étoient pleines de Corſaires ; nous n'entendions parler que des priſes que les ennemis faiſoient ſur nous. Ces nouvelles ayant ouvert les yeux à nos Officiers, ils crûrent que nous convoyant de ce vaiſſeau nous ne courrions pas de ſi grands riſques, & qu'il falloit ſans differer plus long-temps en parler au Capitaine ; ce qu'ils firent dès le lendemain ; & trois jours après les Armateurs de ce vaiſſeau & nos Officiers firent entre eux une convention, qu'ils nous convoyeroient juſques au Cap Spartel, qui eſt le Cap le plus avancé du côté d'Afrique, qui ſepare la mer Oceane de la mer Mediterranée. Les vents contraires nous arrêterent juſques au 26. dans cette rade. Je paſſai tout ce temps-là dans un de nos Convents, & je ne retournai à bord que le 24. après dîné, par l'avis de nôtre Capitaine, qui eſperoit de ſe mettre à la voile d'abord que le temps luy ſeroit favorable ; & comme le vent étoit reglé le matin au Nord-Oueſt, vent que nous attendions, il croyoit ſortir le lendemain, ne faiſant pas reflexion à la ſolemnité de la Fête de Noël. Tout le monde ſe trouva le 24. au ſoir à bord ; mais nôtre Capitaine revenu de ſa diſtraction, reſolut de ne partir que le 26. ſi le vent reſtoit au même endroit.

1707. Decembre.

xxvj. *Decembre.*

Les vents ne changerent pas, ils souffloient encore au Nord-Oueſt. Tout étoit diſpoſé dès le ſoir précedent; & d'abord que nôtre Aumônier, qui étoit un Religieux Obſervantin, eut celebré la Meſſe, on leva l'ancre. Pendant ce temps le vent calma, nous attendîmes, étant à pic, ſon retour, qui ne fut que vers le midy. L'Heureux Retour, nom du Corſaire qui devoit nous convoyer, fit la même manœuvre; il étoit commandé par Monſieur de Lambert, Officier du Roy, qui par ſon intrepidité dans les combats les plus perilleux, s'étoit rendu un des plus recommandables Capitaines de la mer. Durant qu'on attendoit le vent, on fit l'inventaire des hardes & des marchandiſes du Maître d'Hôtel qui mourut dans cette rade. L'Ecrivain en fut chargé, il les vendit enſuite à la mer du Sud, au plus grand profit des heritiers; ce qui ſe pratique ordinairement dans les navires bien reglez, où l'on préfere toûjours les marchandiſes des abſens à celles des autres.

PREMIERE OBSERVATION

Sur l'équilibre des eaux de la Mer.

L'Equilibre des eaux étoit un des articles convenus avec Monſieur Caſſini; ces expériences étoient encore nouvelles, on n'avoit que celles que Monſieur le Comte de Marſigli, celebre Phyſicien, & ſçavant dans les recherches de la nature, avoit faites dans la Mediterranée. Je crus que ces expériences, ſouvent réïterées, pourroient nous découvrir quelque nouveau ſecret encore inconnu; & qu'étant inſerées dans l'Hiſtoire de la mer que Monſieur le Comte de Marſigli nous promet, on pourroit en tirer des conjectures qui nous en donneroient une connoiſſance plus parfaite que celle que nous en avions eu juſques alors.

1707. Decembre.

Je commençai ces expériences dans la grande rade de Toulon. Il n'est plus necessaire de dire icy de quels instruments on se sert pour faire ces expériences, on en a déja vû la construction & la figure; & de tous les instrumens celuy-cy est le plus simple & le plus assuré dans l'usage.

Je remplis d'eau de la mer un vase, dans lequel je mis mon Areometre; je le chargai de petits poids faits en anneaux, qu'on passe dans le col allongé de l'Areometre: (ces anneaux sont tous d'un poids connu,) on le charge d'une quantité qui l'oblige à s'enfoncer dans l'eau jusques à ce que son extrémité égale parfaitement sa superficie: Alors on retire l'Areometre, dont le poids est connu; on retire ensuite l'un après l'autre les petits poids dont on l'avoit chargé, on marque sur son registre les poids de chacun d'eux, & on en fait une somme qui est le poids du volume de l'eau égal à l'Areometre; il fut trouvé ce jour-là de 2. onces 3. dragmes 57. grains.

A midy les vents de Nord-Ouest revinrent, on appareilla, & au sortir de la rade nous commençâmes à faire route au Sud ¼ Sud-Ouest, pour nous mettre au large, & sortir du golfe de Lyon, qui est un endroit de la mer Mediterranée des plus à craindre, dans lequel plusieurs ont malheureusement péri, sans pouvoir ni se sauver, ni éviter le naufrage.

xxvij. *Decembre.*

Au matin nôtre convoy se trouva de l'arriere, il avoit besoin d'un grand vent pour marcher, il fraichit sur les dix heures, & il gagna bien-tôt l'avantage que nous avions sur luy: A midy le Ciel se couvrit, la mer s'éleva, ceux qui n'y étoient pas accoûtumez commencerent à ressentir des maux qui n'ont d'autre remede pour leur guérison que la terre; cependant ils s'en voyoient privez pour long-temps, si nous eussions poursuivi nôtre voyage, comme c'étoit nôtre dessein. Cette pensée augmentoit leurs maux, mais leur repentir de s'être embarquez n'étoit plus de saison. Sur le soir le vent redoubla ; quoy qu'il fut favorable, nous aurions souhaité qu'il eut diminué de sa force, à cause du calme qu'il causa dans nôtre cuisine, où il fut entierement impossible à nos Cuisiniers d'y allumer du feu, ce qui ne convenoit pas à ceux qui n'avoient encore rien perdu de leur appetit.

xxviij. *Decembre.*

Les vents se tirerent au Sud-Ouest, leur violence nous faisoit craindre de nous égarer de l'Heureux Retour pendant la nuit, que les nuages nous rendirent fort obscure. Le Capitaine qui le commandoit étoit dans la même peine, chacun veilloit à la manœuvre de son camarade ; ce qui fit que nous nous trouvâmes au jour naissant assez prés l'un de l'autre. Sur les sept heures, étant encore dans la chambre où le mauvais temps m'avoit arrêté, j'entendis un grand bruit sur le pont ; sortant pour en apprendre la cause, le premier que je rencontrai me dit, qu'un coup de vent ayant investi l'avant du navire par le travers, avoit cassé nôtre beaupré. Je montai sur le pont, je vis flotter nôtre mâts sur les ondes ; & un moment aprés, nôtre mâts de Misaine ne pouvant plus resister à la violence de la tempête, cassa à trois endroits, & sans un prompt secours nous allions être infailliblement dématez de tous nos mâts. L'estay du grand Hunier eut le même sort, la mer devint affreuse, la grêle & la pluye tomboient en abondance, & tout nôtre équipage étoit déja si epouvanté, que ceux qui étoient accablez de maux, & ensevelis dans leurs lits, s'en tirerent, & vinrent mettre la main à l'œuvre avec tous les autres, pour conserver leur vie. Aprés la perte de nos deux mâts nous nous vîmes réduits dans la cruelle necessité d'aller au gré des vents : comme ils changeoient à tout moment, il nous falloit faire la même manœuvre, ce qui empêchoit nos Charpentiers de travailler. Ils dépasserent le petit Hunier pour soulager le mâts de Misaine, qu'on gémela ; & l'ayant fortement serré avec

1707. Decembre. des cordes godronnées, on le mit en état de porter une petite voile, qui servit jusques au premier moüillage. Les gens de l'Heureux Retour s'étant apperçus de la perte de nôtre Beaupré, s'approcherent. Pendant que nos Capitaines parlementoient, les vents se tirerent au Nord-Ouest; ils avoient conclu de repasser en France: mais ce bienheureux vent étant entierement opposé à leurs desseins, ils se virent forcez de remettre le Cap vers Cailliari, ville capitale de la Sardaigne, où ils se flattoient de trouver des mâts.

xxix. *Decembre.*

Les vents s'étant rangez vers le Sud-Est, ne nous permirent pas de porter le Cap vers Caillari; ils avoient un peu calmé; nous fismes route à l'Est-Nord-Est, esperant de pouvoir attraper les isles de S. Pierre, que nous découvrîmes sur les huit heures du matin. A dix heures les vents revinrent au Sud, la pluye commença, tout le Ciel se couvrit d'épais nuages, qui sembloient nous venir menacer d'une seconde tempête. A midy le vent fraichit; il étoit assez près, & nos Pilotes commençoient à craindre de ne pouvoir prendre à la bordée les isles de S. Pierre. Ils en avertirent le Capitaine; il ordonna d'abord de faire le signal d'approche à l'Heureux Retour, pour demander au Capitaine quel étoit son sentiment. Le vent étoit alors favorable à faire route pour la Provence. Ils convinrent tous les deux d'y mettre le Cap; ce que ne goûterent pas les Officiers de l'Heureux Retour, voyant que le temps que leurs Armateurs leur avoient donné pour leur course s'écouloit sans rien faire. La perte étoit considerable pour eux, & ils ne pouvoient se relever que par quelques prises, des dépenses qu'on avoit faites pour leur armement; cependant étant engagez par leur convention de nous suivre, croyant que le vent de Sud qui souffloit feroit de plus longue durée, & qu'ils arriveroient dans peu de jours dans quelque port de Provence; ils crierent à nôtre Capitaine de se mettre en route, qu'ils alloient le suivre, à condition que dès qu'ils nous auroient mis dans un port, on leur payeroit la somme dont ils étoient convenus, ce qu'on leur promit. On mit donc le Cap vers la Provence; les vents & la mer nous prenant alors par le derriere, nos malades se trouverent soulagez; & la seule nouvelle qu'ils venoient d'apprendre de nôtre retour dans leur patrie, avoit déja gueri la moitié de leurs maux. Cette joye fut de courte durée; peu de temps après les vents revinrent au Nord ¼ Nord-Ouest, & à peine nous donnerent-ils le temps de revirer de bord. Les flots venant de tous côtez, frappoient le navire avec tant de violence, qu'ils nous mirent en doute s'il pourroit resister à leur force. Ce temps si imprévû nous fit prendre d'autres mesures, & nous obligea de suivre nôtre premier dessein, qui avoit été de mouiller aux isles de S. Pierre. On y mit d'abord le Cap, & nôtre Corsaire aussi embarrassé que nous, fit la même route. Nous arrivâmes à l'entrée du canal sur les huit heures du soir, & nous mouillâmes un moment après. Le repos qu'on commença de goûter, fit faire beaucoup de reflexions sur les peines qu'on souffre sur mer; & ceux qui au milieu de leurs maux desiroient avec tant de passion d'être à terre, ne laisserent pas de les oublier, & de se resoudre à continuer le voyage. L'Heureux Retour, que nous ne vîmes que quelques jours après, apprehendant de manquer dans la nuit l'entrée du Canal, tint le large, il nous perdit de vûë, selon ce qu'il nous rapporta dans la suite; & se doutant que nous n'eussions fait route pour Cailliari, il y arriva deux jours après, esperant de nous y trouver.

1707. Decembre.

Le lendemain de nôtre arrivée, nos malades ne se sentant plus des maux des jours précedents, ils furent dès le matin à la chasse dans l'Isle de S. Pierre, & revinrent le soir chargez de petits agneaux tous en vie qu'ils avoient pris, croyant qu'ils étoient sauvages, n'ayant trouvé ni cabane ni bergers qui en prissent le soin. Ce vol qu'on ne croyoit pas tel, nous attira le lendemain une visite de la part du Gouverneur d'un Château qui étoit à deux lieuës du Navire, bâti sur le bord de la

1707. Decembre. mer de l'Isle de Sardaigne, lequel vint nous faire des plaintes que nos gens avoient enlevé des agneaux qui appartenoient à des particuliers, qu'il prétendoit qu'on leur payât. Nôtre Capitaine leur en marqua du regret, il leur fit donner la valeur des agneaux. Les envoyez gagnerent sur le prix de ces agneaux un bon dîné, s'en retournerent fort contens, & ils auroient souhaité d'avoir eu tous les jours des chasseurs semblables aux nôtres.

1. *Janvier* 1708.

L'année commença par le calme & par des brouillards qui se dissiperent insensiblement, & nous laisserent le Ciel clair & serain. Sur les neuf heures du matin il se leva un petit vent d'Ouest-Nord-Ouest; & un moment après parut sur la pointe de l'Isle de S. Antioche, (Isle au Sud de celle de S. Pierre, & qui forme avec elle le Canal où nous étions mouillez) un Navire qui portoit le Cap vers le Canal; nous crûmes que c'étoit quelque Navire qui venoit tenter la fortune. Aussi-tôt qu'il nous découvrit, il voulut nous éviter, mais en vain; comme il étoit déja engagé dans le Canal, & qu'il avoit les vents arriere, il ne pût plus se dégager, ni sortir du Canal, & il fallut, malgré luy, qu'il suivît sa destinée. Il rangea la terre d'aussi près qu'il pût; d'abord qu'il fut par nôtre travers, il hissa fort à propos pavillon blanc; & s'il eût tardé l'espace de deux à trois minutes, on alloit décharger sur luy une bordée de canon de 8. & de 12. Le Capitaine qui nous croyoit ennemis avant que nous eussions arboré nôtre pavillon, mit son canot à la mer, il vint à bord, & nous rapporta qu'il avoit vû au large, à la pointe du jour, un Corsaire qu'il croyoit être de soixante canons; que pour ne point tomber dans ses eaux, il avoit reviré de bord à terre, & qu'il avoit été surpris tout d'un coup de nous voir; mais que ne pouvant plus reculer, il avoit été contraint, malgré luy, d'entrer. Le vent changea, nous crûmes qu'il nous sortiroit de ce Canal, où nous appréhendions à tout moment d'être insultez par quelque Corsaire. Nous appareillâmes, il nous

nous conduisit jusqu'à l'entrée; & s'étant tiré une autre fois à l'Ouest, il nous obligea de retourner au mouillage après avoir louvoyé assez long-temps. Le Navire qui étoit entré le matin, alla mouiller sous le canon du Château, se croyant plus en seureté, & même hors de la vuë des Corsaires. 1708. Janvier.

Je fis sur le soir l'expérience de l'équilibre des eaux de la mer, pour continuer mon premier dessein; je remplis pour faire cette expérience un grand vase, dans lequel je mis mon Areometre, & je trouvai que sa pointe rasoit la superficie de l'eau, étant chargé du poids de 2.onc. 3.drag. 57.grains. même égalité de poids déja trouvé à Toulon.

11. *Janvier.*

Les vents furent encore plus opposez à nôtre sortie que le jour précedent. Pour ne perdre pas entierement le temps, nôtre Capitaine choisit deux hommes de nôtre équipage, pour envoyer au Consul François de Calliari, pour apprendre de luy si on trouveroit des mâts. J'ay déja dit que nous étions mouillez à deux lieuës du Château, où il falloit aller prendre des chevaux & un guide. Je m'embarquai avec ces deputez; arrivant à terre, le Gouverneur du Château qui nous avoit vû venir, nous vint recevoir sur le bord de la mer, nous conduisit ensuite luy-même au Château, & j'eus tous les moyens de satisfaire ma curiosité, qui étoit d'en voir sa construction.

Ce Château est une tour ronde entourée d'un fossé de six ou sept pieds de profondeur, & de trois toises de largeur; une planche qui le traverse luy sert de pont-levis, à l'extremité de laquelle il y a une petite porte de trois pieds & demy de hauteur, & de deux & demy de largeur, qui luy sert d'entrée. Le dedans du Château est une grande salle ronde de trente pas de diametre, dans œuvre, qui a sur sa circonference sept embrasures sans canons, & à son centre une belle cîterne sans eau. Le sommet de cette tour est une plate forme

1708. Janvier. où l'on monte par un escalier dérobé dans l'épaisseur de la muraille de la tour. Nous vîmes sur cette plate forme quatre canons montez sur leurs affuts, & tournez du côté de la mer. Il y a auprès du Château trois ou quatre maisons, dont les habitans ne me parurent pas plus humains que leurs ancêtres: ayant satisfait ma curiosité je retournai à bord.

111. *Janvier.*

Je descendis à terre le matin dans l'Isle de S. Pierre, à dessein d'y observer la hauteur meridienne du Soleil, pour déterminer par cette observation la hauteur du Pole de cette Isle; mais les nuages le cacherent. Après midy j'allai me promener dans l'Isle; j'eus assez de peine à m'ouvrir un chemin, à cause de la grande quantité d'arbrisseaux dont cette Isle est remplie. Je rencontrai les ruines d'une ancienne Eglise, parmy lesquelles je trouvai une pierre où l'on voyoit une inscription grecque gravée, que l'injure des temps avoit devorée à moitié, & qu'il me fut impossible de déchiffrer. J'arrivai ensuite sur le bord d'un lac d'environ demi lieuë de longueur, & d'un quart de lieuë de largeur; je vis dans ce lac une grande multitude de poissons; & ce qui me frappa le plus, fut d'en voir sur le rivage un grand nombre de morts; je crus que leur vieillesse les y avoit traînez pour finir leur vie languissante: delà j'allai joindre quelques-uns de nos matelots, que je trouvai remplissant leur futaille de l'eau qu'ils trouverent dans un trou qui n'étoit qu'à dix pas du bord de la mer, qui n'ayant pas assez d'espace pour se filtrer, étoit encore empreinte de parties salines qui la rendoient saumache, & elle étoit aussi fort desagréable par sa couleur. Quelques-uns de ces matelots ayant été courir sur la côte pendant que leurs camarades étoient occupez au travail, revinrent sur le soir chargez de grands monceaux de cire jaune que la mer avoit jetté sur le rivage; ils nous rapporterent qu'ils avoient vû des débris d'un Navire; & peu de jours après nous apprîmes par les gens du Château, qu'un Navire croyant se sauver, entra dans le canal le jour que nous dématâmes, & se brisa sur les rochers par la tempête; ceux-là même avoient trouvé prés du Château deux corps morts que la mer y avoit jettez, avec deux barils d'huile qui servirent pour payer les frais de l'enterrement de ces corps.

IV. *Janvier.*

Je fus plus heureux que le jour précedent, la journée fut belle; attendant l'heure de midy, je verifiai mon quart de cercle, je le trouvai encore dans la même situation qu'il étoit à Marseille, c'est-à-dire, qui donnoit les hauteurs trop grandes de quatre minutes.

OBSERVATION

Pour la hauteur du Pole de l'Isle de S. Pierre.

AYant donc verifié mon quart de Cercle, j'observai la hauteur meridienne du bord superieur du Soleil de

de	28d	23'	50".
Le quart de Cercle donnoit par la verification les hauteurs trop grandes de		4.	
Premiere Correction.	28.	19.	50.
Refraction moins la Parallaxe.		1.	40.
Hauteur corrigée.	28.	18.	10.
Demi-Diametre du Soleil à ôter.		16.	20.
Hauteur du Centre.	28.	1.	50.
Declinaison meridionale du Soleil.	22.	49.	2.
Donc hauteur de l'Equateur.	50.	50.	52.
Et hauteur du Pole de l'Isle de S. Pierre.	39.	9.	8.

V. *Janvier.*

A peine le jour paroissoit, que ceux qui étoient de quart avertirent qu'ils voyoient un vaisseau près de l'embouchure du Canal. D'abord tout l'Equipage fut sur

1708. Janvier.

pied, on mit les branles bas, & tout fut bien-tôt prêt pour le combat. Ce Navire avoit belle apparence, nous le prîmes au commencement pour celuy que le Capitaine du vaisseau qui avoit moüillé sous le canon du Château nous dit avoir vû, ce qui nous donnoit à penser, n'étant pas d'égale force pour nous battre, & par un surcroît de malheur, nôtre Navire n'étoit point aussi en état de manœuvrer. D'abord que ce Navire fut entré, le vent mollit, & à peine enfloit-il ses voiles; nôtre Capitaine envoya le canot pour le reconnoître, avec ordre à l'Officier qui le commandoit de nous faire des signaux lors qu'il l'auroit reconnu, pour nous apprendre s'il étoit ennemi, ou si c'étoit l'Heureux Retour que nous attendions à toute heure, ne doutant pas qu'il ne vînt nous chercher. D'abord que le canot eut démarré, on ne tira plus les yeux de dessus luy, on attendoit avec impatience de voir de quelle couleur seroit le pavillon qui devoit arborer. Peu de temps après nous vîmes au Canot & au Navire pavillon blanc; cette vuë consola tout l'Equipage, & rassura la Pacotille qu'on voyoit déja à moitié perduë, si ç'eût été le Navire qui croisoit dans ces parages. Le vent étant revenu sur les neuf heures, le Navire fut bien-tôt au lieu où il devoit moüiller, éloigné du nôtre de la portée d'un pistolet. D'abord qu'il eut moüillé, le Capitaine nous vint visiter, & il nous apprit tout ce qui se passa dans la nuit que nous nous quittâmes, & comme il fut ensuite nous chercher à Calliari, croyant que nous n'avions pû entrer dans le Canal des Isles de S. Pierre. Aprés que nous eûmes dîné, nous descendîmes à terre dans l'Isle de S. Antioche; nos Chasseurs y tuerent un cerf & plusieurs perdrix. Sur les trois heures l'Heureux Retour mit son pavillon en berne; & comme on ne nous voyoit pas paroître, on tira un coup de canon. Ce coup si inopiné nous surprit; nous courûmes à nos canots qui nous attendoient près du rivage, croyant qu'il y avoit quelque chose d'extraordinaire. D'abord que nous eûmes doublé une petite pointe qui nous cachoit l'entrée du Canal, nous découvrîmes un Navire qui venoit effrontement ſur nos vaiſſeaux, vent arriere, ſans les craindre. Arrivant à bord, nous trouvâmes que tout étoit paré, & que le Capitaine n'avoit plus qu'à faire le ſignal pour mettre le feu au canon. Ce Navire qui avoit mis ſon pavillon dés l'entrée du Canal, & que ſes voiles de l'avant nous avoient caché, nous préſenta le côté, ſe doutant bien à nôtre manœuvre que nous ne l'avions pas encore reconnu, appréhendant ce qui luy alloit arriver, que c'étoit une bordée de canon, nous y vîmes alors pavillon Malthois, & tous nos grands préparatifs ſe terminerent à éteindre nos méches. Ce Navire nous paſſa ſous le vent ſans nous ſaluer, de quoy je fus aſſez ſurpris; en ayant demandé la cauſe à nôtre Capitaine, il me répondit que c'étoit un droit accordé à l'Ordre de Malthe, de ne ſaluer aucune Couronne.

VI. *Janvier.*

Nos deux hommes envoyez à Calliari arriverent. Le Conſul répondit aux lettres de nôtre Capitaine, & luy marqua qu'il y avoit dans les magaſins du Roy un mâts de Galere de rechange, qui pouvoit nous ſervir de Beaupré, & qu'à trente lieuës delà il y en avoit deux autres dont toute la difficulté ne conſiſtoit que dans le tranſport. Sur cette eſperance on renvoya les deux hommes à l'endroit où étoient les deux mâts, avec ordre de chercher quelque bâtiment pour les tranſporter à Calliari où nous devions les aller attendre.

VII. *Janvier.*

Les vents commencerent à la pointe du jour de ſouffler à l'Oueſt-Nord-Oueſt. Nous appareillâmes ſur les huit heures du matin; nous louvoyâmes juſques à midy, nous flattant toujours que les vents ſe tireroient plus de l'arriere, & que nous pourrions ſortir du Canal; mais bien-loin de prendre cette route, ils ſe tirerent plus de l'avant; & s'étant rangez entierement à l'Oueſt, ils nous obligerent de revirer & de retourner au moüillage. Les

1708. Janvier.

mêmes vents soufflerent tout le huitiéme; nous descendîmes une seconde fois à terre avec nos Capitaines & quelques Officiers dans l'Isle de S. Antioche, appellée *Solo* avant le martyre de ce Saint, qui arriva dans le second siécle, sous la persecution de l'Empereur Adrien. J'eus ce jour-là tout le temps de parcourir cette Isle; je n'y vis que quelques cabanes de bergers, & je n'y trouvai aucunes ruines ni d'Eglise ni d'ancien Temple. Elle n'est separée de l'Isle de Sardaigne que par un pont qui sert de communication. Beaucoup de personnes de l'Isle de Sardaigne s'y rendent le jour de la Fête du Saint, pour y aller faire leurs Prieres. Elle est remplie de petits arbrisseaux; on y trouve beaucoup de perdrix, quelques cerfs, & quantité de lapins. La mer y est aussi poissonneuse, & les marins y ont de quoy se rafraîchir.

IX. *Janvier.*

Les vents se tirerent à l'Est, & varierent ensuite de l'Est au Sud; ils furent violens, ils éleverent la mer, & ce mouvement de la mer, joint avec la pluye qui tomba toute cette journée, nous la firent passer fort tristement. Le lendemain 10. un petit Navire battu des vents & de la mer ne pouvant plus resister à la tempête, tout prêt à perir se jetta dans le Canal, quoique ceux qui étoient dedans nous eussent vû, aimant mieux être pris, & conserver leur vie, que de se voir perir au milieu des flots. D'abord qu'il fut entré, il rangea la côte de plus près qu'il pût, il luy falloit peu d'eau pour pouvor naviger; & étant assuré que nos vaisseaux n'en approcheroient pas de même, il croyoit par-là se sauver, en essuyant en passant une ou deux bordées, son dessein étant d'aller moüiller sous le canon du Château, pour se mettre à couvert des insultes des ennemis. Lors qu'il fut par nôtre travers, & qu'il n'avoit pas mis de pavillon pour ne pas se faire connoître, croyant que nous fussions Flessinguois, nous luy tirâmes un coup de canon à bale, & on arma dans le même temps la Chaloupe qu'on luy envoya avec trente hommes. Abordant le Navire, tout son Equipage se mit à genoux, demandant par grace à nos gens de leur laisser du moins leurs habits dans une saison si rude. Ils étoient si épouvantez, au rapport que nous en fit à son retour l'Officier qui commandoit la Chaloupe, que quoy qu'ils entendissent le langage de nos gens, qui n'étoit pas different du leur, & qu'on leur dît de se rassurer; ils ne pouvoient pas encore se persuader que nous ne fussions Flessinguois, tellement leur imagination en étoit frappée. Enfin revenus de leur étourdissement, ils eurent tant de joye, lors qu'ils nous reconnurent François, que n'ayant plus dans leur fonds de cale qu'un tonneau de vin pour leur provision, ils le monterent sur le pont, & le mirent à discretion entre les mains de nos matelots, qui estimerent plus le tonneau de vin que la prise du Navire, s'il eût été ennemi: aussi s'en donnerent-ils à cœur joye, & ne retournerent à bord qu'avec regret, n'ayant pû vuider le tonneau. Le Capitaine du Navire les accompagna, & il fut obligé à son arrivée de leur servir de truchement, ayant tous perdu, non pas la parole, mais la raison.

XI. *Janvier.*

Les vents devinrent si furieux la nuit qui préceda le onze, qu'ils nous obligerent de caler nos mâts de Hune, & de mettre bas nos grandes Vergues; les tonnerres & les éclairs ne cesserent pas. Les Officiers de l'Heureux Retour voyant avec regret que le temps destiné pour leur course se passoit, & qu'ils ne pouvoient pas s'indemniser des dépenses faites pour leur armement que par quelques prises, qu'ils ne pouvoient pas faire en nous convoyant, nous envoyerent le soir que le vent avoit calmé, un d'entre eux, pour nous avertir qu'ils ne pouvoient pas demeurer plus long-temps avec nous, à moins que nous ne voulussions nous mettre à la place de ceux qui les avoient armez. Cette proposition, quoique tres-juste, ne laissa pas de nous surprendre. Nôtre Capitaine assembla son conseil; & luy ayant remontré l'importance qu'il y avoit de songer à la sûreté d'un

1708. Janvier.

vaiſſeau auſſi riche que le nôtre, il luy repréſenta qu'on n'en avoit pas d'autre que celle de l'Heureux Retour, & que la neceſſité l'obligeoit à condeſcendre à la propoſition que luy avoit fait faire le Capitaine par l'Officier qu'il luy avoit envoyé, avec une déliberation ſignée des principaux Officiers du vaiſſeau. La remontrance judicieuſe de nôtre Capitaine fut acceptée de tout ſon Conſeil; & le lendemain au matin 12. du mois, nos deux Capitaines reſolurent dans une Conference qu'ils eurent enſemble, d'en paſſer les articles à Calliari (en preſence du Conſul François dont la minute devoit être dreſſée par ſon Chancelier, afin qu'elle eût plus d'autorité & plus d'effet,) où nous attendions de nous rendre au premier beau-temps. Dès la pointe du jour nos Charpentiers commencerent avec le calme de mettre à nôtre mâts de Miſaine de meilleures gemelles pour le fortifier, que celles qu'on y avoit miſes le jour de la tempête. Pendant qu'on travailloit, le vent de Sud ¼ Sud-Oueſt ſouffla, il ſe tira peu à peu à l'Oueſt, il paſſa enſuite à l'Oueſt-Nord-Oueſt, & dela au Nord: c'étoit juſtement l'endroit qui nous étoit le plus favorable. Chacun murmuroit de la longueur du travail, on ſe repentoit de l'avoir entrepris, ne pouvant choiſir une meilleure conjonćture pour ſortir du canal, que celle qui ſe préſentoit. Pendant qu'on le finiſſoit, on ne laiſſa pas de virer au Cabeſtan; & tout fut achevé lorſque nous fûmes à pic. A quatre heures du ſoir nous fûmes ſous voile, nous trouvâmes hors du Canal vent arriere, & ſi frais, qu'il nous fit ſerrer toutes nos voiles, excepté nôtre Miſaine que nous laiſſâmes au vent. La nuit fut fort obſcure; les tours qui ſont ſur toute la côte de l'Iſle de Sardaigne, de diſtance en diſtance, qui ſervent de fanal & de ſignaux, en allumant des feux à l'approche de quelque Navire, pour avertir ceux de la Ville, nous ſervirent de guide: il y en eut preſque toute la nuit, qui nous furent d'un grand ſecours. A neuf heures, nous croyant par le travers du Cap de Poule, on mit le vent ſur les voiles pour arrêter le Navire, jetter commodément le plomb, & ſonder; on trouva quarante-trois braſſes.

brasses ; nous continuâmes nôtre route toûjours avec nôtre Misaine ; à dix heures on fonda une seconde fois, on ne fût qu'à vingt-cinq brasses ; à dix heures & demy ayant resondé, on n'en trouva que dix-huit. Sur les onze heures l'Heureux Retour nous fit signal par des fanaux de capage dont on se sert la nuit, appréhendant que nôtre mâts de Misaine ne pût pas resister au vent qui avoit alors fraîchi considerablement. Nos ancres étant parez, nous moüillâmes dans le même moment, croyant être veritablement dans la rade de Calliari.

XIII. *Janvier*.

Nous nous trouvâmes le matin encore à cinq lieuës à l'Ouest du Golfe de cette Ville ; nous n'appareillâmes qu'à neuf heures, & à midy nous moüillâmes dans le Golfe, à un mille de cette Ville, à six brasses d'eau ; nous fismes un salut de neuf coups de canon, & on ne nous en rendit aucun. Nous trouvâmes dans ce Golfe trois Navires François, l'un desquels venant des Isles de l'Amerique, avoit été dématé par un mauvais temps, qu'il trouva à la hauteur des Isles de Majorque ; son dématement l'ayant empêché de pouvoir gagner les côtes de Provence, il fût obligé de relâcher ; & s'étant trouvé devant Calliari, entra dans le Golfe pour se raccomoder. Ce Navire eut le malheur, comme nous aprîmes dans la suite, d'être pris par le Flessinguois dans sa traverse de Calliari à Marseille, après avoir essuyé un rude combat, dans lequel le Capitaine & plusieurs autres de l'Equipage furent tuez. Trois jours après le Flessinguois conduisant sa prise à Livorne, fut rencontré par un de nos Armateurs, qui luy ayant livré le combat, luy enleva la prise, & l'emmena à Toulon. Après que nous eûmes dîné, nôtre Capitaine, accompagné de quelques Officiers, alla visiter le Viceroy ; & après qu'il luy eût fait son compliment, & qu'il luy eût appris le sujet de nôtre relâche, il luy demanda en grace de nous donner le mâts de rechange qui étoit dans les magasins du Roy, s'obligeant de luy en faire venir

1708. Janvier. un semblable. Le Viceroy luy répondit, qu'il n'en étoit pas le Maître, mais qu'il en écriroit au General des Galeres de qui il dépendoit, & qu'il esperoit d'en avoir le lendemain une réponse favorable.

XIV. *Janvier.*

La réponse à la lettre du Viceroy arriva le matin, dans laquelle le General des Galeres marquoit, qu'il ne pouvoit pas absolument luy donner le mâts, qu'il luy demandoit; parce que n'en ayant pas d'autres, & pouvant arriver un même malheur à une de ses Galeres, il se trouveroit dans le même embarras que nous, qu'il étoit mortifié de ne pouvoir suivre l'inclination qu'il avoit de luy faire plaisir, & que la seule necessité l'obligeoit à ce refus. Ce même jour nos Capitaines signerent dans la maison du Consul les articles de convention dont j'ay déja parlé; ces articles portoient, que toutes les prises reviendroient à nos Armateurs, & que pour les bons & agréables services que Monsieur de Lambert nous avoit rendus, on luy en donneroit un dixiéme pour en disposer à sa volonté. J'allai après le dîné à la maison du Consul, pour luy demander, si je pourrois le lendemain descendre mes instrumens à terre, & s'il n'y auroit point de risque à courir, il me répondit de m'en bien donner de garde; car outre que mes instrumens me seroient infailliblement confisquez à la porte de la Ville, je m'exposerois encore à me faire des affaires qui m'auroient donné du chagrin. Cet avis, quoy qu'il me fût avantageux, ne laissa pas de me faire peine, voyant que j'étois privé de faire dans cette Ville des Observations qui auroient déterminé exactement la situation de l'Isle.

XV. *Janvier.*

Je ne descendis à terre que pour apprendre quelques particularitez, & de la Ville & de l'Isle; je sçavois déja que la Ville étoit divisée en haute & basse Ville, qu'on voyoit dans la haute Ville une belle Eglise toute incrutée de marbre, avec trois Chapelles soûterraines, ou reposent les restes précieux de plusieurs Martyrs que je vis dans un grand nombre de petits tombeaux de marbre blanc, rangez les uns sur les autres. Cette haute Ville est renfermée de murailles. La basse Ville est au pied, sur le bord de la mer; elle est toûjours fort sale, particulierement en Hyver, recevant tous les égoûts qui tombent de la superieure, que les pluyes presque continuelles, en la saison où nous étions, y entraînent; ce qui cause des fiévres par les mauvaises exhalaisons qui s'élevent au commencement des chaleurs, & qui donnent la mort à beaucoup d'habitans toutes les années, ce qui fait que cette Ville n'est pas aussi peuplée qu'elle le devroit être : les gens du pays appellent ces fiévres Intemperies : on compte dans Calliari quatre Paroisses & vingt-deux Monasteres.

Le Siége Metropolitain est fondé dans cette Ville depuis les premiers siécles. Lucifer, qui vivoit dans le quatriéme, en fût Evêque; la vivacité de ce Prelat causa le schisme qui arriva de son temps, & auquel il donna son nom. Theodoret fait Lucifer auteur de quelques erreurs, & saint Ambroise le justifie. Je m'informai de quelques sçavans Ecclesiastiques ce qu'ils croyoient de ce Prelat; ils m'assurerent tous que depuis sa mort on l'avoit toûjours reveré & reconnu comme un Saint dans toute l'Isle.

Le Port qui est au Sud de la Ville est un grand Golfe, où il peut moüiller un grand nombre de Navires depuis trois brasses jusques à quinze, sans s'incommoder les uns les autres; un banc de sable commençant à la pointe de bas bord en entrant, s'étend assez loin, & ferme les deux tiers du passage. Pour entrer seurement, il faut ranger à une distance raisonnable le Cap S. Elie, qui est à Tribord, où il y a une petite Isle peu éloignée de la terre, qui laisse un petit passage pour les Galeres. Au fonds du Golfe à l'Ouest de la Ville, il y a des etangs & des salines voisines. Devant la basse Ville, où l'on descend ordinairement à terre, on y voit un petit Môle, où l'on pourroit mettre jusques à quatre Galeres. Ce

1708. Janvier.

Môle est fermé au Sud du côté de la mer par une muraille qui sert de rempart, élevée sur le plan de la mer de trois pieds, sur laquelle il y a une batterie de onze pieces de canon que je crus hors d'usage, les vents étant au Sud, & lorsque les eaux sont hautes, la mer passant alors par dessus ces murailles. La Sardaigne, dont Calliari est la capitale, est une des plus grandes Isles de la Mer Mediterranée, elle a environ six cent cinquante milles de circuit. Sa figure est un quarré long; elle a au Nord l'Isle de Corse, dont elle n'est separée que par un Canal de neuf à dix milles de large. Sardus qui y conduisit une Colonie Grecque, donna le nom à cette Isle. Elle fut habitée par differents peuples jusques à la prise qu'en firent les Carthaginois, que les Romains chasserent. Les Afriquains la prirent sur les Romains; elle passa de ceux-cy aux Pisans & aux Genois; & Jacques II. Roy d'Aragon la leur ayant reprise en 1330. elle est restée depuis toûjours soûmise aux Rois d'Espagne qui l'ont possedée jusques au siecle present, qu'elle a été donnée à l'Electeur de Baviere dans le dernier Traité de Paix que la France & l'Espagne ont fait avec les Anglois, les Hollandois, & la Savoye, &c.

Les premiers habitans de Sardaigne eurent plusieurs Loix, parmy lesquelles celle qui obligeoit les enfans de tuer leurs peres à l'âge de soixante-dix ans étoit d'une cruauté sans exemple; ils prétendoient que cette Loy étoit fondée sur la prudence, & que c'étoit en manquer de laisser vivre des gens qui pouvoient par la foiblesse de leur âge faire des fautes. Les faineans y étoient sevérement punis; cette punition n'étoit observée ordinairement que dans les Villes. Les habitans des montagnes ont herité ce vice de leurs ancestres, & il regne encore chez eux.

Cette Isle a vû naître saint Hilaire, Diacre de l'Eglise Romaine, qui fut créé Pape en 461. Elle est abondante en toutes les choses necessaires à la vie, bleds, vins, fruits, pâturages & bestiaux, d'où l'on tire une grande quantité de fromages.

XVI. *Janvier.*

N'ayant pas trouvé des mâts à Calliari, nos Capitaines résolurent de passer à Malthe. Nous appareillâmes le soir par un vent de Nord-Nord-Ouest ; & avant que d'être sous voile, je fis l'expérience suivante.

EXPERIENCE

Sur l'Equilibre des Eaux de la Mer.

JE remplis de l'eau de la mer un vase dont je m'étois déja servi, & que j'avois fait faire à dessein. Je plongai dans cette eau mon Areometre, & sa pointe rasa la superficie de l'eau, étant chargé du poids de 2.$^{onc.}$ 3.$^{drag.}$ 57.$^{gr.}$ $\frac{1}{4}$. Je trouvai par cette expérience, en la comparant avec celles que j'avois déja faites que le poids des eaux avoit augmenté. Je me reserve de donner les raisons de l'augmentation & de la diminution du poids des eaux de la mer à la fin de mon Journal, où je rapporterai les expériences qui furent faites par Messieurs de l'Académie Royale des Sciences, après que j'eus lû dans l'Assemblée toutes celles que j'avois faites dans mon voyage.

Sortant du Golfe nous fismes route, murez à bas-bord, à l'Est-Sud-Est. Les vents mollirent tout d'un coup, & ne revinrent que le lendemain 17. à une heure du matin ; ils fraîchirent considerablement, & nos nouveaux Marins, qui n'avoient plus souffert de mal, étant à l'ancre, recommencerent à ressentir leurs premieres douleurs : nôtre route fut toute cette journée entre l'Est-Sud-Est & l'Est $\frac{1}{4}$ Sud-Est.

XVIII. *Janvier.*

J'observai le matin l'Amplitude Orientale du Soleil, qui donna la declinaison de l'Aiman 10^d 19' 0".

1708.
Janvier.

REMARQUE

Sur les Eaux de la Mer.

NOus découvrîmes d'assez loin, sur les neuf heures du matin, les eaux de la mer fort troubles; nous crûmes d'abord qu'il s'y étoit fait quelque changement, & qu'il falloit qu'il y eût quelque bas fonds qui nous représentât la mer de même, fondez sur la nouvelle Isle qui s'étoit faite depuis peu de temps dans l'Archipel, proche l'Isle de Santorin. Lorsque nous fûmes sur ces eaux, nous nous trouvâmes entre l'Isle de Sicile & celle de Pantelerie. Je remarquai que ces eaux troublées ne s'étendoient pas jusques sur les côtes de Sicile; mais qu'elles se terminoient à deux lieuës environ de distance de cette Isle. Nous ne vîmes pas où les mêmes eaux se terminoient de l'autre côté; elles paroissoient troublées jusques à l'horizon, & la Vigie qui étoit au haut du grand mâts nous dit, qu'il n'en voyoit pas le terme. Je priay le Capitaine de faire mettre le vent sur les voiles, pour arrêter le Navire qui alloit bon train. Le Navire arrêté nous jettâmes le plomb; & après avoir laissé couler plus de cent brasses de corde, nous ne trouvâmes pas de fonds; ce qui me fit penser que ce changement des eaux provenoit de quelque tremblement de terre, dont la rapidité du mouvement de nôtre Navire nous avoit empêché de ressentir les secousses.

Etant arrivez vers le milieu de ces eaux de l'Est à l'Ouest, d'où nous en voyions les deux extrémitez sur la même parallele. Je fis l'expérience de leur poids, pour le comparer avec celuy que j'avois trouvé à Calliari & à d'autres endroits : son poids fut de 2$^{onc.}$ 3$^{drag.}$ 58$^{gr.}$

Après que je les eus comparées, je trouvai que ces eaux pesoient un demy grain plus que celles du Golfe de Calliari, & un grain & demy plus que celles de la grande Rade de Toulon, & du Canal des Isles de Saint Pierre. Cette augmentation de poids étoit assez considerable, & il n'étoit pas difficile de concevoir que le sable du fonds de la mer ayant été soulevé par le tremblement de terre, & mêlé avec ces eaux, en étoit la seule cause; ce qui confirmoit la pensée que j'avois, qu'infailliblement il étoit arrivé dans ces quartiers-là un tremblement de terre, auquel le mont Vesuve que nous avions vû dans la nuit n'avoit point eu de part, puisque les eaux resterent fort claires le long des côtes de la Sicile.

XIX. *Janvier.*

Nous étions le matin Nord & Sud, avec une petite Isle appellée le Gose de Malthe; nous découvrîmes sur l'avant quatre Navires, dont deux entrerent dans Malthe, & les deux autres resterent à croiser, attendant quelque bonne fortune. A dix heures du matin, étant entrez dans le port de Malthe, nous moüillâmes tout proche des Navires qui nous avoient devancez. Leurs Capitaines nous apprirent, que les deux Vaisseaux qui étoient dehors étoient des Corsaires de Flessingue, croisant depuis assez long-temps dans ces parages, où ils attendoient les Navires Marchands qui venoient de l'Archipel & des côtes de Sirie.

D'abord que nous eûmes dîné, je descendis à terre pour aller visiter & rendre mes devoirs au Grand Maître; je rencontrai à l'entrée du Palais le Commandeur de Lencelot qui étoit de garde, à qui je demandai, si je pourrois saluer son Excellence (c'est le Titre ordinaire qu'on donne au Grand Maître.) Il me conduisit dans la grande salle d'Audience; il fut ensuite avertir le Grand Maître, qu'un Pere Minime François souhaitoit de luy faire la reverence; un moment après le Grand Maître sortit de son cabinet, & me vint recevoir dans la salle. Je fûs surpris de toutes les honnêtetez que je reçus dans cette premiere visite. Il étoit Espagnol, d'une humeur naturellement bienfaisante, d'une taille mediocre, de beaucoup d'esprit & de prudence, à qui les Sciences plaisoient, & les Sçavans trouvoient en luy un digne Protecteur. Il me demanda si les affaires que j'avois à

1708. Janvier.

Malthe avoient besoin de secours, qu'il m'offroit tout ce qui dépendoit de luy; je luy répondis, qu'allant aux Indes occidentales, pour y travailler à la perfection des Sciences & des Arts, le malheur de nôtre démâtement dont il étoit déja informé, & à l'occasion duquel nous implorions son secours, nous avoit obligez de relâcher à Malthe, & m'avoit procuré l'honneur de luy présenter mes respects; que j'étois bien aise de faire quelques Observations pour déterminer la longitude de cete Isle, & que j'avois besoin pour cela de descendre mes instrumens à terre; il me demanda alors s'il devoit arriver quelque éclipse, puisque c'étoit par elles qu'on regloit ordinairement les longitudes; je luy répondis qu'on n'avoit plus besoin des éclipses ni de Lune ni de Soleil, depuis que le sçavant Monsieur Cassini nous avoit enseigné le secret des Longitudes, caché depuis tant de siecles aux Astronomes, en nous donnant les tables des mouvemens des Satellites de Jupiter; j'ajoûtai ensuite l'utilité que tireroit le public des Observations que j'allois faire dans le nouveau Monde, qui serviroient à la construction des nouvelles Cartes beaucoup plus justes que celles dont l'on s'étoit servi jusques alors, & dans lesquelles on trouvoit des erreurs de près de deux cens lieuës dans la position des côtes; il me dit ensuite que si je trouvois dans le Palais un lieu propre pour y faire mes Observations, il me l'offroit. Le Chevalier de Lencelot qui m'avoit presenté, & qui ne m'avoit pas quitté, le pria de permettre que je logeasse chez luy, qu'il avoit à sa maison une belle galerie, fort propre à mon dessein. Me voyant comblé d'honnêtetez, je présentai au Grand Maître les Lettres Patentes de Mathematicien de Sa Majesté, qu'on a vû au commencement de mon Journal; il me marqua alors une joye extrême, & me dit qu'il étoit ravi d'avoir exécuté, sans le sçavoir, les ordres du plus grand Roy du monde, pour qui il avoit eu toute sa vie un tres-profond respect; que j'avois tort de les avoir si long-temps cachées, & de ne les luy avoir pas présentées en entrant. Il témoigna quelque regret de m'avoir promis au Commandeur de Lencelot, il il l'estimoit beaucoup à cause de son merite, & il n'osa pas retracter sa parole, appréhendant de le mortifier. Après une conversation assez longue, je pris congé de luy; & en le quittant il me pria de le visiter aussi souvent que mes Observations me le permettroient.

Le Commandeur de Lencelot ne me quitta plus, il me conduisit chez luy, pour me faire voir la disposition du lieu dont il avoit parlé; je trouvai cette galerie fort commode pour mes Observations; je fis transporter le lendemain tous mes instrumens à sa maison, dont je pris possession le même jour, & je commençai mes Observations.

OBSERVATIONS

PHYSIQUES ET ASTRONOMIQUES,

Faites dans l'Isle de Malthe l'année 1708.

XX. *Janvier.*

LA maison du Commandeur de Lencelot étoit tout auprès de l'Eglise de S. Jean, du côté d'Orient: tout le 20. se passa à préparer mes instrumens pour les Observations suivantes.

Je commençai par la verification du quart de Cercle qui devoit me servi pour prendre les hauteurs meridiennes du Soleil & des Etoiles, pour déterminer la hauteur du Pole de Malthe. Je le trouvai dans le même état où il étoit aux Isles de S. Pierre, je veux dire qu'il donnoit encore les hauteurs trop grandes de quatre minutes.

XXI. *Janvier.*

N'étant pas entierement satisfait de la verification de mon quart de Cercle que j'avois faite le jour précedent, je le verifiai une seconde fois, & je le trouvai encore

1708. Janvier. de même : En Astronomie tuot est d'une grande consequence, & on ne sçauroit être trop exact.

J'observai le soir la hauteur meridienne de Rigel de 45^d 35′ 0″

Il falloit retrancher de cette hauteur le quatre minutes que le quart de Cercle donnoit de trop, pour avoir la hauteur apparente de l'Etoile, que j'appellerai dans la suite premiere Correction,		4.	0.
Premiere Correction,	45^d	31′	0″
Refraction à ôter,			58.
Hauteur meridienne de Rigel corrigée,	45.	30.	2.
Declinaison meridionale de Rigel,	8.	35.	49.
Hauteur de l'Equateur,	54.	5.	51.
Donc hauteur du Pole de Malthe,	35.	54.	9.
Le même jour hauteur meridienne de la Luisante de l'Epaule d'Orion,	61^d	29′	0″
Quart de Cercle,		4.	
Premiere Correction,	61.	25.	0.
Refraction à ôter,			33.
Hauteur corrigée,	61.	24.	27.
Declinaison septentrionale,	7.	19.	0.
Hauteur de l'Equateur,	54.	5.	27.
Donc hauteur du Pole de Malthe,	35.	54.	33.
La même nuit hauteur meridienne de Sirius,	37^d	50′	0″
Quart de Cercle,		4.	
Premiere Correction,	37.	46.	0.
Refraction,		1.	15.
Hauteur corrigée,	37.	44.	45.
Declinaison meridionale,	16.	21.	4.
Hauteur de l'Equateur,	54.	5.	49.
Donc hauteur du Pole de Malthe,	35.	54.	11.

Determination de la Latitude de Malthe.

Par les hauteurs meridiennes de ces trois Etoiles, je crois qu'on peut determiner, en prenant un milieu, la Latitude de Malthe de 35^d 54. 21″.

1708. Janvier.

OBSERVATION

d'une Immersion du premier Satellite de Jupiter.

XXII. *Janvier.*

DEux jours après mon arrrivée je fus assez heureux pour observer une Immersion du premier Satellite de Jupiter. Le Ciel avoit été caché tout le 21. & ne se découvrit que sur le soir. J'avois calculé cette Immersion par les tables des mouvemens des Satellites de Monsieur Cassini; & comme elle ne devoit arriver que le matin du 22. j'attendis fort tranquillement l'heure de l'observation, non sans crainte que les nuages ne vinssent cacher Jupiter.

J'observai donc l'Immersion du premier Satellite dans l'ombre de Jupiter, le matin du 22. avec une bonne Lunette de 15. pieds à l'horloge non corrigée, 0h 53′ 43″

L'horloge tardoit au temps de l'observation de 14. 9.

Donc le vrai temps de cette Immersion fut à 1h 7′ 52″.

Par le calcul corrigé qui me fut communiqué par Monsieur Cassini, à mon retour en Europe, cette Immersion dût arriver à l'Observatoire Royal de Paris, le matin à 0h 18′ 56″

Donc la difference des Meridiens entre l'Observatoire Royal de Paris & Malthe est de 0h 48′ 56″

Hauteurs correspondantes du bord superieur du Soleil.

heures du matin.	hauteurs.	heures du soir.
9h 57′ 2″	28d 38′ 0″	1h 34′ 22″
10. 9. 34.	30. 9. 0.	1. 21. 58.
10. 16. 29.	30. 44. 30.	1. 15. 4.

Par la premiere hauteur l'horloge marquoit à midy, 11h 45′ 47″

Par la seconde, 11. 45. 46.

1708. Janvier.

Et par la troisiéme, qui est moyenne entre les deux autres, 11. 45. 46. ½.

Equation soustractive, 9.

Donc l'horloge marquoit au vray midy, 11. 45. 37. ½.

On verra par le calcul du 14. Février, qui fut fait pour trouver l'Equation, qu'il falloit ôter au midy marqué par les hauteurs correspondantes, de quelle maniere on trouve ces Equations, & le temps auquel il faut les ajoûter, ou les soustraire.

Le soir du même jour 22. l'air étant un peu broüillé par quelques petits nuages, j'observai la hauteur meridienne de Rigel de 45ᵈ 36′ 0″
d'où je conclus la hauteur du Pole de 35ᵈ 53′ 9″.

EXPERIENCE DU BAROMETRE.

XXIII. *Janvier.*

On fait les experiences du Barometre avec un tuyau de verre qu'on remplit de vif argent de la maniere qui suit.

On netoye premierement le tuyau avec un linge bien net & propre, on le remplit jusques à son extrémité de mercure ou de vif argent, ensorte qu'il n'y reste aucun vuide; on bouche ensuite l'ouverture du tube avec le doigt; étant bien bouché, on renverse ce tube, en mettant le même bout bouché dans un vase où l'on a laissé du vif argent de la hauteur d'un pouce, ou d'un pouce & demy. Lorsque ce bout de tuyau trempe dans le vif argent, & qu'on le croit bien perpendiculaire sur le niveau, on retire le doigt, une partie du vif argent renfermé descend, & il n'y en reste qu'une certaine quantité, dont on mesure la hauteur avec une regle divisée en pouces & lignes, de laquelle un des bouts rase le Mercure qui est dans le vase; le poids du vif argent qui reste dans le tuyau depuis la superficie de celuy qui est dans le vase jusqu'à son extrémité, fait équilibre à une colomne d'air d'égale grosseur à celle du Mercure, qui s'étend depuis la terre jusques à l'Ether.

1708. Janvier.

Après que j'eus fait cette expérience, je trouvai que le Mercure restoit suspendu dans le tuyau à la hauteur de 27 pouc. 11 lig. 0″

Dans le temps de cette expérience, l'air étoit chargé de quelques broüillards, & les vents souffloient mediocrement à l'Ouest-Nord-Ouest.

Hauteurs correspondantes du bord superieur du Soleil pour l'Horloge.

Heures du matin.	hauteurs.	heures du soir
10h 17′ 50″	30d 7′ 0″	1h 12′ 44″
10. 22. 21.	31. 28. 20.	1. 8. 14.
10. 26. 14.	31. 46. 20.	1. 4. 22.
10. 29. 38.	32. 2. 0.	1. 0. 53.

Ces quatre correspondances donnent le midy à 11h. 45′ 17″

Equation soustractive, 9.

Reste donc pour le vray midy, 11h 45′ 8″

Le 22. l'horloge marquoit le vray midy à 11h 45′ 37″.

Donc l'Horloge retardoit en vingt-quatre heures de 0. 0. 29.

Ce retardement me servit pour déterminer exactement le temps de l'Immersion du premier Satellite, qui arriva le 22. au matin.

Recherche du vray lieu du Soleil.

	moyens mouvemens de Longitude	mouvemens de l'Apoye.
1708.	9s 10d 11′ 17″	3s 7d 34′ 9″
22. Janvier	0. 20. 41. 55.	4.
23. heures	0. 0. 56. 40.	3. 7. 34. 13.
11. minutes	0. 0. 0. 27.	
	10. 1. 50. 19.	
	3. 7. 34. 13.	
	6. 24. 17. 10.	anomalie.
	0. 48. 49.	equation à ajoûter.

1708. Janvier.

	10. 2. 39. 8.
Equat. du temps 12' 24"	30.
	10. 2. 39. 38.

Le Soleil par ce calcul étoit à midy du 23. Janvier à $2^d\ 39'\ 38''$ ♒.

Recherche de la Declinaison du Soleil.

ANALOGIE.

Comme le Sinus total,	l.	100000000.
eſt au Sinus de la plus grande Declinaiſon, $23^d\ 29'$	l.	96004090.
ainſi le Sinus de la diſtance du Soleil au plus proche Equinoxe, $57^d\ 20'\ 22''$	l.	99252487.
à la Declinaiſon requiſe, $19^d.36'\ 4''$	l.	95256577.

Hauteur meridienne apparente du bord ſuperieur du Soleil,	$34^d\ 50'\ 20''$
Quart de Cercle,	4. 0.
Premiere Correction,	34. 46. 20.
Excez de la Refraction ſur la Parallaxe,	1. 15.
Hauteur corrigée,	34. 45. 5.
Demi-Diametre du Soleil,	16. 21.
Hauteur du Centre,	34. 28. 44.
Declinaiſon meridionale,	19. 36. 4.
Hauteur de l'Equateur,	54. 4. 48.
Donc hauteur du Pole de Malthe,	35. 55. 12.

On donnera à la fin de ce Journal les tables des mouvemens du Soleil, avec leur uſage, pour la commodité de ceux qui voudront, à quelle heure du jour que ce ſoit, trouver le vrai lieu du Soleil dans l'Ecliptique.

OBSERVATION

Sur la Declinaison de l'Aiman.

JE traçai sur une pierre que j'avois posée de niveau, une ligne meridienne à l'heure du vray midy, marqué par mon Horloge, étant alors parfaitement bien connuë, à la faveur de l'ombre d'un fil de pite tres-délié, qui n'est pas sujet à tourner comme la soye, lors qu'elle n'est pas bien cirée; ce tournoiement peut souvent causer de l'erreur par le mouvement de la soye, ce qui n'arrive pas à la pite; lors qu'elle est une fois à plomb, elle ne remuë plus, à moins qu'elle ne soit exposée au vent; desorte que dans l'usage on la doit préferer à la soye, & particulierement dans des observations délicates, comme celles-cy. Cette Meridienne tracée, je posai dessus mes deux boussoles, l'une après l'autre, & je trouvai la variation au Nord-Ouest de 10^d 25' 0''

Cette variation ne differoit de celle que j'avois observée environ quarante lieuës à l'Ouest de l'Isle de Malthe, que de 0. 6' 0''.

XXIV. *Janvier.*

Hauteurs correspondantes du bord superieur du Soleil pour l'Horloge.

heures du matin.	hauteurs.	heures du soir.
9^h 50' 54''	28^d 52' 0.	1^h 38' 32''
9. 59. 17.	29. 42. 50.	1. 30. 9.
10. 12. 46.	30. 57. 0.	1. 16. 43.
10. 19. 29.	31. 30. 30.	1. 9. 56.

Par ces quatre correspondances l'Horloge marquoit à midy, 11^h 44' 43''

L'Equation fut trouvée de 9.

1708. Janvier.

Donc le vray midy étoit à	11. 44. 34.
Le vray midy du 23.	11. 45. 8.

Donc l'Horloge retardoit en vingt-quatre heures de 0. 0. 34.

Le lieu du Soleil fut trouvé à midy au 3^d 40′ 47″ d'Aquarius, & sa declinaison Australe de 19^d 22′ 55″

J'observai la hauteur meridienne apparente du bord superieur du Soleil de 35^d 4′ 0″.

D'où je conclus la hauteur de l'Equateur de 54. 6. 19.

Et la hauteur du Pole de Malthe de 35. 53. 41.

Pour abreger je ne rapporterai plus les calculs tout au long, je les ai mis dans celuy du 23. pour faire voir les élemens dont je me suis servi.

XXVI. *Janvier.*

Le vent fut toûjours Nord-Ouest & le Ciel clair.

Le lieu du Soleil fut trouvé au 5^d 42′ 35″ d'Aquarius, & sa Declinaison de 18^d 52′ 40″.

Hauteurs correspondantes du bord superieur du Soleil pour l'Horloge.

heures du matin.	hauteurs.	heures du soir.
10^h 4. 51.	30^d 47′ 30″	1^h 22′ 12″
10. 11. 57.	31. 26. 0.	1. 15. 6.
10. 17. 25.	31. 54. 0.	1. 9. 38.
10. 24. 16.	32. 26. 30.	1. 2. 48.

Par ces correspondances, qui convenoient toutes à une demi-seconde près, l'Horloge marquoit à midy 11^h 43′ 32″.

Equation soustractive, 9.

Donc le vray midy étoit à	11. 43. 23.
Le vray midy du 24. à	11. 44. 34.

Donc l'Horloge retardoit en deux jours sur le temps vray de 1. 11.

Et en 24. heures de 35.

J'observai

J'obſervai la hauteur meridienne apparente du bord ſuperieur du Soleil de $35^d\ 34'\ 0''$

D'où je conclus ſa hauteur de l'Equateur de $54^d\ 5'\ 10''$

Et la hauteur du Pole de Malthe de 35. 54. 50.

xxvij. *Janvier.*

Les vents ſe tirerent au Sud, & le Ciel reſta clair; la hauteur du Barometre fut de $27^p\ 10^l\ \frac{1}{2}$

Le Soleil ſe trouva au $6^d\ 43'\ 27''$ ♒, & ſa Declinaiſon au même endroit étoit de $18^d\ 37'\ 33''$

J'obſervai la hauteur meridienne apparente du bord ſuperieur du Soleil de $35^d\ 49'\ 15''$

D'où je conclus la hauteur de l'Equateur de 34. 5. 17.

Et la hauteur du Pole de 35. 54. 43.

Le même vent de Sud continua le 28. Nous eûmes le matin quelques foibles nuages qui ſe diſſiperent à meſure que le Soleil s'élevoit ſur l'horizon; j'obſervai la hauteur du Barometre de $27^p\ 10^l\ \frac{1}{2}$

xxix. *Janvier.*

Le vent d'Oueſt-Sud-Oueſt nous amena le matin une petite pluye qui fut de peu de durée.

J'obſervai à midy la hauteur meridienne apparente du bord ſuperieur du Soleil de $36^d\ 20'\ 30.$

D'où je conclus la hauteur de l'Equinox. 54. 5. 35.

Et la hauteur du Pole de 35. 54. 25.

Sur les quatre heures du ſoir l'air ſe chargea de gros nuages qui nous donnerent de la grêle & de la pluye.

Le lendemain 30. le Ciel s'étant trouvé beau le ſoir, j'obſervai la hauteur meridienne apparente de Sirius de $37^d\ 49'\ 0''$

D'où je tirai la hauteur de l'Equateur de 54 4. 49.

Et la hauteur du Pole de 35. 55. 11.

1708. Janvier.

XXXI. *Janvier.*

Je fus obligé de reprendre des hauteurs correſpondantes pour verifier ma Pendule, à cauſe qu'elle avoit été arrêtée le 29. & que je ne ſçavois plus l'heure qu'elle marquoit à midy.

Hauteurs correſpondantes du bord ſuperieur du Soleil pour l'Horloge.

heures du matin.	hauteurs.	heures du ſoir.
9h 44′ 19.	30d 22′ 30″	1h 34′ 3″
9. 50. 59.	31. 5. 0.	1. 27. 24.
9. 56. 39.	31. 38. 30.	1. 21. 46.

Par ces trois correſpondances l'Horloge marquoit à midy 11h 39′ 12″

Les vents commencerent dès le matin de ſouffler au Nord-Nord-Oueſt.

J'obſervai le ſoir la hauteur meridienne apparente de la Luiſante de l'Epaule d'Orion de 61h 28′ 45″.

Cette hauteur donna pour la hauteur du Pole 35. 54. 48.

J'obſervai le même ſoir la hauteur meridienne apparente de Sirius de 37d 49′ 45″.

Par cette hauteur celle du Pole fut trouvée de 35. 54. 26.

I. *Février.*

Les vents furent tout le jour à l'Oueſt-Sud-Oueſt ; le Ciel qui s'étoit caché ne ſe découvrit que le ſoir. J'obſervai la hauteur meridienne apparente de Rigel de 45d 35′ 0″.

Et la hauteur meridienne apparente de Sirius de 37. 49. 45.

Les hauteurs meridiennes apparentes de ces deux Etoiles avoient déja été obſervées les mêmes, les jours précedents.

1708. Février.

11. *Février.*

La journée fut assez belle, les vents furent au Sud-Sud-Est, & nous eûmes des petits nuages qui nous couvrirent le Soleil. Quelques Chevaliers de mes amis m'avoient convié le jour précedent de m'aller promener au Bousquet, lieu de plaisance du Grand-Maistre, au Nord-Ouest de la ville, éloigné d'environ trois lieuës. Nous partîmes le matin, & nous y arrivâmes sur les dix heures; son entrée est une grande porte, entaillée dans le rocher, au commencement d'un chemin qui conduit dans des jardins construits de la même maniere, & où l'on a transporté avec grand soin de la terre pour y pouvoir planter des arbres, & y semer des herbes. Un des Jardiniers nous conduisit sur une élevation, pour nous montrer un parc où il y a quantité de cerfs & de biches; nous passâmes pour nous y rendre dans un endroit fort pierreux, où nous vîmes de beaux oliviers, une grande multitude de liévres, de lapins, de perdrix, & d'autres animaux de differente espece. Au retour nous entrâmes dans une belle grote, bâtie à dessein, au fonds de laquelle il y a une belle cascade & des fontaines tout autour, qui sortent du milieu des rocailles que l'Art a embelli d'une infinité de figures grotesques; & ces fontaines tombant dans des bassins creusez dans le roc font un agréable murmure. On voit au milieu de cette grote une table de pierre entourée des bancs de la même matiere, sur laquelle nous trouvâmes un grand repas que le Chevalier d'Antrechaux, chef de la promenade, avoit donné ordre à ses valets de préparer. Après le dîné nous allâmes voir le jardin, qui est un des plus curieux & des plus beaux que j'aye vû dans un pays qui paroît le plus sterile & le plus affreux du monde. On trouve dans des compartimens d'orangers plantez en plein sol, des citroniers, des grenadiers, & plusieurs autres fruits, & un parterre dans lequel nous vîmes de tres-belles fleurs, quoique nous fussions en hyver. Nous passâmes delà au Palais; cette maison consiste dans un grand corps de

1708. Février.

logis solidement bâti sur un rocher élevé, couvert d'une voute solide, sur laquelle on peut rouler le canon. Il y en avoit alors trois pieces montées sur leurs affuts; nous entrâmes d'abord dans une salle, & ensuite dans plusieurs chambres ornées de belles tapisseries; nous partîmes delà sur les trois heures pour aller voir un autre beau jardin, qui est un grand clos, renfermant un verger planté de toutes sortes de fruits, & arrosé par l'eau d'une source qui sort à gros boüillon d'une grote qui est à l'entrée. Sortant de ce jardin nous allâmes voir la grote de S. Paul; elle est creusée dans le roc au dessous d'une Eglise dédiée à ce grand Apôtre, riche & magnifique en Architecture, bâtie de la pierre qu'on a prise sur le lieu, d'une couleur tirant un peu sur le jaune, molle dans sa carriere, & qui durcit exposée à l'air. Cette grote, selon qu'elle me parût, devoit être extrémement petite; car quoy qu'on en tire tous les jours des pierres, pour satisfaire la devotion des étrangers, elle est encore fort étroite. Je remplis un petit sac des mêmes pierres, dans l'esperance de les porter à la Martinique, à mon retour des Indes. La vertu singuliere, que les habitans attribuënt à cette pierre, c'est qu'en la portant sur eux, ils esperent d'être délivrez de la morsure dangereuse des serpens qui sont en grand nombre dans cette Isle, & dans quelques autres qui n'en sont pas fort éloignées.

Cette grote a été sanctifiée par une retraite de trois mois que ce grand Apôtre y fit aprés son naufrage, de laquelle il ne sortoit que lors qu'il alloit prêcher au peuple; il montoit, selon la tradition du pays, sur une petite élevation, entourée aujourd'huy d'une balustrade de pierre faite en cercle, où l'on voit dans son centre un pied d'estal sur lequel est posée la statuë de S. Paul, qui le représente prêchant.

Nous vîmes, retournant à la Ville, plusieurs autres belles Eglises, qui marquent l'attachement qu'a ce grand Ordre pour le Culte Divin.

III. *Février.*

Je fus prié par Monsieur le Grand Prieur de Messine, & Monsieur le Commandeur de Zondadari, qui logeoient ensemble dans un des plus beaux Palais de Malthe, d'aller dîner chez eux; ils avoient dans leur Palais un tres-habile Dessinateur, à qui ils faisoient alors dessiner tous les Ports & toutes les Isles de la mer Mediterranée. Cet ouvrage étoit déja presque fini; il avoit au commencement une Carte generale de la mer Mediterranée, tres-belle à la vuë, mais inutile dans l'usage. La situation de tous les lieux par rapport à la longitude & à la latitude y étant mal placez.

J'observai le soir la hauteur meridienne apparente de Sirius de 37ᵈ 49′ 45″

IV. *Février.*

Je fus obligé de prendre de nouvelles correspondances pour connoître l'état de mon Horloge, l'ayant trouvé le soir du jour précedent arrêté.

Hauteurs correspondantes du bord superieur du Soleil pour l'Horloge.

heures du matin.	hauteurs.	heures du soir.
$7^h\ 59'\ 40''$	$25^d\ 39'\ 30''$	$1^h\ 13'\ 38''$
8. 5. 17.	26. 57. 30.	1. 8. 1.
8. 17. 59.	28. 35. 50.	1. 55. 19.

Par ces trois hauteurs l'Horloge marquoit à midy $10^h\ 36'\ 39''$

Après midy les vents se rangerent au Nord-Est, ils nous amenerent des nuages qui couvrirent le Ciel, & m'empêcherent d'observer une Immersion du premier Satellite de Jupiter, qui devoit arriver dans la nuit du quatre au cinq.

1708.
Février.

vj. *Février.*

Le Ciel fut clair & serain, j'avois besoin que mon Horloge fût bien reglé ; & ne sçachant pas de combien elle retardoit dans vingt-quatre heures, ayant été arrêté les jours précedens, je pris les hauteurs suivantes pour m'en assurer.

Hauteurs correspondantes du bord superieur du Soleil pour verifier l'Horloge.

heures du matin.	hauteurs.	heures du soir.
8h 41′ 57″.	32d 8′ 10″	0h 27′ 53″.
8. 47. 20.	32. 32. 30.	0. 22. 31.
8. 52. 32.	33. 14. 20.	0. 17. 20.

Par la premiere correspondance l'Horloge marquoit à midy — 10h 34′ 55″
par la seconde — 10. 34. 55 ½.
& par la troisiéme — 10. 34. 56.
prenant un milieu on eut midy à — 10. 34. 55 ½.

Le lieu du Soleil fut trouvé par le calcul au 16d 51′ 14″ ♒.
& sa declinaison de — 15d 48′ 51″.

J'observai la hauteur meridienne apparente de son bord superieur de — 38d 37′ 30″
d'où je conclus la hauteur de l'Equateur de — 54. 4. 56.
& la hauteur du Pole de — 35. 55. 4.

x. *Février.*

Depuis le 7. au matin les temps furent fort inconstans, nous eûmes de la pluye, de la grêle, & un vent du Nord-Ouest violent ; le Barometre ne changea presque pas, & je le trouvai durant ces trois jours dans les experiences que je fis de — 27p 10l 0″

Les vents se rangerent le 10. au Sud-Sud-Est ; ils nous ramenerent le beau temps, en chassant les nuages qui avoient caché le Ciel durant les trois jours précedens,

Je passai ce jour-là chez Monsieur le Chancelier de l'Ordre de Malthe, Espagnol de beaucoup de merite, sçavant, donnant à l'étude des Mathematiques une partie de son temps. Nous fismes ensemble sur les dix heures du matin l'experience du Barometre, & nous trouvâmes le Mercure suspendu à la hauteur de 27p 10l ½ 1708. Février.

xiij. *Février.*

Depuis le dix, le temps n'avoit pas changé, le vent resta toûjours au Sud-Sud-Est, & nous n'eûmes que quelques petits broüillards le matin, qui se dissipoient à mesure que le Soleil montoit sur l'horison. La nuit du treize au quatorze il devoit arriver une immersion du premier Satellite de Jupiter; je m'y préparai dès le matin, prenant quelques correspondances des hauteurs du Soleil, pour m'assurer de mon Horloge, esperant que le temps seroit plus favorable qu'il n'avoit été en plusieurs autres occasions.

Hauteurs correspondantes du bord superieur du Soleil pour l'Horloge.

heures du matin.	hauteurs.	heures du soir.
8h 3' 35"	30d 12' 30"	0h 53' 1"
8. 8. 50.	30. 53. 0.	0. 47. 46.
8. 13. 45.	31. 32. 0.	0. 42. 48.
8. 22. 49.	32. 40. 0.	0. 33. 46.

Par la premiere & derniere correspondance l'Horloge marquoit à midy 10h 28' 17" ½.
par la seconde 10. 28. 18.
& par la troisiéme 10. 28. 16.
prenant un milieu, on eût midy à 10. 28. 17.
Equation soustractive, 13.
Donc le vray midy à l'Horloge étoit à 10. 28. 4.

1708.
Février.

OBSERVATION

D'une Immersion du premier Satellite de Jupiter.

XIV. *Février.*

J'Observai le matin une Immersion du premier Satellite de Jupiter dans l'ombre de cette Planete. Les vents de Sud Sud-Est, qui continuoient depuis le dix, ébranloient de temps en temps ma Lunette; mais heureusement le vent ne soufflant plus alors que par intervalle, il se trouva entierement tranquille au moment que le Satellite s'immergea dans l'ombre, & la Lunette ne remuant plus, je crus mon observation fort assurée. Le Ciel étoit clair & serain, & l'Horloge marquoit au moment de l'Immersion 11h 41' 28".

Par les hauteurs correspondantes je trouvai que l'Horloge retardoit au temps de l'observation de 1. 32. 27.

Donc le vray temps de l'Immersion arriva à 1. 13. 55.

Messieurs Cassini & Maraldy avoient observé à l'Observatoire Royal de Paris l'Immersion du premier Satellite qui avoit précedé celle-cy, & trouverent par le calcul corrigé, que cette Immersion dût arriver à Paris le 14. au matin à 0h 25' 30"

Donc la difference en temps entre Malthe & l'Observatoire Royal de Paris, qui resulte de cette observation, est de 0h 48' 25"

RECHERCHE

RECHERCHE DE L'EQUATION

Qu'il faut ajoûter ou soustraire au midy trouvé par des hauteurs correspondantes pour avoir le vray midy.

LE midy trouvé par les hauteurs correspondantes n'est pas le vray midy ; le mouvement du Soleil qui se fait dans l'Ecliptique, changeant à tout moment de declinaison, change aussi ses hauteurs, & par consequent à des heures également distantes de midy ; on doit trouver, en observant le Soleil, des hauteurs differentes, & les mêmes hauteurs doivent aussi arriver à des temps differents : ces differences sont appellées Equations, & c'est ce que l'on cherche icy.

Il n'y a point d'Equations les jours des Solstices, le changement de declinaison du Soleil de qui elles dépendent n'étant pas alors sensible.

Les Equations commencent aux Solstices, & elles augmentent jusques aux Equinoxes, & vont en diminuant depuis les Equinoxes jusques aux Solstices ; de sorte que les Equations augmentent à mesure que les declinaisons du Soleil diminuent, & elles diminuent lorsque les declinaisons augmentent.

Lorsque le Soleil monte du Midy au Septentrion, les Equations sont à soustraire ; ce qui arrive, le Soleil parcourant les six Signes suivans, ♑, ♒, ♓, ♈, ♉, ♊, & lors qu'il descend, parcourant les autres six Signes, ♋, ♌, ♍, ♎, ♏, ♐ ; elles sont à ajoûter.

Ces Equations dépendent de plusieurs élemens, comme l'on verra dans le calcul suivant que j'ay donné tout au long pour servir d'instruction à ceux qui commencent d'apprendre l'Astronomie. Elles supposent la distance du Soleil au Pole, exactement connuë, qu'on ne sçauroit trouver, si on ignoroit sa declinaison ; & la connoissance de cette declinaison seroit impossible, si on ne sçavoit pas dans quel degré & minute du Zodiaque le Soleil se trouve ; ce qui m'a donné lieu de rapporter à

1708. Février.

la fin de mon Journal les tables de ses mouvemens, qui seront d'une grande utilité à ceux qui s'appliqueront aux Observations Astronomiques. Pour le calcul de ces Equations il faut encore sçavoir la hauteur du Pole, & celle du Soleil sur l'horison, qu'il faut prendre fort exactement avec un bon quart de Cercle, & la purger ensuite de la Refraction & de la Parallaxe pour avoir la vraye hauteur; celle qu'on observe n'étant que l'apparente. Ces trois choses connuës, sçavoir, la declinaison du Soleil, sa hauteur sur l'horison, & la hauteur du Pole; on prendra leurs complemens qu'on ajoûtera à une même somme; de la moitié de cette somme on retranchera la distance du Soleil au Pole, & la difference qui en resultera sera le second terme d'une regle de proportion; on retranchera aussi de la moitié de la même somme le complement de la hauteur du Pole, dont la difference servira de troisiéme terme, & le premier sera le côté AB du triangle BAC, qui est la distance du Soleil au Pole. Le quatriéme terme que donnera cette regle, deviendra le troisiéme terme d'une seconde regle de proportion, dont le Sinus total sera le second, & le complement de la hauteur du Pole ou côté CA du triangle CAB, le premier; le quatriéme terme de cette seconde regle doit être multiplié par le Sinus total, & la racine quarrée de cette multiplication sera le Sinus de la moitié de l'angle DAB, dont le double est la distance du Soleil au Meridien. On fait pour l'après-midy un calcul semblable à celuy du matin; & la moitié de la difference de ces deux angles changée en temps par la table de la reduction des parties de l'Equateur en temps, qu'on trouvera à la fin des tables du mouvement du Soleil, donne l'Equation qu'on cherche.

1708.
Février.

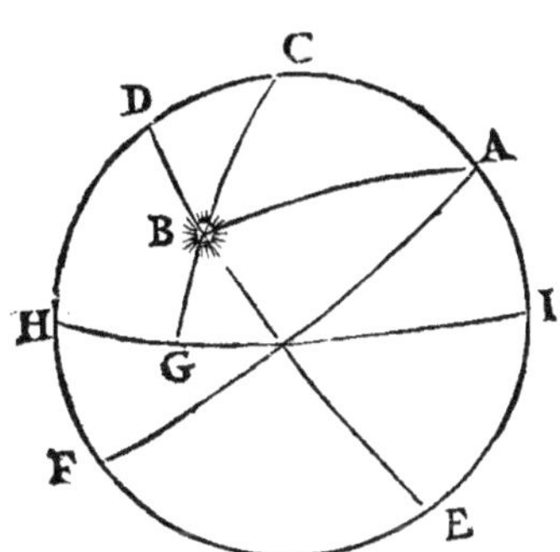

DEMONSTRATION.

Soit dans la figure presente I A C D H E le Meridien; D E, l'Ecliptique; H I, l'Horison; & G C, le Vertical qui passe par le Centre du Soleil B.

Le Soleil étant en B, sa hauteur sur l'Horison sera G B, & le reste au quart de Cercle B C, sera son complement, qui sera icy de 57ᵈ 54′ 46″. A I est la hauteur du Pole, & son Complement sera A C de 54ᵈ 6′, supposant la hauteur du Pole, comme elle a été déterminée dans ces Observations de 35ᵈ 54′, & B A sera la distance du Soleil au Pole de 103ᵈ 15′ 46″ le matin, & de 103ᵈ 12′ 4″ après midy.

Or dans le triangle C A B, les trois côtez CA, CB, AB, étant connus, on desire sçavoir l'angle C A B, qu'on trouvera par les Analogies suivantes,

Recherche de l'Angle du matin.

Premiere Analogie.

103ᵈ 15′ 46″ Distance du Soleil au Pole, l. 998825.
54. 6. 0. Complement de la hauteur du Pole,
57. 54. 46. Complement de la hauteur du Soleil,

215. 16. 32. Somme,
107. 38. 16. Moitié de la somme,
103. 15. 46.

1708. Février.

4. 22. 30.	Premiere difference,		l.	888243.
54. 6. 0				
53. 32. 16.	Seconde difference,		l.	990539.
				1878782.
				998825.
				879957.

Seconde Analogie.

l.	990850.
l.	1000000.
l.	879957.
	1879957.
	990850.

Quatriéme Sinus multiplié par le Sinus total, 1889107.
Racine quarrée, 944558.
qui eſt le Logarithme du Sinus de la moitié de l'angle du matin 16ᵈ 11′ 54″ dont le double 32ᵈ 23′ 48″ ſera l'angle requis CAB qu'on cherchoit.

Recherche de l'Angle d'aprés-midy.

Premiere Analogie.

103ᵈ 12′ 4″	Diſtance du Soleil au Pole,	l.	998837.
54. 6. 0.	Complement de la hauteur du Pole,		
57. 54. 46.	Complement de la hauteur du Soleil,		
215. 12. 50.	Somme,		
107. 36. 25.	Moitié,		
103. 12. 4.			
4. 24. 21.	Premiere difference,	l.	888545.
54. 6. 0.			
53. 30. 25.	Seconde difference,	l.	990522.
			1879067.
			998837.
			880230.

Seconde Analogie.

990850.
1000000.
880230.

1880230.
990850.

1889380. Quatriéme Sinus multiplié par le Sinus total.
944690. Racine quarrée & Sinus de la moitié de l'angle requis, 16^d 15′ 15″.
dont le double est la distance du Centre du Soleil au Meridien, 32. 30. 30.
qui est l'angle du soir C A B qu'on cherchoit,

Retranchant de celuy-cy l'angle trouvé devant midy, 32^d 23. 48.

Restera pour la difference 0^d 6′ [illegible]″

Donc la moitié, 0^d 3′ 21″.
étant convertie en temps donnera l'Equation qu'on cherchoit de 0′ 13″.

Si on veut reduire les 3′ 21″ en temps, sans se servir des tables, il faut reduire les 3′ minutes en secondes, on aura 201″; & comme il passe par le Meridien chaque heure du jour 15^d on reduit aussi les 15^d en secondes, qui sont 54000″, & l'heure de même qui est de 3600″, & par l'Analogie suivante on trouve l'Equation cherchée.

ANALOGIE.

54000″. 3600″ : : 201″. 13″. 24‴.

Le même jour j'observai la hauteur meridienne du bord superieur du Soleil de 41^d 13′ 0″

Le lieu du Soleil à midy fut trouvé au 2[illegible]^d 5′ [illegible]″ ♒.

Et sa declinaison de 13^d 13′ 55″.

D'où je conclus la hauteur de l'Equateur de 54^d 5′ 40.

Et la hauteur du Pole, 35. 54. 20.

1708. Février.

Hauteurs correspondantes du bord superieur du 14. pour l'Horloge.

heures du matin.	hauteurs.	heures du soir.
$8^h\ 12'\ 1''$	$31^d\ 44'\ 15''$	$0^h\ 42'\ 29''$
8. 17. 15.	32. 23. 30.	0. 37. 19.
8. 21. 39.	32. 56. 15.	0. 32. 58.

Par la premiere hauteur l'Horloge marquoit à midy, $10^h\ 27'\ 15''$

Par la seconde. 10. 27. 17.

Et par la troisiéme, 10. 27. 18.

Prenant un milieu on eut midy à 10. 27. 16. $\frac{1}{2}$.

Equation soustractive, 13.

Donc le vray midy fut à 10. 27. 3.

Midy du 13. 10. 28. 4.

Donc l'Horloge retardoit en 24. heures de 0. 1. 1.

en 12. 0. 30.

en 6. 0. 15.

C'est sur ce retardement que je corrigai l'observation de l'Immersion du premier Satellite de Jupiter faite le matin.

XV. *Février.*

Les vents se tirerent le matin au Sud : ce sont ordinairement ces vents ou ceux de Sud-Est qui ramenent le beau temps, en chassant les nuages, & purifient l'air à Malthe ; aussi eûmes-nous une tres-belle journée.

La hauteur meridienne apparente du bord superieur du Soleil fut observée de $41^d\ 33'\ 10''$

D'où je tirai la hauteur de l'Equateur, trouvée de 54. 5. 46.

Et la hauteur du Pole de 35. 54. 14.

AVERTISSEMENT.

Ces Observations furent lûës à l'Assemblée de l'Académie Royale des Sciences par M. Cassini le fils, à qui

Monseigneur le Comte de Pontchartrain les avoit fait remettre pour les examiner. Après qu'il les eut reçuës, elles furent ensuite inserées dans les Memoires de l'Académie Royale des Sciences de 1708. Je m'apperçus, les ayant envoyées à ce vigilant Ministre, examinant mon quart de Cercle, qu'il donnoit les hauteurs plus grandes d'une demy minute que je n'avois marqué dans ces Observations ; & qu'au lieu de 3′ 30″ que j'avois ôtées des hauteurs, il falloit en ôter 4′ justes ; desorte qu'il faut retrancher sur les hauteurs rapportées dans les Memoires de l'Académie Royale des Sciences 30″, qui augmenteront de la même quantité les hauteurs du Pole.

EXPERIENCES

Faites sur l'Equilibre des Eaux.

LA premiere de ces experiences fut faite sur l'eau d'une fontaine qui coule dans la ruë des Marchands ; je trouvai que son équilibre comparant son volume avec celuy du même Areometre dont je m'étois servi pour toutes les autres eaux, étoit du poids de 2 onc. 3 drag. 17 gr.

La seconde fut de l'eau d'une citerne qui étoit dans la maison où je faisois mes observations ; son équilibre se trouva de 2. onc. 3. drag. 57. gr. ½.

Celle-cy pesa un demy grain de plus sur le poids de 2 onc. 3 drag. 17 gr. venant de ce que l'eau de pluye qui tombe dans des citernes, est mêlée avec des parties Heterogenes qui en augmentent le poids.

La troisiéme fut de l'eau de la mer ; je trouvai l'équilibre de celle-cy de 2 onc. 3 drag. 58 gr.

Je crus qu'en filtrant cette eau par quelque sable, je pourrois en dégager les parties salines & bitumineuses, que je ne doutois pas être la cause essentielle de l'excés de son poids sur les eaux douces.

Pour faire cette experience je remplis à la hauteur de 13. pouces un vase d'un demy pied de diametre, d'un

1708. Février. ſable fait de la pierre de Malthe ; je diſpoſai ce vaſe en ſorte que je pûs mettre au deſſous un recipiant. La préparation faite, je paſſai par ce ſable juſqu'à trois differentes fois la même eau de la mer dont j'avois déja obſervé l'équilibre. A la premiere filtration je ne trouvai aux poids de ces eaux ni augmentation ni diminution ; à la ſeconde je trouvai un demy grain de plus ; & à la troiſiéme un grain & demy. Cette eau reſta toujours claire, & elle ne prit que la teinture du ſable, qui étoit d'un blanc tirant ſur le jaune ; elle perdit auſſi, en ſe filtrant, de ſon amertume & de ſon goût ſalé, ce que je connus en la mettant ſur la langue.

Je conclus de ces expériences, premierement, que le changement de couleur venoit des parties du ſable dans lequel cette eau avoit été filtrée, qui s'étoient mêlées avec elle.

2°. Que la diminution de ſon amertume & de ſon goût ſalé venoit de ce que quelques-unes des parties ſalées & bitumineuſes étoient reſtées engagées dans le ſable par la filtration.

3°. Que l'augmentation de ſon poids étoit un effet du mélange des petits corps du ſable, qui étant plus peſans que les parties ſalines & bitumineuſes, & en occupant leurs places, avoit renduë cette eau ainſi filtrée plus peſante.

RESULTAT

Des Obſervations faites à Malthe.

ON ſçait aſſez de quelle conſequence ſont les Obſervations aſtronomiques faites en divers lieux de la terre, le Globe nous ſeroit encore repreſenté dans la confuſion ſur les Cartes Geographiques, ſi des hommes zelez, préferant le bien public & l'avancement des Sciences à leur propre repos, ne s'étoient expoſez à des longs & penibles voyages, pour placer ces lieux dans leur veritable poſition ſur ces Cartes.

Détermination

Détermination de la Longitude.

La premiere observation que je fis à Malthe pour déterminer la Longitude, fut une Immersion du premier Satellite de Jupiter dans l'ombre de cette Planette, qui arriva le 22. Janvier au matin à 1h 7′ 44″

La même Immersion dût arriver à Paris par le calcul corrigé à 0h 18′ 56″.

Donc par cette premiere observation la difference en Longitude entre Malthe & Paris est de 0h 48′ 48″

La seconde fut une Immersion du premier Satellite que j'observai à Malthe le matin du 14. Février à 1h 13′ 55″.

La même Immersion fut observée à l'Observatoire Royal de Paris par Messieurs Cassini & Maraldy le matin du même jour, à 0h 25′ 30″

La difference qui resulte de ces deux observations est de 0h 48′ 25″. qui est la difference en Longitude entre Paris & Malthe.

Si on prend la difference entre l'observation du 22. Janvier & celle-cy, on trouvera 0h 0′ 31″ dont la moitié sera de 15. laquelle moitié étant ajoûtée à la moindre difference, trouvée 0h 48′ 25″ donnera pour la veritable difference de l'Observatoire Royal de Paris à Malthe, 0h 48′ 40″

Or pour avoir la difference de Paris à Malthe en degrez & minutes, il ne faut que convertir cette difference par la table de la reduction du temps, en degrez, minutes & secondes de l'Equateur, qu'on trouvera à la fin de ce Journal, après les tables des mouvemens du Soleil, de la maniere qui suit, & on aura la difference en degrez, minutes, & secondes,

Pour 48′ de temps	12d	0′	0″.
pour 0′ 40″		10.	0.

Donc on trouve, la reduction faite, que Malthe est plus orientale que Paris de 12d 10′ 0″.

1708. Février.

Ajoûtant cette difference à la Longitude de Paris, 21ᵈ 30′ 0″.
on aura pour la Longitude de Malthe, 33. 40. 0.

Détermination de la Latitude.

La Latitude de Malthe a été déterminée par plusieurs observations des hauteurs meridiennes des Etoiles, & par celles du bord superieur du Soleil, que je ne rapporte pas icy, & qu'on peut voir dans les observations journalieres.

La plus grande hauteur du Pole par huit observations des Etoiles fixes, fut trouvée de 35ᵈ 55′ 11″.
Et la moindre de 35. 54. 9.

difference 1. 2.
moitié 31.

Laquelle moitié de cette difference étant ajoûtée à la moindre hauteur du Pole observée, on aura pour la hauteur moyenne, 35ᵈ 54′ 40″.

La plus grande hauteur du Pole par huit hauteurs differentes du bord superieur du Soleil fut observée de 35ᵈ 55′ 12″.
Et la moindre de 35. 53. 41.

difference 1. 31.
moitié 0. 45.

Ajoûtant cette moitié à la moindre hauteur du Pole, qui resultoit des observations, on aura par les hauteurs meridiennes du bord superieur du Soleil observées, la moyenne hauteur du Pole de 35ᵈ 54′ 26″

Si on prend la difference qui est entre la hauteur moyenne du Pole observée par les fixes, & la moyenne hauteur observée par le Soleil, on aura une seconde difference de 0. 0. 14.
dont la moitié 7.

Etant ajoutée à la hauteur du Pole observée par les hauteurs du Soleil, on aura la veritable hauteur du Pole de Malthe de 35ᵈ 54′ 33″.

Détermination de la Declinaison de l'Aiman.

Par plusieurs lignes meridiennes que je traçai fort exactement sur un plan que j'avois posé de niveau, je trouvai, après avoir mis sur ces lignes meridiennes deux differentes Boussoles, dont l'une avoit sa boëte de bois, & l'autre de cuivre, que l'Aiguille aimantée declinoit vers le Nord-Ouest de 10^{d} 25' 0"

Remarques sur les Experiences du Barometre.

Je remarquai dans ces experiences que les plus grandes bassesses du Mercure arrivoient lorsque les vents étoient du côté du Nord, & le temps à la pluye; & les plus grandes hauteurs du même Mercure, lorsque les vents souffloient du côté du Sud, & que le Ciel étoit clair & serain. La plus grande hauteur du Mercure fut observée de 27^{p} 10^{l} $\frac{1}{2}$.

Et la moindre de 27. 10. 0.

De sorte qu'entre la moindre hauteur & la plus grande il ne se trouva dans toutes les observations que je fis qu'une demi-ligne de difference.

Remarques sur l'Equilibre des eaux de la Mer.

Un même volume d'eau de la mer égal à l'Areometre dont je m'étois servi à Toulon, aux Isles de S. Pierre, & au sortir du Golfe de Calliari, Ville capitale de l'Isle de Sardaigne, fut observé peser un grain de plus sur un poids de 2. onces 3. dragmes 57. grains, qu'il ne pesoit à Toulon & aux Isles de S. Pierre, & un demi-grain de plus que celle de l'entrée du Golfe de Calliari.

XVII. *Février.*

Tous les ouvrages qu'il avoit fallu faire pour le radoub de nôtre Navire furent finis, les mâts furent dans leurs lieux, & les marchandises qu'on avoit déchargées,

1708. Février. pour donner une nouvelle forme à la cargaison, furent placées dans une autre situation : on crut qu'étant mieux rangées qu'elles n'étoient sortant de Marseille, le Navire en porteroit mieux le voile, & que nous ne courrions pas tant de risque de démâter. Nôtre Capitaine m'avertit le matin qu'il vouloit mettre le lendemain à la voile ; je démontai mes instrumens, je les fis porter à bord, où je m'arrêtai pour dîner. Pendant que nous étions à table, le feu prit sur l'avant du Navire par l'imprudence des Cuisiniers: rien n'est plus à craindre dans ces endroits, on y auroit besoin de Cuisiniers qui eussent naturellement de la repugnance pour le vin ; car les plus grands malheurs, causez ordinairement par le feu, arrivent presque toûjours pour en trop boire. Après que nous eûmes dîné, je retournai à la Ville, pour prendre congé de mes amis que je n'avois vûs que rarement pendant le sejour que je fis dans cette Ville, étant entierement occupé à mes observations. Sur les quatre heures du soir j'allai au Palais pour voir le Grand Maître ; il étoit malade depuis quelques jours ; & ceux qui étoient de garde me dirent que les Medecins avoient défendu de le laisser parler à personne. J'en fus tres-mortifié, je luy avois beaucoup d'obligation, & il ne dépendit pas de luy que je ne restasse à Malthe pour enseigner les Mathematiques aux jeunes Chevaliers ; il m'en avoit fait plusieurs fois la proposition. Le Chancelier qui étoit chargé de cette commission, me pressa extrémement de satisfaire aux desirs du Grand Maître ; mais ayant d'autres vuës, je m'en excusai de mon mieux, n'ayant pas entrepris un si long voyage pour le terminer si-tôt, & n'ayant pas non plus dessein de finir mes observations par l'Isle de Malthe.

Cluvier a crû que Malthe étoit l'ancienne Ogygie, où la Nymphe Calipso habitoit, & où elle reçut Ulisse avec tant d'humanité, après le naufrage qui luy arriva sur ses côtes.

Ptolomée a compté Malthe entre les Isles d'Afrique, fondé sur le langage qu'on y parloit de son temps, & que les natifs du pays y parlent encore aujourd'huy, qui est un Arabe corrompu.

Dapper dans sa Description d'Afrique a situé Malthe à 49^d de longitude, & à 35^d 10' de latitude. Cette situation ne convient pas avec celle qui a été determinée fort exactement par mes observations, comme on vient de voir ; puisque la latitude de cette Isle est de 35^d 54' 33" & sa longitude de 33^d 40' 0". 1708. Février.

Malthe a au Nord la Sicile à environ 45. milles de distance, à l'Est la partie orientale de la mer Mediterranée, au Sud le Royaume de Tripoli, & cette Ville en est éloignée de 181. milles, selon les observations que j'y fis en 1701. rapportées dans les Memoires de l'Académie Royale des Sciences de 1702.

Les Carthaginois se rendirent maîtres de Malthe, pendant qu'elle étoit soûmise au Roy Battus, ennemi irreconciliable de la Reine Didon. Malthe tomba dans la suite sous la puissance des Romains ; & l'an 828. ayant passé de ceux-cy au pouvoir des Mahometans, elle leur fut ravie l'an 1090. par Roger le Normand, Comte de Sicile. Du depuis Malthe resta entre les mains des Rois de Sicile, jusques à la conquête de Naples & de Sicile par l'Empereur Charles-Quint, Roy d'Espagne. Cet Empereur informé des grandes victoires que remportoient tous les jours sur les Turcs les Chevaliers de l'Ordre de S. Jean de Jerusalem, & leur resolution à s'opposer à tous leurs desseins, & à nettoyer la mer des Corsaires, il leur ceda en plein don les Isles de Malthe & de Gose, à condition que tous les ans, à la Fête de tous les Saints, ils présenteroient au Viceroy de Sicile un faucon, en reconnoissance ou en hommage de cette investiture.

Cette Isle a souffert plusieurs attaques des ennemis du nom Chrétien, depuis que les Chevaliers de Saint Jean de Jerusalem, appellez depuis Chevaliers de Malthe, la possedent. La plus rude fut celle de l'année 1566. Soliman y tint le siege pendant quatre mois, il ne croyoit pas qu'elle resistât si long-temps ; voyant tous ses efforts inutiles, il leva le siege avec confusion, après avoir tiré 7800. coups de canon, perdu 1500. soldats, & 8000. matelots.

1708. Février.

Toute cette Isle est fort pierreuse, les recoltes qu'on fait en bled & en orge ne suffiroient pas aux habitans pour trois mois de nourriture, elle tire toutes ses provisions de l'Isle de Sicile ; & l'on voit tous les matins entrer dans le port des batteaux qui viennent chargez de tout ce qui leur est necessaire. Plusieurs Auteurs ont donné une ample description de Malthe, & il seroit fort inutile de repeter icy ce qu'ils en ont déja dit.

XIX. *Février.*

Quelques vaisseaux marchands qui se trouverent dans ce port, venant de diverses Echelles du Levant, détenus par deux Navires Flessinguois qui croisoient depuis assez long-temps vers l'entrée du port, pour les attendre, appareillerent à la pointe du jour. Leurs Capitaines avoient prié les nôtres de les escorter jusques au Cap-Bon, endroit où nous devions nous separer. Nous les suivîmes de près toute la journée pour les conserver. Les Flessinguois appréhendant nos Navires, n'oserent pas les attaquer, & continuerent leur route.

XX. *Février.*

Les Navires Marchands qui s'étoient conservé quelque avantage sur nous le 19. ne parurent plus le matin ; ils nous donnerent beaucoup d'inquiétude, appréhendant qu'ils ne tombassent sous les mains de ces Ecumeurs de mer qui étoient à croiser, & que nous avions vûs le jour précedent. Le 21. les vents se tirerent à l'Ouest, & nous eûmes le déplaisir dès la sortie du port de voir nôtre navigation traversée. Le 22. le même vent continua, & nous nous trouvâmes sur le soir par le travers de l'Isle de la Pantalerie ; la mer grossissant, & le vent augmentant toûjours, nous prîmes le party d'aller passer la nuit suivante sous le vent de cette Isle, nous flattant de quelque changement avant que le jour parût.

La Pantalerie est la Cossira de Ptolomée, elle est située entre l'Isle de Sicile & la terre-ferme d'Afrique, elle a environ 7. ou 8. lieuës de contour. La Ville qui porte son nom est vers le Nord de l'Isle, défenduë d'un Château bâti sur l'extrémité d'un rocher escarpé de tous côtez, qui rend son accez entierement inaccessible. La plus grande partie de cette Isle est fermée de montagnes qui forment dans leur milieu un gouffre profond, que les habitans appellent *Fossa*; le terrain y est sec & pierreux, & produit tres-peu de grains. Cette sterilité oblige les habitans d'avoir recours à la Sicile, qui leur fournit ce qui leur manque. Il croît dans l'Isle de la Pantalerie un arbrisseau, qu'on appelle *Ver*, qui porte un fruit pointu & rond, qui devient noir en mûrissant, duquel les habitans tirent une huile qui leur sert à divers usages. Ces Insulaires ont toûjours eu beaucoup de commerce avec les Arabes, desquels ils sont voisins: ce qui n'a pourtant pas diminué le zele qu'ils ont pour la Communion Romaine.

Nous passâmes toute la nuit sous le vent & à l'abri de cette Isle, n'ayant au vent que nôtre seul Misaine; cette nuit fut cruelle, les balancemens nous ôtoient toute liberté de reposer; & nos nouveaux Marins, toûjours prêts à faire des vœux, attendoient de la bonté du Seigneur du soulagement à leurs miseres. Je fus moi-même incommodé comme les autres de la tempête, & j'eus une petite fiévre qui ne dura que peu de temps.

xxiij. *Février.*

Ayant vû le matin que le vent ne diminuoit pas, & qu'il devenoit plus violent, nous resolumes de revirer de bord, & de retourner à Malthe, où nous entrâmes à deux heures après midy. Nos relâches retarderent considerablement nôtre arrivée à la mer du Sud; le Cap de Horonn, qu'il faut necessairement doubler pour y entrer, ne se double pas dans toute sorte de saison; & lors qu'on perd le temps commode, qui est l'Esté, que les mers y sont les plus tranquilles, il faut absolument attendre l'année d'après, si on ne veut pas s'exposer à perir, ce qui nous arriva: d'autres raisons assez pressantes nous

1708. Février. obligeoient à sortir au plûtôt de la mer Mediterranée ; nous appréhendions avec beaucoup de sujet que les Corsaires informez de nos malheurs, & des richesses dont nôtre Navire étoit chargé, n'allassent nous attendre dans quelque passage, & qu'étant attaquez de plusieurs, il ne fallût ceder à leur force : à la verité ces refléxions meritoient beaucoup d'attention, & nous donnoient de mauvais momens.

XXV. *Février.*

Le vent changea, & se tira à l'Est-Nord-Est ; deux des Navires Marchands qui étoient sortis le 19. de Malthe avec nous, & qui y entrerent le même jour que nous, appareillerent à la pointe du jour, & nous sortîmes de compagnie du Port de Malthe. Le beau temps que nous trouvâmes au large ramena la santé à nos infirmes ; déja ils oublioient leurs maux passez, croyant ne rencontrer plus des vents contraires, & passer dans peu de jours le Détroit de Gibraltar.

Ce bon vent nous fit voir peu de temps après nôtre sortie de Malthe, les petites Isles de Comin & de Cominot, & celle de Goze. Ces trois Isles sont de la dépendance du Grand-Maître, & elles ne furent habitées que sous le Gouvernement d'Alof de Wignacourt, qui fut élû Grand-Maître de l'Ordre le 10. Février de l'année 1701. Ces deux petites Isles sont entre Malthe & Goze. Ce même Grand-Maître y fit construire un Fort pour les garantir des insultes des Turcs ; & c'est à luy à qui Malthe est redevable de ses plus beaux ornemens. L'Isle de Comin est l'Hefestia des anciens ; elle a environ une lieuë de circuit, elle nourrit une grande quantité de gibier, & elle a à son midy une autre Isle fort petite, appellée Furfura.

Nous passâmes le même jour au Nord de l'Isle de Goze, qui est à deux lieuës de l'Isle de Malthe, appellée par les habitans Gaudisch ; ils ont tiré ce nom de Gaudosch, qui est celuy que les Arabes qui l'habitoient autrefois luy donnoient. Cette Isle est à l'Ouest-Nord-Ouest

Oueſt de celle de Malthe; elle a environ huit lieuës de contour, ſa longueur eſt de trois, & ſa largeur d'une & demie; ſa figure eſt ovale, les rochers eſcarpez qui l'entourent luy ſervent de défenſe; ſes côtes ſont remplies d'écüeils qu'on ne peut aborder que tres-difficilement, & ſans s'expoſer au danger; elle eſt abondante en moutons, en liévres, en oiſeaux; c'eſt là où l'on va prendre tous les ans les faucons que le Grand-Maître eſt obligé d'envoyer au Viceroy de Sicile, en vertu de l'engagement porté par la donation de l'Iſle de Malthe faite par Charles-Quint à l'Ordre des Chevaliers de S. Jean de Jeruſalem. Il y a dans cette Iſle un petit Château bâti ſur une montagne, muni de bonnes pieces d'artillerie, qui commande ſur toute l'Iſle; les habitans parlent Arabe, & ſuivent tous la Religion Romaine.

Le Grand-Maître de qui dépend l'Iſle, prend le titre de Prince de Goſe; il y envoye de trois en trois ans un Chevalier, auquel il donne le titre de Gouverneur.

xxvj. *Févrìer.*

Les vents ſe tirerent dans la nuit à l'Eſt-Sud-Eſt; depuis nôtre depart de Malthe nous n'avions pas changé de route; elle étoit entre l'Oueſt-Nord-Oueſt & l'Oueſt ¼ Nord-Oueſt. Comme nous voyions preſque tous les jours la terre ſur la Mediterranée, nous prenions rarement à Midy la hauteur du Soleil. Sur les deux heures après midy nous découvrîmes ſur l'avant deux Corſaires; à cinq heures nous n'en étions pas éloignez de plus d'une lieüe; les nuages qui nous couvrirent le Ciel toute la journée, ſe diſſiperent; & nous rendant un Ciel clair & ſerain, nous aurions pû tres-facilement donner un combat à la clarté de la Lune. Nous nous y préparâmes pour n'être pas ſurpris, perſuadez que ces deux vaiſſeaux viendroient nous tâter; mais je ne ſçai par quel preſſentiment ils nous laiſſerent paſſer, & ne parurent plus de toute la nuit. Nous ne fûmes pourtant pas trop mortifiez de ne plus les voir; car quoique tout fût préparé pour les recevoir, nous n'avions pas une grande envie de nous battre.

1708.
Février.

XXVIJ. *Février.*

On ne vit plus le matin les deux Corſaires qu'on avoit vûs le ſoir précedent croiſans dans le paſſage qui eſt entre le Cap-Bon & la Sicile; c'eſt par-là que paſſent tous les vaiſſeaux marchands qui viennent du Levant, & où les Corſaires ne reſtent pas long-temps ſans faire des priſes. Le Cap-Bon eſt une terre d'Afrique fort haute qui avance beaucoup dans la mer, & forme avec le Cap Carthage, qui luy eſt à l'Oueſt, un grand Golfe capable de contenir un grand nombre de Navires, qu'on appelle le Golfe de la Goulette, nom tiré d'un petit Canal que les Italiens appellent Gola, qui fait la jonction du Lac de Tunis avec le Golfe. On voit ſur cette jonction un Fort que les Mahometans commencerent de bâtir, & qui ne fut achevé que par Charles-Quint. Le ſoir du 26. nous avions ſur nôtre arriere un des Navires Marchands qui étoient ſortis de Malthe avec nous, lequel nous ſuivoit de loin; nous appréhendâmes qu'il ne ſe trouvât pendant la nuit dans les eaux des deux Corſaires, & qu'il ne fût pris. Nous ſçûmes quelques jours après, que les ayant découvert avant la nuit, il avoit fait route à terre, qui la rangea juſques au lendemain matin, & qu'enfin il les avoit évitez. A neuf heures du matin les vents ſe tirerent au Sud, ils revinrent un moment après au Sud-Sud-Eſt, ce changement nous ſurprit; cependant étant encore favorable, nous n'y fiſmes aucune attention. A trois heures après midy les vents reculerent, & retournerent à l'Eſt-Sud-Eſt; nous avions déja découvert la Galite, petite Iſle environ à cinq lieuës de Tabarca, autre Iſle fort proche des côtes d'Afrique, où nos Marchands François ont fait bâtir un Fort dans lequel ils tiennent une bonne garniſon & des munitions de guerre pour la ſcureté de leur commerce & de la pêche du Corail qu'on trouve dans ces mers. Sur les ſix heures la Galite nous reſtoit entre le Sud-Eſt ¼ Eſt & l'Eſt-Sud-Eſt, à environ neuf lieuës de diſtance, ſelon nôtre eſtime.

xxviij. *Février.*

La nuit qui préceda, commença par un beau clair, qui nous faisoit esperer le lendemain une belle journée, les vents inconstans dans la saison d'Hyver changerent, ils se rangerent à l'Ouest-Nord-Ouest, & devinrent violens; peu de temps après la mer commença de se creuser, elle ne tarda pas de devenir affreuse, & nous obligea de mettre à la cape; nous nous attendions cependant que les vents reculeroient, & qu'ils reviendroient où ils étoient les jours précedents. Bien-loin de revenir, ils se renforcerent au même endroit, & nous eûmes le déplaisir de voir renouveller nos premieres peines. A neuf heures du matin nous découvrîmes un Navire au Nord; tout occupez de nos contre-temps, nous y fismes peu d'attention, & nous passâmes le reste de la journée dans la même situation.

xxix. *Février.*

La nuit fut cruelle, la mer & les vents ne mollirent pas. A sept heures du matin ne voyant aucune apparence de changement, nous conclûmes de relâcher, & d'aller chercher quelque azile; car de tenir la mer dans le mauvais temps, c'est s'exposer non seulement à démâter, mais encore à perdre le Navire. A onze heures nous entrâmes dans le Golfe de Palme, qui est au Sud de l'Isle de Sardaigne; nous trouvâmes dans ce Golfe le Navire Marchand que nous avions sur l'arriere le soir du 26. que le même temps avoit obligé, comme nous, à chercher une retraite. Dès que nous eûmes moüillé, le Capitaine nous vint voir, & nous conta de quelle maniere il étoit échapé des mains des deux Corsaires que nous avions vus entre le Cap-Bon & la Sicile.

1708. Mars.

I. *Mars.*

Les vents de Nord-Oueſt ſoufflant ſans meſure nous obligerent à caler nos mâts de Hune. Le lendemain 2. le vent d'Oueſt-Sud-Oueſt calma la mer, & nous donna occaſion de jetter nos filets ; nous prîmes beaucoup de poiſſons, dont la plus grande partie étoit d'une eſpece qu'en Provence on appelle Chats de mer, poiſſon ſans écaille, couvert d'une peau griſe, & qu'on ne mange pas volontiers, ſi l'on n'eſt excité par la faim.

III. *Mars.*

Le temps ſe mit au beau le matin ; les vents du Sud qui ſoufflerent toute la nuit d'auparavant, chaſſerent les nuages, nous rendirent le Ciel clair & ſerain, & je me ſervis de cette occaſion pour déterminer la hauteur du Pole de ce Golfe, obſervant avec mon quart de Cercle la hauteur meridienne du Soleil.

OBSERVATION

Pour la hauteur du Pole du Golfe de Palme dans l'Iſle de Sardaigne.

AVant que de prendre la hauteur, je verifiai le quart de Cercle, je le trouvai dans le même état qu'à Malthe.

Hauteur meridienne apparente du bord ſuperieur du Soleil,	44ᵈ	41′	15″
Le quart de Cercle donnoit les hauteurs trop grandes de		4.	0.
Premiere Correction,	44.	37.	15.
Refraction moins la Parallaxe,	0.	0.	52.
Hauteur corrigée,	44.	36.	23.
Demi-Diametre du Soleil,		16.	12.
Hauteur du Centre,	44.	20.	11.

Declinaison meridionale,	6. 40. 25.
Hauteur de l'Equateur,	51. 0. 36.
Donc hauteur du Pole du Golfe de Palme,	38. 59. 24.
Je trouvai par cette observation que le Golfe de Palme étoit plus septentrional que l'Isle de Malthe de	3^d 4' 51''
Et par le compte que j'avois tenu dans mon Journal de l'estime du chemin qu'avoit fait le Navire depuis le départ de Malthe, je trouvai la difference en Longitude entre le Golfe de Palme & Malthe de	5^d 18' 15''
D'où je conclus la longitude du Golfe de Palme de	28. 21. 45.

REMARQUES

Sur la structure des rivages de la Mer dans le Golfe de Palme.

APrès que j'eus observé la hauteur du Pole, je remarquai que les rivages de ce Golfe sont fort inégaux, qu'en des endroits ils s'étendent horisontalement jusqu'à un quart de lieüe au-delà du bord de la mer; qu'ensuite ils s'élevent insensiblement, & qu'ils forment des petites montagnes couvertes de differentes especes d'arbrisseaux.

Je remarquai encore que les rochers qui sont sur le bord de la mer s'élevent vers le Sud, & que leurs coupes forment avec le plan de niveau des angles de 23^d 30'

Quoique ces remarques paroissent de peu de consequence icy, elles auront leurs usages ailleurs, comme je le démontrerai, puis qu'elles me servirent à découvrir quel doit être le lit de la mer.

1708. Mars. Pendant que j'étois à faire les remarques dont je viens de parler, nos vaiſſeaux mirent Pavillon rouge, ſignal de Navire. Un moment après ils tirerent un coup de canon; tous ceux qui ſe trouverent à terre ſe rendirent en diligence au Canot qui nous attendoit au bord du rivage. L'éloignement de nos vaiſſeaux demandoit du temps; nos Matelots voguerent de toutes leurs forces, afin d'arriver à bord avant que le Navire, qui faiſoit mine d'entrer dans le Golfe, fût à la portée du canon des nôtres. Après qu'il eût fait deux bordées, & qu'il nous eût apparemment bien reconnus, il nous tourna le derriere, & prit le large, ce qui ne nous fit aucun chagrin.

IV. *Mars.*

Nous eûmes un temps fort inconſtant; nôtre Maître Charpentier que nous avions laiſſé dans l'Iſle, partant de Calliari, pour aller viſiter des mâts dont j'ai déja parlé, arriva le matin. Un batteau qui ſortoit du Golfe, faiſant route vers Calliari, dans le temps que nous y entrions, l'informa de nôtre arrivée ; il nous apprit qu'un Navire moüillé depuis deux jours à Calliari, venant de Marseille, avoit rapporté que la Grande Perle, Corsaire Flessinguois, ayant sçu que nous étions sortis de Marseille pour la mer du Sud, partit de Livourne avec ses camarades, pour aller nous attendre au détroit de Gibraltar, & qu'un Navire François luy étant tombé dessus, l'avoit enlevé. Cette nouvelle ranima nos Equipages ; ce Navire étoit à craindre, & il avoit pris luy seul presque tous les vaisseaux qui alloient ou qui revenoient du Levant. 1708. Mars.

Le Golfe de Palme a son entrée étenduë du Sud-Ouest au Sud-Est ; la longueur du Golfe est d'environ 20. milles, & sa largeur de 15. Son moüillage est bon depuis 15. brasses jusques à 5. Son fonds est un sable mêlé d'herbage & de mechante tenuë. Il ne faut pas moüiller à moins de deux milles du rivage ; si on approchoit davantage, les vents qui viennent de l'entrée, qui sont les traversiers du Golfe, soufflant avec violence, mettroient en danger un Navire. Le vent de Nord-Ouest qui vient de terre n'est gueres moins incommode, mais il n'est pas si dangereux ; les marées ne sont du tout point reglées dans ce Golfe, elles suivent ordinairement le cours des vents. Pendant le temps que nous y restâmes, je remarquai que les vents prenant du Sud, la mer fut toûjours pleine ; mais dès qu'ils se rangerent vers le Nord, elle commença de baisser, preuve de ce que je viens de dire.

La situation de ce Golfe est proche des ruines de l'ancienne Solci, Ville Episcopale au Sud de l'Isle. Cet Evêché étoit autrefois suffragant de Calliari, qu'on appelloit anciennement Sulchi.

VII. *Mars.*

Le calme qui avoit commencé le 6. au soir duroit encore sur les deux heures du matin ; un petit vent favorable vint blanchir la mer ; nous appareillâmes sur le champ, & nous sortîmes fort heureusement du Golfe. A cinq heures nous nous trouvâmes entre la Vache &

1708. Mars.

le Taureau, deux grands écüeils ou rochers, distans l'un de l'autre de cinq milles : la Vache est entourée de brisans dangereux, qu'on ne peut trop soigneusement éviter ; le Taureau est sain, on peut l'approcher sans craindre. Nous trouvâmes entre ces deux écüeils les vents de Sud-Est, nous mîmes le Cap à l'Ouest ¼ Sud-Ouest, ventant bon frais, nous perdîmes bien-tôt de vûë l'Isle de Sardaigne.

OBSERVATION

d'un Phenomene nouveau.

SUr les deux heures après midy, le Ciel s'étant couvert de foibles nuages, nous présenta un agréable spectacle : un cercle d'environ dix-huit degrez de rayon s'étendoit sur ces nuages parallellement au plan horisontal ; le centre de ce cercle étoit directement au Zenit marqué dans la figure suivante A ; sa circonference ne passoit pas par le centre du Soleil, comme il arrive dans les Parelies ordinaires ; mais elle en étoit éloignée d'environ la longueur de trois quarts de son diametre. Ce petit cercle étoit coupé par un autre beaucoup plus grand aux points C & D, ayant le Soleil dans son centre, le rayon duquel paroissoit égal à tout le diametre du petit cercle. Ce cercle concentrique au Soleil, autant que j'en pus juger, coupoit le petit ou parallele à l'horison aux deux points marquez C, D, dont une ligne droite tirée dans le petit cercle par ces deux points, étoit la soustendante d'un arc d'environ cent degrez. La partie inferieure du grand cercle descendoit assez proche de l'horison ; ses couleurs étoient foibles, mais semblables à celles de l'Arc-en-Ciel ; celles du petit cercle étoient beaucoup plus vives. La partie inferieure du grand cercle concentrique au Soleil, commença la premiere à disparoître ; & d'abord que ce cercle fut ouvert, il s'évanoüit insensiblement. Cette disparition étant un effet des vents, elle nous fit craindre que les vents d'Ouest-Sud-Ouest, où tournoit

A
C
D
B

1708. Mars. tournoit la partie inferieure du cercle, ne vinssent troubler nôtre joye, & changer nôtre bon vent; le petit cercle resta encore près d'un demy quart d'heure visible, après que le concentrique eut disparu. Ceux qui voudront sçavoir comment se forment les couleurs dans ces phenomenes, trouveront dequoy se contenter dans le Traité des couleurs de feu Monsieur Mariette.

VIII. *Mars.*

Le jugement fait le jour précedent, voyant disparoître la partie inferieure du cercle concentrique au Soleil la premiere, fut veritable; nos bons vents cesserent, & les vents de Sud-Ouest, dont nous appréhendions l'arrivée, commencerent dans la nuit à souffler, & varierent du Nord au Sud-Ouest jusques au 12. & s'arrêterent ensuite à l'Ouest-Sud-Ouest. Un Corsaire que nous connûmes à sa manœuvre, qui nous découvrit le matin, nous chassa toute la journée; la contrarieté des vents nous obligeant à louvoyer, dès que nous changions de route, un moment après, appréhendant de nous perdre de vuë, il reviroit de bord sur nous. A trois heures après midy, quoy qu'avec toutes ses voiles au vent, il ne nous avoit pas encore gagné une lieuë de chemin, ce qui nous consoloit; à l'entrée de la nuit nous le perdîmes de vûë, & nous fûmes délivrez de ses poursuites.

XIII. *Mars.*

Voyant les vents toûjours plus obstinez, nous resolûmes d'aller moüiller au Port Mahon, nous y mîmes le Cap. Le Corsaire parut encore le matin sur l'arriere; à onze heures du matin nous moüillâmes, & le Corsaire ne nous quitta que lors qu'il nous vit entrer dans le Port.

XVII. *Mars.*

Depuis le 13. le Ciel n'avoit pas paru; il se découvrit le matin; sur les dix heures je me fis mettre sur une petite Iſle qui eſt au milieu du port, auprès de laquelle nous moüillions; je deſcendis mon quart de cercle; & quoique j'euſſe ſouffert la nuit précedente d'une violente colique, qui dura le reſte du jour, je ne laiſſai pas malgré ſes cuiſantes douleurs de déterminer par l'obſervation que je fis à midy la hauteur du Pole du Port Mahon. Pendant mon obſervation, il y avoit dans l'air quelques foibles nuages répandus çà & là; ils ne mirent aucun obſtacle à ſa juſteſſe; car obſervant je vis aſſez diſtinctement les bords du Soleil. 1708. Mars.

OBSERVATION

Pour la hauteur du Pole du Port Mahon, dans l'Iſle de Minorque.

HAuteur meridienne apparente du bord ſuperieur du Soleil,	49d	15′	0″
Quart de Cercle donnant toûjours de trop,		4.	0.
Premiere Correction,	49.	11.	0.
Refraction moins la Parallaxe,			45.
Hauteur corrigée,	49.	10.	15.
Demi-Diametre du Soleil,		16.	5.
Hauteur du Centre,	48.	54.	10.
Declinaiſon meridionale calculée,	1.	12.	5.
Hauteur de l'Equateur,	50.	6.	15.
Donc la hauteur du Pole du Port Mahon eſt de	39.	53.	45.

Ayant comparé cette obſervation avec celle que j'avois faite dans le Golfe de Palme, je trouvai le Port Mahon plus ſeptentrional de 0d 54′ 21″

XVIII. *Mars.*

La nuit qui avoit précedé fut partagée, le Ciel reſta caché par des gros nuages juſques à minuit; il ſe découvrit enſuite, & nous eûmes le matin un bel horiſon, qui nous fit voir le Soleil à ſon lever dans toute ſa ſplen-

1708. Mars.

deur ; j'obſervai ſur une petite élevation ſon Amplitude orientale, qui donna la declinaiſon de l'Aiman vers le Nord-Oueſt, de 10d 26′ 0″

Je fis dans le même Port l'experience de l'Equilibre des eaux de la mer ; il falloit une longue ſuite de ces experiences dans des lieux éloignez les uns des autres, pour découvrir la cauſe de la difference de ces Equilibres ; ainſi il ne falloit pas les negliger ; je trouvai donc ces eaux en équilibre avec mon Areometre chargé du poids de 2. onc. 3. drag. 57. gr. ½.

Le Port Mahon eſt un des plus beaux Ports de la mer Mediterranée, les plus gros vaiſſeaux y peuvent entrer, & moüiller ſans rien craindre, on y eſt à l'abri de tous les vents, le fonds y eſt tres-bon ; on peut carener à divers endroits dans des petites Ances, qui reſſemblent à des baſſins faits à deſſein, que la nature cependant a travaillez elle-même.

J'obſervai le lendemain la ſtructure des rochers qui bordent une partie de l'Iſle, je remarquai qu'ils ſont d'une pierre fort dure, & que leurs coupes ſont horizontales ou de niveau ; ce qui marque que le baſſin de la mer y eſt bien different de celuy du Golfe de Palme.

XXIII. *Mars.*

Une des Vigies qu'on entretenoit ſur les côtes, pour obſerver les ennemis, arriva le matin, & vint donner avis au Gouverneur, qu'il avoit vû au Sud de l'Iſle, au lever du Soleil, une barque ennemie, qui ayant été maltraitée par les mauvais temps des jours précedents, avoit été obligée de moüiller pour ſe raccommoder. Un moment après il en arriva une ſeconde, qui rapporta qu'une autre barque venoit d'échoüer au Nord de l'Iſle, n'ayant pas pu tenir la mer, ni reſiſter au gros temps ; que celle-cy étoit la Conſerve d'une autre qu'on avoit vû le 22 ; & que les temps les ayant ſeparées, elle étoit reſtée ſans compagne. Le Gouverneur n'eut pas plutôt appris ces deux nouvelles, qu'il envoya querir nos Capitaines pour leur en faire part, & pour prendre leur conſeil ſur ce qu'on devoit faire. On conclut qu'il falloit envoyer dans les deux endroits des espions pour s'assurer davantage de la verité ; & pendant qu'on attendroit leur retour, on armeroit & la Chaloupe du Gouverneur & les nôtres, pour les faire partir à leur arrivée (qui ne pouvoit être que sur les cinq heures du soir), pour être à minuit à l'endroit où moüilloit une de ces barques ; que l'Equipage fatigué du travail reposant à cette heure-là, on le surprendroit, & on remettroit la barque avec plus de facilité, & sans danger de perdre dans un combat quelqu'un des nôtres. L'Espion ne manqua pas l'heure, il confirma ce qu'avoit dit la Vigie, qu'il avoit vû la barque moüillée, & il ajoûta que l'on y travailloit à son grand mât, que selon les apparences la tempête luy avoit cassé. Cette seconde nouvelle conforme à la premiere, détermina le Gouverneur & nos Capitaines de faire partir leurs Chaloupes ; elles sortirent donc du Port sur les cinq heures du soir.

XXIV. *Mars.*

A une heure du matin nous entendîmes près de nos Navires un grand bruit, chacun courut sur le pont ; nous étions déja prévenus que c'étoient nos Corsaires, qui n'étant jamais plus contents que lors qu'ils trouvent à prendre, retournoient glorieux de leur expedition, amenant avec eux la Barque. Le Capitaine en second de l'Heureux Retour, qui commandoit une Chaloupe, vint à bord à son arrivée, il nous fit le détail de l'attaque & de la prise de la barque ; il nous dit qu'étant à la vuë, c'est-à-dire assez près de la barque (car dans la nuit on n'y voit pas de fort loin), & leur Equipage gardant un grand silence, ils n'entendirent aucun bruit ; mais qu'un moment après ceux de la barque s'étant éveillez, prirent les armes, & commencerent à tirer quelques coups de fusil ; que le Capitaine étant à un canon, prêt à y mettre le feu, reçut dans l'estomac un coup de fusil tiré de nos Chaloupes, qui le jetta mort sur le pont ; qu'aucun des nôtres qui furent les premiers à aborder la bar-

1708. Mars.

que n'avoit été bleſſé ; mais que dans la Chaloupe du Gouverneur, qui ſe tenoit toûjours de l'arriere, & qui ne s'approcha que lorſque la barque fut remiſe, pour aſſiſter au pillage, deux ſoldats avoient été bleſſez, dont l'un l'étoit dangereuſement, & l'autre aſſez legerement.

Sur les ſept heures du matin nos Capitaines ſe rendirent au Fort, pour convenir avec le Gouverneur du partage de la priſe. On examina en premier lieu la facture, qui leur fut remiſe par l'Ecrivain ; ils trouverent par cette facture que la Carguaiſon de la barque montoit à la ſomme de quarante mille livres. On fit trois lots des marchandiſes, eſtimez chacun le tiers du fonds ; chacun prit le ſien, & le fit porter chez ſoy.

Tous ceux qui ſe trouverent dans cette barque, & ceux qui s'étoient ſauvez dans ſa conſerve, que la tempête avoit briſé, la jettant ſur la côte du Nord de l'Iſle, furent faits priſonniers. Ces deux barques étoient de Majorque ; elles étoient ſorties de Genes depuis peu, où elles avoient chargé des proviſions pour porter à Barcelone. Le Capitaine de celle qu'on prit, ne croyant pas qu'on l'eût découvert pendant le jour, repoſant fort tranquillement, & s'éveillant tout d'un coup, il ſongea plûtôt à prendre les armes pour ſe défendre, qu'à jetter dans la mer les paquets qu'il portoit à l'Archiduc. On les trouva dans ſa chambre, & un grand nombre de lettres particulieres, qui découvrirent les Factionnaires. Nôtre Capitaine s'en chargea, eſperant de les remettre entre les mains du Gouverneur du premier Port d'Eſpagne que nous toucherions, pour les faire tenir inceſſamment à Sa Majeſté.

XXVII. *Mars.*

Sur les onze heures du matin, les vents ſoufflant au Nord-Eſt, nôtre Capitaine fit tirer un coup de canon, pour avertir ceux qui étoient à terre, de venir s'embarquer. On fit en même temps la revuë ſur nôtre Navire ; on trouva qu'il y manquoit trois matelots qui étoient reſtez à Mahon. Le Capitaine y envoya un Officier pour les ramener ; ils arriverent sur les deux heures après midy ; après avoir fait Justice à l'ordinaire, on leur rasa un côté de la tête, pour les obliger, moüillant dans un autre Port, de rester au Navire, & de les rendre plus soûmis.

Nous appareillâmes donc sur les trois heures avec le même vent de Nord-Est qui soufloit le matin ; étant hors du Port, nous découvrîmes au large un Navire, qu'on voyoit depuis trois jours croiser devant l'Isle. Persuadez des mauvaises intentions des habitans, nous conjecturâmes que ce Navire étoit quelque Corsaire, qui moüillant à Majorque, avoit été averti, & qui sçavoit par consequent que nous n'attendions que le beau temps pour partir. Au sortir du Port nous mîmes en route ; ce Navire commença de mettre le Cap sur nous, & de nous chasser, ce qui nous découvrit ses desseins ; nous ne laissâmes pas de continuer nôtre chemin, & nous ne le perdîmes de vuë que dans la nuit.

XXVIII. *Mars.*

Le vent fraîchit sur les cinq heures du matin ; le vaisseau que nous perdîmes de vuë le soir précedent, parut sur nôtre arriere, le Cap sur nous, & toutes ses voiles au vent. Un seul Navire ne nous épouvantoit pas ; mais appréhendant qu'il ne rencontrât quelque camarade, & que se joignant ensemble, ils ne nous jettassent dans l'embarras, nos Capitaines resolurent de le faire declarer, & sçavoir quelles étoient ses intentions. Nous commençames d'abord d'aller par petites voiles, pour luy donner le moyen de nous joindre plûtôt. Pendant ce temps on se disposa au combat ; & tout étant paré, nous carguâmes nos basses voiles, nous mîmes le vent sur nos huniers, & nous l'attendîmes de pied ferme. Ces dispositions ne l'étonnerent pas, il cargua comme nous ses basses voiles, courut avec ses huniers jusques à ce qu'il se vit à la portée d'un canon de huit ; & mettant alors le vent sur ses huniers, il attendoit, selon qu'il nous parut, que nous ouvrissions le combat les premiers. Nos

1708. Mars.

Equipages étoient dans l'impatience d'en venir aux mains; mais nos Capitaines tous prudens, voyant que ce Navire ne risquoit rien, & qu'un Corsaire qui n'est chargé que de poudre & de bales, a toûjours assez de moyens pour se dégager, se contenterent d'examiner sa manœuvre. Il fut long-temps à nous reconnoître; & ayant vû qu'apparemment il n'y auroit avec nous que des coups à essuyer, il laissa tomber ses voiles, mit le vent dedans, prit une autre route, & nous poursuivîmes la nôtre. Sur les quatre heures du soir le vent changea, il se tira au Sud-Ouest, & nous commençâmes à louvoyer.

J'observai malgré la grosse mer l'Amplitude occidentale du Soleil, ayant paru beau à son coucher. Cette Amplitude donna la Declinaison de l'Aiman de $9^d\ 47'\ 0''$ vers le Nord-Ouest.

Dans le temps de cette observation nous étions à environ quatre lieuës au Sud de l'Isle de Majorque.

XXIX. *Mars.*

Nous doublâmes les Isles Cabrera ou Capraria des anciens, Yvisse & Formentera. Ces Isles forment aujourd'huy, jointes à Majorque & Minorque, un Royaume qui appartient au Roy d'Espagne. Jacques I. Roy d'Aragon, à la sollicitation des Catalans, les conquit sur les Sarasins l'an 1230. dans un second voyage qu'il fit à Majorque, qu'il avoit déja reduite sous son obéïssance dès l'année 1228. Majorque a donné dans les siecles passez deux grands hommes; elle vit naître dans le treiziéme Raymond Lulle, un des plus sçavans de son temps. Les belles connoissances qu'il avoit de la Philosophie des Arabes, de la Chimie & de la Medecine, luy servirent pour composer les beaux ouvrages qu'il nous a laissez. On dit de luy qu'il se convertit âgé de quarante ans; qu'après sa conversion il embrassa la Regle de S. François, qu'il passa ensuite en Afrique, où il prêcha l'Evangile aux Sarasins, & qu'il fut ensuite lapidé dans la Mauritanie. Le second fut Vincentius Mutus, qui vivoit dans le seiziéme siecle, à qui l'Astronomie est

est redevable de plusieurs belles observations qu'il a donnees au public. 1708. Mars.

XXX. *Mars.*

Depuis le 28. les vents n'eurent aucune stabilité ; ils varierent du Sud-Ouest au Nord-Nord-Ouest, & ne s'arrêterent jamais deux heures entieres au même endroit. Sur les trois heures du soir il parut autour du Soleil une Couronne, le diametre de laquelle étoit d'environ 30. degrez ; elle resta ouverte à l'Ouest-Sud-Ouest, côté où les vents souffloient alors.

Sur les neuf heures du soir un nouveau Phenomene vint dissiper le chagrin dans lequel nous languissions par l'inconstance des vents. Ce Phenomene étoit composé de trois cercles concentriques à la Lune, ou triple Couronne, également distans les uns des autres, représentez par des couleurs semblables à celles de l'Arc-en-Ciel, mais moins vives. Un quatriéme cercle plus large que les trois autres entouroit la Lune ; celuy-cy n'étoit que d'une seule couleur blanchâtre.

Nous fismes route cette nuit avec les vents de Nord-Ouest vers les côtes d'Afrique, pour ne nous pas trouver le lendemain au jour aux lieux frequentez par les Corsaires. Le soir du 30. parut encore autour de la Lune une Couronne, & une portion d'environ 120. degrez d'un grand cercle qui luy étoit concentrique.

I. *Avril.*

Le mois commença par le Dimanche des Rameaux, ou Pâques fleuries, la Benediction se fit à l'ordinaire ; nous avions prévû cette ceremonie dès le Golfe de Palme, où nous fismes provision de branches d'olivier, croyant au sortir delà faire route pour le detroit de Gibraltar, & ne toucher plus à aucun autre endroit. 1708. Avril.

Au lever du Soleil j'observai son Amplitude orientale ; elle donna la declinaison de l'Aiman de $9^d\ 5'\ 0''$

L'observation de l'Amplitude du Soleil me donna

1708. Avril.

occasion d'observer à midy sa hauteur, d'où je conclus par la methode ordinaire la hauteur du Pole de 37d 26′ 0″

Ces observations furent faites au Sud d'Alicante; sçachant donc la Longitude de cette Ville, & ayant la hauteur du Pole où l'observation de l'Amplitude fut faite, on aura le point où l'Aiman varioit de 9d 5′ 0″ comme je l'avois observé.

11. *Avril.*

Les vents ayant calmé, & la mer étant applanie, firent naître le desir à nôtre Capitaine, naturellement vigilant, de visiter les provisions du Navire; il en trouva dans sa visite plusieurs de gâtées par la negligence du Maître d'Hôtel, en particulier quelques barils de Ton ausquels nous n'avions pas encore touché, les conservant pour les grandes mers : cette perte fut fort sensible, & j'y pris autant de part que tout autre.

J'observai l'Amplitude orientale du Soleil, d'où je conclus la variation de l'Aiman de 9d 17′ 0″

Dans le temps de cette observation nous étions au Sud du Cap de Palo; je conclus de la hauteur meridienne du Soleil que j'observai, la hauteur du Pole de 34d 34′ 0″

L'on peut, comme cy-dessus, sçachant la Longitude du Cap de Palo, la Latitude du lieu de l'observation de la declinaison étant connuë, trouver le point où l'Aiman varioit de 9d 17″ 0″

Il n'est pas facile d'observer à la mer les variations de l'Aiman, le mouvement d'un Navire empêche de bien déterminer le point où le Vertical marqué dans la Boussole coupe la rose des vents, ordinairement graduée dans les Boussoles qui servent à cet usage. Un Observateur qui ne s'en égareroit que d'un degré, ne s'en éloigneroit pas extraordinairement, & devroit être fort satisfait de son observation. Il n'en est pas de même de la mer comme de la terre; sur celle-cy tout y est en repos, ce qui est absolument necessaire pour s'assurer de la justesse d'une observation; à la mer tout y est en mouvement, & il est impossible qu'il ne se rencontre dans les observations qu'on y fait des erreurs considerables. Cependant il est bon d'observer, & même tres-necessaire toutes les fois qu'on a occasion; car comparant ensuite plusieurs observations ensemble, & prenant un milieu, on s'approche de la veritable.

III. *Avril.*

J'eus encore l'occasion d'observer l'Amplitude orientale du Soleil, la declinaison qu'elle donna fut égale à celle du jour précedent; les vents se fixerent à l'Oüest; nous fismes durant la nuit route au Nord, & tout le troisiéme. Sur les neuf heures du soir, nous croyant assez proche des côtes d'Espagne, nous nous mîmes en devoir de revirer de bord; on découvrit dans le même moment à travers de la brume, tout près de nous, un Navire; on mit d'abord le Cap sur luy; nous nous préparâmes sans bruit au combat, & nous le chassâmes durant deux heures & demy. Ayant ensuite fait reflexion sur les nouvelles qu'on nous avoit données au Port Mahon, que l'armée navale des ennemis étoit sortie des Ports d'Angleterre pour venir entrer dans nos mers, nous levâmes la chasse, craignant que ce Navire ne fût quelque avant-garde, & qu'il n'eût pris chasse que pour nous faire tomber dans le gros de l'armée. Cette reflexion nous fit passer une triste nuit, tout l'Equipage fut au guet jusques au jour; & prévenus de cette fausse allarme, on entendoit à tout moment crier Navire, quoy qu'on ne vît rien; la peur faisant naître dans l'imagination, des images représentant des Navires dans la brume qui étoit alors assez épaisse

IV. *Avril.*

Au jour naissant, les broüillards étant encore répandus sur l'horison de la mer, & peu élevez sur sa superficie, nous découvrîmes au dessus d'eux les montagnes qui sont à l'Ouest du Cap de Palo, nous restant sur l'arriere; quelques momens après, & à mesure que le jour augmentoit, nous vîmes sous le vent un Navire rangeant la côte, marquant par sa manœuvre nous avoir

1708. Avril.

déja vû, & voulant échapper de nos mains en approchant la terre; nous revirâmes sur luy pour luy donner chasse; le jour augmentant nous fit voir trois autres Navires tout proche de l'entrée du Port de Carthagene, lesquels passerent devant sans entrer, dont l'un paroissoit un Navire de guerre. Un si grand nombre de Navires nous persuada entierement que l'armée ennemie étoit entrée dans la mer Mediterranée; nous levâmes chasse pour gagner au plûtôt le port de Carthagene, & pour n'être pas surpris des ennemis. D'abord que le Soleil parut sur nôtre horison, & que toute la côte se découvrit bien à clair, on cria à la Vigie du grand mât, s'il ne voyoit pas d'autres Navires, il répondit que non. Cette réponse nous rassura, & nous commençâmes de douter, si les trois vaisseaux qui portoient le Cap si près de terre, ne seroient pas des Marchands qui alloient à Barcelone, qui pour nous éviter tenoient cette route. Après que nous les eûmes bien reconnus, & que nous n'en vîmes pas d'autre; nôtre Commandant lassé de ne rien prendre, resolut de les attaquer; il nous cria avec son porte-voix de nous tenir sur son arriere, qu'il alloit essuyer leur premier feu, qu'il aborderoit d'abord le plus gros, & que l'ayant remis, les deux autres ne pouvoient pas nous échapper. Tous les gens de nos Equipages contents, dans l'esperance de boire bien-tôt de la bierre d'Angleterre, nous revirâmes sur eux; nous n'étions pas encore à la portée du canon, que les deux petits vaisseaux, croyant nous épouvanter, commencerent à nous canoner; leurs bales n'arrivant pas jusques à nous, il n'y avoit encore rien à craindre; leurs canons étoient de petit calibre, à ce que nous jugeâmes par leur volée; il n'en auroit pas été de même des nôtres; mais ne les attaquant pas pour leur faire peur, nous attendions d'être plus proche pour les leur mieux faire sentir, & même de les aborder pour terminer plûtôt le combat. Nôtre Corsaire étant à portée du gros vaisseau, & prêt à tirer sa bordée; deux gros Navires de guerre sortant derriere une pointe, & tenant leur bord au large, parurent au vent à nous; un moment après un troisiéme les suivit, qui ayant joint les deux premiers parlementerent ensemble, se détachant ensuite des deux autres, il mit le Cap sur nous, comme s'il eût voulu gagner le vent, & nous aller boucher l'entrée du Port de Carthagene. La vuë de ces trois Navires nous épouventa, nous abandonnâmes bien vîte les trois autres, que nous serrions de près, & que nous regardions déja comme trois prises; nous mîmes toutes nos voiles au vent, pour tâcher de gagner le Port de Carthagene, & pour arriver à l'entrée avant que ce Navire, qui venoit sur nous, nous la bouchât, croyant qu'il avoit été envoyé des deux autres à ce dessein: cependant nous nous trouvâmes arrivez ensemble, nous crûmes qu'il y auroit là des coups à essuyer, & que les deux autres venant sur l'arriere, pendant que celuy-cy nous arrêteroit, nous ne nous tirerions que tres-difficilement d'intrigue. Ce Navire n'ayant pas autant de peur que nous, étant neutre, mit Pavillon Genois: Ce Pavillon bannit nôtre crainte; & nous ayant entierement rassurez, nous nous approchâmes de luy, & luy demandâmes quels étoient les deux Navires avec lesquels il venoit de parlementer? Il nous répondit que c'étoient deux Navires de guerre Anglois, qui l'avertissoient de prendre garde à nous, que nos deux Navires étoient deux Vaisseaux de guerre François, croisant par ces hauteurs depuis quelque temps; que s'il nous rencontroit, nous le visiterions indubitablement, & que s'il avoit quelques marchandises de contrebande, nous pourrions luy faire de la peine; nous entrâmes de compagnie, & nous moüillâmes sur les dix heures du matin dans l'Ance qui est à bas-bord en entrant.

1708. Avril.

Le Port de Carthagene a son entrée au Sud-Ouest, il y a des brisans à fleur d'eau à la longueur de deux cables de la terre; & en entrant on en voit briser d'autres qui répondent vers le milieu de l'entrée, qui n en sont pas fort éloignez, & qui laissent un libre passage de chaque côté, dans lequel les Navires n'ont rien à craindre. Ce Port est vaste, on y est en seureté contre toutes sortes de vents; il n'y a que celuy du Nord Est qui vient de la terre qui soit incommode. La Ville est au fonds du

1708. Avril. Port au Nord-Eſt de l'entrée; la mer bat le long de ſes murailles; elle a hors de la porte de la marine un mole qui avance dans la mer, ſur lequel les batteaux déchargent leurs marchandiſes.

Les Carthaginois furent les premiers fondateurs de Carthagene; c'eſt delà qu'elle prit le nom de *nova Carthago*. Les Romains, 208. ans avant la naiſſance de Jeſus-Chriſt, & 544. de Rome, envoyerent à Carthagene Scipion l'Afriquain, après la mort de ſon pere, pour reduire cette Ville ſous leur obéïſſance. Scipion n'étoit alors âgé que de 24. ans, il prit Carthagene, fit priſonnier Magon, General des Afriquains qui la commandoit, l'embarqua avec deux mille Officiers, l'envoya captif à Rome, & apprit aux Romains la priſe de Carthagene par le General qui la commandoit. L'Apôtre ſaint Jacques fut le premier qui prêcha l'Evangile dans cette Ville, où il ſe rendit l'an 36. de Jeſus-Chriſt, venant de Jafa, n'ayant touché dans ce voyage qu'en Sardaigne.

VIII. *Avril.*

Ayant deſſein de faire quelque obſervation pour déterminer la Longitude de Carthagene, je le communiquai le matin à nôtre Capitaine; il me répondit que je ne pouvois pas reſter à terre, comme demandoient mes obſervations, parce qu'il n'attendoit qu'un bon vent pour appareiller; & que pouvant arriver dans la nuit, je m'expoſerois à ne pourſuivre pas mon voyage. Après cette réponſe je n'y penſai plus, & me contentai le même jour d'obſerver la Latitude. Sur les neuf heures du matin je deſcendis à terre dans l'Ance, qui eſt à bas-bord de l'entrée du Port, dont j'ai déja parlé. Attendant l'heure de midy je verifiai mon quart de cercle, que je trouvai toûjours dans la même ſituation.

1708. Avril.

OBSERVATION

Pour la hauteur du Pole de Carthagene d'Europe.

HAuteur meridienne apparente du bord superieur du Soleil, le 7. Avril 1708. 59^d 42′ 15″

Quart de Cercle,		4.	
Premiere Correction,	59.	38.	15.
Refraction moins la Parallaxe,			29.
Hauteur corrigée,	59.	37.	46.
Demi-diametre du Soleil,		16.	1.
Hauteur du Centre,	59.	21.	45.
Declinaison septentrionale,	6.	57.	52.
Hauteur de l'Equateur,	52.	23.	53.
Donc Hauteur du Pole de Carthagene,	37.	36.	7.

En 1703. en allant aux Isles de l'Amerique, & sur les côtes de la nouvelle Espagne, pour le même dessein, nous rencontrâmes à la hauteur de Carthagene deux Corsaires qui nous donnerent chasse, & qui nous obligerent pour nous sauver d'entrer dans le Port. J'y observai avec un anneau astronomique de 18. pouces de diametre, & 32. livres de poids la hauteur meridienne du bord superieur du Soleil, le 1. du mois de Mars au même endroit, je la trouvai de 44^d 57′ 53″

Excés de la Refraction sur la Parallaxe.,			53.
Hauteur corrigée,	44.	57	0.
Demi-diametre du Soleil, & moitié de l'ouverture de l'anneau,		18.	6.
Hauteur du Centre,	44.	38.	54.
Declinaison australe,	7.	43.	59.
Hauteur de l'Equateur,	52.	22.	53.
Donc hauteur du Pole de Carthagene,	37.	37.	7.

La difference entre ces deux observations faites en differens temps fut de 0^d 1′ 0″

1708. Avril,

REMARQUE

Sur l'Anneau Astronomique.

IL n'est pas extraordinaire que j'aye trouvé entre ces deux observations, dont l'une fut faite par l'Anneau Astronomique, & l'autre par le quart de Cercle, une difference de 1′ minute. Quoique l'Anneau Astronomique soit un instrument sûr, lors qu'il est bien suspendu, & que sa division est exacte, on peut cependant se tromper dans la détermination des bords de l'Image du Soleil qui va se representer dans sa circonference interieure ou concave, & donner à la hauteur observée une minute de plus ou de moins, à cause de la difficulté qu'il y a de marquer exactement le point, où la circonference de l'Image du Soleil coupe la ligne du milieu de la circonference interieure de l'Anneau, sur laquelle les degrez sont marquez. Cette difficulté m'a fait conclure, qu'il valoit beaucoup mieux se servir de la hauteur prise par le quart de Cercle, que de celle de l'Anneau.

VIII. *Avril.*

Jour de la Resurrection de Nôtre-Seigneur, les vents de Nord-Est commencerent à souffler au Soleil levant, & la solemnité de la Fête demandoit qu'on passât ce jour-là dans le recüeillement: ce que firent tous les gens de l'Equipage, qui s'étant presque tous confessez le matin, & communiez fort devotement, quitterent leurs jeux pour demander au Seigneur un heureux voyage. Nous appareillâmes sur les huit heures du soir avec le même vent de Nord-Est. Le lendemain 9. les vents se tirerent de Levant, & nous commençâmes nôtre premiere manœuvre, qui étoit de louvoyer; nous accostâmes la terre, esperant que les courans qui portent à l'Ouest sur toutes les côtes d'Espagne, nous feroient de quelque secours. Le vent se rangea le soir au Nord-Nord-Est:

Eſt : c'étoit nôtre vent favori, chacun ſe réjoüiſſoit ; mais les maux & les biens ſont ſi étroitement unis enſemble, qu'on les voit rarement ſeparez. Pendant que nous étions tous en joye d'avoir un temps ſi favorable, l'Heureux Retour qui étoit de l'avant, tira un coup de canon, & il mit côté en travers ; nous arrivâmes ſur luy pour apprendre ce que c'étoit ; étant à la portée de la voix, il nous cria que ſon Navire faiſoit beaucoup d'eau, qu'appréhendant qu'il ne ſourſoubrât, il étoit forcé de retourner à Carthagene pour aller chercher ſa voye d'eau. Le déplaiſir que nous reçûmes à cette nouvelle fut tres-ſenſible ; on ne pouvoit pas ſouhaitter un temps plus favorable pour debouquer dans peu de jours le Détroit de Gibraltar ; cependant il nous fallut revirer de bord, & nous rentrâmes le lendemain 10. dans le Port ; nous moüillâmes le matin à 8. heures au même endroit où nous avions moüillé la premiere fois. Lors qu'on eut jetté l'ancre, le Capitaine fit défenſe que perſonne n'eût à ſortir du bord, pour empêcher les deſertions.

D'abord que l'Heureux Retour eut moüillé, on commença à chercher ſa voye d'eau ; mais quelque diligence qu'on fit, il fut impoſſible de la trouver. Les Officiers reſolurent de ramener le Navire à Toulon, appréhendant qu'il ne coulât à fond, s'ils l'expoſoient juſques au Detroit.

XIV. *Avril.*

Les Officiers dreſſerent un Procès Verbal, dans lequel ils repréſentoient à nôtre Capitaine, que l'Heureux Retour ſe trouvant hors d'état de tenir la mer à cauſe d'une voye d'eau qui augmentoit par chaque horloge de 14. pouces, ils ſe voyoient forcez de paſſer en Provence, pour aller remettre ce Navire dans le Port de Toulon. Nôtre Capitaine ne pouvant pas refuſer de ſigner ce Procés, la cauſe dont il s'agiſſoit étant évidente, ne fit aucune difficulté ; quelques autres Officiers, même le plus grand nombre, ne voulurent point ſigner ; mais ce refus n'empêcha pas que l'Heureux Retour ne mît à la voile le lendemain.

1708. Avril. Pendant le sejour que nous fismes dans ce Port, ne pouvant pas descendre à terre, le Capitaine ayant fait défense, comme j'ay déja dit, à tous les gens de l'Equipage, je dessinai du Navire la vuë de la Ville de Carthagene, représentée dans la planche suivante.

La lettre A est une Jettée à la porte de la Marine, où les Navires déchargent leurs marchandises, & où l'on charge celles de la Ville.

B est une Montagne sur laquelle est situé le Château qui cache la moitié de la Ville.

C est le Convent de S. Dominique.

D celuy de S. Augustin.

Un Religieux de l'Ordre de S. Dominique, Criole de Lima, qui s'étoit embarqué avec nous à Marseille, retournant dans son pays, tirant de tant d'incidents fâcheux un mauvais augure, se débarqua le 12. appréhendant le passage du Détroit de Gibraltar; il alla s'embarquer à Cadiz sur des Navires Espagnols qui devoient faire voile pour Porto-Bello, où il n'arriva qu'un an après. Je me trouvai à Lima, lorsque son pere en reçut la nouvelle par un Navire venant de Panama. Ce bon Religieux eut le déplaisir de voir prendre son Navire par les Anglois, & d'être pillé à l'entrée du Port de Porto-Bello, à la portée du canon du Fort qui est à bas-bord en entrant.

XV. *Avril.*

Le soir précedent le Capitaine de l'Heureux Retour nous envoya douze de ces meilleurs Matelots, pour remplacer un pareil nombre des nôtres qui avoient désertez. Ce Capitaine nous quittoit avec regret; & n'étant pas le maître de son conseil, ceda malgré luy à la pluralité des voix. Il appareilla le matin, & nous le vîmes sous voile sur les quatre heures. Quels déplaisirs ne reçûrent pas à cette vûë tous les gens de nôtre Equipage? La mer pleine de Corsaires, l'armée des ennemis que nous croyions entrée dans la Mediterranée, étoient des sujets qui nous représentoient l'impossibilité d'écha-

CARTHAGENE
D
C
A
B
P. L. Feuillée Mathe. et Botan. Reg. delinea.
P. Giffart Sculp.

per de tant de mains. Enfin nous le perdîmes de vûë. Sur les neuf heures du matin le vent qui le sortit du port, calma, les courans sur les côtes d'Espagne, qui vont à Ouest, le firent dériver, & nous le montrerent encore une fois, sortant d'une pointe qui est à l'Est de l'entrée du Port. Peu de temps après le vent se remit, il gagna bien-tôt ce qu'il avoit perdu; la même pointe nous le cacha, & nous luy dîmes adieu, n'esperant plus le revoir. A deux heures après midy parut vers la pointe un Navire avec Pavillon blanc, faisant route vers Carthagene, il mit son canot à la mer, & tira un coup de canon; nous prîmes ce coup pour un signal; & craignant qu'il ne fut arrivé à ce Navire quelque fâcheux accident, & qu'il eut besoin de secours, nôtre Capitaine fit armer le canot, l'envoya au devant de celuy qui venoit, & qui étoit déja à l'entrée du Port, pour apprendre quel navire étoit celuy qui paroissoit, & s'il avoit besoin ou de monde ou d'autres choses. Les deux canots s'étant rencontrez, firent route tous les deux vers nôtre vaisseau. Cette manœuvre nous fit juger, que ce Navire pourroit être l'Heureux Retour, & que les Officiers ayant regret de nous abandonner dans des parages les plus à craindre, ils y avoient refléchi. Enfin les deux canots arriverent à bord; le Capitaine en second de l'Heureux Retour, qui étoit dans un, vint nous confirmer dans la pensée où nous étions, & nous pria de nous tenir prêt pour profiter du premier vent favorable pour sortir, qui ne tarda pas long-temps d'arriver. L'Heureux Retour resta dehors, où il nous attendoit, ne voulant pas s'engager dans le Port à cause de la difficulté qui se rencontre assez souvent d'en sortir: à l'approche de la nuit le vent calma. 1708. Avril.

XVI. *Avril.*

Nous appareillâmes à trois heures du matin avec les vents de terre; nous joignîmes enfin nôtre camarade. D'exprimer icy quelle fut la joye de nôtre Equipage, je la laisse à penser à ceux qui liront mon Journal.

Sortant du Port, je fis l'expérience de l'Equilibre des

1708. Avril.

eaux de la mer, me servant toûjours du même Areometre, je les trouvai du poids de 2.onc. 3.drag. 57.gr.

Nous trouvâmes hors du Port un petit vent de Sud, qui nous fit mettre la Misaine au Bouffoir; nous rangeâmes la terre pour profiter des courans, & reparer le temps que nous avions perdu au moüillage. Le calme nous prit le soir, & dura jusques au lendemain 17. que le Soleil se leva avec des broüillards si épais, que nous fûmes obligez de battre la caisse, & de tirer de temps en temps dans les deux Navires des coups de fusil, pour nous avertir de l'endroit où nous étions, afin d'éviter l'abordage, qui seroit infailliblement arrivé, & nous auroit fait briser les uns contre les autres. Ces broüillards ne se dissiperent que sur les dix heures du matin. Nous nous trouvâmes proche de terre avec un autre petit Navire François qui étoit sorti avec nous de Carthagene. Les broüillards étant dissipez, nos Navires s'approcherent l'un de l'autre pour parlementer; le Capitaine de l'Heureux Retour nous cria qu'il avoit trouvé l'endroit où étoit sa voye d'eau, qu'il n'avoit pas pû découvrir dans le Port, & que le calme la luy avoit apprise. Dans toute cette matinée, à ce qu'il nous dit, l'eau n'augmenta ni ne diminua, & delà ils conjecturerent que leur voye d'eau étoit sur l'avant du Navire, ne faisant de l'eau ordinairement qu'en plongeant, ou dans un gros temps, ou bien avec un vent contraire, ou la mer devant. A trois heures après midy, la Vigie qui étoit au haut du grand mât, avertit, qu'il y avoit sous le vent deux Navires; nous forçâmes de voile pour les reconnoître, laissant nôtre camarade de l'arriere. Son poids, quoy qu'il n'eût aucune marchandise, le rendoit dans un vent mediocre un mechant voilier; mais aussi avec un vent forcé il avoit sa revanche. Il nous fut impossible de joindre devant la nuit les deux Navires; & avant que les tenebres ou l'obscurité nous dérobassent la vuë de nôtre Corsaire, nous mîmes côté en travers pour l'attendre.

XVIII. *Avril.*

Nous revîmes le matin les mêmes vaiſſeaux, nous n'eûmes de toute la journée qu'un petit vent qui enfloit à peine nos voiles; ce qui donna occaſion à nôtre Maître Canonier de faire faire l'exercice du canon pour dreſſer nôtre jeuneſſe à le bien manier en cas de quelque rencontre. Le lendemain 19. les vents fâcheux d'Oueſt vinrent tout d'un coup avec furie; heureuſement nous nous trouvâmes au Sud de la Carbonniere, petite Iſle ſituée devant un Château bâti ſur la terre-ferme, qui porte le nom de l'Iſle. Nous moüillâmes ſous ſon canon, & nous reſtâmes à l'ancre juſques au 21. que les vents revinrent au Sud, à la faveur deſquels nous appareillâmes ſur les dix heures du matin; nous trouvâmes au large les vents du Sud-Oueſt, nos ennemis qui nous obligerent à louvoyer à petites bordées, pour ne pas perdre de vuë les côtes, ni les avantages que nous retirions des courants qui nous portoient vers le Détroit. Sur les trois heures du ſoir, l'Heureux Retour qui étoit de l'avant, fit les ſignaux de ſix Navires, qu'une brume legere dans laquelle ils ſe trouvoient, nous cachoit encore. Peu de temps après nous les découvrîmes faiſant la même route que nous, & par conſequent la même manœuvre; cela nous donna le moyen de les voir par leur travers, & de conjecturer par la groſſeur dont ils nous parurent, que c'étoient des Navires de guerre: ce qui nous fut confirmé dans la ſuite. A cette vuë nous forçâmes de voile, pour nous conſerver l'avantage que nous avions ſur eux, attendant avec impatience la nuit prochaine pour nous tirer de leur chemin, en faiſant une fauſſe route; le temps qui reſtoit juſques à la nuit étoit trop court pour nous joindre; & quoy qu'ils fuſſent déja dans nos eaux, nos Navires étoient aſſez bons voiliers pour ne pas ſe laiſſer approcher dans ſi peu de temps.

1708. Avril.

XXIJ. *Avril.*

Les six Navires découverts le jour précedent rendirent nos Equipages vigilans; à une heure du matin tous nos gens étoient sur pied, & le calme qui survint nous promettoit quelque changement. Au Soleil levant nous ne vîmes point de Navires; mais il se leva un petit vent d'Est-Nord-Est qui fraîchit sur les neuf heures, & à dix nous nous trouvâmes par le travers du Cap de Gatte. Ce jour-là fut un de nos plus beaux; le temps clair nous fit découvrir d'assez loin trois gros vaisseaux moüillez à la Roquette, rade à deux lieuës à l'Ouest d'Almerie. La vuë de tant de Navires nous jetta dans une peur extrême. De retourner en arriere, les six que nous y avions laissez, étoient un empêchement; d'aller de l'avant, nous craignions que les trois moüillez à la vuë, nous tombant sur le corps, ne terminassent dans ces parages nôtre voyage de la mer du Sud. Ces refléxions nous firent resoudre de mettre le canot à la mer, & d'envoyer à Almerie un Officier, pour s'informer du Consul de la Nation, quels Navires étoient ceux qui moüilloient à la Roquette, & quelles nouvelles ils avoient de l'armée navale des ennemis.

Le Cap de Gatte est une montagne assez élevée au Sud-Est $\frac{1}{4}$ d'Est de la Ville d'Almerie, mêlée de rochers & de terre. Sa reconnoissance est une tache blanche; à un mille de la terre, vis-à-vis de cette tache il y a des écüeils, & au Sud-Ouest $\frac{1}{4}$ Sud à quatre milles du Cap, des brisans tres-dangereux se trouvent au passage, qui ont huit à neuf pieds d'eau dessus qui les couvre.

A l'entrée de la nuit nôtre Officier fut de retour d'Almerie, il nous rapporta que le Consul luy avoit dit, que les trois Navires moüillez à la Roquette étoient trois Navires Marchands Genois; qu'il venoit d'apprendre par des lettres depuis peu arrivées, que la Reine d'Angleterre avoit envoyé un ordre à Barcelone, d'en faire partir tous les Navires de guerre qui y étoient; & que les six que nous avions vûs le soir du 21. l'avoient déja exécuté, que le même ordre ayant été publié à Gibraltar, les vaisseaux se disposoient pour en sortir, & qu'il croyoit que la plus grande partie étant déja hors de ce port, nous trouverions le passage libre.

1708. Avril.

XXIII. *Avril.*

N'ayant pas venté de toute la nuit précedente, & étant restez en calme, nous nous trouvâmes le matin au Sud d'Almerie. Sur les neuf heures les vents du Sud-Ouest revinrent; nous mîmes le bord au large, peu de temps après nous revîmes les six Navires. D'abord qu'ils nous eurent découverts, trois mirent le Cap sur nous, & les trois autres, pour nous gagner le vent, continuerent leur route. Heureusement Almerie nous restoit sous le vent, nous revirâmes de bord, & nous allâmes moüiller sous le canon du Fort: Passant au vent des Navires Genois, chacun d'eux salua nôtre Pavillon de sept coups de canon, & nôtre Commandant luy rendit le salut de cinq coups.

XXIV. *Avril.*

Le matin, le Ciel clair & serain, & disposé à une belle journée, je descendis mon quart de Cercle à terre, pour observer à midy la hauteur du Soleil; j'allai à la maison du Consul François, située au milieu de la Ville, & j'y fis l'observation suivante.

1708. Avril.

OBSERVATION

Pour la hauteur du Pole d'Almerie.

Hauteur meridienne apparente du bord superieur du Soleil,	66[d]	28′	0″
Le quart de Cercle donnoit encore les hauteurs trop grandes de	0[d]	4′	0″
Premiere Correction,	66.	24.	0.
Refraction moins la Parallaxe,			24.
Hauteur corrigée,	66.	23.	36.
Demi-Diametre du Soleil,		15.	58.
Hauteur du Centre,	66.	7.	38.
Declinaison septentrionale,	12.	58.	56.
Hauteur de l'Equateur,	53.	8.	42.
Donc hauteur du Pole d'Almerie,	36.	51.	18.
J'avois déja observé la hauteur du Pole de Carthagene de	37.	36.	7.
Par ces deux observations il paroît qu'Almerie est plus meridionale que Carthagene de	0.	44.	49.

Le soir allant à bord, je trouvai dans un jardin proche des murailles de la Ville, quelques-uns de nos Matelots remplissant leurs futailles de la meilleure eau d'Almerie, au sentiment des habitans. J'avois heureusement dans ma poche la boëte où étoit enfermé mon Areometre; je le plongeai dans le bassin où l'on puisoit l'eau, & je trouvai sa pointe raser la superficie de l'eau, chargé du poids de 2.onc. 3.drag. 20.gr.

Je conclus de ce poids, que ces eaux n'étoient pas si pures qu'on le prétendoit, & qu'absolument elles étoient mêlées avec des corps étrangers, les bonnes eaux n'ayant pas encore excedé dans toutes les experiences que j'avois faites jusques alors, le poids de 2.onc. 3.drag. 17.gr.

La situation d'Almerie est agreable; elle est bâtie au fond d'une grande baye qui a vers l'Est le Cap de Gatte, &

& à l'Oueſt le Cap de la Roquette. Cette grande baye a ſon entrée vers le Sud-Oueſt. Les vents qui viennent de ce même côté ſont ſes traverſiers ; ceux de l'Eſt venant de terre y ſont auſſi à craindre, ils pouſſent les Navires vers le rivage ; comme le fond de la baye n'eſt qu'un ſable mouvant & de tres-mechante tenuë, les Navires chaſſant par ce vent-là y ſont beaucoup expoſez ; les petits bâtimens moüillent tout proche de la Ville à quatre braſſes.

La Ville eſt entourée de murailles fort anciennes, les tours qu'on voit du côté du Nord marquent leur antiquité ; les maiſons ſont baſſes, couvertes à l'Afriquaine ; à l'Oueſt de la Ville il y a un petit Fort ſur une élevation, muni de trois pieces de canon, & un autre à l'Eſt, joignant les murailles de la Ville, avec ſix pieces ; du même côté, hors de la Ville, on voit une grande étenduë de beaux jardins, arroſez de belles eaux, où il y a toutes ſortes de fruits. Après que j'eus fait mon obſervation, j'allai m'y promener par curioſité, j'y vis des palmiers en fleurs, des citroniers, des orangers, des grenadiers, des poiriers, des pomiers, des pruniers, & pluſieurs autres arbres ; ce que j'y admirai de plus, c'étoit de beau lin, qui devoit rendre les toiles à bon marché ; mais les gens du pays naturellement fainéans, ne cultivant la terre que par neceſſité, n'y ont pas abondamment leur neceſſaire, & tout y eſt cher, excepté les denrées qui y ſont à bas prix.

Almerie a été ſoûmiſe aux Sarrazins, peuples originaires d'Arabie, qu'on ne connut que dans le cinquiéme ſiecle. Aber Hut, More ſçavant, deſcendu des Rois de Saragoce, enleva cette Ville à Aber Mahomet, Roy d'Andalouzie, dans le treiziéme ſiecle. Alfonſe, Roy de Caſtille, la prit ſur les Infideles. Ce Roy, aſſiſté des Princes Chrétiens, défit dans une bataille l'armée de Mahomet Anacer, composée de ſix-vingt mille chevaux, & trois cent mille hommes de pied. Après cette défaite il eut pour ſa part du butin le Pavillon de Mahomet Anacer ; & en memoire de cette bataille remportée avec tant d'avantages, il fit de ce Pavillon les armes de Caſ-

1708. Février. tille, qui sont de gueule, au Château sommé de trois tours.

XXV. *Avril.*

Nous appareillâmes sur les quatre heures du soir par un petit vent d'Est, en compagnie de quatre Navires Genois, & de deux Navires François; ce vent dura tout le 26. Le 27. les vents devinrent fort inconstans, variant du Nord Est au Sud-Est; nous découvrîmes le matin sur l'avant un Navire portant le Cap à l'Ouest, à midy il étoit encore à deux lieuës de nous, & à trois heures à la portée du canon. Sa grosseur ne nous épouventa pas, nous l'approchâmes; ayant mis Pavillon Genois, & ensuite son canot à la mer, nous connûmes par cette manœuvre que tout se passeroit en paix, n'ayant pas de guerre, ni rien à disputer avec ces Republiquains. Le canot voyant la flame à nôtre Commandant fut à l'obéïssance; nous passâmes sur l'arriere de ce Navire, il nous salua de sept coups de canon, & nôtre Commandant luy rendit son salut de cinq coups. Ce Navire étoit de quatre-vingt pieces de canons, tout magnifique, allant à Cadiz, & delà en Hollande. La nuit suivante nous fûmes pris de calme. Le lendemain 28. les calmes nous ayant fait dériver vers l'Est de plus de six lieuës, nous connumes par cette dérive que les vents d'Ouest regnoient encore vers le Détroit, & la mer venant du même vent, celuy d'Est qui soufflo it le jour précedent, n'ayant pas pu l'abbattre, étoit une seconde preuve qui nous annonçoit que nous ne tarderions pas d'avoir des vents d'Ouest, continuellement opposez à nôtre route. A midy le Ciel se couvrit, le vent de Sud-Ouest revint, sa violence nous obligea à son arrivée de prendre des rits dans nos huniers, & nous fit passer la nuit suivante, qui fut extrémement obscure, dans de continuelles allarmes. Tous nos Navires louvoyant, peu éloignez les uns des autres, pouvoient dans l'obscurité, allant par parties contraires, s'aborder & se briser les uns contre les autres; ce qui pensa nous arriver à l'encontre d'un Navire Genois; & si de ce coup nôtre Navire eût été dur à venir du Lof, indubitablement nous allions faire capot. Le lendemain 29. les vents devenant toûjours plus opposez, & dérivant au lieu d'avancer, nous relâchâmes, & nous allâmes moüiller à la Roquette, à 25. brasses: tous les autres vaisseaux nous suivirent, & moüillerent à quatre heures du soir.

1708. Avril.

XXX. *Avril.*

Les vents ayant molli, & la pointe de la Roquette nous mettant à l'abri de la mer, nous ne nous ressentions plus de son mouvement. Je descendis le matin à terre, accompagnant nos pêcheurs, nous jettâmes nos filets; à peine furent-ils à la mer, que le vent de Sud-Ouest revint. La mer commençant de s'enfler nous obligea de battre en retraite; nôtre Navire étoit à plus d'une lieuë; arrivant près du bord, nous n'osâmes pas aborder, dans la crainte que la mer jettant le canot contre les bordages, ne le brisât. Le Capitaine des Matelots, jeune homme de 22. ans, des plus vigoureux de l'Equipage, voyant le danger m'embrassa; & choisissant le temps que le canot étoit sur la pointe de la Lame, & près du Navire, il me jetta à tout hazard sur les haubans; je me pris aux enflechures qui me sauverent; il ne restoit dans le canot que des Matelots, qui plus accoûtumez que moy aux dangers, sortent de tout peril malgré vent & marée. La violence du vent nous fit caler nos huniers, & mettre nos vergues bas; deux Navires Genois chasserent sur ses ancres, heureusement près du rivage, où ils alloient infailliblement échoüer, leurs ancres firent tête, & les sauverent.

I. *May.*

1708. May.

Le mois de May, le plus agreable de toute l'année, nous amena le beau temps; la mer & les vents calmerent. Le lendemain 2. je descendis à terre le matin avec mes instrumens, esperant d'observer la nuit suivante l'occultation d'Antarez par la Lune. Dès que nous eûmes debarqué, j'allai au Château qui étoit tout proche

1708. May.

du Cap; j'eus l'honneur de saluer le Gouverneur, & de le prier de me prêter pour une nuit une chambre, qu'il m'accorda fort gracieusement, & il me dit que je l'obligerois, si je voulois l'accepter pour tout le temps que nos Navires resteroient au moüillage. Ayant mis ma Pendule en mouvement, je sortis en compagnie du Gouverneur, pour voir nos pêcheurs, qui avoient jetté leurs filets, tout près delà; nous vîmes en arrivant plusieurs especes de poissons qu'ils avoient déja pris. J'en dessinai un qui me parut assez particulier. Après que je l'eus dessiné fort exactement, dans l'espace d'une heure entiere, je l'ouvris; ayant trouvé sa matrice gonflée, je voulus en sçavoir la cause. L'ouvrant donc fort delicatement avec un canif, je trouvai dedans quatorze membranes separées les unes des autres, dans lesquelles je découvris du mouvement. J'ai déja dit qu'il y avoit plus d'une heure que ce poisson étoit hors de l'eau; ayant pris une de ces membranes, en l'ouvrant je la trouvai divisée en deux; la superieure, ou Chorion, étoit d'une substance nerveuse; l'inferieure, ou Amnios, renfermoit un fœtus animé, nageant dans une Lymphe limpide qui luy servoit de nourriture; sa longueur étoit de huit poûces. Je le jettai aussi-tôt dans la mer; il resta quelques momens sur sa superficie, humant l'eau, il s'enfonça insensiblement, & commença de nager comme les autres poissons. Merveille admirable de la nature, qui a donné à chaque animal un instinct pour le conduire à la conservation de son espece! J'ouvris ensuite deux ou trois des autres membranes; mais leurs Lymphes s'étant écoulées, je trouvai dedans les fœtus inanimez; je les jettai dans la mer, ils resterent sur la superficie sans aucun mouvement; ce qui me fit comprendre que la Lymphe servant de nourriture à ces fœtus, dès qu'ils en étoient privez, ils mouroient. Je remarquai après l'ouverture de la matrice de la mere, détachant une membrane qui enveloppoit un des fœtus, que le Chorion adhéroit à la matrice par le moyen des veines & des arteres umbilicales. Tous ces fœtus étoient d'une grosseur à croire qu'ils étoient à leur terme. Leur mere avoit quatre pieds de longueur, elle étoit plate & large depuis le nombril jusqu'en haut, & le reste du corps alloit en diminuant jusqu'à la queuë; sa peau étoit d'un gris obscur & sans écailles. 1708. May.

Je pressai l'operation dont je viens de parler, pour me trouver à neuf heures au Château, où je devois prendre des hauteurs correspondantes du Soleil pour regler mon horloge : à midy le Ciel fut beau, & je fis l'observation suivante.

OBSERVATION

Pour la hauteur du Pole du Château de la Roquette.

LE 2. May 1708. hauteur meridienne apparente du bord superieur du Soleil de	68ᵈ	58′	45″
Le quart de Cercle que je verifiai devant midy, étoit encore dans le même état,		4.	0.
Premiere Correction,	68.	54.	45.
Refraction moins la Parallaxe,			20.
Hauteur corrigée,	68.	54.	25.
Demi-Diametre du Soleil,	0.	15.	54.
Hauteur du Centre,	68.	38.	31.
Declinaison septentrionale,	15.	29.	0.
Hauteur de l'Equateur,	53.	9.	31.
Donc hauteur du Pole du Château de la Roquette,	36.	50.	29.
Il resulte de cette observation, qu'Almerie est plus septentrionale que la Roquette de	0ᵈ	0′	49″

Le Gouverneur m'arrêta à dîner; après midy je pris des correspondances des hauteurs du Soleil. Sur les quatre heures un petit vent d'Est-Sud-Est se leva, qui nous amena des broüillards si épais, qu'ils nous couvrirent le Ciel, & à peine aurions-nous pû distinguer un homme à dix pas de nous. Ce changement & le peu de disposition qui se préparoit à observer l'occultation d'Antarez, qui devoit arriver sur les huit heures du soir,

1708. May.

me determinerent à rapporter mes instruments à bord, où j'allai le soir, & je ne descendis plus du Navire qu'aux Canaries.

VI. *May.*

J'observai le soir l'Amplitude orientale de la Lune, ayant cherché à la même heure par le calcul, dans quel dégré & minute du Zodiaque elle étoit & les autres élemens necessaires pour trouver ensuite sa veritable Amplitude : tous ces calculs faits, je trouvai la declinaison de l'Aiman de $8^d\ 40'\ 0''$ vers le Nord-Ouest.

VII. *May.*

La mer s'applanit le matin, les vents de Sud-Ouest avoient cessé le six. Ennuyez de nous voir si long-temps dans une méchante rade, où tout y étoit à craindre, & les vents & les ennemis, nous appareillâmes à tout hazard avec le calme, esperant que le Seigneur nous donneroit quelque temps favorable. Cette rade n'est à couvert que de la pointe de la Roquette, terre fort basse, qui ferme vers l'Ouest la baye d'Almerie. Des bas fonds qui sont à cette pointe, s'étendent dans la mer jusques à trois cables. Le meilleur moüillage, les vents soufflant au Sud-Ouest, est vis-à-vis du Château; mais avec les vents d'Est & d'Est-Sud-Est on court grand risque d'aller échoüer sur ces bas fonds, tout les fonds de la Baye étant un sable mouvant, dans lequel les ancres labourent.

La campagne de la Roquette est agréable; on voit dans ces belles plaines quelques maisons, quantité de bestiaux, particulierement des moutons, & une terre fertile. Les habitans me parurent cependant pauvres; on ne doit attribuer cette pauvreté qu'à la fainéantise naturelle à toute la nation. Sortant de la Baye, les vents commencerent à souffler, leur lenteur nous pronostiquoit leur durée; nous nous trouvâmes devant la nuit à la pointe de Marize, éloignée de dix lieuës de celle de la Roquette.

1708. May.

VIII. *May.*

Au lever du Soleil nous vîmes ſur l'arriere les autres Navires qui moüilloient avec nous dans la même Baye, qui ne mirent à la voile qu'après que nous en fumes ſortis. Le vent qui n'avoit ſoufflé que fort lentement durant la nuit, augmentant ſenſiblement, nous fit voir ſur les quatre heures du ſoir le Cap Sacratis, & nous eſperions aller le lendemain moüiller à Malaga.

IX. *May.*

Le beau temps que nous regardions comme extraordinaire, nous fit trouver la nuit courte. Au Soleil levant, ayant une parfaite connoiſſance de la terre, nous fûmes agréablement ſurpris, croyant moüiller ce jour-là à Malaga, nous nous en trouvâmes au-delà & à plus de huit lieuës vers l'Oueſt. Y moüillant, nôtre deſſein n'étoit que d'y attendre un bon vent, & d'y prendre nos meſures pour paſſer le Détroit dans la nuit, afin de n'être pas vûs de ceux de Gibraltar, ni des Corſaires qui y croiſoient. Le vent d'Eſt ayant fraîchi conſiderablement, ce qui arriva fort à propos, nous reſolûmes d'en profiter; nous n'avions encore vû aucun Navire, quoique nous fuſſions aſſez près du Détroit, & nous comptions déja être échapez, ne refléchiſſant pas que le venin eſt à la queuë. Le Capitaine de l'Heureux Retour étant dans les mêmes ſentimens, s'accoſta de nous, & nous cria avec ſon porte-voix, que ſa voye d'eau qu'on avoit crû bouchée, s'étoit r'ouverte, qu'ils en étoient incommodez, juſques à craindre pour le Navire, & que n'ayant rencontré ni vû aucun Vaiſſeau, & n'y en paroiſſant pas, nous pourrions déboucquer en toute ſeureté, & luy s'en retourner en Provence. Nos Officiers luy répondirent, que nous étions encore éloignez du terme de nôtre convention, & que nous ne luy aurions point d'obligation qu'il ne nous eût mis au-delà du Cap Spartel; il ne s'y opposa pas, il nous dit ſeule-

1708. May. ment de continuer nôtre route, & qu'il étoit prêt à suivre; nous mîmes le Cap vers les côtes d'Afrique, pour nous tirer de la vuë de Gibraltar; le temps étoit un peu brumeux, & tout sembloit nous favoriser. Sur les onze heures nous vîmes les Colomnes d'Hercules, je veux dire le mont de Gibraltar qui est en Europe, & le mont Singe qui est en Afrique. A une heure après midy nous découvrîmes un Navire sur les côtes d'Afrique, où commence le Détroit, proche duquel est bâtie la Ville de Ceuta. Nôtre Capitaine voyant un Vaisseau tout seul, le crut au sac, paroissant fort petit, il fit les signaux de chasse à nôtre Corsaire; il obéit aussi-tôt, pourtant avec quelque repugnance, comme nous apprîmes dans la suite par luy-même; sçachant l'importance qu'il y avoit de ne pas s'arrêter dans un lieu comme celuy où nous étions, qui avoit été depuis nôtre départ de Marseille le seul objet de nos craintes. Ce Navire qui faisoit semblant de debouquer pour mieux nous leurer, mit le Cap vers Gibraltar, sans forcer de voiles, quoy qu'il se vît deux gros Vaisseaux en queuë. Nous étions déja assez proche du mont, & on pouvoit nous y découvrir tres-facilement, lors qu'on commença de connoître la fourberie; nous levâmes la chasse, & revirâmes de bord pour suivre nôtre premier dessein. Nous vîmes bien-tôt Ceuta. Quelques nouvelles relations veulent que ces côtes ne soient éloignées des côtes d'Espagne que de trois milles, cependant elles en sont à plus de seize; ainsi il est impossible de voir d'une terre à l'autre ceux qui y sont, comme prétendent tres-mal les Auteurs de ces Relations. A deux milles au-delà du Cap il y a des brisans tres-dangereux. D'abord qu'on a doublé Ceuta, on trouve une petite pointe vers l'Ouest, qui a à son extremité une tour de signal, pour marquer des écueils qui sont à deux milles au Nord-Ouest. Ceuta, du temps des Romains, étoit la Capitale de la Mauritanie; les Goths les en chasserent, ils en furent chassez à leur tour par les Mahometans; & Jean Roy de Portugal la leur enleva en 1415. les Portugais la cederent aux Espagnols l'an 1668. dans un Traité de paix; ceux-cy soûtiennent un siege depuis

depuis ce temps-là, & les Mores n'ont pas encore pû les en chasser. Après cette tour de signal dont j'ay déja parlé, on trouve le mont Singe, que Ptolomée appelle Abilis, montagne dont le sommet est divisé en deux pointes fort élevées, au pied de laquelle il y a un bourg habité par des Mores, appellé Buillione, qui a à l'Ouest, à dix milles de distance, la petite Ville d'Alcaçar-quivir, bâtie sur le bord de la riviere par Jacob Almensor, quatriéme Roy des Almoades, noms des Rois de Fez & de Maroc, de la premiere race. De Alcaçar-quivir au Cap Malonso on compte dix milles : la côte est dangereuse à cause de quantité de brisans qui s'étendent assez avant dans la mer ; à un mille au Nord-Ouest du Cap il y a un écueil qui paroît dans la basse mer à fleur d'eau ; de ce Cap à la Ville de Tanger on ne compte que huit milles. Cette Ville fut bâtie par les Romains, après qu'ils eurent conquis le Royaume de Grenade, elle a été la capitale de a Mauritanie Tingitane ; Alfonse V. Roy de Portugal en chassa les Mores ; les Portugais la cederent long-temps après à Charles II. Roy d'Angleterre, qui épousa l'Infante de Portugal : Tanger luy étant à charge, il l'abandonna, & les Mores s'y établirent.

1708. May.

Sur les six heures du soir nous nous trouvâmes au Nord du Cap Spartel, qui est à quinze milles à l'Ouest de Tanger. Ce Cap est un rocher élevé, separant la mer Mediterranée de la mer Oceane ; les Navires moüillent ordinairement au Sud-Ouest du Cap, vis-à-vis d'une vieille tour, à couvert des vents d'Est & de Sud-Est. Il y a au même endroit, à un demi-mille de terre, deux petits écueils : c'étoit-là le *non plus ultrà* de l'Heureux Retour, & jusques où Monsieur de Lambert devoit nous convoyer, selon nos conventions. Etant donc arrivez à nôtre terme, nous carguâmes nos basses voiles ; & nous commençâmes à mettre nôtre canot à la mer ; nous crûmes que durant l'espace du temps qui se passeroit avant que le canot fut à la mer, nous aurions le loisir de souper. Le Capitaine commanda qu'on servît ; à peine fûmes-nous à table, qu'on cria, Navire ; la brume étoit

1708. May. épaisse, il ne falloit pas être éloigné pour se voir; si nous eussions passé un quart d'heure plus tard, elle nous auroit cachez. Ce Navire faisant alors route au Nord, & s'éloignant de nous, nous ne nous épouventâmes pas d'abord; j'ai déja dit ailleurs qu'un seul Navire ne nous faisoit pas de peur; mais ce fut un moment après qu'on cria, autre Navire, & que tous les deux revirerent de bord sur nous; nous nous tirâmes de table bien vîte; tout le monde courut aux armes, on se disposa tout de bon au combat; le temps pressoit, le Navire ennemi n'étant pas à plus de deux milles de nous. Monsieur de Lambert craignant pour nous, nous cria de laisser tomber nos voiles, de mettre au vent toutes celles que nous avions, & de nous servir pour nous sauver, du fort de nôtre Navire, qui étoit le largue; ce que nous executâmes. Ce Capitaine ayant été surpris comme nous, & jaloux de nôtre conservation, revira de bord, en prenant chasse d'un de ces Navires, pour avoir plus de temps à se préparer au combat, & de nous sauver. Un petit Navire de Marseille, parti avec nous de Carthagene, qui étoit sur l'arriere de l'Heureux Retour, eut le malheur de se trouver le premier sous le canon du Vaisseau ennemi. Ce Navire ennemi luy tira sa bordée de canon, & l'obligea d'amener; mais heureusement n'ayant pas eu le temps de jetter dedans du monde, après qu'il l'eût rimis; l'Heureux Retour ayant alors reviré de bord sur luy, & l'attaquant vigoureusement, ne pensant plus qu'à se défendre, il abandonna le petit Vaisseau, qui se laissant tomber à la dérive, se trouvoit déja assez près de terre, & hors de la vuë de son ennemi, pendant qu'il étoit aux mains avec l'Heureux Retour, hissant ses voiles, fit servir, & allant terre-à-terre il se sauva. Un autre petit Vaisseau de nôtre Escadre, qui étoit resté de l'arriere, se sauva aussi à la faveur de la nuit, en rangeant la terre. Dans le temps que l'Heureux Retour étoit aux prises avec ce Navire ennemi, l'autre étoit à nos trousses, & nous tenoit de près; il vit en nous chassant son camarade en danger, il nous abandonna pour luy aller donner secours. Nous poursuivîmes nôtre route ; mais nous n'eûmes pas fait une lieuë, qu'étant pris du calme, nous fumes, malgré nous, les témoins & les spectateurs d'un sanglant combat, qui dura depuis sept heures du soir jusques à une heure après minuit ; nous ne pûmes pas sçavoir les particularitez de tout ce qui s'y passa, ni même quels étoient ces Navires, qu'aux Canaries, où il arriva pendant nôtre sejour un Navire venant de Cadiz qui nous en informa. Le Capitaine nous dit en premier lieu, que les deux Navires étoient Anglois, l'un de soixante canons, & l'autre de soixante & douze ; que le Capitaine de l'Heureux Retour ayant abordé jusques à trois fois un de ces deux Navires, à dessein de se jetter dedans, l'Anglois ayant toûjours refusé l'abordage, il ne pût pas reüssir dans son entreprise ; que ce qui l'obligeoit à cette extrémité, étoit que son Navire, percé de tous côtez, & coulant à fond, étoit hors d'état de pouvoir resister plus long-temps : ce qui le détermina d'amener pour sauver son Equipage ; sçachant d'ailleurs que les Anglois auroient vû tranquillement perir son monde, plutôt que de luy donner le moindre secours. Il nous dit encore, que d'abord qu'il eût amené, les Anglois envoyerent à bord de l'Heureux Retour leurs Chaloupes avec quelques Officiers ; que Monsieur de Lambert les reçut méche en main, ayant à ses pieds quelques barils de poudre ; que le premier compliment qu'il leur fit, étoit qu'il prétendoit, avant même de parler de capitulation, qu'on luy accordât les demandes qu'il leur feroit, sans quoy il alloit mettre le feu aux poudres, & faire sauter son Vaisseau en l'air. Ces Officiers, étant subalternes, répondirent, qu'ils ne pouvoient pas luy accorder sa demande, sans en avoir donné avis à leurs Capitaines, qui étoient sur leurs bords, qu'il falloit necessairement les en informer, & qu'ils retournoient à leur bord pour cela. Monsieur de Lambert répondit, que personne ne descendroit de son bord, qu'on ne luy eût auparavant promis & juré qu'ils luy tiendroient leur parole. Ces Officiers voyant sa resolution, luy accorderent tout ce qu'il voulut, le conduisirent à leurs Navires, où il reçut tous les honneurs

1708. May.

1708. May.

& les amitiez possibles des Capitaines, qui ne pouvoient trop loüer sa bravoure ; ils firent voile ensuite pour Gibraltar, où ils menerent l'Heureux Retour, & eux firent raccommoder leurs Navires tout délabrez.

Cependant le calme qui dura toute la nuit, & qui nous fit voir le feu, & entendre le bruit du canon & de la mousqueterie pendant tout le combat, nous tint dans des allarmes cruelles ; croyant que Monsieur de Lambert s'étant rendu, les Navires Anglois apprendroient que le nôtre étoit richement chargé, & qu'un d'eux se detachant, viendroit le matin nous donner le bon jour avec une volée de coups de canon, ignorant que Monsieur de Lambert les eût maltraitez, & mis tous les deux hors d'état de tenir la mer. La nuit nous parut longue ; aucun de nôtre Equipage, quoique tres-fatigué, ne pensa à dormir, tout le monde resta sur le pont, & nous attendîmes le jour avec beaucoup d'impatience. D'abord qu'il parut, un petit vent de Sud-Sud-Ouest se leva, qui commença de nous mettre en mouvement. Au Soleil levant nous découvrîmes le long de la mer d'Afrique deux Vaisseaux fort petits, que nous crûmes les deux qui s'étoient sauvez ; comme il n'en parut point d'autres, nous commençâmes à nous rassurer, & continuâmes nôtre route.

J'observai le 10. au matin l'Amplitude orientale du Soleil, qui donna la declinaison de l'Aiman de 7d 4′ 0″ vers le Nord-Ouest.

Et la hauteur du Pole, par la hauteur meridienne du Soleil de 35d 24′ 0″

XI. *May.*

Les vents se tirerent au Sud-Ouest, nous avions porté le Cap toute la nuit à terre ; en étant assez près le matin, nous vîmes sur le bord de la mer, Arzile, Ville bâtie par les Romains dans la Province de Habad, au Royaume de Fez. Je remarquai la nuit suivante qu'elle n'étoit pas si obscure que sont nos nuits en Europe. Les Matelots du Quart, qui pour ne pas s'ennuyer, joüoient aux cartes sur la minuit, me dirent qu'ils les distinguoient fort bien; j'attribuai cette clarté à la reflexion de la lumiere des étoiles, qui cette nuit-là étoient extrémement claires au haut du Ciel. Le matin du 12. j'observai l'Amplitude orientale du Soleil, elle donna la declinaison de l'Aiman de 6^{d} 41′ 0″ vers le Nord-Ouest. 1708. May.

J'observai à midy la hauteur du Pole de 34^{d} 51′ 0″.

REMARQUES

Sur l'Equilibre des Eaux de la Mer.

J'Observai le même jour 12. au-delà de la vuë de la terre, l'équilibre des eaux de la mer de 2.$^{onc.}$ 3.$^{drag.}$ 54.$^{gr.}$ $\frac{1}{2}$.

La difference que je trouvai entre le poids des eaux de la mer Oceane, & celuy de la mer Mediterranée, me fit juger d'abord qu'on pouvoit l'attribuer au mélange des eaux de quelques rivieres, ou de quelques fleuves considerables, qui poussant leurs eaux avec violence, les pouvoient porter jusques à l'endroit où nous nous trouvions alors, qui étoit hors de la vuë de la terre. Je cherchai dans ma Carte, s'il y avoit à la hauteur où nous étions quelque fleuve; je trouvai le fleuve Licus, qui prend sa source dans la Province d'Erif; & traversant celle de Habad, vient se décharger dans l'Ocean; j'eus de la peine à croire que cette difference pût provenir de ce fleuve, & qu'il portât ses eaux jusques au-delà de la vuë des terres. Je conçûs donc que c'étoit quelque autre cause que je ne découvrirois qu'après que j'aurois fait un grand nombre d'observations, qui feroit à mon retour en Europe, où j'aurois plus de temps de philosopher, & les moyens de me communiquer avec quelques Sçavans, mes amis, & particulierement avec M. Cassini, qui avoit developpé tant de beaux secrets. La mort qui se joüe de nos projets, m'enleva en sa personne le meilleur de mes amis; & si toutes ses belles connoissances n'eussent pas rencontré un digne heritier en la personne

1708. May.

de son fils, qui sçait si bien unir les Sciences avec la Vertu, je me serois vu hors d'état de trouver la cause de plusieurs nouveaux phenomenes que j'observa dans ce voyage, dont on verra ses refléxions dans la suite de ce Journal.

La difference entre les poids des eaux de la mer Mediterranée & celles de la mer Oceane, étoit tres-considerable, & meritoit qu'on y fist attention. Cette difference étoit déja de 3.^{grains} $\frac{1}{2}$, ayant trouvé dans la Mediterranée l'équilibre, de 2$^{onc.}$ 3$^{drag.}$ 58$^{gr.}$ & dans l'Ocean de 2$^{onc.}$3$^{drag.}$54^{grains} $\frac{1}{2}$.

XIII. *May.*

Toûjours vent de bout, ce n'étoit pas là le moyen de nous tirer d'un parage où nous avions encore beaucoup à craindre : Nous nous trouvâmes le matin à quatre lieuës des terres d'Afrique ; toutes les côtes nous parurent basses & plates, & les montagnes dans les terres nous semblerent fort éloignées ; nous ne vîmes pas Larache que Lucain dans sa Pharsale dit être le Jardin des Hesperides : ce qui me fit croire que nous étions au-delà, & l'avions passée dans la nuit. Sur les six heures du soir Mazagan parut à deux lieuës de nous, & Azamor environ à trois lieuës ; nous passâmes toute la nuit du 13. au 14. en calme. Le matin du 14. le vent ayant commencé de souffler au Sud-Sud-Ouest, nous fismes route à l'Ouest $\frac{1}{4}$ Nord-Ouest, & nous découvrîmes un Navire faisant la même route. Ce Navire nous croyant ennemis, revira de bord ; mais voyant que loin de penser à luy, nous continuïons toûjours nôtre chemin, il se rassura, & se rangea comme auparavant ; le vent s'étant tiré à midy à l'Ouest, nous obligea de porter le Cap au Sud.

J'observai à midy la hauteur du Pole de 34^d 4' 0"

Sur les neuf heures du soir, étant sur le pont, nous vîmes un feu volage, qui s'étant allumé tout d un coup, ressembloit parfaitement à la Planette de Venus ; il resta l'espace d'une minute & demy à l'endroit où il s'étoit allumé ; j'eus soin de l'observer, en le comparant aux étoiles fixes les plus proches. Il s'étendit tout d'un coup, & remplit tout l'horison de lumiere; ensorte que nous aurions pû découvrir un Navire sur tout cet horison; cette lumiere ainsi répanduë dura peu de temps. Comme il arrive rarement des phenomenes si extraordinaires, j'ay crû que je ne devois pas taire celuy-cy. Virgile dans son premier Livre des Georgiques, fait mention de ces feux, en ces termes:

1708. May.

Sæpè etiam stellas, vento impendente, videbis
Præcipites Cælo labi: noctisque per umbram
Flammarum longos à tergo albescere tractus.

XV. *May.*

Les vents furent toûjours plus obstinez; s'ils changeoient, ce n'étoit que du Sud-Ouest à l'Ouest, lieux de nôtre route; la nuit précedente on entendit de grands tonnerres, & nous commençâmes de trouver des grains assez pesans, nous promettant bien-tôt les vents Alisées. Les terres d'Afrique que nous vîmes encore à midy, & que nous observâmes à la hauteur de $32^d\ 25'$ étoient semblables aux précedentes. Les tonnerres qui se firent entendre la nuit, & les grains qui nous donnerent si abondamment de l'eau, nous amenerent le beau temps, après avoir calmé la mer; ils n'eurent pas plutôt cessé, que les vents de Nord-Ouest $\frac{1}{4}$ Ouest soufflerent; ces vents étoient entierement convenables à nôtre route. A midy ils se tirerent au Nord-Ouest encore meilleurs, ensuite au Nord, où ils tinrent toute la nuit suivante; & à six heures du matin du 17. ils se rangerent au Nord-Est $\frac{1}{4}$ Est, d'où viennent les vents qu'on appelle Alisées. La hauteur du Pole à midy fut observée de $32^d\ 45'\ 0''$

Ce jour-là fut heureux, tout ce qui nous arriva contribuoit a nous faire oublier nos maux passez; le Ciel fut entierement clair, les vents furent arriere, nos Matelots prirent deux Bonites, & nous commençâmes de gouter avec le beau temps le poisson de cette vaste mer.

1708. May.

Les Bonites sont assez connuës, on en trouve dans toutes les mers du monde ; au goût & à la couleur elles ressemblent à nos maquereaux, & toute leur difference ne consiste qu'à leur grosseur.

L'Amplitude orientale que j'observai fort exactement donna la variation de l'Aiman de 6d 15' 0" vers le Nord-Oüest.

XVIII. *May.*

Plus de changement, les vents tenoient ferme au même endroit ; le Soleil ne parut que sur les neuf heures du matin, sa chaleur nous vint annoncer qu'il étoit temps de quitter les habits d'hyver, & par sa hauteur meridienne, la hauteur du Pole fut concluë de 31d 40' 0".

XIX. *May.*

A une heure du matin, appréhendant de ne dépasser l'Isle de Lancelote, la plus orientale des Isles des Canaries, nous mîmes côté en travers, attendant le jour. Au jour naissant cette Isle nous parut sous le vent ; on fit route sur elle ; & y étant arrivez, nous côtoyâmes toute sa partie orientale, & celle du Midy. A dix heures du matin on mit le canot en mer, on envoya un Officier au Château, pour s'informer de ce qui se passoit dans les autres Isles, & nous l'attendîmes en louvoyant.

Cette Isle paroît peu fertile, elle est pleine de montagnes. En 1618. sa Ville capitale fut saccagée par les Corsaires d'Alger, d'où ils enleverent mille six cent quarante-huit personnes, qui furent esclaves. Le canot ne retourna que sur les quatre heures du soir. L'Officier qu'on avoit envoyé rapporta, que le Gouverneur luy avoit dit, qu'il étoit arrivé depuis vingt jours à Tenerif un convoy d'Angleterre, qui venoit charger du vin, escorté de deux Navires de guerre ; que ces deux Navires croisoient alors au Nord de Tenerif, attendant que l'expedition du convoy fut finie, pour le reconduire en Angleterre. Il dit encore, qu'un Vaisseau Corsaire de Flessingue, croisant depuis long-temps entre l'Isle l'Isle de Tenerif & la grande Canarie, y avoit pris un Vaisseau venant de France, chargé de provisions pour l'Escadre de Monsieur Benac, composée de quatre Vaisseaux, laquelle moüilloit alors à la rade de Sainte Croix dans l'Isle de Tenerif; il ajoûta, que le combat s'étant donné à la vuë des quatre Vaisseaux, ils filerent leurs cables d'abord qu'ils les virent aux mains, pour aller secourir ce Navire, & que le Corsaire les voyant venir, n'étant pas en état de leur resister, leur abandonna la prise, & s'enfuit.

Ces nouvelles nous déconcerterent, nôtre dessein étoit d'aller moüiller à Tenerif, pour y faire nos provisions de vin, & de quelques autres rafraîchissemens; cependant nous vîmes tous nos projets avortez. Nous resolûmes d'aller moüiller à la grande Canarie, où l'on ne trouve pas si abondamment ses besoins. Sur les quatre heures du soir nous passâmes entre la petite Isle des Loups (qui est dans le Canal de Lancelote, & l'Isle Fortavanture) & Lancelote. Ayant passé au-delà du Canal, nous côtoyâmes toute la partie du Nord de l'Isle Fortavanture. Cette Isle est au Sud-Ouest de Lancelote, & à l'Est de la grande Canarie. Fortavanture est longue & étroite, elle s'étend de l'Est à l'Ouest, & on luy donne en longueur quinze lieuës, & trois en largeur.

XX. *May.*

A onze heures du matin nous découvrîmes deux Vaisseaux sur la pointe du Sud de la grande Canarie, faisant route au Sud-Ouest; un moment après ils revirerent de bord, & côtoyerent d'assez près la terre. Ignorant à leur manœuvre le sujet qui les avoit fait revirer, on ne sçavoit que juger d'eux; mais venant sur nous à toutes voiles, nous crûmes que c'étoient les deux Vaisseaux de guerre dont le Gouverneur de Lancelote avoit parlé à nôtre Officier. A deux heures après midy nous n'étions plus qu'à une petite lieuë des deux Vaisseaux; voyant qu'ils tenoient le vent, & qu'ils faisoient mine de vouloir nous le gagner, nous carguâmes nos voiles, pour

Q

1708. May. avoir plus de temps de nous préparer au combat ; d'abord que nous fûmes parez, & que nous eûmes reconnu que ce n'étoient pas les deux Navires, nous forçâmes de voiles pour les joindre ; mais ayant doublé la pointe du Sud du Port, ils entrerent devant nous, avec Pavillon blanc ; nous moüillâmes un moment après eux, ils saluerent nôtre flame chacun de cinq coups de canon, & on leur en rendit trois. Les deux Capitaines vinrent à bord, ils nous apprirent qu'ils étoient sortis le matin du même endroit ; & faisant route pour les Isles de l'Amerique, la découverte qu'ils avoient faite de nôtre Navire les avoit épouvantez, croyant qu'il fût un des deux qui croisoient dans ces parages ; ce qui les avoit obligez à revirer de bord, & de venir chercher sous le canon du Fort un azyle. On leur demanda, s'il ne se passoit rien de nouveau dans les Isles ; ils nous confirmerent l'arrivée du convoy, & nous apprirent que les deux Navires de guerre qui croisoient au Nord de Tenerif, avoient eu ordre du Viceroy des Isles de se retirer ; qu'il avoit fait dire au Commandant, que s'il n'obéïssoit pas, il alloit faire tirer sur le convoy ; qu'il ne prétendoit pas qu'ils vinssent interrompre leur commerce, & qu'ils devoient se contenter de la grace qu'on leur faisoit pendant qu'on étoit en guerre avec eux : il ajoûta que cette menace les avoit obligez d'abandonner leurs Croisieres, d'aller moüiller auprès de leur convoy, où ils étoient alors. Ils nous confirmerent aussi la prise du Navire qui portoit des vivres à l'Escadre de Monsieur Benac ; mais avec des circonstances que le Gouverneur de Lancelote ne sçavoit pas. Ils nous dirent, qu'aussi-tôt que le Corsaire Flessinguois eut fait amener le Navire, il jetta dedans une partie de son Equipage ; & n'ayant pas eu le temps de le retirer avant l'arrivée de l'Escadre, il fuït avec ce qui luy restoit ; desorte que ce Corsaire étant extrémement affoibli, il n'étoit nullement à craindre. Ces nouvelles assez favorables nous firent appareiller le lendemain matin. Le Port où nous moüillâmes est à une petite lieuë de la Ville ; il est défendu par deux Châteaux, dans chacun desquels les Espagnols entretiennent pour toute garnison un Mulatre. L'Isle est semblable à toutes les autres, je veux dire pleine de montagnes; la Ville capitale qui porte son nom, est le Siege d'un Evêque, les campagnes abondent en toutes sortes de fruits & de grains, le vin y est excellent, & on en transporte par tout le monde. N'ayant pû faire aucune observation dans ces Isles, tant pour leur situation que pour leur grandeur, & ne rapportant dans mon Journal simplement que ce que j'ay vû, sans m'arrêter à une foule de Relations, qui étant copiées les unes sur les autres, n'ont que l'autorité incertaine du premier auteur.

1703. Avril.

La variation, concluë de l'observation de l'Amplitude occidentale du Soleil fut de $4^d\ 6'\ 0''$ Nord-Ouest.

XXI. *May.*

Sur les cinq heures du matin nous appareillâmes avec les deux autres Navires par un vent de Nord-Nord-Ouest, qui ne nous étoit pas fort favorable; il nous obligea de louvoyer, pour monter le Cap qui est au Nord-Est de l'Isle. Ce Cap avance beaucoup dans la mer, & il a vers son extrémité des rochers sous l'eau, qui s'étendent assez avant; étant donc montez, nous serrâmes le vent, faisant route le long de la terre, à la distance d'une lieuë; nous vîmes de ces côtes le Pic de Tenerif, partagé en deux par des nuages qui étoient dans son milieu, & qui laissoient le haut & le bas à découvert. Le jour étoit déja fort avancé; & voyant que nous ne pouvions pas moüiller avant la nuit, nous ferlâmes nos voiles, & ne laissâmes au vent que nôtre petit hunier, pour diminuer nôtre marche, & n'arriver que le lendemain matin au moüillage. L'abordage de presque toute la partie de l'Est de l'Isle de Tenerif est dangereux; cette côte est remplie de rochers, & un Navire qui voudroit y moüiller pendant la nuit, s'exposeroit à se perdre.

1708.
May.

XXII. *May.*

Nous moüillâmes dans la rade de la Ville de Sainte Croix, à huit heures du matin; cette rade est à l'Est de l'Isle. D'abord que nous eûmes mouillez, M. Benac, Commandant de quatre Vaisseaux dont j'ay déja parlé, envoya à nôtre bord un de ses Officiers, pour dire à nôtre Capitaine d'amener sa flame; on fit peu de cas de l'ordre de ce Commandant, & on l'obligea de renvoyer une seconde fois le même Officier, à qui on répondit comme on avoit fait auparavant. Le lendemain 23. nos Capitaines entrerent en contestation sur leurs droits. Le Consul de la Nation Françoise, établi dans les Isles pour terminer les differends, à qui ils remirent leur cause, les accorda. Nôtre Capitaine plus ancien dans la Marine que Monsieur Benac, mais moins ambitieux, ceda volontiers son droit, pour ne pas donner à connoître à une Nation étrangere, que l'ambition, caractere indigne d'une belle ame, regnoit parmy les François, mais que l'union & la concorde en faisoient le merite. J'avois accompagné le matin nôtre Capitaine, qui descendit à terre pour visiter le Gouverneur, & pour son nouveau procès; j'allai saluer le Pere Gardien des Religieux de S. François, je le priai de me prêter dans leur Convent une chambre pour quelques jours, il me l'accorda fort gracieusement; & une marque plus authentique de sa generosité, c'est qu'il me pressa d'accepter sa table tout le temps que nôtre Navire demeureroit moüillé; je passai toute la journée dans le Convent, attendant le soir que la brise calmât pour retourner à bord. Elle commence ordinairement entre huit & neuf heures du matin, & elle dure jusques au soir; pendant ce temps-là les hautes lames qui viennent de loin, tombent avec tant de violence les unes sur les autres, qu'aucun batteau ne sçauroit se sauver, s'il se rencontroit malheureusement dans leur chute; ce qui oblige ceux qui vont le matin à terre d'attendre le calme, s'ils veulent se retirer, & que la brise soit passée.

XXIV. *May.*

Ayant appris le jour précedent, qu'il ne falloit pas être pareſſeux, pour deſcendre à terre, j'y allai dès ſix heures du matin; je montai mes inſtruments chez les Peres de S. François, j'y verifiai mon quart de cercle, je pris même quelques hauteurs correſpondantes du Soleil, pour avoir l'heure de mon horloge connue, eſperant obſerver la nuit ſuivante l'Immerſion du premier Satellite de Jupiter; mais les nuages m'ayant caché cette Planette, je ne pûs faire l'obſervation que je m'étois propoſée, qui auroit déterminé immediatement la difference en longitude entre Paris & cette Iſle, qu'on ignore encore, au milieu de laquelle la plûpart des Geographes font paſſer leur premier meridien, quoy qu'ils n'en ſachent la ſituation que par l'eſtime, qui n'étant pas aſſurée, pourroit faire une erreur dans la conſtruction des Cartes dont on ſe ſert.

XXVII. *May.*

On celebra dans la Ville une Fête, à l'occaſion d'une fontaine qu'on avoit bâtie au milieu de la Place, on avoit trouvé ſa ſource à deux lieües, & on conduiſoit ſes eaux par des canaux de bois, élevez ſur le terrain, ſelon la diſpoſition des lieux. Le peuple étoit obligé auparavant d'aller bien-loin chercher de l'eau, & regardoit comme une choſe extraordinaire d'en trouver au milieu de leur Place. Cette Fête commença par une Proceſſion generale, où le Viceroy aſſiſta, & les Corps Religieux, accompagnez de tout le peuple; cette Proceſſion ſe rendit à la fontaine, le Chef du Clergé la benit, on y chanta le *Te Deum* en action de graces, & le Fort qui eſt à l'extrémité de la Place, fit trois décharges de canon & de mouſqueterie; nos Vaiſſeaux, qui ſe trouverent dans la rade au nombre de ſix, furent priez par le General des Iſles de faire la même choſe. La benediction finie, la Proceſſion ſe rendit dans un ordre admirable à

1708. May.

la Paroisse, où l'on celebra une grande Messe, & un Religieux de l'Ordre de S. François prêcha, & fit un tres-beau Discours sur la Providence. Après qu'on eût dîné, il y eut des prix. La Noblesse Espagnole s'y distingua, jettant à force de bras une barre de fer fort lourde, & celuy qui la poussoit plus loin, remportoit le prix. Cet exercice est fort ancien, les Athletes s'en servoient autrefois pour durcir leurs corps, & fortifier leurs nerfs, & les peuples orientaux le pratiquent encore. On fit plusieurs autres exercices ; & celuy qui me plût davantage fut la course des chevaux. Deux jeunes Gentilshommes se donnant la main, montez sur des chevaux fougueux, partoient de l'une des extrémitez de la Place, & revenoient au même endroit sans se desunir, quoique leurs chevaux courussent à toute bride, & qu'il fallût les tourner à l'un des bouts de la Place, pour revenir à l'endroit d'où ils étoient partis.

Nous eûmes le malheur ce jour-là de perdre nôtre canot; tous ceux qui desiroient voir la ceremonie dont je viens de parler, n'ayant pû s'embarquer le matin avant l'arrivée de la brize, au premier voyage que fit le canot à terre, il fallut en faire un second; la brize avoit déja commencé, lors qu'on démarra du bord ; le canot arrivant près de terre, une lame le jetta sur le rivage, une seconde le reprit par le travers, & le rejettant, le brisa.

Des foibles nuages nous cacherent le Soleil toute la journée ; par l'experience que je fis du Barometre, je trouvai le Mercure suspendu à la hauteur de 27. pouces 10. lignes & un tiers.

XXX *May*.

Ayant vû depuis que j'étois à terre, que le Ciel étoit toûjours couvert, & le temps si peu favorable pour mes observations, & qu'il falloit partir selon les ordres donnez le matin par nôtre Capitaine, je rapportai à bord mes instrumens. Nous n'avions plus de canot, la chaloupe servoit alors pour le même usage, & la crainte qu'on avoit aussi de la perdre, faisoit prendre des mesures à

ceux qui en avoient le ſoin ; ils chercherent ſur la côte 1708.
un endroit propre à pouvoir débarquer, ſans l'expoſer à May.
la furie de la mer : cet endroit étoit à une lieuë de la ville. Je partis donc le ſoir, la briſe paſſée, en compagnie de de deux matelots qui m'aiderent à porter mes inſtrumens pour aller à l'endroit où moüilloit la chaloupe. Y étant rendus, nous la trouvâmes partie, les matelots poſerent mes inſtrumens ſur le rivage, & me demanderent de retourner à la ville pour y prendre un batteau, & revenir pour m'embarquer avec mes inſtrumens, & pendant le calme de la nuit nous retirer tranquillement à bord. Ils me firent paſſer fort triſtement toute cette nuit, en attendant leur retour, & je ne les vis que le lendemain matin 31. encore aſſez tard, que la briſe avoit déja commencé ; ils m'amenerent un petit canot, dans lequel nous embarquâmes mes inſtrumens ; une lame ſurvint, qui ayant rempli ce canot, je vis ſur les eaux tous mes inſtrumens en danger ; je courus après eux, & je ne perdis dans ce naufrage qu'une petite caiſſe de bois blanc, renfermant deux tubes de verre, ſervant à faire les experiences de la peſanteur de l'air ; trop heureux de ſauver le reſte, je ne penſai plus à m'embarquer, & je retournai avec mes inſtrumens à la ville, eſperant que j'y pourrois trouver quelque occaſion pour me retirer au Navire : elle ne tarda pas d'arriver, je m'embarquai le ſoir, mais avec autant de riſque que le matin.

Je remarquai dans le peu de temps que je demeurai dans cette Iſle, que les vents d'Eſt revenoient toûjours ſur les neuf heures du matin, & ceſſoient à l'entrée de la nuit, qu'un petit vent de Nord venoit prendre leur place, & la leur cedoit le lendemain matin à l'heure ordinaire.

L'Iſle de Tenerif eſt abondante en bons vins, tous les Navires qui vont aux Indes orientales & occidentales y vont faire leurs proviſions ; ils ſe conſervent long-temps, & on eſt aſſuré qu'ils ne changent pas comme font tous nos vins d'Europe, & qu'il eſt auſſi bon au deſſous de la ligne & au delà, qu'il étoit dans les caves des Iſles de Canarie. On trouve dans cette Iſle toute ſorte de

1708. May. bons fruits, & des gens fort honnêtes, qui reçoivent les étrangers avec beaucoup d'humanité. Nous achetâmes un grand nombre de petits ferins, que nous appellons en France Canaris, pour porter au Perou; mais après avoir passé la Ligne, & à l'approche du Cap de Hornn, ils moururent tous, & il n'en échappa qu'un seul que nôtre Aumônier avoit embarqué à Marseille. Je m'informai de plusieurs personnes de l'Isle flottante, à laquelle quelques-uns ont donné le nom de l'Isle merveilleuse de S. Borondon. Ceux-cy la mettent à cent lieuës de l'Isle de Fer, & ils rapportent que c'est une des plus belles Isles du monde, habitée de Chrétiens, dont on n'a jamais sçu l'origine, que ce n'est que par le pur hazard qu'on l'a vûë, & que ceux qui la cherchent ne la trouvent pas; elles me répondirent que c'étoit une Isle enchantée, trouvée par quelques Romanciers, puisque dans leur pays elles n'en avoient jamais entendu parler.

1. *Juin.*

1708. Juin. Toute la journée fut employée à nous disposer pour mettre à la voile le lendemain: on déferla le petit Hunier, & on tira le coup de canon de partance, pour avertir tous ceux qui étoient à terre de se retirer à bord. Deux jeunes Officiers demanderent leur congé, le Capitaine le leur accorda sans peine, & il auroit fait la même grace à plusieurs autres, s'ils la luy eussent demandée, pour purger son Navire de gens inutiles & inquiets, qui ne sont jamais contents, & qui troublent le repos de tout un Equipage.

11. *Juin.*

Nous appareillâmes à dix heures du matin avec un vent frais de Nord-Est; nous fismes route au Sud pour sortir du canal qui est entre la grande Canarie & Tenerif. A une heure après midy la garde du grand mât découvrit trois Navires qui croisoient à la sortie du canal. Cette nouvelle nous étonna, croyant alors être hors de tous

tous risques & de tous les parages, où se tiennent ordinairement les Corsaires; cependant nous flattant d'être bien en seureté, nous nous vîmes exposez à une perte prochaine. Il étoit tres-difficile de sortir du Canal sans être pris, & nous ne pouvions pas aller remoüiller à la rade de Sainte Croix, ayant les vents entierement opposez. On chercha un expedient, qui fut de carguer nos basses voiles, ranger la terre, & regler nôtre marche, ensorte que nous ne pûssions arriver à l'extrémité du Canal qu'à l'entrée de la nuit; ce qu'on executa fort ponctuellement. Heureusement pour nous l'air fut brumeux; d'un autre côté la terre, le long de laquelle nous faisions route, nous mangeoit, & tout contribuoit à nous rendre invisibles à nos ennemis. Cette brume dura jusques à la nuit, que nous nous trouvâmes au Sud de Tenerif, & à l'extremité du Canal. Sortant du Canal nous vîmes à une portée de canon un gros Navire à sec, moüillé dans une ance, qui ne branla pas à nôtre passage; ce qui nous fit juger qu'il étoit incommodé; car naturellement il devoit filer ses cables, nous voyant venir, & se laissant tomber sur nous, il nous auroit enlevez sans nous donner le temps de nous parer, ni même de penser à nous défendre. Nous découvrîmes les trois autres que la garde avoit déja vûs, faisant route vers l'Est. Comme la nuit s'approchoit, un moment après ils disparurent. Les vents ayant fraîchi, étant alors au Nord-Est, nous mîmes le cap au Sud-Ouest ¼ de Sud, & nos quatre voiles Majors au vent, qui nous tirerent bien-tôt hors de la vuë de nos ennemis, & dissiperent nos craintes.

1708. Juin.

Dans nôtre sejour à Tenerif nous apprîmes que six Corsaires y étoient allez s'informer, si on nous avoit vûs passer; on leur assura que non. Cette nouvelle les détermina à croiser pour nous attendre au Nord de l'Isle, où ils furent pendant deux mois; ne nous voyant pas venir, ils crûrent que nous avions passé ailleurs, & resolurent d'aller chercher dans quelque autre endroit une meilleure fortune. On nous dit que trois de ces Corsaires avoient pris la route de Plaisance pour courir sur

1708. Juin.

les Maloins, & qu'ils ne sçavoient pas quelle route avoient pris les autres. Il étoit facile de juger que c'étoient les trois que nous vîmes, qui avoient caché leur route pour mieux nous surprendre : mais la Providence qui s'étoit declarée pour nous dans tant d'occasions, nous ayant retiré d'un si grand nombre de dangers, ne nous abandonna pas en celle-cy.

III. *Juin.*

Enfin nous voyant libres & hors des parages de tous Corsaires, nous ne pensâmes plus qu'à nôtre voyage. Le Ciel fut clair, le Soleil sortit du sein des eaux tout brillant, & vint nous faire sentir les approches de la Zone Torride. J'esperois à son lever voir le Pic de Tenerif, n'en étant alors éloignez, selon l'estime, que de trente-deux lieuës; il ne parut pas, quoique l'horison de la mer fût bien terminé; ce qui me fit juger, que sa hauteur étoit de beaucoup inferieure aux montagnes de Sainte Malthe, qui sont au commencement du côté du Nord des Andes que j'avois vûës allant à S. Domingo, à la distance de soixante lieües.

Nous trouvâmes par nôtre estime à midy, que depuis nôtre départ, qui fut le jour précedent, nous avions avancé vers le Sud-Ouest $\frac{1}{4}$ de Sud 49 lieües & $\frac{2}{3}$.

Je m'étois reservé de donner dans le cours de mon Journal quelques Problêmes, pour démontrer la Pratique de la Navigation, & n'ayant fait d'estime du chemin que nous parcourions chaque jour, que le lendemain du départ des Isles Canaries, n'esperant plus voir si-tôt la terre; je commençai ce jour-là, 3. de Juin, à chercher par le calcul, combien nous avions avancé à midy en longitude & en latitude depuis nôtre départ.

1° Avant que de démontrer cette Pratique, je dois dire que la Navigation est composée de quatre parties, dont deux étant connues, on vient facilement à la connoissance des deux autres.

2° Que ces quatre parties qui font toute l'essence de

cette Science, sont le Rumb de vent, le chemin que parcourt un Navire, la Latitude, & la Longitude.

3° Que la Latitude est la distance du point, où se trouve le Navire, à la Ligne équinoctiale, ou la distance de l'Equateur au point vertical du lieu où est le Navire; cette distance est toujours égale à la hauteur du Pole, du même point.

4° Que la Longitude qui se compte d'Occident en Orient est la distance qui est entre le point où est le Navire, au premier Meridien. Comme la terre est ronde, chacun peut faire passer le premier Meridien par où il luy plaît. Me servant dans la Navigation d'une Carte Hollandoise de Pierre Gos, j'ay supposé dans mon Journal, que le premier Meridien passoit par le Pic de Tenerif, où il est supposé passer sur cette Carte.

5° Qu'on entend par le Rumb de vent une certaine quantité de degrez déterminez d'un quart de Cercle.

Je suppose dans les Analogies suivantes, qu'un Pilote, ou tout autre qui voudra se servir de ces Problêmes, sçache l'usage des Logarithmes, qui sont d'un tres-grand secours pour abreger le Calcul. On peut encore se servir des Sinus communs; mais la longueur dans les multiplications, & les divisions qu'on est obligé de faire, est ennuyeuse, & on s'en trouve soulagé, se servant des Logarithmes, comme l'on verra dans la Pratique.

1708. Juin.

PREMIER PROBLEME.

Le Rumb de Vent étant connu, & le Chemin qu'a parcouru le Navire, trouver les differences tant en Longitude qu'en Latitude.

ON suppose, par exemple, qu'un Navire a parcouru 49. lieües & $\frac{2}{3}$ en faisant route par le Sud-Oueſt quart de Sud, & on veut ſçavoir quel doit être le chemin que l'on a fait en longitude & en latitude.

Il faut avant le Calcul reduire les lieües en milles, ce qu'on fait en les multipliant par trois ; on ſçait qu'une lieüe eſt composée de trois milles, & que soixante milles répondent à un degré de grand Cercle. Multipliant donc les 49. lieües $\frac{2}{3}$ par 3. l'on a pour le produit 147. milles, & ajoûtant $\frac{2}{3}$ d'une lieüe qu'il y a de plus, tout le produit eſt de 149. milles. Chemin que le Navire avoit parcouru depuis le départ du jour précedent.

On cherche enſuite quelle partie du quart de Cercle eſt le Sud-Oueſt $\frac{1}{4}$ de Sud ; on trouve qu'elle eſt de $33^d\ 45'$, repréſentée par l'arc D C dans cette Figure, & ſon Complement de $56^d\ 15'$ repréſenté par l'arc A E.

Etant donc partis de $28^d\ 27'$ de latitude, & de $0^d\ 0'$ de longitude, nous voulions ſçavoir par quelle latitude & par quelle longitude nous étions arrivez à midy

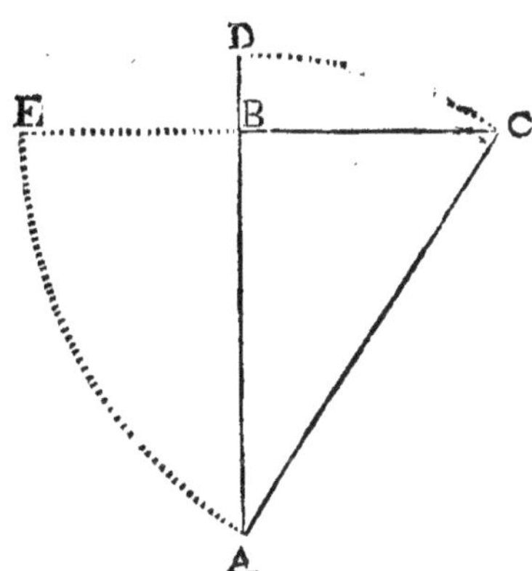

DEMONSTRATION.

Soit donc donnée la Ligne A C, chemin du Navire de 149. milles, qu'on décrive du point A, & de l'intervalle A C l'arc de Cercle CD de $33^d\ 45'$: qu'on tire ensuite la Ligne droite A D, cette Ligne avec la Ligne A C feront au point A un angle qui sera l'angle du Rumb de vent Sud-Ouest ¼ Sud, qu'on suppose connu. Cela étant fait, si l'on tire du point C, extrémité de la Ligne A C, chemin du Navire, une Ligne perpendiculaire sur la Ligne A D, cette Ligne perpendiculaire coupera la Ligne A D au point B, & cette Ligne qui sera B C, sera le Sinus de l'angle du Rumb de vent A déja connu, & la difference en longitude qu'a parcouruë le Navire; & l'autre côté A B, la difference en latitude: or dans le triangle rectangle A B C, les trois angles sont connus, & l'Hipoteneuse, donc on connoîtra par les Analogies suivantes les deux côtez inconnus, qui sont B C difference en longitude, & B A difference en latitude.

1708. Juin.

Premiere Analogie pour trouver le côté AB, *du triangle* ABC, *difference en latitude.*

Comme le Sinus total,	l. 10. 00000.
est à 149. milles, côté AC du triangle, & chemin du Navire,	l. 2. 17318.
Ainsi le Sinus Compl. du Rumb de vent 56ᵈ 15′	l. 9. 91984.
	12. 09302.
	10. 00000.
à	2. 09302.

qui est le Logarithme de 124. milles, côté AB du triangle ABC, difference en latitude.

Pour reduire les 124. milles trouvez, en degrez de grand Cercle, il faut les diviser par 60. & on a pour la difference en latitude, reduite en degrez, 2. degrez 4′, qu'il faut retrancher de la latitude, parce que nous faisions route vers l'Equateur; on feroit le contraire, si on alloit vers quelqu'un des Poles, à cause qu'on s'éloigneroit de l'Equateur, & qu'on approcheroit des Poles, il faudroit par consequent ajoûter.

Je commençai étant Est & Ouest avec le Pic de Tenerif, de marquer dans mon Journal les differentes routes sur lesquelles nous courûmes, & d'en tenir un compte exact. La hauteur du Pole du Pic que je ne sçavois que par rapport aux Cartes, est de 28. degrez 27′ min. Le Ciel ayant été couvert presque tout le temps que je demeurai dans cette Isle, je ne pus sçavoir par moi-même, quelle est sa hauteur du Pole, comme j'ai dit cy-dessus.

Ayant donc supposé la hauteur du Pole du départ,	28ᵈ 27′ 0″
Retranchant la difference trouvée en latitude,	2. 4. 0.
J'eus pour la hauteur du Pole de l'arrivée,	26ᵈ 23′ 0″
J'observai à midy le Complement de la hauteur du Soleil de	3ᵈ 59′ 0″

Je trouvai par le calcul à la même heure le lieu du Soleil au 12d 51′ 56″ de ♊. 1708. Juin.

Je calculai dans le même endroit sa declinaison, que je trouvai de 22d 23′ 0″

Ajoûtant cette declinaison au Complement de la hauteur du Soleil, j'eus la hauteur du Pole de 26d 22′ 0″

Ces deux hauteurs, qui ne different entre elles que d'une minute, prouvent que l'estime étoit assez juste, supposant que je ne fusse pas trompé dans la détermination qu'on a fait de la hauteur du Pole du Pic de Tenerif.

Seconde Analogie, pour trouver le côté B C *du triangle* A B C, *difference en Longitude.*

On peut se servir indifferemment dans cette seconde Analogie pour premier terme du Sinus total, ou du Sinus déja connu du Complement du Rumb de vent, si on se sert de celuy cy, on dira,

Comme le Sinus de l'Angle C. 56d 15′	l. 9. 91984.
est à la difference de la Latitude A B, 124. milles,	l. 2. 09342.
Ainsi le Sinus du Rumb de vent 33d 45′ ou de l'Angle A.	l. 9. 74473.
	11. 83815.
	9. 91984.
est au côté B C,	1. 9 831.

qui est le Logarithme de 83. milles, difference en Longitude qu'il faut reduire en milles majeurs, après avoir trouvé le moyen Parallele.

Recherche du moyen Parallele.

Le moyen Parallele est un milieu entre le Parallele du départ & le Parallele de l'arrivée. Il n'est d'usage que quand le Navire passe par differents Paralleles. Je ne

1708. Juin. m'arrêterai pas icy à expliquer ce que c'est qu'un Parallele; chacun sçait que ce sont des cercles également éloignez de l'Equateur. Les moyens Paralleles dans les routes qui se font du Nord au Sud, ou du Sud au Nord, sont inutiles, les degrez de Latitude étant tous égaux; de même qu'allant de l'Est à l'Ouest, ou de l'Ouest à l'Est, ne sortant pas d'un même Parallele, on trouve encore tous ses degrez égaux entre eux, comme il arrive à tous les autres. Ce moyen proportionnel n'est donc necessaire que dans les routes qu'on fait, passant par plusieurs Paralleles inégaux, & par divers degrez de Longitude; on cherche alors un moyen proportionnel entre le Parallele du départ & le Parallele de l'arrivée, appellé moyen Parallele, qu'on trouve de la maniere suivante,

On prend les Sinus des Complements des deux hauteurs, si les routes ne passent pas au-delà de cinq degrez; on les ajoûte ensemble, & la moitié de la somme est le Sinus du moyen Parallele qu'on cherche; on se sert également des Logarithmes, comme j'ay fait icy.

9. 95223. Sinus Logarith. de 63. deg. 37' min. Compl. de l'arrivée.

9. 94410. Sinus Logarith. de 61. deg. 33' min. Compl. du départ.

19. 89633. Somme des Logarithmes des deux Complements.

9. 94816. Moitié de cette somme, qui est le Sinus Logarithme du Complement du moyen Parallele, 62ᵈ 33' 40''.

Reduction des lieües ou milles trouvez par la seconde Analogie en degrez de Longitude.

On se sert ordinairement dans la Navigation, des lieuës, mesures communes & égales, composées de trois milles, comme j'ay déja dit. On donne à chaque degré de l'Equateur 20. de ces lieuës ou 60. milles; ces degrez diminuent à mesure qu'on s'éloigne de l'Equateur.

Or

Or pour trouver de combien nous avions avancé vers l'Oueſt en Longitude, il falloit reduire les 83. milles en degrez de l'Equateur ; ce que je fis après avoir trouvé le moyen Parallele de la maniere ſuivante. 1708. Juin.

ANALOGIE.

Comme le Sinus du Complement du moyen Parallele,	l.	9. 94816.
Eſt aux 83. milles,	l.	1. 91907.
Ainſi le Sinus total,	l.	10. 00000.
		11. 91907.
	l.	9. 94816.
à		1. 97091.

qui eſt le Logarithme de 94. milles, qui étant diviſez par 60. donneront 1. degré 34' min. lequel étant retranché de 360. degrez, reſtera la Longitude de l'arrivée & le point où nous étions à midy le 3.

Longitude du départ, ou premier Meridien,	360ᵈ 0. 0''.
Difference trouvée en Longitude vers l'Oueſt,	1. 34. 0.
Donc la Longitude à midy du 3. étoit de	358ᵈ 26' 0''.

AVERTISSEMENT.

Le plus grand nombre des Cartes marines ſuppoſent le premier Meridien paſſer par le milieu de l'Iſle de Tenerif ; je me ſuis conformé à ces Cartes, allant à la mer du Sud. Les Longitudes marquées dans mon Journal, pendant que j'étois en mer, n'ont été déterminées que par l'eſtime & par la reduction des routes ; ce qui eſt ſujet à beaucoup d'erreurs, cette eſtime dépendant de pluſieurs principes qui ne ſont pas tous également aſſurez à l'égard de leur préciſion. La hauteur du Soleil, ou de quelque Aſtre que ce ſoit, qui eſt un des principaux, & qui ſert même à corriger les routes, a des défauts qu'on ne ſçauroit ſurmonter. L'horiſon ſenſible, par

1708. Juin.

exemple, qui sert de terme pour prendre les hauteurs, n'est pas toujours d'une distance égale ; ce qui trompe l'œil de l'Observateur, & ce que j'ay verifié étant à terre, observant d'un même endroit toujours également élevé, sur la surface de la mer, les bassesses de son horison, que je trouvai differentes, comme on verra dans son lieu, selon la disposition de l'air. Lorsque le temps est bien clair, l'horison paroît plus éloigné, que lorsque la brume l'approche ; desorte que les hauteurs observées varient selon la variation des Angles qui se font sur cet horison. On voit par là que quoique ce principe soit certain en luy-même, les circonstances qui se rencontrent luy causent du changement : outre ces difficultez, il s'en présente encore d'autres qu'on pourroit surmonter ; mais les délicatesses & les précisions qu'elles demandent, laissent toujours des doutes à ceux qui voudroient dans leurs operations être d'une tres-grande exactitude. Ceux qui se servent de l'Arbalestrile ne sçauroient être certains que la fleche soit exactement perpendiculaire aux marteaux, quelques diligences qu'ils fassent à les ajuster. La division des degrez sur la fleche est un autre mystere qui dépend de l'habilité de l'ouvrier, dont la plupart ne travaillant que pour leur interêt, ne songent qu'à finir bien-tôt leur ouvrage, & non pas à le conduire à sa perfection ; ce qui fait que les Pilotes ne sont jamais d'accord dans leurs observations. Si on se sert du quartier Anglois, on trouve d'autres difficultez pour le moins d'aussi grande consequence ; car outre celles qui se rencontrent à le diviser exactement, il y a encore celles d'ajuster sur la division de la portion du cercle, le marteau qui porte son ombre sur le bord de la petite ouverture du marteau qui est au centre de l'instrument. Deux choses, en observant, doivent concourir sur le bord de cette ouverture, dont l'une est celle que je viens de dire, sçavoir l'ombre du petit marteau, & l'autre est l'horison de la mer. Les degrez de la portion du cercle, la plus proche du centre, qui porte le marteau, ne sont pas considerables ; & il est tres-difficile, posant le marteau sur cette portion, de le mettre si juste, qu'on ne l'avance, ou qu'on ne le recule, sans s'en appercevoir, de sept ou huit minutes; ainsi quelque exact que soit un Observateur, il aura toûjours lieu de douter, & ne sera jamais pleinement satisfait de ses hauteurs observées, quoy qu'elles ayent beaucoup plus de certitude que les Longitudes: ce ne sont pas encore toutes les difficultez qui rendent l'estime d'un Pilote défectueuse, on en verra d'autres dans la suite de ce Journal.

IV. *Juin.*

Les vents Alizées, qui nous sortirent des Canaries, subsistoient encore, la crainte de rencontrer des Corsaires s'étoit évanoüie, & nous ne songions plus qu'à arriver au terme que nous nous proposions. Le jour fut beau, le Soleil parut fort clair, à midy j'observai la hauteur meridienne dont je me servis, pour expliquer le second Problême qui suit pour l'intelligence de la Navigation.

J'observai le Complement de la hauteur meridienne du Soleil de	2d 14' 0".
Je trouvai son lieu calculé par les tables au	13d 48' 9".
des ♊.	
Et sa declinaison de	22. 29. 58.
Laquelle étant ajoûtée au Complement de la hauteur meridienne, donne la hauteur du Pole de	24d 43' 58".

1708. Juin.

SECOND PROBLEME.

La difference en Latitude, & le Rumb de vent étant donnez, trouver le chemin du Navire, & la Longitude de l'arrivée.

LA Latitude étant la partie la plus sûre de la Navigation, c'est d'elle aussi qu'elle tire toute sa certitude. J'avois conclu le jour précedent par l'observation de la hauteur meridienne du Soleil la hauteur du Pole du point où nous nous trouvâmes. Le lendemain 4. par une autre hauteur du Soleil observée à midy, je conclus de même la hauteur du Pole; la difference entre ces deux hauteurs, qui étoit la difference en Latitude, étant connuë, j'eus la premiere partie & le fondement de tout ce Problême. Il ne restoit plus à connoître que le Rumb de vent, qui dépendoit encore de l'observation, qui fût determiné, après la correction faite de la declinaison de l'Aiman (dont je démontrerai la pratique dans une remarque particuliere) vers le Sud-Ouest plus quatre degrez à l'Ouest.

Hauteur du Pole le 3.	26^d	23′	0″
Hauteur du Pole le 4.	24.	44.	0.
Donc la difference en Latitude étoit de	1.	39.	0.

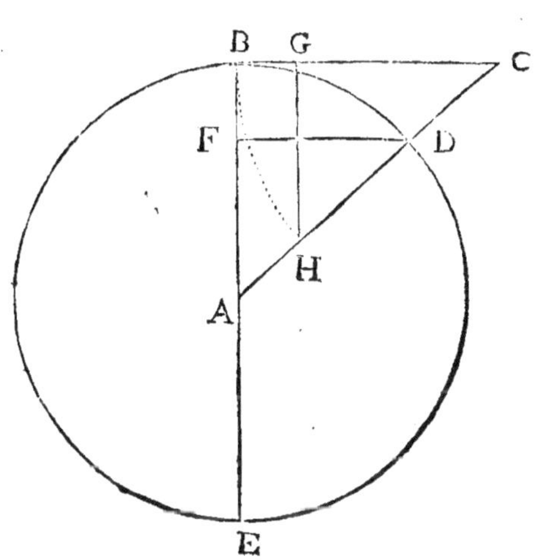

DEMONSTRATION.

Soit donc dans le triangle A B C le point A le point du départ ; si de ce point A on tire une ligne au point B, lieu de l'arrivée, qui est une partie d'un Meridien, on aura la difference en Latitude marquée par la ligne A B : qu'on décrive ensuite du point A, comme centre & de l'intervalle A B le cercle B D E ; qu'on prenne du point A vers B D E sur la circonference du cercle 49. degrez, on aura le point D, tirant du centre A une ligne droite, passant par D, jusques à la rencontre de la tangente BC, difference inconnuë de la Longitude ; cette ligne représentera le chemin du Navire, & sera au centre A, avec la ligne A B, difference en Latitude, le Rumb de vent de 49. degrez, & cette ligne sera la secante de l'arc BD, & l'hipoteneuse du triangle A B C.

Prenant donc le côté A B pour le Sinus total, B C pour la Tangente, A C sera la Secante, & on aura par l'Analogie suivante le côté B C.

1708. Juin.

Premiere Analogie pour trouver le côté BC *difference en Longitude.*

Comme le Sinus total AB,	100000.
Est à la difference en Latitude 1^{d} 39$''$ reduites en milles,	99.
Ainsi la Tangente BC de l'Angle A,	115037.
	99.
	1035333.
	1035333.
à 113. milles,	113. 88663.

Retranchant les cinq dernieres figures à droite, on aura pour quatriéme terme le côté BC de 113. milles, Tangente de l'Angle A.

Si on se sert des Logarithmes, pour éviter la longueur du calcul, on n'a qu'à faire l'Analogie suivante.

Comme le Sinus du Complement du Rumb de vent HG 41^{d}	l. 9. 81694.
Est à la difference en Latitude 99.	l. 1. 99564.
Ainsi le Sinus du Rumb de vent 49^{d}	l. 9. 87777.
	11. 87341.
	9. 81694.
à FD.	l. 2. 05647.

Logarithme de 114. milles, difference en Longitude, que je reduisis après le calcul en degrez de l'Equateur par le moyen Parallele.

Seconde Analogie pour trouver le côté AB, *chemin du Navire.*

Comme le Sinus du Compl. du Rumb de vent,	l. 9. 81694.
Est à la difference en Latitude 99. milles,	l. 1. 99564.
Ainsi le Sinus total,	10. 00000.
	11. 99564.
	9. 81694.

1708. Juin.

à l. 2. 17870.
Logarithme de 151. milles que le Navire parcourut depuis midy du 3. jusques au midy du lendemain 4.

Recherche du moyen Parallele.

Latitude du départ 26d 23′ Sinus Logarith. de son Complement, 9. 95223.
Latitude de l'arrivée 24d 44′ Sinus Logarith. de son Complement, 9. 95821.

Somme, 19. 91044.
Moitié de la somme, 9. 95522.
qui est le Logarithme du Complement du moyen Parallele, 64d 25′ 40″.

Reduction des milles de la difference en Longitude en degrez de l'Equateur.

ANALOGIE.

Comme le Sinus du Complement du moyen Parallele, l. 9. 95522.
est à la difference en Longitude 113. milles, l. 2. 05308.
Ainsi le Sinus total, l. 10. 00000.

12. 05308.
9. 95522.

à 2. 09786.
qui est le Logarithme de 125. milles, lesquels étant reduits en degrez, comme il a été demontré dans le premier Problême, on aura pour la difference en Longitude 2. degrez 5′ qu'il faut retrancher de la Longitude trouvée le 3. parce que la route avoit été faite vers l'Ouest.

Longitude du 3.	358d	26′	0″
Difference trouvée,	2.	5.	0.
Donc la Longitude fut le 4. à midy de	356.	21.	0.

1708. Juin.

v. *Juin.*

Les vents Alizées alloient toûjours leur train ordinaire. Nous passâmes après midy le Tropique du Cancer; nous eumes ce jour-là le Soleil à nôtre Zenith, & nous ne ressentîmes pourtant pas des chaleurs extraordinaires.

Le lieu du Soleil calculé par les tables fut trouvé à midy au	14ᵈ	47′	23″
des ♊.			
Et sa declinaison à la même heure de	22ᵈ	36′	50″
J'observai le Complement de la hauteur meridienne du Soleil de	0.	25.	10.
D'où je conclus la hauteur du Pole de	23ᵈ	2′	0″

TROISIE'ME PROBLEME.

La difference en Latitude étant connuë, & les lieuës ou milles que le Navire a parcouru, trouver la difference en Longitude, & le Rumb de vent.

DEs accidens imprévus qui arrivent en navigeant, tels que sont les variations du compas, les courans, qui portent ailleurs, que vers la route d'un vaisseau, & d'autres; ces accidens, dis-je, peuvent dérober à un Pilote la connoissance du Rumb de vent: Pour donc le trouver, il n'a qu'à suivre les Analogies suivantes, après qu'il aura connu la difference en Latitude.

Soit dans le triangle A B C, la difference en Latitude le côté A B, les lieuës que le Navire a parcouru le côté A C, & on cherche B C, difference en Longitude, & l'Angle du Rumb de vent A: ce qu'on trouvera de la maniere qui suit.

Hauteur du Pole le 4.	24ᵈ	43′	58″
Hauteur du Pole le 5.	23.	2.	0.
Difference de la Latitude,	1.	41.	58.

Le chemin du Navire fut estimé cinquante lieuës $\frac{2}{3}$.

lesquelles

lesquelles reduites en milles, en les multipliant par 3, font 152. milles. 1708. Juin.

Premiere Analogie pour trouver l'Hypotheneuse AC *du triangle* ABC.

Comme 152. milles, chemin estimé du Navire,	l.	2 18 84.
sont au Sinus total,	l.	10. 00000.
ainsi la difference en Latitude 102.	l.	2. 00860.
		12. 00860.
		2. 18184.
à Logarithme du Sinus de		9. 82676.
Complement du Rumb de vent, valeur de l'angle C, qui étant ôté de		42^d 8′ 58″
valeur du Sud-Ouest, restera		45^d 0′ 0″
		2^d 51′ 2″

C'est-à dire, que le Rumb de vent représenté dans le triangle ABC, par l'angle A, étoit le Sud-Ouest plus 2^d 51′ 2″ vers l'Ouest.

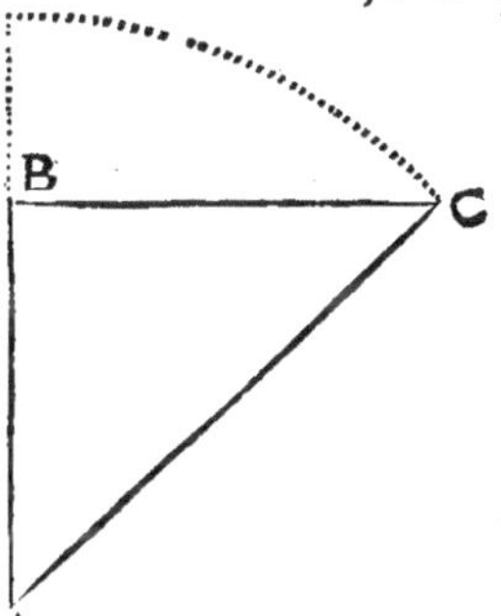

Recherche du moyen Parallele.

On trouve le moyen Parallele de la maniere qu'il a été expliqué cy dessus, en prenant les Complemens des hauteurs du départ & de l'arrivée, les ajoutant ensemble, la moitié de la somme est le Complement du moyen Parallele.

9. 95821.	Sinus Logarith. Complement de latitude du départ,	24^d 43′ 58″
9. 96391.	Sinus Logarith. Complement de latitude de l'arrivée.	23. 2. 0.
19. 92212.	Somme des Sinus Logarithmiq. des Compl.	
9. 96106.	Moitié du Sinus Logarithmique du Complement du moyen Parallele,	66^d 6′ 0″

1708. Juin.

Seconde Analogie pour trouver le côté de Longitude B C.

L'angle du Rumb de vent A étant trouvé de 47d 51' 2" on aura par cette Analogie le côté B C.

Comme le Sinus total,	l. 10. 00000.
est à 152. milles, chemin du Navire;	l. 2. 18184.
ainsi l'angle du Rumb de vent trouvé 47d 51' 2"	l. 9. 87004.
à	2. 05188.

Logarithme de 113. milles, difference en longitude, & côté B C, du triangle A B C.

Reduction des milles de la difference en Longitude du côté B C, *en degrez de l'Equateur.*

ANALOGIE.

Comme le Sinus du Complement du moyen Parallele, 66d 6'	l. 9. 96106.
Est à la difference de la Longitude trouvée 113. milles,	l. 2. 05188.
Ainsi le Sinus total,	l. 10. 00000.
	12. 05188.
	9. 96106.
à	l. 2. 09082.

qui est le Logarithme de 123. milles, qui étant reduits en egrez de la maniere que j'ai expliqué dans le premier Problême, donneront 2d 3' lesquels étant retranchez de la Longitude trouvée le jour précedent, la route ayant été vers l'Ouest, nous eûmes pour la Longitude de l'arrivée à midy du 5. 354d 18' 0"

OBSERVATION

De la Declinaison de l'Aiman.

LA Declinaison de l'Aiman eſt un des élemens des plus eſſentiels de la Navigation ; & on ne ſçauroit faire une bonne eſtime, ni trouver le Rumb de vent, quelque exactitude qu'on garde pour l'obſerver, ſi la Declinaiſon de l'Aiman n'étoit pas bien connuë.

Nôtre route depuis le départ du 4. juſques à nôtre arrivée du 5. ſelon le Rumb de vent marqué par le compas, fut au Sud-Oueſt plus 4^d 16′ 2″ vers l'Oueſt. Si on eût calculé le côté de Longitude B C, du triangle ABC, par ce Rumb de vent, ſans avoir égard à la declinaiſon du compas, on auroit trouvé le côté de Longitude de 115. milles ; cependant elles n'étoient que de 113. & les 115. milles reduites en degrez de l'Equateur, donnoient pour le côté B C 2^d 6′ & il ne fut trouvé que de 2^d 3′. Or ſi un degré 25′ de declinaiſon de l'Aiman font d'abord un changement de 3′ min. dans une route de 2^d 3′, quel changement n'apporteroit pas une declinaiſon de 15. degrez ; comme on la trouve vers la riviere de la Platte. On voit par là de quelle conſequence eſt la connoiſſance de la declinaiſon de l'Aiman dans la Navigation, nous la trouvâmes ce jour-là de 1^d 25′.

Recherche de la Declinaiſon de l'Aiman.

La maniere la plus aſſeurée d'obſerver à la mer la declinaiſon de l'Aiman, eſt l'Amplitude orientale ou occidentale du Soleil & de la Lune ; on le peut quelquefois par Jupiter & Venus, mais jamais par les étoiles fixes ; parce que leurs lumieres ſe confondant dans l'Atmoſphere épais, qui s'éleve ſur l'horiſon de la mer, elles ne ſont viſibles qu'à 7. ou 8. degrez de hauteur, lieu où il n'eſt plus temps d'obſerver les Amplitudes.

On pourroit encore trouver les declinaiſons de l'Ai-

1708. Juin.

man par des Azimuth ; mais les difficultez qui s'y rencontrent sont trop considerables, & elles pourroient apporter dans les observations des erreurs qui en produiroient de nouvelles dans la détermination du Rumb de vent. Toutes les autres manieres d'observer les declinaisons de l'Aiman sont fort fautives ; & il n'y en a pas à la mer de plus sûres que celle où l'on se sert des Amplitudes du Soleil. Si je me suis servi quelquefois des Planetes, ce n'a été que lorsque nous n'avions pas vû le Soleil depuis plusieurs jours, ou que le hazard nous faisoit voir près de l'horison l'une des Planetes dont j'ai parlé.

Pour donc trouver les declinaisons de l'Aiman par les Amplitudes, il faut observer avec le compas, lorsque le bord inferieur du Soleil paroît à un de ses demi-diametres, éloigné au dessus de l'horison de la mer, où il est élevé par les refractions qui se font de ses rayons détournez de leur chemin, passant par l'Atmosphere, quoique son centre rase alors l'horison ; je remarquai que nos Pilotes n'observoient jamais que le coucher du centre du Soleil ; coucher qui apporte une difference à l'Amplitude, qui augmente selon la difference des hauteurs du Pole, & cause des erreurs dans la détermination des Amplitudes ; & ces erreurs passant delà jusques à la déclinaison de l'aiman, la rendent fausse. Le Soleil étant dans la situation que je viens de dire, on observe par les deux fenêtres du compas, au milieu desquelles tombe un fil perpendiculaire à l'horison ; on observe, dis-je, lorsque ce fil rase un des bords, ou le meridional ou le septentrional du Soleil. Pendant ce temps-là un second Pilote remarque à quel degré la ligne tracée verticalement dans la boëte, coupe la rose du compas. L'observation faite, on compte si l'Amplitude est septentrionale, combien de degrez il y a entre l'Ouest marqué sur la rose, & le lieu où cette même rose étoit coupée par le fil au temps de l'observation. La difference trouvée est l'Amplitude magnetique du bord du Soleil : or pour avoir l'Amplitude du centre, si on a observé le bord septentrional, il faut retrancher de l'observation le demi-diametre du Soleil, qu'on trouvera dans les tables de ses mouvemens, pour avoir l'Amplitude du centre ; si au contraire on a observé l'Amplitude du bord meridional, il faudroit l'ajouter.

J'observai ce soir-là l'Amplitude du bord septentrional du Soleil vers le Nord de	26^d 20′
Retranchant le demi-diametre du Soleil,	0. 15. 50″
Reste pour l'Amplitude magnetique du centre du Soleil,	26. 4. 10.

Recherche des Amplitudes Orientales ou Occidentales des Astres.

Ayant observé l'Amplitude Magnetique, qui est la distance entre l'Est ou l'Ouest, marquée sur la rose du compas, & le point de l'horison auquel se leve ou se couche le Soleil, ou quelque Astre que ce soit ; on cherche ensuite par le calcul la veritable Amplitude, & la difference entre celle-cy & l'Amplitude Magnetique est la declinaison de l'Aiman.

Ces Amplitudes ont differentes dénominations ; arrivant à la partie de l'Est ou Orient du monde, elles sont appellées Orientales ou Ortives ; & arrivant vers la partie Occidentale, ou à l'Ouest, elles sont appellées Occidentales ou Occases.

Les Astres qui se trouvent à la partie du Nord de l'Equinoxial ont leurs Amplitudes Nord, & ceux qui sont au-delà de l'Equinoxial, vers la partie du Sud, ont leurs Amplitudes Sud, & les unes & les autres de ces Amplitudes se mesurent toûjours sur un arc de l'horison ; leurs grandeurs dépendent absolument de la grandeur de la declinaison des Astres, & de l'obliquité de la Sphere.

La Sphere étant droite, les Amplitudes sont égales à leurs declinaisons, parce qu'alors l'Equateur, d'où l'on compte les declinaisons, devient l'horison.

La Sphere étant parallele, qui est un second cas, les Amplitudes sont encore égales à leurs declinaisons : la raison en est évidente ; car si les cercles de declinaison coupent l'Equateur ou Equinoxial à angles droits, la

1708. Juin.

Sphere étant paralele à l'horison, l'Equinoxial doit necessairement le couper à angles droits, de même que tous ses paralleles, & par consequent l'Astre se levera avec le point de sa declinaison, & son Amplitude sera alors égale à sa declinaison. J'ai crû que cecy ne demandoit pas une plus longue explication, il ne faut qu'entendre la Sphere pour le comprendre d'abord, & ce seroit ennuyer le Lecteur que de l'arrêter à plusieurs demonstrations, une seule suffira pour comprendre aisément ce que c'est qu'Amplitudes, & de quelle maniere on les trouve par le calcul.

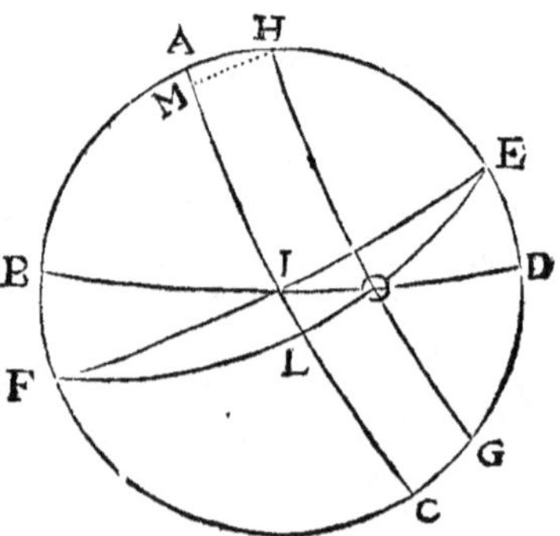

DEMONSTRATION.

Soit un cercle ABCD, représentant le Meridien, dans lequel le cercle BD passant par son centre; représentera l'horison, & l'arc DE la hauteur du Pole. On tirera du point E une ligne droite, qui passant par le centre du cercle, représentera l'Axe du monde EF. On décrira ensuite l'arc AC, coupant perpendiculairement l'Axe du monde au centre du cercle, & à l'interception de la ligne horisontale qui représentera l'Equinoxial; on prendra du point A vers H, la declinaison du Soleil ou de quelque Astre que ce soit, & on décrira du même point H un cercle parallele au cercle AC, ou Equinoxial, dans lequel parallele le Soleil ou l'Astre se trouve ; on suppose icy que le Soleil se leva au point O, où le parallele H G est coupé par l'horison au point O. Il faut de ce point O faire tomber une perpendiculaire sur l'Equinoxial A C, qui sera l'arc O L ; cet arc sera égal à l'arc M H, & par consequent à la declinaison du Soleil. Cela fait, on a un triangle rectangle spherique O L I, dont l'angle I est égal au complement de la hauteur du Pole, & le côté opposé L O égal à la declinaison du Soleil ; il faut donc connoître le côté I O, qui est l'Amplitude qu'on cherche.

ANALOGIE.

Comme le Sinus du Complement de la hauteur du Pole C D 67^d 31'	l.	9. 96566.
Est à la declinaison du Soleil L O 22^d 37' 50''	l.	9. 58522.
Ainsi le Sinus total,	l.	10. 00000.
		19. 58522.
		9. 96566.
à l'Amplitude du Soleil I O, 24^d 36' 40''	l.	9. 61956.
Retranchant donc de l'Amplitude Magnetique observée,		26^d 5' 50''
L'Amplitude calculée,		24. 36. 40.
Reste pour la declinaison,		1^d 29' 10''

Nous conclûmes par l'observation comparée au calcul, que la declinaison de l'Aiman étoit donc de 1^d 29' 0'' vers le Nord-Ouest ; parce que l'Amplitude Magnetique se trouva plus grande que l'Amplitude calculée ; si elle eût été moindre, la declinaison de l'Aiman auroit été vers le Nord-Est.

On pourra par cette demonstration trouver les Amplitudes du Soleil, tant orientales qu'occidentales, & en composer des tables pour tous les degrez de hauteur du Pole, la declinaison du Soleil étant donnée. Cet exemple suffit pour faire comprendre de quelle maniere on trouve la declinaison de l'Aiman de quelque Astre

1708. Juin. que ce soit, connoissant sa declinaison, & la hauteur du Pole.

VI. *Juin.*

Les vents Alisées continuerent ; le jour fut beau ; le Soleil avoit passé au-delà de nôtre Zenith, & se trouva vers le Nord. Nous observâmes à midy le Complement de sa hauteur de 1d 51'
son lieu dans l'Ecliptique étoit le 15d 45' 2" de ♊.
dans lequel sa declinaison fut trouvée par le calcul de 22d 43' 10"

Retranchant de cette declinaison le Complement de sa hauteur meridienne,

Resta pour la hauteur du Pole,	20d	52'	10"
La hauteur du Pole du 5. avoit été trouvée de	23.	2.	0.
Donc la difference en latitude fut de	2.	9.	50.
Nous trouvâmes par le calcul la longitude de	352.	16.	0.
Et celle du 5. avoit été de	354.	18.	0.
Donc la difference en longitude fut de	2.	2.	0.

QUATRIE'ME PROBLEME.

La difference en Latitude & en Longitude étant donnée, trouver le Rumb de vent qu'a tenu le Navire, & les lieuës qu'il a parcouruës.

CE Problême n'est pas moins necessaire dans la Navigation que les trois précedens. Un Pilote qui auroit la Latitude d'un lieu où il doit diriger sa route, & la Longitude connuës, sçachant celles du départ, n'auroit plus qu'à trouver le Rumb de vent qu'il doit suivre, & chercher sur ce Rumb de vent la quantité des lieuës qui se trouveroient entre le lieu de son depart & celuy de son arrivée ; ce qu'il executera facilement par les Analogies suivantes.

DEMONST.

DEMONSTRATION.

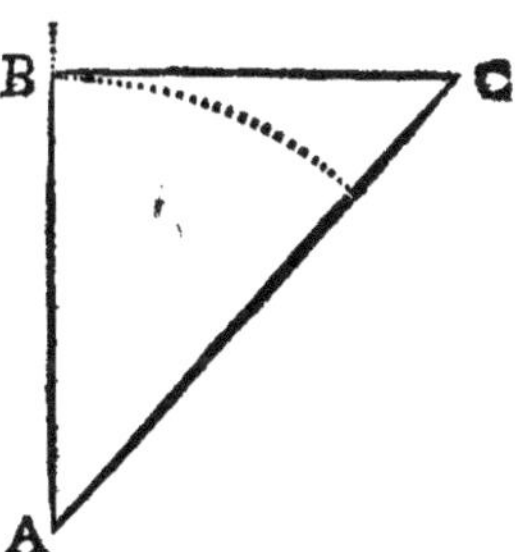

La difference en Latitude de nôtre départ à nôtre arrivée fut donc de 2^d 9′ 50″, ayant tiré une ligne droite B C, & une ligne perpendiculaire à une de ses extrémitez, comme en B, je mesure sur cette perpendiculaire la difference en Latitude, qui va se terminer en A, je prens sur l'autre ligne B C la difference en Longitude depuis B jusques en C, & du point A je tire une ligne droite A C, qui est l'Hypoteneuse du triangle A B C rectangle, qui représente le chemin du Navire.

Or dans ce triangle rectangle A B C fait par la difference en Longitude B C, par celle de la Latitude AB, & par le chemin du Navire A C, les deux côtez B C, A B, & l'angle droit B sont connus, il reste donc à connoître le troisiéme A C, ce qu'on va faire.

Premiere Analogie pour trouver l'Angle A du Rumb de vent.

Comme le côté A B, 130. milles.	l. 2.	11394.
Est au Sinus total,	l. 10.	00000.
Ainsi le côté B C, 122. milles,	l. 2.	08635.
	12.	08635.
	2.	11394.
à	9	77241.

tangente de l'angle A, 43^d 10′ 50″ qui est l'angle du Rumb de vent du Sud-Oüest, plus 1^d 49′ 9″ vers le Sud.

1708. Juin.

Seconde Analogie pour trouver A C *Hypoteneuse du triangle & chemin du Navire.*

Comme le Sinus du Complement du Rumb de vent, 46^{d} 49′ 10″	l. 9. 86284.
au côté AB, difference en Latitude 130.	l. 2. 11394.
ainsi le Sinus total,	l. 10. 00000.
	12. 11394.
	9. 86284.
à	l. 2. 25110.

Logarithme de 178. milles, chemin du Navire, & l'Hypoteneuse A C du triangle ABC, ce qui suffit pour l'intelligence de cette quatriéme Regle ou quatriéme Problême.

La reduction des lieües par le moyen parallele avoit été faite avant la recherche du Rumb de vent & de l'Hypoteneuse.

Sur les quatre heures du soir je fis l'experience de l'Equilibre des eaux de la mer avec le même Areometre dont je m'étois servi dans la Mediterranée. Je trouvai cet Equilibre bien diminué; les eaux des fleuves qui se jettent dans la mer ne pouvoient pas causer ces diminutions, comme je doutois dans d'autres rencontres. Les eaux dans ces vastes mers y sont pures, & il ne peut y avoir de mélange. L'extrémité de l'Areometre égaloit parfaitement la superficie de l'eau de la mer, plongé dans un vase, chargé du poids de 2.$^{onc.}$ 3.$^{drag.}$ 53.$^{gr.}$ $\frac{1}{2}$.

VII. *Juin.*

Les vents se tirerent plus à l'Est; la nuit précedente avoit été belle, elle me donna occasion d'observer dans les eaux certains phenomenes, qui, quoy qu'assez ordinaires, m'avoient cependant échapé jusques alors. Je passai une partie de cette nuit sur la galerie de la chambre du Capitaine pour faire cette observation. Je remarquai que l'eau frappant contre le gouvernail, laissoit une trace enflamée qui paroissoit comme un fleuve de feu. Cette trace étoit d'autant plus vive, que le Navire étoit ardent, & sa course precipitée. Lucrece a crû que cette lumiere n'étoit que les mêmes particules de la substance du Soleil, qui se répandant dans l'univers, & qui restant toûjours engagées dans les eaux, ne peuvent en sortir pour retourner vers leur principe, que par le passage de quelque corps, qui leur ouvre un chemin pour les dégager, & les mettre hors de leurs prisons ; office que leur rend le Navire en fendant les eaux.

1708. Juin.

—— *Foraminibus liquidis, quia travolat ignis.*

Lucret. *lib. 6.*

On voit aussi dans le calme une infinité de petites étoiles dans la mer s'éteindre d'abord qu'elles sont allumées, & d'autres de plus longue durée, paroître comme permanentes ; je crus tout d'un coup que les étoiles qui brilloient dans le Ciel cette nuit-là nous étoient refléchies ; mais leur grand nombre, & cette confusion de mouvement que j'y remarquois, me firent bien-tôt connoître que je m'étois trompé dans mon jugement.

Le Ciel se couvrit avant midy, & nous n'eûmes pas de hauteur pour nous assurer de la Latitude.

Nous avions couru depuis le midy du 6. le Sud-Ouest ¼ de Sud, nous trouvâmes par nôtre estime que nous avions avancé vers l'Ouest, c'est-à-dire en Longitude 34. lieuës ⅓.

1708.
Juin.

CINQUIE'ME PROBLEME.

La difference en Longitude & le Rumb de vent étant donnez, trouver la difference en Latitude, & les lieües de distance qu'a parcouru le Navire.

DEMONSTRATION.

LA difference que nous trouvâmes en Longitude ayant été de 34. lieües $\frac{1}{3}$. pour trouver le côté de la Latitude, je tirai une ligne B C; à l'extremité C de cette ligne, je décrivis un angle égal au Complement de l'angle du Rumb de vent, par une ligne indéfinie qui est C A; de l'autre extremité de la ligne B C, qui est B, je fis tomber une perpendiculaire qui rencontroit la ligne C A au point A, & faisoit avec la même ligne un angle qui est le Complement de l'angle C, par consequent l'angle du Rumb de vent Sud-Ouest $\frac{1}{4}$ Sud que je cherchois.

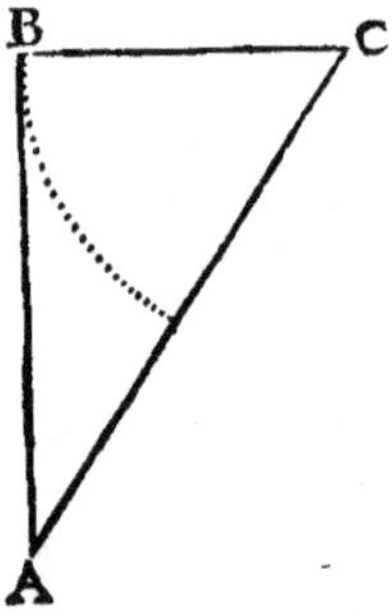

Or dans le triangle rectangle A B C, les trois angles sont connus avec le côté de Longitude B C, il falloit donc chercher les deux autres côtez B A, côté de la difference en Longitude, & A C chemin du Navire; ce que je trouvai de la maniere suivante

Premiere Analogie pour trouver le côté A B, *difference en Latitude.*

Comme le Sinus de l'angle A, Rumb de vent, $33^d\ 45'$ — l. 9. 74473.

Au côté B C, difference en Longitude, 103. milles, — l. 2. 01283.

Ainsi le Complement de l'angle du Rumb de vent C, $56^d\ 15'$ — l. 9. 91984.

		1708 Juin.
	11. 93267.	
	9. 74473.	
à	2. 18794.	

Logarithme de 154. milles, difference en Latitude, côté A, lesquels étant reduits en degrez, donnent deux degrez 34'

La hauteur du Pole du 6. avoit été obſervée de	20d 42' 10"
Otant donc la difference trouvée,	2. 34. 0.
Reſte pour la hauteur du Pole à midy,	18. 18. 10.

Recherche du moyen Parallele.

69d 7' 50" Comp. de la Latit. du départ,	l.	9. 97053.
71. 41. 50. Comp. de la Latit. de l'arrivée.	l.	9. 67745.
Somme		19. 94798.
Moitié		9. 97399.

Logarithme de 70d 22' 10", moyen Parallele.

Seconde Analogie pour trouver l'Hypoteneuſe B C.

Comme le Sinus de l'angle A, 33d 45'	l.	9. 74473.
Au côté B C, 103. milles	l.	2. 01283.
Ainſi le Sinus total,	l.	10. 00000.
		12. 01283.
		9. 74473.
à		2. 26810.

Logarithme de 185. milles, chemin du Navire, qui étant reduits en lieuës, donnent 61. lieuës ⅔.

Reduction des milles de la difference en Longitude, en degrez de l'Equateur.

ANALOGIE.

Comme le Sinus Compl. du moyen Parallele, 70d 22' 10".	l.	9. 97399.

1708. Juin.

A la difference en Longitude 103.	l.	2. 01283.
Ainsi le Sinus total,	l.	10. 00000.
		12. 01283.
		9. 97399.
à 109.	l.	2. 03884.

Logarithme des milles reduits au moyen Paralele, lesquels il faut reduire en degrez & minutes pour avoir la difference en Longitude, & on trouve les reductions faites 1ᵈ 49′ qui étant retranché de la Longitude du 6. reste pour la longitude de l'arrivée, 350ᵈ 27′ 0″

VIII. *Juin.*

Nous découvrîmes à cinq heures du matin l'Isle de S. Antoine, la plus septentrionale & la plus à l'Ouest des Isles du Cap Verd. A midy nous étions Est & Ouest, avec son milieu à environ quatre lieües de distance vers l'Ouest. Le Soleil fut beau; nous observâmes sa hauteur meridienne, qui nous donna la hauteur du Pole de 16ᵈ 54′ 0″
& la Longitude fut estimée de 350ᵈ 10′ 0″

Les nuages nous cacherent les montagnes, & ne nous laissant de visible que l'extrémité de leur sommet, nous jugeâmes de leurs hauteurs par ce qui en restoit de découvert, qui nous les fit comparer à la hauteur du Pic de Tenerif.

Sur les quatre heures du soir le temps changea, le Ciel se couvrit, nous eumes de la pluye, & les vents se tirerent vers le Sud, opposez à nôtre route; la mer grossit, heureusement elle ne resta pas long-temps dans le même état. Sur les neuf heures du soir le Ciel s'éclaircit, les nuages se dissiperent, & les constellations qui sont dans la partie meridionale, s'élevant sur l'horison, tandisque celles de la partie septentrionale se baissoient, nous donnerent occasion de loüer le Seigneur dans la création des merveilleux ouvrages qui se présentoient à nos yeux. La plus belle de toutes les constellations qui sont vers cette partie du monde, est le Cruzero, à qui on a donné ce nom ; parce que les quatre principales étoiles qui la composent, sont disposées en forme de Croix ; celle qui est au pied est une étoile double, comme je remarquerai ailleurs, en parlant des observations que je fis dans le Royaume de Chily, où j'observai leurs declinaisons. La Constellation du Centaure a deux étoiles de la premiere grandeur, l'une desquelles est aussi composée de deux ; nous vîmes plusieurs autres Constellations, dont les étoiles paroissent d'une maniere assez differente de celle dont elles sont représentées sur les Cartes que nous avons eûës jusques à present. Je souhaitois dans ces momens être à terre, pour pouvoir corriger ces défauts, en observant la veritable position des unes & des autres : mais à quoy servent tant de bons desirs, lors qu'on est dans l'impuissance de les effectuer, qu'à augmenter les déplaisirs de ne pouvoir les satisfaire !

IX. *Juin.*

Les routes que les vents prirent le jour précedent dans des parages où les vents Alizées soufflent toujours, nous surprirent ; les differentes routes qu'ils nous obligerent de faire, me donnent lieu de placer icy un sixiéme Problême, pour démontrer les regles composées de la Navigation, afin que ceux qui se plairont à cet Art merveilleux, trouvent dans ce Journal tous les moyens de reduire leurs routes, & sçavoir tous les jours à midy, en sçachant le lieu de leur départ, celuy de leur arrivée.

1708.
Juin.

SIXIE'ME PROBLEME.

La maniere de reduire plusieurs Regles de la Navigation à une.

LEs cinq regles de la navigation que j'ai démontrées dans les cinq Problêmes précedens, suffisent pour resoudre toutes les questions & les demandes qu'on peut faire dans cet Art; il me restoit encore à démontrer, comment on peut dans une regle composée reduire toutes les routes qu'auroit faites un Navire, courant sur divers airs de vent, qui sont autant de regles particulieres, pour faciliter le calcul, & débarrasser un Pilote de la recherche qu'il faudroit faire dans chacune de ces regles, du moyen Parallele, & des reductions des lieües mineures en lieües majeures, & abreger par cette voye ces operations.

Pour l'exécution de ce Problême, voicy l'ordre que j'ay suivi. Je remarquai exactement dans les differentes routes que les changemens des vents nous obligerent de faire, l'air de vent sur lequel couroit le Navire, & la quantité du chemin qu'il faisoit; ces observations faites, je les mis les unes sur les autres de la maniere qui suit,

Routes,

à la premiere nous courûmes 18. milles à l'Est $\frac{1}{4}$ Sud-Est.

à la seconde 50. milles au Sud-Est.

à la troisiéme, 22. milles au Sud-Sud-Ouest.

à la quatriéme, 14. milles à l'Ouest-Nord-Ouest.

à la cinquiéme, 19. milles à l'Est-Nord-Est.

Et à la sixiéme, 90. milles au Sud plus 4. degrez 30 min. vers le Sud-Est.

Le chemin du Navire & le Rumb de vent étant connus, je cherchai par le premier Problême, ou premiere regle de navigation, page 130. la difference en Longitude & en Latitude que donnoit cette premiere route, je trouvai pour le côté de la Longitude 17. milles, 661. pas, vers

vers l'Est, supposant, comme j'ai dit ailleurs, la lieüe composée de 3000. pas; & le côté de la Latitude vers le Sud de 3. milles 547. pas. 1708. Juin.

Dans la seconde route, la reduction faite comme dans la premiere, donna pour le côté de la Longitude vers l'Est 35. milles 358. pas, & 35. milles 358. pas pour la Latitude vers le Sud.

Dans la troisiéme route, difference en Longitude vers l'Ouest 8. milles 433. pas, & difference en Latitude vers le Sud 20. milles 330.

Dans la quatriéme, difference en Longitude vers l'Ouest 11. milles 933. pas, & pour la Latitude vers le Nord 5. milles 378.

Dans la cinquiéme, difference en Longitude 17. milles 569. pas vers l'Est, & 7. milles 287. pour la Latitude vers le Nord.

Et dans la derniere, la difference en Longitude vers l'Est fut trouvée de 7. milles 148. pas, & celle de la Latitude vers le Sud de 90. milles 720.

Ayant donc trouvé en Longitude & en Latitude les differences de toutes ces routes, je rapportai chacune en particulier sous la lettre qui luy convenoit, des quatre qui designent les quatre parties du monde; sçavoir, N. qui marque le Nord, S. qui marque le Sud, E. l'Est, & O. l'Ouest, posées chacune au commencement d'une des quatre colomnes suivantes; cela fait, je calculai la somme des routes qui se trouvoient dans chaque colomne, comparant ensuite les sommes du Nord & celles du Sud ensemble; je retranchai la moindre de la plus grande, & la difference qui resultoit de cette soustraction étoit la quantité du chemin que le Navire avoit avancé vers la partie où la somme s'étoit trouvée plus grande, qui fut dans cet exemple vers le Sud.

On fait la même chose pour les differences des routes qui sont sous les deux colomnes de l'Est & de l'Ouest, on retranche aprés les avoir sommées la moindre somme de la plus grande, & la difference qui en resulte est aussi la quantité du chemin que le Navire a parcouru qu'il fallut ajoûter à la Longitude déja trouvée au midy du

1708. Juin. jour précedent, pour avoir le lieu de l'arrivée, à cause que la somme des routes faites vers l'Est surpassoient celles de l'Ouest : on feroit le contraire dans un cas different.

Disposition de ces Differences.

	N.		S.		E.		O.	
	mil.	pas.	mil.	pas.	mil.	pas.	mil.	pas.
	5.	378.	3.	547	17.	661	8.	433.
	7.	285.	35.	358.	35.	358.	11.	933.
			20.	330	7.	569.		
			90.	720	7.	148.		
Sommes.	12.	663.	149.	955.	77.	736.	20.	366.
			12.	663.	20.	366.		
			137.	292.	57.	370.		

Le nombre en Longitude qui se trouva le plus grand, l'addition étant faite, fut celuy des differences des routes que le Navire avoit fait en chemin vers l'Est, qui fut de 77. milles, 736. pas, duquel nombre ayant soustrait celuy qu'on avoit fait vers l'Ouest, 20. milles 366. pas, il resta pour la difference 57. milles 370. pas.

En second lieu, le nombre de la Latitude qui exceda, fut celuy du Sud, qui fut trouvé de 149. milles 955. pas, duquel ayant soustrait les 12. milles 663. pas que le Navire avoit avancé vers le Nord, il resta pour la difference 137. milles 292. pas, chemin qu'il falloit ôter de la Latitude du départ, après l'avoir reduit en degrez & minutes, comme j'ai démontré : les 137. milles ayant donc donné 2. degrez 17′ min. & les 292. pas 17″ secondes, qu'il falloit ajouter aux 2. degrez 17′. on eut pour la difference soustractive de la Latitude depuis le départ 2. degrez 17′ 17″ qu'on retrancha de la maniere suivante, de la Latitude du 8.

Latitude du 8. à midy. 16d 54′ 0″

Chemin que le Navire avoit parcouru le 9. à midy, depuis le midy du jour précedent qu'il falloit soustraire, parce qu'on avoit avancé vers la Ligne, 2d 17′ 17″

1708. Juin.

Donc la Latitude de l'arrivée à midy du 9. fut de 14. 36. 43.

Recherche du moyen Parallele.

Ayant donc trouvé, après toutes les reductions, la Latitude de l'arrivée, il falloit chercher le moyen Parallele entre la Latitude du départ & celle-cy, ce qu'on fit.

16d 54' 0" Latitude du départ, son Compl. 73d 6' 0"	l. 9. 98082.
14. 36. 43. Latitude de l'arrivée, son Compl. 75d 23' 17"	l. 9. 98572.
Somme	19. 96654.
Moitié	l. 9. 98327.
Logarithme du Complement du moyen Parallele,	74d 12' 10"

Reduction des milles de la difference en Longitude en degrez de l'Equateur.

ANALOGIE.

Comme le Sinus du Complement du moyen Parallele, 74d 12' 10"	l. 9. 98327.
à la difference en Longitude 57. milles 370. pas.	l. 1. 75952.
Ainsi le Sinus total,	l. 10. 00000.
	11. 75952.
	9. 98327.
à	l. 1. 77625.
Logarithme de	0d 59' 44"
Pour avoir en Longitude le lieu de l'arrivée, il ne falloit plus qu'ajoûter à la Longitude du départ,	350d 10' 0"
La difference reduite en degrez de l'Equateur	0. 59. 44.
Et on eut pour la Longitude du 9. à midy, ce qu'on cherchoit.	351d 9' 44"

1708.
Juin.

DE LA DERIVE DU VAISSEAU,

& la maniere de la connoître.

UN Pilote ne sçauroit faire une bonne estime du chemin de son Navire, & se tromperoit dans la détermination de la longitude, s'il ne connoissoit la dérive de son Vaisseau, qui est l'angle que fait la quille, avec la ligne que décrit le Navire dans sa route; desorte que toutes les fois que le chemin du Navire n'est pas parallele à la quille, on dit que le Navire dérive.

1°. Il s'ensuit delà que le Navire ne dérivera pas; lorsque le corps qui pousse la voile décrit une ligne perpendiculaire à la superficie de la voile, & que cette même ligne est parallele à la quille, & les voiles perpendiculaires à la même quille.

DEMONSTRATION. *I. Figure,*

Soit la ligne C D représentant la superficie du plan de la voile; A B la ligne que décrit le corps A, allant d'A vers B; il est certain que le corps A poussera de toute sa force la superficie de la voile C D vers E, comme luy étant entierement opposée; & cette superficie avancera vers E, sans s'égarer de la ligne B E perpendiculaire à C D, supposant que la resistance qui est vers E, soit moindre que la force du corps A, que nous appellerons, force absoluë. Si donc le Navire continuoit son chemin vers E, il décriroit une ligne parallele à la quille, & toujours perpendiculaire à la voile C D; par consequent il n'auroit aucune dérive.

2°. Que toutes les fois que le Navire aura le vent de côté, & que les vergues ou le plan des voiles feront avec la quille des angles aigus, necessairement le Navire dérivera.

1. *figure*

2. *figure*

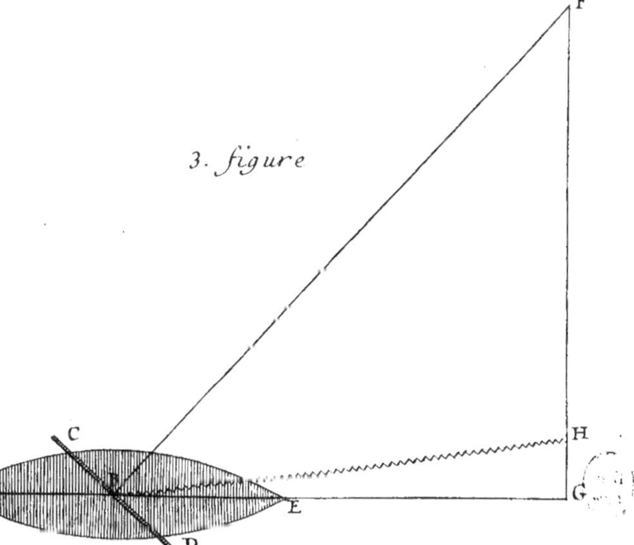

3. *figure*

1708. Juin.

DEMONSTRATION. *II. Figure.*

Soit dans cette seconde Figure la ligne C D, représentant le plan ou la superficie de la voile; A B la ligne que décrit le corps A, allant vers B. Si une superficie ne reçoit d'impression que selon une ligne perpendiculaire, il est évident que la voile C D ne recevra pas l'impression du corps A selon la ligne A B; mais il faudra concevoir dans le corps A deux mouvemens, l'un desquels se fera de A vers E, celuy-cy étant parallele à la voile C D, ne fait aucune impression sur elle: le second mouvement se fera du point A vers G, & dans ce sens la superficie de la voile C D ne recevra l'impression du corps A que selon la ligne AG qui luy est perpendiculaire; donc la ligne A G sera la vîtesse avec laquelle le corps A poussera la voile C D; donc A G sera la force relative du corps A, à la superficie de la voile C D: si donc une superficie ne reçoit d'impression que suivant une ligne qui luy est perpendiculaire, il faudra que la quille du Navire représentée par la ligne H I, qui fait avec la superficie de la voile des angles aigus, fasse aussi avec le chemin du Navire un angle aigu; puis qu'il paroît suivant la demonstration que la route du Navire doit se faire de B vers F.

Maintenant si du point B, comme centre, on décrit un cercle de l'intervalle de B à A; A B sera le rayon de ce cercle, & AG le Sinus de l'angle d'incidence ABG; d'où je conclus que la force absoluë de A B représentée dans la premiere Figure, & repetée dans cette seconde, est à la force relative A G, comme le Sinus total est au Sinus de l'angle d'incidence A B G.

3°. Il s'ensuit encore que le Navire doit parcourir la ligne B F, étant poussé par la voile C D, à laquelle la ligne B F est perpendiculaire; ce qui arriveroit, si la resistance que trouve le Navire à fendre les eaux sur la ligne B F, étoit moindre que l'impression de la force relative qu'il reçoit du corps A par la ligne A G de la seconde Figure sur la superficie de la voile C D.

DEMONSTRATION. *III. Figure.*

Soit le Vaiſſeau L E, la ligne droite C D la voile, A B le vent qui va d'A vers B; la ligne B F perpendiculaire à la voile C D; & G F perpendiculaire à E G, ligne que décriroit le Navire, s'il avoit vent arriere, & la voile C D perpendiculaire à la quille L E. Par ce que je viens de démontrer dans la ſeconde Figure, la ſuperficie de la voile C D eſt pouſſée par le vent A B vers F dans le ſens de la ligne A G de la ſeconde Figure; de ſorte que ſi le Vaiſſeau ne trouvoit aucune reſiſtance, & qu'il eût la même facilité à fendre l'eau par le côté, comme il a à la fendre par la pointe, il iroit indubitablement du point B au point F, & décriroit par ſon côté la ligne B F; & dans le même temps que le côté du Navire parcoureroit la ligne B F, ſa pointe avanceroit de la quantité de la ligne G F; mais la difficulté qu'a le Navire à fendre l'eau par le côté étant plus grande que celle qu'il a à la fendre par la pointe, à cauſe de ſa figure qui eſt plus longue que large; cela fait que le Navire n'avancera pas de la quantité G F, mais il s'en faudra une quantité proportionnée à cette difficulté. Or ſi cette difficulté eſt comme de huit à un, la pointe du Vaiſſeau n'avancera dans cette détermination de G F que de la huitiéme partie de la ligne G F; diviſant donc la ligne G F en huit parties, la pointe du Navire ne fera qu'une de ces parties, ſçavoir G H. On peut donc conclure que la reſiſtance que trouve le Navire à fendre les eaux par le côté, eſt à celle qu'il a à les fendre par ſa pointe, comme G F eſt à G H; ou bien que la difficulté qu'a le Navire à fendre les eaux par le côté, parce qu'il eſt plus long que large, eſt à la difficulté qu'il a à les fendre par la pointe, comme F G eſt à G H. Si l'on tire du point H au point B une ligne, on aura la route du Navire repréſentée par la ligne B H; G H repréſentera la quantité de la dérive du Navire, l'angle G B H ſera l'angle de la dérive, & l'angle G B A l'angle de la quantité que le Vaiſſeau préſente au vent.

1708. Juin.

On concevra tres-facilement par cette demonstration, qu'on détermineroit aisément la route d'un Navire toutes les fois qu'il prend le vent par le côté, si on trouvoit le rapport qu'il a entre la resistance à fendre l'eau par son côté, à celle qu'il a à la fendre par sa pointe.

Pour connoître ce rapport, étant en mer, & hors de vûë de toute terre, je ne trouve pas de moyen plus facile que celuy de mettre sur l'arriere du Vaisseau un cercle divisé en degrez, ayant dans son centre une allidade mobile, armée à ses deux extrémitez de ses deux pinnules. Pour s'en servir utilement, on met soigneusement un des diametres du cercle, parallele à la quille du vaisseau. Le cercle étant ainsi posé, on regarde ensuite par les deux pinnules de l'allidade, la trace que le Navire laisse sur les eaux à son arriere, pendant qu'il court, cette trace qu'on voit assez longue étant bien observée, on remarque l'angle que fait au centre du cercle l'allidade avec le diametre parallele à la quille, cet angle doit être justement l'angle de la dérive G B H. Cet angle étant donc connu, on déterminera sans beaucoup de peine le rapport qu'il y a entre la resistance que trouve le vaisseau à fendre les eaux avec son côté, à celle qu'il trouve à les fendre avec sa pointe; & cette resistance, comme j'ai déja démontré dans cette troisiéme figure, sera comme G F à GH.

AVERTISSEMENT.

J'ai rapporté dans plusieurs endroits de ce Journal le point où nous nous trouvions à midy, pour sçavoir celuy où les observations des declinaisons de l'Aiman, & les expériences de l'Equilibre des eaux avoient été faites, ce que j'ai crû tres necessaire, il sera facile aux curieux de sçavoir dans un temps connu, & dans quel endroit l'Aiman varioit d'une telle quantité, & quel étoit dans le même lieu l'Equilibre des eaux de la mer, &c.

J'observai le soir du 9. l'Amplitude occidentale du Soleil, qui donna la variation de l'Aiman au Nord-Ouest de 0d 46′ 0″

x. *Juin.*

Les vents varierent de l'Est-Nord-Est au Nord-Est ; nous n'eûmes pas de hauteur à midy , le Ciel demeura couvert toute la journée ; & nôtre point qui ne fut qu'estimé , donna la latitude de 12^d 22′ 0″
& la longitude de 352^d 3′ 0″
Sur les trois heures du soir un grand nombre de Marsouins nous donnerent la Comedie; ils se lançoient hors de l'eau , sautant les uns sur les autres , & se tenant toûjours sur l'avant du Navire , ils ne disparurent qu'au moment qu'un de nos matelots en eût harponné un , qui luy échapa des mains , & tomba dans la mer pendant qu'il dégageoit son harpon. Plusieurs croyent , que d'abord qu'un de ces poissons est blessé , tous les autres suivent la trace de son sang , & ne le quittent plus , attendant sa mort pour le devorer. L'expérience que nous fismes ce jour-là semble confirmer cette pensée , que d'ailleurs on ne se persuaderoit pas aisément ; car on ne voit pas que les animaux de la même espece se devorent entre eux , & les faits de ces expériences qui ne tombent pas sous nos yeux , n'ont pas toute la vrai-semblance qu'il leur faudroit pour pouvoir nous en persuader. Je croirois plûtôt que la cause de la fuite des compagnons du blessé , est le sang répandu sur les eaux qui les épouvante. A l'entrée de la nuit un tiercelet se vint poser sur nos vergues , il est rare que ces oiseaux s'exposent si avant sur les eaux : c'étoit le premier que j'avois vû en mer , quoique j'eusse déja fait plusieurs voyages. Nous crumes qu'il s'étoit égaré , poursuivant quelque petit oiseau , & que ne sçachant plus où aller , il venoit chercher , attendant le jour , à se reposer ; mais les matelots qui sont toûjours alertes , ne le laisserent pas long-temps en repos.

xi. *Juin.*

A dix heures du matin parut sur l'avant une infinité de poissons bien differents de ceux que nous

1708. Juin. avions vûs le jour précedent. Nôtre Maître Canonier en ayant harponné un, pour ne pas tomber dans la faute du matelot, avant de vouloir dégager son harpon, reposa son poisson au milieu du Navire, lieu où il n'y avoit plus de danger qu'il luy échapât. Ce poisson, quant à sa figure exterieure, étoit entierement semblable à nos Thons, il n'en differoit que par les nageoires que celuy-cy avoit jaunes, sa chair & son goût en differoient aussi; nos pêcheurs, gens du métier, ne les connurent point, & ils avoüerent qu'ils n'en avoient pas encore vû de la même espece, quoique déja vieux dans cette profession.

OBSERVATIONS

Sur les Parties internes d'un Poisson.

NOtre Maître Canonier n'eut pas plûtôt dégagé son harpon, qu'on ouvrit le poisson; je fis sur ses parties internes les observations suivantes.

Je trouvai le ventricule composé d'une membrane fort épaisse, & toute plissée en dedans.

Le Pilore divisé en plusieurs rameaux environ à un pouce de son origine, qui se soudivisent en plusieurs autres, & ceux-cy sont encore soudivisez en une infinité de petits tuyaux ou veines lactées.

Le Boyau fort long, attaché autour d'un Paranchime fort tendre, dont la coûleur étoit presque semblable à celle d'un sang corrompu, & piqué d'une infinité de petits points,

La Vescie attachée le long de l'Intestin.

Le Cœur enfermé dans une Pericarde, qui n'avoit qu'une seule Oreillette faite en forme de Vescie, & un Ventricule dont les Parois étoient toutes caverneuses.

Les veines Cave & l'Aorte, confonduës ensemble, avoient leur entrée dans le Cœur, à côté gauche de l'Oreillette du Cœur; elles étoient toutes plissées en dedans, & communiquoient aux Bronchies par plusieurs rameaux.

L'Oreillette du Cœur en forme de Vescie, qui communique au Ventricule du Cœur, étoit membraneuse, épaisse, d'un rouge obscur, de même que le Cœur, & toute ridée en dedans. 1708. Juin.

Je fis avant que d'observer la hauteur meridienne du Soleil, l'expérience de l'Equilibre des eaux, que je trouvai de 2$^{onc.}$ 3$^{drag.}$ 52$^{gr.}$

Depuis le 9. le Soleil ne commençoit à paroître que sur les neuf heures du matin que les nuages se dissipoient, les chaleurs se faisoient sentir, & il étoit assez difficile, étant exposez au Soleil, d'y pouvoir demeurer long-temps; cependant je ne laissai pas d'observer tous les jours sa hauteur meridienne, pour determiner la hauteur du Pole, que je trouvai ce jour-là de 9^{d} 57′ 0″
& la longitude estimée de 352^{d} 55′ 0″

Nous eûmes sur les neuf heures du soir un maître *grain*, qui nous donna en abondance de la pluye, & rafraîchit l'air, l'un & l'autre nous étoient necessaires. On appelle un *grain*, une pluye causée par un nuage poussé précipitamment par le vent, pluye qui est par consequent de courte durée. Ces grains sont frequents entre les Tropiques, & en moins d'une heure il en passe quelquefois deux ou trois.

XII. *Juin.*

L'homme n'est jamais content; les grandes chaleurs nous faisoient desirer de la pluye pour rafraîchir l'air, ne prévoyant pas qu'elle changeroit nôtre bon vent. Nos souhaits furent accomplis, un grain à qui nous pouvions donner le nom d'orage, vint tout-à-coup, heureusement il finit bien-tôt, & s'il eût été de longue durée, il nous auroit mis en danger. Ce grain n'eût pas plûtôt passé que les vents varierent du Sud-Est au Nord, ils vinrent ensuite au Sud-Sud-Ouest, & le calme leur succeda. Le Capitaine toûjours vigilant se servit fort à propos du calme pour visiter nos provisions; il en trouva la moitié de gâtées, qu'on jetta dans la mer; plus de cinquante barils d'anchois, manquant de saumure, se

1708. Juin.

trouverent pourris, les jambons pleins de vers, une partie de la provision de sucre fonduë, toutes les confitures moisies, avec plusieurs boëtes de prunes de Brignoles, tous nos pots d'olives pourris, & quelques barils de viandes salées couroient le même risque, si on eût tardé à y remedier. Nos eaux, graces au Seigneur, se conserverent; elles avoient déja changé plusieurs fois; & revenant à leur premier état, il ne leur restoit qu'une puanteur dégoutante, laquelle se dissipoit en les exposant quelque temps à l'air; leur couleur verte qu'elles acqueroient dans leurs changemens étoit constante; & malgré toute la repugnance qu'elles donnoient, en les voyant, il falloit en boire. Nôtre vin ne fut pas sujet à ces alterations, il ne perdit qu'un peu de sa force; mais heureusement le pain ne perdit rien de son goût, & se conserva toûjours le même. La visite étant finie, on exposa à l'air ce qui n'étoit que moisi: le calme nous amena un *Requin*, quoy qu'il eût le ventre plein de nos debris, il ne laissa pas de venir mordre à l'hameçon. A peine l'eut-on tiré à bord, que nos matelots se jettant dessus, nous ôterent le plaisir de le voir dans son entier, l'ayant dans le même instant haché en pieces, ils emporterent chacun leur morceau. La chair de ces animaux a un goût fade & doucâtre; cependant dans ces parages tout y est succulent, on n'y dispute plus des goûts; si on ne le perd pas entierement, on le trouve bien affoibli; & malheureux celuy qui ayant dessein de naviger, songeroit à conserver sa delicatesse.

Le Soleil n'ayant pas paru à midy, la hauteur ne fut trouvée que par le chemin, & le Rumb de vent reduit, que nous avions parcourus; cette hauteur

fut de	$8^d\ 57'\ 0''$
& la longitude de	$353^d\ 19'\ 0''$

XIII. *Juin.*

Le calme continua; nous eûmes sur les dix heures du matin un petit vent d'Est-Nord-Est, mais il ne dura pas; nous essuyâmes une grosse mer qui venoit du Sud, laquelle nous marquoit que les vents souffloient de ce côté-là ; nous eûmes peu de nuages, le Soleil parut presque toute la journée ; & quoy qu'assez près de la Ligne, nous ne ressentîmes pas d'excessives chaleurs. Nos matelots harponnerent un marsoüin blessé vers la queuë, sa blessure encore fraîche, marquoit qu'il n'y avoit pas long-temps qu'il l'avoit reçûë ; ce qui nous fit juger que c'étoit le même qu'on avoit harponné le 10. sa blessure se trouvant dans le même endroit. 1708. Juin.

La Latitude fut observée de 8d 12′ 0″

& la Longitude fut estimée de 353d 38′ 0″

Je trouvai par l'experience que je fis, que l'équilibre des eaux de la mer étoit de 2onc. 3drag. 50grains $\frac{1}{2}$.

La diminution d'un grain de cet équilibre dans l'espace d'environ un degré étoit considerable, & meritoit qu'on y fist attention.

XIV. *Juin.*

Nous eûmes dans la nuit un petit vent d'Est-Nord-Est, qui se rangea au jour naissant à l'Ouest $\frac{1}{4}$ Nord-Ouest, & varia le reste de la journée de l'Ouest $\frac{1}{4}$ Nord-Ouest au Sud-Sud-Est, nous n'avançâmes qu'en Latitude, que j'observai de 7d 18′ 0″

Après que nous eûmes dîné, le calme nous amena une troupe de *Requins* qui environnerent le Navire ; nous en prîmes ce jour-là jusques à trois, dont le moindre avoit six pieds de longueur. Ces poissons vont en grossissant depuis l'extrémité de la tête jusques au ventre, d'où ils commencent à diminuer jusques à la queuë ; leur dos est d'une couleur brune, qui se termine en un blanc sale sous le ventre ; leur tête est large & plate, la partie superieure est couverte d'un chagrin à gros grain, & tout le reste du corps d'une peau sans écailles ; leur gueule est avancée au dessous de la mâchoire superieure, cette mâchoire étant longue, au lieu que l'inferieure est courte, ce qui oblige ces animaux, lorsqu'ils veulent mordre quelque chose, de se coucher sur le dos ; ils ont trois rangs de dents fort aiguës ; les dents d'un de ces rangs sont trian-

1708. Juin.

gulaires, & plus longues que ne sont les autres. On voit dans la tête de ces animaux trois cavitez; la cavité du milieu renferme le cerveau, qui n'est guéres plus gros qu'un œuf; il contient une substance presque aqueuse, on n'y distingue que difficilement les corps calleux de la moëlle; à chaque côté de cette même concavité on en trouve une autre pleine d'une substance blanchâtre, d'assez de consistance, laquelle durcit à l'air, & se change en pierre, qui selon quelques-uns a de grandes vertus. Ces poissons ont encore à chaque côté de la tête cinq ouvertures couvertes d'une peau fort mince, leur servant d'oüies; leur foye est extrémement gros, ce qui les rend grandement voraces; il nous est arrivé souvent que quelques-uns de ces animaux s'étant pris à l'hameçon, qui leur avoit fendu la gueule, & mis tout en sang, ils revenoient un moment après se reprendre une seconde fois. Ces foyes sont huileux & tres-dégoutans; aussi d'abord que nos matelots les avoient ouverts, ils le jettoient dans la mer; leur chair est ferme, blanche & d'un goût fade; plusieurs de ceux qui en mangerent s'en trouverent incommodez. Leur cœur n'a qu'un ventricule; ayant pris celuy du premier, & ayant fait une ligature au dessous des veines qui le couronnoient, demi minute après cette ligature ses mouvemens de contraction & de dilatation cesserent. Cette experience étant faite, on en prit un second; poursuivant ma curiosité, j'en retirai le cœur, & l'ayant laissai libre, j'observai ses mouvemens; ils ne se ralentirent qu'une heure & demie après que je l'eus separé de l'animal, ils diminuerent ensuite insensiblement, & ce cœur resta tout-à-fait immobile; nous trouvâmes dans le ventre de ce dernier *Requin* une serviette sale qu'il avoit devorée il n'y avoit peut-être pas un demi-quart d'heure. Tous ces animaux sont extrémement amateurs de chair humaine. Me trouvant un jour au Fort S. Pierre dans l'Isle de la Martinique en Amerique, sur les cinq heures du soir, que les écoliers sortoient de l'école; quatre ou cinq furent se baigner à nôtre presence, un de cette troupe eut le malheur d'être saisi d'un *Requin* par une jambe, qui l'emporta sans que personne pût luy donner aucun secours, quoique la rade fût remplie de vaisseaux; ce malheur luy arriva devant la porte de sa maison, & en presence de tous ses parens, dont les cris furent inutiles. Quelque temps auparavant le même sort étoit arrivé à une jeune Dame, qui allant se baigner en compagnie de deux autres de ses amies, à l'embouchure de la riviere du Lamantin, dans la même Isle, fut devorée en leur presence par un *Requin*, sans qu'elle eût le temps de se plaindre. 1708. Juin.

Les *Requins* sont accompagnez de petits poissons qui leur sont inseparables, & qui aiment mieux perir avec eux que de les abandonner; ils leur sont toûjours sur l'avant, à une distance telle que les *Requins* ne les sçauroient prendre, ce qui leur a fait donner le nom de Pilores; nous ne prîmes aucun *Requin*, sans avoir trouvé de ces petits poissons collez sur leurs dos par le moyen d'une pellicule jaunâtre, cartilagineuse, de figure ronde, qu'ils ont au dessus de leur tête, laquelle a une infinité de petits trous remplis de fibres, qui leur servent, selon toutes les apparences, à tirer de la peau des *Requins* quelque substance pour leur nourriture.

XV. *Juin.*

Les nuages qui bordoient l'horison depuis quelques jours, & qui montoient à la hauteur de huit à dix degrez, nous empêcherent de voir le Soleil à son lever & à son coucher, & d'observer par consequent la variation de l'Aiman. Il parut ce jour-là par une petite fente au sortir de l'horison, qui se fit entre deux nuages; j'eus occasion d'observer son Amplitude orientale, & je trouvai ensuite par le calcul, que la variation de l'Aiman étoit vers le Nord-Ouest de 0^d 28' 0''

A peine les vents enflerent ils nos voiles, que leur variation fut du Nord-Est au Sud--Sud-Ouest, & nous obligea de changer tres-souvent de route. La vehemence de la chaleur qui demandoit un vent plus frais pour l'abbattre, nous fit avoüer qu'Horace ne se trompoit pas, lors qu'il disoit, en parlant des lieux voisins de la Ligne : Horace, Ode 3. liv. 3.

Quâ parte debacchentur ignes.

1708. Juin.

En effet, nous les ressentîmes vivement, & ne trouvant pas d'endroits sur le Navire à pouvoir s'en garantir, tous etant presque également échauffez & incommodes, il falloit necessairement les supporter sans se plaindre. Le Soleil ne fut couvert de nuages que le matin; j'observai à midy le Complement de sa hauteur qui donna la hauteur du Pole de 6^d 40′ 0″ & la Longitude, les corrections faites, fut estimée de 353^d 47′ 0″

Par l'Experience de l'Equilibre des eaux de la mer, que je fis avant que de prendre la hauteur du Soleil, je trouvai leur poids de 2.$^{onc.}$3.$^{drag.}$49.$^{gr.}$ $\frac{1}{2}$.

Le Seigneur nous favorisa sur les deux heures du soir d'un grain fort pesant, qui nous donna & de l'eau & du frais; nous avions besoin de l'un & de l'autre. J'ay déja dit que les chaleurs étoient excessives; on avoit commencé depuis quelques jours de donner à l'équipage l'eau par mesure, craignant que les calmes nous arrêtant sous la Ligne, les eaux qu'on avoit pour nos provisions ne vinssent à manquer, & qu'il ne nous arrivât comme à d'autres Navires, qui s'étant trouvez malheureusement dans des temps de calme aux mêmes parages, avoient cruellement péri après la consommation de leurs provisions d'eau; nous ne laissâmes pas perdre l'occasion que le Seigneur nous donnoit. Le grain n'avoit pas encore commencé, qu'on avoit amarré par les quatre angles des voiles suspenduës en l'air, ayant mis au dessous vers leur centre de pesanteur des grandes bayes, pour recevoir les eaux qu'on prévoyoit qui alloient tomber. Le grain étant fini, je fis l'experience de l'Equilibre des eaux qu'il nous avoit données, je les trouvai entierement pures, étant en Equilibre avec l'Areometre chargé du poids de 2.$^{onc.}$3.$^{drag.}$17.$^{gr.}$ $\frac{1}{2}$.

Si le grain nous donna à boire, un matelot nous donna à manger, il harponna un Marsoüin d'environ trente livres, qui nous fit faire le soir un tres-bon repas. Ces poissons ont le sang chaud contre la nature des aquatiques, ils n'ont pas comme les autres poissons des oüyes pour leur servir à la respiration; mais ils ont au dessus

dessus de leur tête deux trous qui font les fonctions de ces oüyes, aussi les voit-on sauter sur les eaux pour prendre l'air, & respirer plus commodément. 1708. Juin.

XVIII. *Juin.*

Depuis le 15. nous n'eûmes que du calme & de petits vents, opposez à nôtre route, varians du Sud-Sud-Est au Sud-Sud-Ouest. Le Soleil ne parut pas pendant ces trois jours, & les grains furent si frequens, qu'ils commencerent à nous incommoder. Dans ces parages les pluyes engendrent la vermine ; d'abord que les hardes sont moüillées, il faut être soigneux de les secher aussitôt, sans quoy il s'y forme des vers, ce que nous avons vû par experience : marque de l'intemperie de l'air aux approches de la Ligne. A midy du 18. nous étions, selon nôtre estime à, la hauteur de $6^d\ 36'\ 0''$
& nôtre Longitude fut de $354^d\ 37'\ 0''$

L'abondance des eaux que nous donnerent les grains à leur passage, renouvelloit ma curiosité. Je pesai une autrefois leurs eaux, je les trouvai en équilibre avec mon Areometre, chargé du poids de 2. onces 3. drag. 17. grains.

Après cette experience je fis celle des eaux de la mer, je trouvai que leur équilibre avec l'Areometre étoit de 2. onc. 3. drag. 49. grains $\frac{1}{2}$.

XIX. *Juin.*

La nuit qui préceda le 19. nous nous apperçûmes dans le calme d'un grand boüillonnement dans les eaux, nous crumes d'abord que c'étoit quelque troupe de poissons ; cependant ce boüillonnement continuant sans en voir aucun, nous crumes qu'il provenoit de quelque autre cause, que nous ne pumes découvrir qu'à midy, après la hauteur prise. Elle devoit avoir diminué selon nôtre estime, ayant eu dans la nuit pendant plus de trois heures des vents de Nord-Est qui nous pousserent vers la Ligne ; cependant nous trouvâmes nôtre Latitude

1708. Juin.

plus grande ; nous conclûmes delà que ce boüillonnement marquoit des courants qui nous avoient porté du Sud vers le Nord, & nous avoient fait dériver ; nous observâmes à midy la hauteur du Pole de 6^d 26′ 0″ & nous estimâmes la Longitude de 354. 58′ 0″.

Nous fumes environnez dans le calme de *Requins*, nous en prîmes cinq dans la matinée, dont le moindre pesoit cent livres.

XX. *Juin.*

Le vent commença de souffler le matin au Sud-Est ¼ d'Est ; nous vîmes le Soleil à son lever, & observâmes son Amplitude orientale, d'où nous conclûmes la variation de l'Aiman de 0^d 7′ 0″. Nord-Ouest.

La Latitude qui ne fut qu'estimée, le Soleil n'ayant pas paru à midy, fut de 5^d 48′ 0″ & la Longitude de 354^d 52′ 0″

Je trouvai par l'experience de l'Equilibre des eaux, que celuy des eaux de la mer diminuoit encore ; puisque je ne le trouvai ce jour-là que de 2. onces 3. dragmes 49. grains.

XXII. *Juin.*

J'eus occasion de verifier la nuit précedente, qui fût tres-belle, un phenomene assez singulier, d'une clarté qui s'étendoit sur toute la surface de la mer, laquelle j'avois observée, depuis le 10. degré de hauteur, aller toûjours en augmentant. J'attribuai la clarté de cette nuit-là à la clarté des étoiles qui étoient extrémement brillantes ; elle pouvoit avoir eu d'autres causes que je crus avoir découvert par les observations qui suivirent celle-cy. Je remarquai encore dans cette nuit, que la surface de la mer s'éclaircissant, l'horison en devenoit plus obscur, & qu'à 4. & 5^d. de hauteur les étoiles de la premiere grandeur étoient cachées dans l'Atmosphere, & qu'à 8. & à 10. elles paroissoient assez confusément ; ces phenomenes avoient besoin d'être developpez, ce que je tâchai de faire dans la suite.

Ceux qui ont autant de curiosité que j'en avois, ne se contentent pas de quelques legeres experiences, ils veulent connoître la nature de plus près, & ne perdent aucune occasion lors qu'il s'en présente. Un grain fort pesant nous donna dans son passage beaucoup d'eau, le nuage étoit épais & fort bas, & sa bassesse m'ayant convaincu, que l'eau qu'il nous donna ne pouvant pas entierement se purifier, son équilibre devoit se trouver plus grand que celuy des autres eaux de pluye que j'avois déja observé; en effet il fut de 2. onces 3. dragmes 18. grains $\frac{1}{2}$. 1708. Juin.

La hauteur du Pole à midy fut de $5^d\ 50'\ 0''$
& la Longitude de $354^d\ 31'\ 0''$

Je trouvai les eaux de la mer du même équilibre du jour précedent; la diminution que je trouvois à celles-cy, approchant de la Ligne, & l'augmentation aux eaux de pluye, étoient des effets qui meritoient d'y faire attention. J'ai déja dit la cause de l'augmentation de ces dernieres; & la diminution de l'équilibre de celles de la mer n'avoit pas d'autre cause que celle de l'absence des corpuscules de sel & de bitume dont elles étoient déchargées, qui se trouvant en moindre quantité près de la Ligne, qu'ailleurs, rendent les eaux plus legeres.

XXIII. *Juin.*

La journée fut belle, le Soleil fut clair au sortir de l'Atmosphere; sa chaleur temperée par les vents qui varierent du Sud-Sud-Est au Sud $\frac{1}{4}$ Sud-Ouest, ne nous empêcha pas de nous promener sur le pont: ce que les anciens n'auroient pas voulu croire, persuadez que la Zone Torride étoit toûjours brûlante. L'étoile du Nord qui avoit disparu depuis le 8. degré de hauteur, ne parut pas dans la nuit, quoique le Ciel fut extrémement clair; ses rayons n'ayant pas assez de force pour penetrer l'Atmosphere, ils se perdent dans cette matiere qui la rend entierement invisible.

Nous commençâmes d'avoir des scorbutiques; ces maladies sont tres-dangereuses dans un Navire, parce qu'el-

1708. Juin. les se communiquent facilement; elles firent prendre à nôtre Capitaine des mesures & des précautions pour empêcher qu'elles ne fissent du progrez, & qu'elles n'infectassent le reste de son Equipage. Il ordonna de mettre en particulier ceux qui en étoient atteints, ausquels il assigna des gens pour les servir, & défendit aux autres d'en approcher. Elles sont ordinairement produites de la mal-propreté, de la mauvaise nourriture, & quelquefois du temperamment. Les pauvres matelots n'ayant pas assez de hardes pour se tenir propres, sont toûjours les premiers attaquez; leurs mauvaises nourritures corrompent les humeurs, affoiblissent leur santé, & il est tres difficile qu'ils puissent la conserver parmi tant d'obstacles; aussi voyons-nous peu de Navires de long cours qui ramenent tout leur Equipage.

La hauteur à midy fut observée de $5^d\ 40'\ 0''$
& la Longitude estimée de $355^d\ 13'\ 0''$

Nous prîmes le soir une bonite pesant environ quinze livres; ces animaux, ennemis mortels des poissons volants, sont sans écailles, couverts d'une peau fort mince, ayant sur leur dos des rayes d'un gris obscur & doré; leur chair & leur goût ne different pas de celles que nous avons dans la Mediterranée, excepté que leur chair est un peu plus séche. Leur pêche est assez singuliere, on fait avec du vieux linge une figure qui leur est semblable, à laquelle on fait des aîles avec quelques plumes de poule ou d'autre animal, & on met à son extrémité un ains; amarrant ensuite cette figure au bout d'une fisselle, & la faisant voltiger sur la superficie des eaux, les bonites s'élevent pour l'attrapper, ne connoissant pas que c'est un piege qu'on leur dresse, c'est la maniere dont on se sert pour les prendre.

XXV. *Juin.*

Le jour précedent 24. Fête de la Nativité de S. Jean-Baptiste, nom qu'on avoit donné à nôtre Vaisseau avant que de partir d'Europe, qu'on appelloit auparavant le Levrier, à cause de sa vîtesse; nous celebrâmes une grande

Messe ; on chanta, dès qu'elle fût finie, un *Te Deum*, au bruit du canon, & au son des trompetes ; les vents qui depuis le 23. avoient varié du Sud ¼ Sud-Est au Sud-Sud-Est étoient encore les mêmes le 25. Les nuages nous avoient couvert le Soleil pendant ces deux jours, & ne se dissiperent à midy, que pour nous donner le temps d'observer sa hauteur meridienne, qui donna la hauteur du Pole de 5d 42′ 0″. 1708. Juin.

La Longitude, après les routes reduites, comme j'ay démontré ailleurs, fut estimée de 357d 59′ 0″

J'observai l'Equilibre du poids des eaux de la mer de 2.onc. 3.drag. 49.gr.

Sur les cinq heures du soir nous découvrîmes un Vaisseau portant le Cap à l'Est ; d'abord que nous l'eûmes découvert, nous revirâmes de bord pour luy gagner le vent, afin d'avoir quelque avantage sur luy, en cas qu'il fût mal intentionné.

XXVI.

Les vents ayant tenu ferme au Sud-Sud-Est, où ils se rangerent le 25. rafraîchirent l'air ; & tout près de la Ligne, nous ne ressentîmes pas des chaleurs extraordinaires, nous ne vîmes pas de toute la journée le Vaisseau que nous découvrîmes le 25. Sa disparition nous fit juger qu'il avoit changé de route dans la nuit pour nous éviter, & que nous pouvions revirer de bord sans craindre sa rencontre, ce que nous fismes. Cette journée fut une des plus belles que nous eussions eu jusques alors. Le Soleil tout brillant qu'il étoit n'avoit pas une chaleur excessive ; nous observâmes à midy sa hauteur, sans en être incommodez, elle donna celle du Pole de 5d 24′ 0″

nous estimâmes la Longitude de 357d 3′ 0″

L'Amplitude occidentale du Soleil observée ne donna pas de variation à l'Aiman ; je trouvai après le calcul, qu'il s'étoit couché dans le même point observé. Ayant dessein la nuit suivante d'observer la distance de l'Epy

1708. Juin.

de la Vierge, étoile de la premiere grandeur, à la Lune; je mis au coucher du Soleil une petite pendule à l'heure & minute, que j'avois déja trouvée par le calcul. Cette observation n'étoit qu'un essai; je ne prétendois pas en tirer une certitude évidente pour déterminer la Longitude, sujet pour lequel elle fut faite; cela dépend d'un si grand nombre d'élemens, qu'il est comme impossible de les bien connoître sur mer.

OBSERVATION

pour la Longitude.

SUr les sept heures 4' du soir, la Lune peu éloignée du Meridien, & assez proche de l'Epy de la Vierge, étoile de la premiere grandeur, j'observai avec une bonne flaiche la distance de son bord éclairé à cette étoile. Ayant ajoûté à cette distance le demi-diametre de la Lune, trouvé par les Tables Astronomiques de Monsieur Cassini, j'eus la distance du centre de la Lune à l'Epy de la Vierge, ayant égard à la Parallaxe de la Lune, tant en longitude qu'en latitude, que je trouvai par les mêmes Tables, après avoir observé la hauteur de la Lune sur l'horison. Etant assuré par toutes les circonstances necessaires à ces observations de cette distance, je cherchai par le calcul quelle devoit être à Paris cette même distance à 7. heures 4. minutes, marquées par ma petite pendule, que je rectifiai le lendemain au lever du Soleil dans l'observation que j'en fis, pour sçavoir de combien elle avoit avancé ou retardé durant le temps que le Soleil demeura caché sous nôtre Hemisphere, ayant aussi égard au changement de longitude, ou chemin que le Navire avoit parcouru depuis son coucher. Après que tous ces calculs, assez longs, furent finis, & que j'eus trouvé à l'heure donnée, quelle étoit à Paris la distance du centre de la Lune à l'Epy de la Vierge, je retranchai la moindre des deux distances trouvées de la plus grande pour avoir leur difference, qui devoit servir à la fin que je m'étois proposée. Cette difference ayant été trouvée, je cherchai par d'autres calculs le vrai lieu de la Lune à midy du 26. & au midy du 27. J'eus par deux calculs differents le chemin que la Lune avoit fait dans vingt-quatre heures. Après avoir soustrait le vrai lieu où je l'avois trouvée le 26. à midy, du vrai lieu où je la trouvai le 27. à la même heure, resta en degrez, minutes & secondes le chemin que la Lune avoit avancé en 24. heures dans son Orbite; ce qui restoit encore à connoître pour former une Analogie, dont le premier terme étoit le chemin de la Lune en 24. heures, le second les 24. heures, & le troisiéme la difference trouvée entre la distance observée du centre de la Lune à l'Epy de la Vierge, & la distance à la même heure calculée pour Paris. Le quatriéme terme qui resulta de cette Analogie fut la difference en heures, minutes & secondes, entre Paris & le lieu où fut faite l'observation. Ayant changé ce temps en degrez par la table de la reduction du temps en degrez & minutes de l'Equateur, j'eus la difference en longitude entre Paris & le point observé, ayant retranché de cette difference la longitude de Paris, resta la distance en degrez & minutes de ce point observé au premier Meridien, qui étant ôtée de 360. degrez, le reste de la soustraction fut la longitude du lieu ou du point où j'avois observé la distance du bord de la Lune à l'Epy de la Vierge, que je trouvai de 355. degrez 54' minutes. La longitude estimée à la même heure étoit de 356. degrez 42. minutes; de sorte qu'entre la longitude estimée & celle que donna l'observation, il ne se trouva qu'une difference de 48' minutes, qui seroit de peu de consequence dans une infinité de routes que nous avions parcouru durant près d'un mois, si on étoit assuré de ces longitudes. Mais comme elles dependent d'observations qui devroient être extrémement justes, d'instrumens exactement divisez, & de beaucoup d'attention dans les calculs; quelque exact que soit un Pilote dans ces operations, il luy restera toujours dequoy douter, si la longitude trouvée de cette maniere est la veritable: cependant ces operations ne laissent pas

1708. Juin. d'être tres-necessaires, servant à la rectification des routes qui ne sont qu'estimées ; & quoy qu'elles soient extrémement delicates, je conseillerois toûjours à un Pilote un peu versé dans le calcul, de ne les pas negliger, & d'observer la distance de la Lune aux principales étoiles, lors qu'elles en sont peu éloignées, persuadé qu'il en retirera quelque connoissance qui ne luy sera pas inutile. Les élemens de la Navigation sont tous fort douteux ; on doit par consequent mettre en usage tout ce qui peut conduire à quelque certitude. Je me suis dispensé de rapporter ces calculs à cause de leur longueur ; j'en ai assez dit, afin qu'un Pilote comprenne, comment il doit operer & trouver la difference en longitude entre le lieu pour lequel les tables des mouvemens de la Lune ont été calculées, & celuy de l'observation.

XXVII. *Juin.*

Les vents se tirerent plus au Sud, ils ne varierent que du Sud au Sud-Sud-Est ; le Soleil dissipa à son lever de gros nuages qui s'étoient formez sur l'horison quelque temps avant qu'il y parût. Les nuages revinrent sur les quatre heures du soir, & nous laisserent le Ciel clair toute la journée ; les chaleurs furent supportables, & je les trouvai beaucoup moindres que celles qu'on a dans le grand Esté en Provence. A dix heures du matin, faisant route vers le Sud-Ouest, nous revîmes le Navire du 25. muré à bas bord, portant le Cap à l'Est. Comme nous allions par parties contraires, nous nous rencontrâmes bien-tôt ; nous fûmes à midy par son travers, à trois quarts de lieüe de distance éloignez l'un de l'autre. Il arbora Pavillon Hollandois, & nous mîmes Pavillon Anglois. En temps de guerre il est permis de tromper pour sa conservation, & les plus habiles se tirent toûjours d'intrigue ; nous passâmes fort fierement l'un & l'autre sans nous rien dire ; nous vîmes par des lunettes de longue vûë, que le Navire étoit de cinquante canons, qu'on s'y défioit de nous, étant déja parez. Nous avions fait la même chose, tout étoit prêt au combat dans nôtre

tre Navire en cas d'attaque ; mais graces au Seigneur il ne fit paroître aucune envie d'en venir aux mains, & nous en évitions fort sagement l'occasion. 1708. Juin.

La hauteur du Pole fut observée à midy de 4d 42′ 0″

& la longitude estimée de 356d 6′ 0″

Après midy, les vents nous ayant refusé, nous obligerent de revirer de bord ; les vents que nous trouvâmes près de la Ligne, qui viennent du Sud, sont inconstans & fort variables ; il est vrai qu'ils n'avancent pas dans leurs variations de plus de deux quarts de vent, soit du côté de l'Est, soit du côté de l'Ouest. Je remarquai encore depuis quelques jours, que les nuages ne commençoient de se lever que sur les quatre heures du matin, & qu'à huit heures, le Soleil les ayant dissipez, il n'en paroissoit plus aucun, & le Ciel restoit clair ; & qu'ensuite sur les quatre heures du soir les nuages revenoient, & nous cachoient le Ciel jusques à sept heures du soir, que la fraîcheur de la nuit les chassoit, & nous faisoit voir les constellations de la partie du Sud, & toutes les autres du Nord qui passoient alors en revûë, ayant la Sphere presque parallele.

XXIX. *Juin.*

Il ne se passa rien de particulier depuis le 27. Les changemens que j'avois remarquez, tant aux vents qu'à l'air, furent toûjours de même, ils se tirerent au Sud-Sud-Est. La nuit du 28. au 29. ils fraîchirent, le matin du 29. nous portâmes le Cap au Sud-Ouest ; & s'étant rangez à midy à l'Est, nous commençâmes à faire bonne route. Ils nous amenerent des nuages, qui nous ayant couvert le Soleil à midy, nous ne pumes pas l'observer, de sorte que nous n'eûmes la hauteur que par l'estime, qui fut trouvée de 2d 58′ 0″

& la longitude de 354d 19′ 0″

1708. Juin.

XXX. *Juin.*

Le vent d'Eſt-Sud-Eſt qui ſouffla toute la nuit, nous amena des nuages qui couvrirent le Ciel, & m'empêcherent d'obſerver l'Occultation d'Antares, ou Cœur du Scorpion par la Lune qui devoit arriver. La mer venant du Sud, extrémement groſſe, nous incommodoit; elle n'empêcha pourtant pas un de nos matelots d'harponner le matin deux belles bonites, l'une après l'autre, peſant chacune en particulier environ quinze livres; & de nous faire manger par ſon adreſſe du poiſſon frais tout près de la Ligne. Nous obſervâmes malgré la groſſe mer la hauteur meridienne du Soleil, qui donna la hauteur du Pole de 1^d 20′ 0″ & nous trouvâmes par l'eſtime la longitude de 353^d 30′ 0″

Le poids des eaux de la mer depuis le 5. degré de hauteur n'avoit ni augmenté ni diminué. J'en fis ce jour-là une double expérience; étant ſur l'avant, la flaiche en main, obſervant la hauteur meridienne, attentif à voir paſſer le Soleil par le meridien, un coup de mer m'inveſtit; heureux d'être dans ces parages, où l'on a beſoin de ſe rafraîchir. Après m'être changé de pied en cap, le coup de mer ne m'ayant fait aucune grace, j'obſervai le poids des mêmes eaux, je les trouvai en équilibre avec l'Areometre chargé de 2.$^{onc.}$ 3.$^{drag.}$ 49.$^{gr.}$.

1708. Juillet.

I. *Juillet.*

Le commencement du mois termina l'accompliſſement de nos ſouhaits; nous déſirions paſſionnément de paſſer la Ligne, eſperant de trouver au-delà dans l'autre partie du monde des vents plus favorables, qui nous tireroient des dangers où les calmes ont expoſé tant d'autres vaiſſeaux qui ont péri en ce lieu comme dans le terme fatal de leur courſe. Enfin nous paſſâmes la Ligne, & nous la coupâmes au 354. degré,

Virg. *Eneide, lib. 6.*

——————*ubi Cælifer Atlas*
Axem humero torquet ſtellis ardentibus aptum.

1708. Juillet.

Nous trouvâmes à l'entrée de cette partie du monde un Ciel nouveau, plus de nuages sur l'horison le matin, le Soleil y parut se levant avec toute sa splendeur, & nous observâmes avec beaucoup de justesse son Amplitude orientale, qui donna la declinaison de l'Aiman vers le Nord-Est de $0^d\ 37''\ 0''$

Nous eumes à midy le même avantage, le Ciel n'ayant pas changé de décoration ; nous observâmes fort exactement la hauteur meridienne du Soleil, qui donna la hauteur du Pole Antartique de $0^d\ 36'\ 0''$ & nos routes depuis le midy du dernier jour du mois de Juin étant corrigées, donnerent selon l'estime la longitude de $353^d\ 7'\ 0''$

Les vents y avoient aussi de nouvelles routes, & n'y variant que de l'Est à l'Est-Sud-Est favorisoient entierement nos desirs.

Après midy on fit la Ceremonie du Baptême de la mer, qui n'est qu'une coûtume & une invention des matelots pour avoir de l'argent. On ne se sert dans ce Baptême ni d'Eau-benite ni de Signe de Croix, ni on ne jure pas non plus sur les saints Evangiles ; on jette seulement un peu d'eau de la mer sur la tête de ceux qui n'ont pas encore passé la Ligne, les obligeant de donner une somme selon la qualité des personnes, sans quoy on les jette dans une grande baye pleine d'eau ; personne n'est exempt de payement, non pas même le Navire, s'il n'a pas encore passé la Ligne. Le Capitaine paya pour le nôtre ; il ne fut pas luy-même soûmis à cette loy, l'ayant passée autrefois dans un voyage qu'il avoit fait en Guinée. Celuy qu'on présenta le premier à la Ceremonie fut un Religieux. Le premier Pilote habillé en vieillard, assis sur un grand fauteüil, au milieu d'une troupe de matelots armez pour les gardes, au bruit du tambour, au son des trompettes & des violons, luy fit mettre la main sur un Mappe-Monde, le faisant jurer, que s'il repassoit une autre fois la Ligne, il feroit observer la même ceremonie à ceux qui ne l'auroient jamais passée. Ce Religieux mit dans le bassin une piastre pour n'être pas arrosé. Celuy qui le suivit fut le Capitaine

1708. Juillet.

en second, on y fit la même Ceremonie, & tout le reste de l'Equipage fit la même chose. Cette Ceremonie étant finie, une autre toute nouvelle commença, on amarra autour d'un grand cercle un bras de chacun des mousses, luy ayant mis dans la main libre un grand foüet de cordes godronnées, & leurs culotes bas : ces petits droles se foüeterent si rudement, que le sang en couloit. L'Ecrivain fut chargé de l'argent qu'on ramassa dans le bassin. Etant arrivez à la Conception, Ville dans le Royaume de Chily, il disposa de cet argent en faveur de tout l'Equipage, ce fut en payant deux magnifiques repas, dans lesquels on y but d'excellent vin, qui réjoüit beaucoup nos gens, n'en ayant pas vû depuis assez long-temps.

Nous observâmes le soir l'Amplitude occidentale du Soleil, elle donna la même declinaison de l'Aiman, que nous avions trouvée le matin, marque que nôtre observation étoit exacte.

A l'entrée de la nuit, Venus parut à l'Occident de l'Etoile du Cœur du Lion, appellée Regulus ; je jugeai par le peu d'éloignement ou de distance de l'une à l'autre, que leur conjonction arriveroit le lendemain.

11. *Juillet.*

J'eus un mal d'estomac extraordinaire, qui me fit craindre sur les cinq heures du matin, qu'on ne me laissât en ôtage sous la Ligne. Sur les six heures il diminua, après une saignée faite fort à propos ; & graces au Seigneur, cette attaque de mal n'ayant pas eu de suite, je me trouvai à midy assez libre pour aller observer la hauteur meridienne du Soleil, qui donna la hauteur du Pole Meridional ou Antartique de 2ᵈ 26′ 0″

& la longitude fut estimée après les corrections faites de 353ᵈ 3′ 0″

Le vent d'Est-Sud-Est continuoit encore ; nous eûmes le matin un grain venant du Sud-Sud-Est, qui étoit si petit, qu'à peine moüilla-t-il nôtre pont, il ne changea pas nôtre bon vent.

Je fis après midy l'expérience de l'Equilibre du poids des eaux de la mer, lequel je trouvai de 2. onc. 3. dragmes 50. grains.

Je fus agréablement ſurpris de l'augmentation du poids de ces eaux ; & ne ſçachant tout d'un coup qu'en penſer, je ne laiſſai pourtant pas de faire quelque jugement, que je tirai des obſervations précedentes ; ayant trouvé les eaux qui ſont au deſſous de la Ligne, & qui partagent le monde en deux parties égales, de moindre poids, que ne ſont les autres eaux de ces deux mêmes parties, qui augmentent leur poids à meſure qu'on s'éloigne de la même Ligne. A mon retour en Europe, je lûs dans une Aſſemblée de Meſſieurs de l'Académie Royale des Sciences les expériences que j'avois faites ſur l'équilibre des eaux. On verra dans la ſuite de mon Journal les conſequences qu'en tirerent ces illuſtres Sçavans, à qui les Sciences ſont redevables de tous les progrès qu'elles ont fait juſques à preſent.

Nous vîmes le ſoir des fregates, oiſeaux de la groſſeur de nos poules, les aîles deſquels ont juſques à ſept pieds de longueur ; j'en parlerai dans les obſervations que je fis à mon retour du Poru. Un de nos matelots en ayant alors pris dans la nuit une, qui étoit venuë ſe repoſer ſur nos vergues, j'eus le moyen de prendre toutes ſes dimenſions, & de la repréſenter au naturel. La vûë de ces fregates nous fit d'abord juger, que nous devions être près de quelque Iſle ; nous avions celle de Fernandes de Norognha vers le Sud-Oueſt, dont je ferai une ample deſcription au retour des Indes Occidentales.

Par une obſervation de l'Amplitude occidentale du Soleil, nous trouvâmes le ſoir la declinaiſon de l'Aiman de 1ᵈ 5′ 0″ Nord-Eſt.

Au coucher du Soleil, je mis une petite pendule à l'heure & minute qu'elle devoit marquer, l'ayant cherchée par le calcul avant l'obſervation de l'Amplitude, eſperant d'obſerver la conjonction de Venus avec Regulus, que je croyois devoir arriver pendant que cette Planete reſteroit ſur l'horiſon. Sur les huit heures du ſoir Venus me parut plus occidentale, à la vûë ſimple,

1708. Juillet. que Regulus, d'environ cinq de ses diametres; elle se cacha au même moment dans cet Atmosphere épais qu'on voit toûjours sur l'horison, dans lequel, comme j'ai dit ailleurs, les étoiles de la premiere grandeur paroissent à six degrez de hauteur, & dont la lumiere diminuë, à proportion de leur distance de l'horison. Aussi voit-on rarement dans ces parages, au Soleil couchant, l'horison sans nuages, qui montent ordinairement jusques au sixiéme degré de hauteur, quelquefois plus, quelquefois moins; qui représentent après le coucher du Soleil des decorations tout-à-fait agréables aux marins, qui ne voyant de toute la journée que le Ciel & l'eau, s'amusent à regarder une infinité de differentes figures formées par ces nuages, qui en forment sans cesse de nouvelles, en se dissipant, & recréent la vûë par une admirable varieté & par des nuances, dont les couleurs sont si belles & si vives, que nos Peintres auroient peine à les pouvoir imiter.

III. *Juillet.*

Nous eûmes la mer contraire, elle venoit du Sud, & battoit le vaisseau sur l'avant. Cette resistance que trouvoit le Navire, luy faisoit perdre son chemin; & outre les maux de cœur qu'elle cause à ceux qui ne sont pas encore bien accoutumez à la mer, elle peut aussi, lors qu'elle est violente, causer un démâtement. Les vents Alizées qui varient dans cette partie du monde, de l'Est au Sud-Est, souffloient encore, ils abbattoient les grandes chaleurs, & diminuant leur violence, les rendoient supportables.

Nous observâmes à midy la hauteur du
Pole Meridional de 4d 42′ 0″
& estimâmes la longitude de 352d 47′ 0″

L'horison fut chargé le soir de gros broüillards & de nuages, qui cacherent Venus; de sorte que je ne pus pas l'observer.

IV. *Juillet.*

Il n'y eut rien de particulier, je remarquai seulement dans la nuit qui avoit précedé, que la clarté que j'avois observée au Nord de la Ligne, se conservoit la même, & n'avoit nullement diminué. Les vents s'étoient entierement tirez à l'Est, & les beaux jours qui regnoient dans cette partie du monde, nous donnoient occasion d'observer la hauteur meridienne du Soleil, qui nous donna ce jour-là la hauteur du Pole Antartique de 6ᵈ 12′ 0″
& l'estime la longitude de 352ᵈ 39′ 0″

V. *Juillet.*

La journée commença par l'observation de l'Amplitude orientale du Soleil, qui donna la variation de 1ᵈ 17′ 0″ vers le Nord-Est; nous étions alors à l'Est de Paraibe, assez éloignez, & hors de vûë de toute terre. N'ayant pas des observations de la longitude de cette Ville, il étoit impossible d'en sçavoir la distance. Cette observation me rappella la memoire de celle que fit dans cette Ville en 1698. Monsieur Couplet le fils, de l'Académie Royale des Sciences, titre qu'il s'est merité par l'assiduité à l'Etude, & par les progrez qu'il a fait dans les Sciences, suivant les traces de son digne pere, de la même Académie, qui s'occupe avec tant de succès à la perfection de la Mecanique, qui est dans la vie la Science de plus d'usage. Ceux qui imprimerent ces observations firent une faute tres-considerable, comme j'ai appris depuis de l'Auteur même; car au lieu d'avoir marqué dans l'Histoire de l'Académie Royale des Sciences la declinaison de l'Aiman au Nord-Est, suivant l'original de Monsieur Couplet, ils la mirent au Nord-Ouest.

Cette même faute d'impression me fut encore confirmée par les observations des Pilotes du Navire qui m'avoit transporté à la mer du Sud, & qu'ils me com-

1708. Juillet. muniquerent quelque-temps après leur arrivée à Marseille ; je trouvai dans leurs Journaux, que le 15. du mois de Février de l'année 1711. étant à sept degrez de hauteur Sud, sur les côtes du Bresil, à six lieües de distance de la terre, & à l'Est de Paraiba, dont la hauteur du Pole meridional observé par Monsieur Couplet, est de 6ᵈ 38′. Ils avoient observé au Nord-Est la declinaison de l'Aiman de 5ᵈ 20′. Monsieur Couplet l'avoit observée de 5ᵈ 35′ plus grande que celle de nos Pilotes ; ce qui marquoit que la declinaison diminuoit.

Les vents s'étoient rangez la nuit précedente à l'Est-Sud-Est, quelques grains qui passerent assez précipitamment, nous donnerent de l'eau, rafraîchirent l'air, & rendirent cette journée fort agréable.

La hauteur du Pole meridional fut observée à midy de 8ᵈ 4′ 0″

Depuis le midy du jour précedent nous avions fait route vers le Sud, qui n'ayant pas varié de côté ni d'autre, je veux dire ni vers l'Est ni vers l'Ouest, la longitude fut la même que celle du 4. qui étoit de 352ᵈ 39′ 0″

Après midy, par l'expérience que je fis du poids des eaux de la mer, je trouvai leur équilibre de 2. onces 3. drag. 51. grains.

Cette augmentation de poids donnoit lieu de juger, qu'au dessous de la Ligne les eaux sont moins chargées de sel & de bitume que celles qui en sont éloignées. Si les chaleurs causoient ces changemens, en dilatant les eaux, & même l'Areometre, comme c'est le sentiment de quelques Sçavans, il faudroit necessairement qu'au-delà & au deçà de la Ligne les eaux y fussent plus legeres, puisque les chaleurs y sont de beaucoup plus grandes, comme il nous fut évident par les expériences que nous en fismes ; & par consequent cette dilatation, cause de cette legereté, devroit y rendre les eaux moins pesantes ; ce qui n'arriva pas. Il faut donc conclure que la cause de cette augmentation de poids a d'autres principes qui pourroient être, selon les apparences, les parties salines & bitumineuses, qui se trouvent en plus grand nombre

au

au delà & au deçà de la Ligne, qu'elles ne sont au dessous. 1708. Juillet.

VI. *Juillet.*

Les vents d'Est-Sud-Est devinrent frais; les nuages qui nous les avoient amenez, se dissiperent vers l heure de midy, & nous donnerent moyen de prendre la hauteur meridienne du Soleil, qui donna la hauteur du Pole de 9^d 52' 0''
& nous estimâmes la longitude de 353^d 12' 0''

Les poissons volants sortant des eaux par troupes épouvantez au passage du Navire, nous donnerent la recréation. Si leur course eût été plus longue, on les auroit pris pour des vols de petits oiseaux; mais dès que leurs aîles perdent leur humidité, & deviennent seches, ils se précipitent dans la mer pour aller chercher de nouvelles forces, & éviter une autre fois le Navire, s'ils en sont rencontrez.

VIII. *Juillet.*

Les vents se rangerent le 7. à l'Est. Le 8. au matin la mer les suivit, & la lame prenant le Vaisseau presque par l'arriere, nous ne sentions pas son mouvement. Le roulis nous avoit fatigué les jours précedens; la mer qui venoit de l'avant, opposée à la route du Navire, luy causoit des balancemens qui nous faisoient craindre que quelqu'un de nos mâts ne cassât.

La hauteur fut observée à midy de 13^d 3' 0''
& la longitude estimée de 351^d 46' 0''

La declinaison de l'Aiman par l'observation de l'Amplitude occidentale du Soleil fut trouvée de 3^d 32' 0''

1708.
Juillet.

DESCRIPTION

d'un Poisson volant.

JE desirois depuis tres long-temps de pouvoir prendre quelque poisson volant, pour voir sa construction, dans le dessein de la dessiner. Heureusement, la nuit qui avoit précedé, un de ces poissons traversant le Navire dans son vol, rencontra la grande voile, & tomba sur l'estomac d'un matelot endormi au dessous. Ce matelot informé par ses compagnons de la priere que je leur avois faite, de tâcher de prendre quelque poisson volant, me l'apporta. D'abord qu'il fut jour je le dessinai, & le représentai ensuite en sa couleur naturelle. Ce poisson avoit quatorze poûces depuis l'extrémité de la tête jusques à l'extrémité de la queuë; sa gueule étoit petite, & il n'y paroissoit pas de dents, mais j'y sentis, en passant le doigt tant sur la partie inferieure que sous la superieure, un âpreté semblable à celle du chagrin à gros grain; ses yeux étoient grands, ronds, noirs, & entourez d'un grand cercle de couleur argentée, mêlée d'un peu d'azur; son corps depuis les bronchies jusques à la naissance de la queuë, tant sur la partie superieure qu'au dessous de l'inferieure, étoit en arc, avec cette difference, que le dos ou partie superieure étoit un peu plus recourbée que l'autre; tout le dos étoit de couleur d'azur, qui s'alloit terminer sous le ventre en couleur argentée, & tout le corps étoit couvert de petites écailles. Ce poisson avoit sept nageoires, comprenant la queuë qui sert de gouvernail aux poissons. Les deux premieres nageoires prenoient leur naissance à côté & tout près des bronchies; elles étoient composées de quatorze épines, dont les plus longues qui étoient à l'une des extrémitez, avoient huit poûces & demi de longueur, les autres diminuoient dans une proportion presque égale, & étoient terminées par une de ces épines, qui n'avoit plus que quatorze lignes de longueur. Toutes ces épines étoient disposées de la maniere que sont disposées les aîles des oiseaux. Entre ces épines il y avoit une membrane étenduë, semblable à une petite toile fort déliée, & presque transparente. Deux autres nageoires étoient vers le milieu, & une à chaque côté du ventre; celles-cy n'avoient que sept épines; la plus longue étoit de quatre pouces trois lignes, les autres diminuoient en même proportion que celles des grandes nageoires, & avoient comme elles une membrane étenduë entre elles. Ces quatre nageoires servent à ces poissons pour voler; ce qui leur a fait donner le nom d'aîles. Outre ces quatre il y en avoit deux autres, dont l'une étoit posée en long sur le dos du côté de la queuë, longue de trois poûces un tiers, composée de vingt-trois épines, dont la premiere avoit quatorze lignes de longueur, prenant sa naissance sur le dos, & la moindre qui terminoit la nageoire du côté de la queuë, n'avoit qu'une ligne & demie de longueur. La sixiéme au dessous du ventre s'étendoit depuis l'anus jusques à la queuë; celle-cy n'avoit que quinze épines; la plus longue qui naissoit tout proche de l'anus avoit huit lignes, & la plus petite qui terminoit cette nageoire à la naissance de la queuë, n'avoit qu'une ligne de longueur; ces deux nageoires comme les quatre autres dont j'ai déja parlé, avoient entre elles une membrane étenduë de même. Sa queuë étoit en queuë d'hirondelle, partagée en deux; la partie superieure plus courte que l'inferieure étoit de deux poûces de longueur, & l'inferieure de deux poûces trois quarts; leur composition étoit de même que celle des autres nageoires. La chair des poissons volans est blanche, un peu seche & delicate; je ne jugeai du goût qu'après en avoir déjeûné avec celui-la même que je dessinai. Ces poissons en sortant des eaux, ne s'élevent pas sur leur superficie à plus de quatre à cinq pieds, & la lougueur de leurs vols n'est pas de plus de cent pas. Leur corps, en volant, qui devroit être naturellement parallele à la surface de la mer, luy est presque perpendiculaire. On doit attribuer cette disposition à leur pesanteur, au peu d'étenduë de leurs aîles, à la

1708. Juillet.

1708. Juillet. longueur de ce même corps, & à la situation des aîles qui étant posées au-delà du centre de gravité, une des deux parties qu'elles divisent, pesant plus que l'autre, doit necessairement tirer en bas, comme il arrive en effet: on trouveroit facilement l'angle que fait la ligne qui passe par le milieu de la longueur du poisson, avec le plan de la mer, ayant la difference du poids des deux parties, & par consequent celuy de chaque partie, si on pouvoit sçavoir la force des aîles. Rondelet nous a donné dans le premier chapitre du 10. livre de son Histoire des Poissons de la mer la description & la figure des poissons volans. Comme j'ai trouvé beaucoup de difference entre celuy-cy & celuy dont la figure est représentée dans cette Histoire, cela m'a donné lieu de rapporter la description de celuy que je dessinai, dont on pourra voir un jour la figure dans l'Histoire naturelle des Indes Occidentales, que j'espere faire imprimer dans la suite.

Nous observâmes le même jour 9. la hauteur du Pole de 14^d 52′ ″
& nous estimâmes la longitude de 352^d 16′ 0″

J'observai l'équilibre des eaux de la mer de 2. onces 3. dragmes 51. grains.

x. *Juillet.*

Nos Pilotes croyant avoir dépassé les Isles de l'Ascension, avoient perdu l'esperance, en les voyant, de satisfaire leur curiosité. Les vents étoient frais du côté de ces Isles; s'il eût été vray qu'on les eût dépassées, il étoit impossible d'y mettre le Cap, les vents étant contraires. Nous vîmes dès le matin des fregates, oiseaux qui vinrent nous en annoncer les approches; mais elles ne nous apprirent pas si ces Isles étoient du côté de l'Est, ou vers l'Ouest. Depuis le midy du 9. nous avions fait route au Sud ¼ Sud-Est, & nous trouvâmes par le calcul être arrivez à la longitude de 352^d 46′ 0″
& à la latitude de 17^d 22′ 0″.

Par l'expérience que je fis après midy du poids des eaux de la mer, je trouvai leur équilibre de 2. onces 3. dragmes 51. grains ½.

XI. *Juillet.*

Les vents se rangerent au Nord-Est, tout-à-fait favorables à la route que nous devions tenir, nous trouvâmes à midy par l'observation de la hauteur meridienne du Soleil la hauteur du Pole de 19ᵈ 47′ 0″
& nous estimâmes la longitude de 352ᵈ 55′ 0″

Etant encore à midy, selon mon estime, à l'Est des Isles de l'Ascension, le Capitaine fit mettre le Cap à l'Ouest.

J'observai l'équilibre des eaux de la mer dans le même parage de 2. onces 3. dragm. 52. grains.

XII. *Juillet.*

La nuit du 11. au 12. fut fort obscure, nous eûmes de grandes pluyes venant du Nord-Est. Heureusement elles ne changerent pas nôtre bon vent qui venoit du même côté; mais ce même vent rafraîchissant de temps en temps, nous obligea de serrer nos huniers, & de faire route sous nos basses voiles, appréhendant que sa violence ne cassât quelqu'un de nos mâts. A huit heures du matin les nuages s'étant dissipez, nous découvrîmes à l'Ouest les Isles de l'Ascension; à midy nous n'étions qu'environ à quatre lieües à l'Est des petites Isles, qui sont à l'Est ¼ Nord-Est de la grande Isle, qui nous paroissoit longue & haute vers son milieu, & elle nous restoit alors à l'Ouest ¼ Sud-Oueſt. Je souhaitois qu'on y mouillât, ayant dessein d'en déterminer la position par quelques observations que j'aurois pû y faire; mais les Marchands ont d'autres vûës que celles de la perfection des Siences, l'attachement qu'ils ont à leur commerce la leur fait negliger; & un Capitaine avisé, appréhendant les reproches des interessez, abrege ses voyages autant qu'il peut, pour ne perdre pas son credit.

1708. Juillet.

Nous observâmes à midy la hauteur du Pole de 20d 21′ 0″
& nous estimâmes la longitude 350d 27′ 0″

Par l'observation de l'Amplitude occidentale du Soleil, je trouvai la declinaison de l'Aiman de 8d 3′ 0″

Je n'avois pû dans toute la route découvrir aucune étoile ni aucune planete sur l'horison, pour les raisons que j'ay déja rapportées. Voyant approcher ce soir-là Venus de l'horison, sans qu'elle perdît de sa lumiere, je crus que j'en pourrois observer l'Amplitude; je disposai ma boussole pour cette observation, & cette planette n'ayant disparu qu'à la rencontre de l'horison de la mer, j'observai fort exactement son Amplitude, qui donna la variation de l'Aiman, selon que je trouvai par le calcul de 8d 20′

Je crus qu'en prenant un milieu entre la declinaison que m'avoit donné l'observation de l'Amplitude du Soleil, & celle que me donna l'Amplitude de Venus, j'aurois une declinaison approchante assez près de la veritable, ce que je fis, je la trouvai donc de 8d 11′

XIII. *Juillet.*

Nous commençâmes de voir dans la nuit le petit & le grand nuage desquels je parlerai dans les observations que je fis dans le Royaume de Chily, où j'observai leurs hauteurs meridiennes, pour déterminer leurs declinaisons. Nous eûmes tres-peu de vent dans la même nuit, & nous nous trouvâmes en calme le matin au Sud de l'Isle de l'Ascension. Le calme dura toute la journée, il nous fit ressentir les chaleurs de ces climats brûlans; il ne parut dans le Ciel aucun nuage pour s'opposer aux rayons du Soleil, & nous mettre à couvert un moment des flammes ardentes qui sembloient tomber du haut du Ciel. Les *Requins* qui profitent de ce temps, & qui ne paroissent qu'avec le calme, ne manquerent pas de nous venir visiter; nous les reçûmes fort agréablement, & nous fismes l'honneur à trois de les faire paroître sur nôtre table dans une autre figure que celle à laquelle ils avoient paru autour de nôtre vaiſſeau; ils nous furent d'un grand ſecours, & ſervirent de rafraîchiſſement à tout l'Equipage. 1708. Juillet.

La hauteur du Pole fut obſervée à midy de 20d 53′ 0″
& la longitude eſtimée de 349d 51′ 0″

Par l'experience du poids des eaux de la mer, je trouvai leur équilibre de 2. onc. 3. drag. 52. grains.

XIV. *Juillet.*

Le calme continua toute la nuit précedente, & le vent d'Eſt-Nord-Eſt, tres-convenable à la route qu'il nous falloit faire, commença dès le matin de ſouffler. Le Soleil ſe leva tres-beau; ſon Amplitude orientale donna la variation de 8d 4′

Sur les huit heures du matin, étant à environ trois lieües & demie au Sud-Eſt ¼ de Sud de l'Iſle de l'Aſcenſion; j'en deſſinai la vûë, que j'ai repréſentée dans la premiere figure de la premiere planche.

A midy, étant directement ſous le meridien du milieu de l'Iſle du côté du Sud, à la diſtance environ de vingt lieuës, j'obſervai la hauteur meridienne du Soleil, qui donna la hauteur du Pole de 21d 10′ 0″
retranchant pour les 9. lieües, 0d 27′ 0″
il devoit reſter pour la hauteur du milieu de l'Iſle 20d 43′ 0″
& la longitude fut eſtimée de 349d 21′

D'abord que j'eus obſervé la hauteur meridienne du Soleil, je deſſinai une ſeconde fois la vûë de l'Iſle repréſentée dans la ſeconde figure de la premiere planche.

L'équilibre des eaux de la mer ne pouvoit pas être réïteré trop ſouvent, je le trouvai encore de 2. onces 3. dragmes 52. grains.

XV. *Juillet.*

Les nuits ne me parurent plus ſi claires qu'elles avoient été depuis le dixiéme degré de latitude vers le Nord;

1708. Juillet.

mais cette clarté diminuant insensiblement, elles devenoient plus obscures; le petit nuage ne se cachoit plus sous l'horison, & le grand qui ne devoit que le raser, passant par le meridien dans la partie inferieure de son cercle, ne disparoissoit qu'entrant dans l'Atmosphere au huitiéme degré de hauteur, où il commence d'être assez épais pour nous le cacher.

Par l'Amplitude orientale du Soleil observée, la declinaison fut trouvée de 8^d 11'

Depuis le midy du 14. les vents varierent du Nord au Sud-Sud-Est; & les calmes leur succedant, revinrent le matin du 15. nous n'eûmes point de Soleil à midy, & nous ne déterminâmes la latitude que par l'estime qui fut trouvée de 21^d 53' 0"
& la longitude de 348^d 7' 50"

L'Amplitude occidentale du Soleil donna la declinaison de 7^d 46' 0"

XVI. *Juillet.*

Nous eûmes un temps mêlé de vent & de calme; les vents varierent du Nord-Est au Sud-Est; ils nous amenerent quelques petits grains qui rafraîchirent l'air, & diminuerent les chaleurs que les calmes nous procuroient. Tous les petits sereins de Canarie qu'on avoit achetez à l'Isle de Tenerif moururent, il n'en resta qu'un seul que nôtre Aumônier avoit embarqué à Marseille; on ne pût pas découvrir la cause de leur mort; on leur donnoit cependant pour leur nourriture la même graine qu'auparavant, & la même eau à boire.

Nous observâmes la hauteur du Pole de 22^d 8' 0"
& nous estimâmes la longitude de 347^d 25' 0"

L'équilibre des eaux de la mer fut observé 2. onces 3. drag. 52. grains.

L'Amplitude occidentale du Soleil observée, donna la declinaison de l'Aiman de 9^d 8' 0"

XVII.

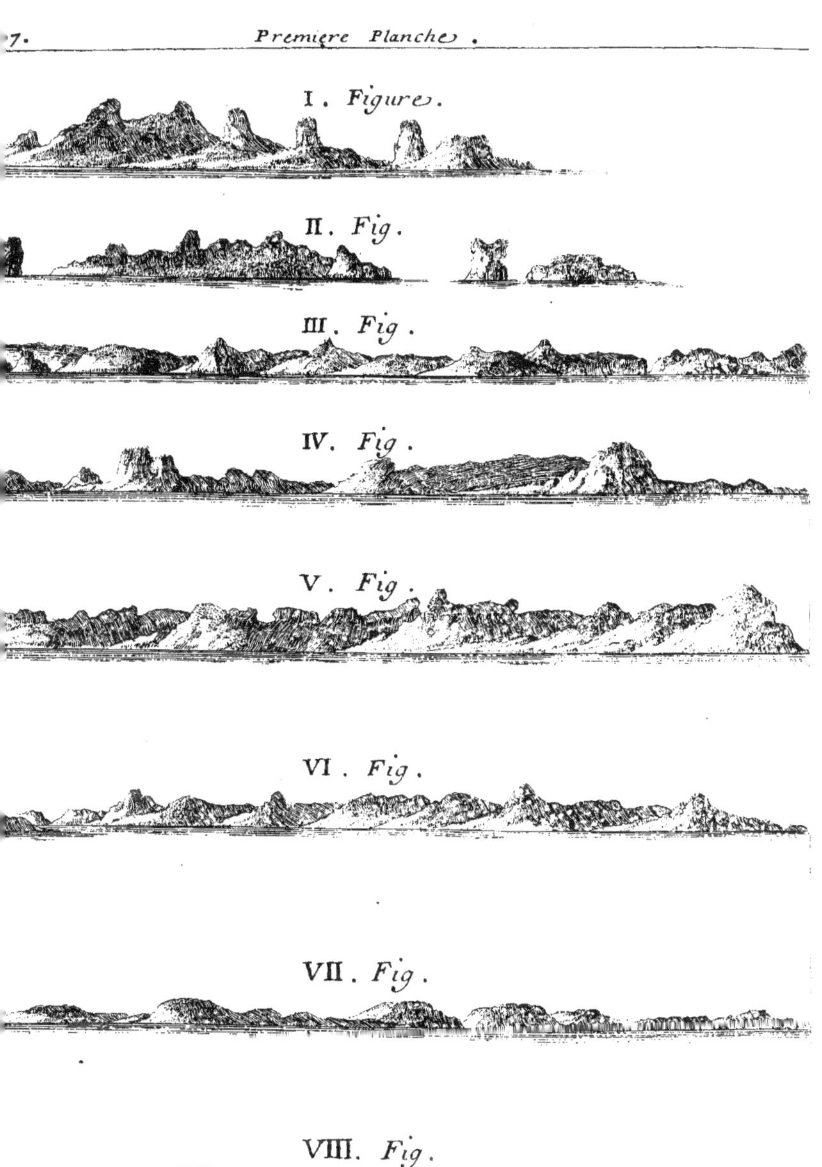
I . Figure .
II . Fig .
III . Fig .
IV . Fig .
V . Fig .
VI . Fig .
VII . Fig .
VIII . Fig .

1708. Juillet.

XVII. *Juillet.*

NOUVEAU PHENOMENE.

Je vis dans la nuit un phenomene qui me parut assez singulier, presque semblable à un autre que j'avois observé dans la partie du Nord. L'Astronomie qui a toûjours été le seul objet de mes complaisances, m'attachant dans cette partie du Ciel à remarquer les étoiles, qui font toute sa beauté, & qui composent les constellations meridionales; j'apperçus tout d'un coup une étoile beaucoup plus grande que ne sont ni Jupiter ni Venus, qui se conservant durant plus de deux minutes dans sa même grandeur, & ne perdant rien de sa lumiere, commençoit par sa durée à me faire croire qu'elle étoit une nouvelle étoile; cependant je sçavois d'ailleurs l'impossibilité qu'une nouvelle étoile puisse dans si peu de temps paroître avec tant d'éclat. Car s'il est vray, comme en conviennent les Astronomes, que les Astres tournent autour de leur axe, & que quelques étoiles n'étant éclairées que d'un côté, on ne peut voir leur lumiere que lorsque ce même côté est tourné vers la terre; or ce mouvement sur cet Axe étant periodique, il faut que cette lumiere ait un commencement assez foible, & qu'à mesure que la partie éclairée de l'étoile se tourne vers la terre, elle augmente, ce qui ne se fait pas dans un moment; mais il faut pour cela, non pas des jours, mais des mois, & même des années, selon les observations qui en ont été faites. Cette connoissance que j'avois acquise, en observant, suspendit mon jugement. Pendant que j'étois occupé à observer ce nouveau phenomene, il arriva que ce corps lumineux, auquel je pouvois alors donner ce nom, s'embrasa tout d'un coup, & ces feux, qui n'étoient autres que ces semences dont nous parle Lucrece dans son sixiéme Livre *de la Nature des choses*, s'étendant dans toute nôtre hemisphere, nous le découvrit entierement, & nous fit voir jusques à ces bornes; en sorte que nous aurions vû un Navire à une grande

Lucrece, livre 6. *de Natura rerum.*

1708. Juillet. diſtance, & ſi j'oſe dire, même ſur tout l'horiſon, d'où l'on peut juger, combien grande devoit être cette lumiere. Regardant donc ce phenomene comme extraordinaire, j'ai crû que je ne devois pas l'ômettre, ayant quelque choſe de plus particulier que celuy que j'ay rapporté, perſuadé que les Curieux m'en ſçauront bon gré.

Les vents varierent tout ce jour-là du Nord-Eſt au Sud ¼ Sud-Eſt. La hauteur du Pole, par l'eſtime, n'ayant pas vû le Soleil, étant à midy couvert de nuages, fut de 22ᵈ 20′ 30″
& la longitude de 346ᵈ 58′ 15″

L'Amplitude occidentale du Soleil donna la declinaiſon de l'Aiman de 9ᵈ 28′ 0″

XVIII. *Jüillet.*

Nous reſſentîmes dans la nuit des chaleurs exceſſives, nous n'eûmes que de petits vents qui varierent du Nord-Eſt ¼ d'Eſt à l'Eſt.

Par l'obſervation de l'Amplitude orientale du Soleil, je trouvai la declinaiſon de l'Aiman de 9ᵈ 0′ 0″

La journée fut tres-belle, la hauteur meridienne du Soleil fut exactement obſervée, elle donna la hauteur du Pole de 22ᵈ 44′ 30″
& la longitude fut eſtimée de 346ᵈ 6′ 30″

Par l'expérience du poids des eaux de la mer, je trouvai leur équilibre de 2. onc. 3. drag. 52. grains.

XIX. *Juillet.*

Nous paſſâmes le Tropique du Capricorne; nous nous apperçumes dans la nuit, au boüillonnement des eaux, des courans, nous ne connûmes que le 20. à quel endroit ils portoient, n'ayant pas pû prendre hauteur à midy à cauſe des nuages qui nous couvrirent le Soleil.

XX. *Juillet.*

Les vents se rangerent au Nord-Nord-Est ; la hauteur du Pole observée à midy nous fit connoître que les courans portoient au Nord-Oueft, ce que nous connûmes encore par des expériences ; la hauteur fut donc trouvée de 24d 5′ 30″
& la longitude fut estimée de 343d 6′ 30″.

XXI. *Juillet.*

La nuit du 20. au 21. fut mêlée de vent, de pluye, & de calme ; les vents succedant au calme, s'arrêterent à l'Est-Nord-Est. Sur les dix heures le Soleil commença de paroître assez confusément. Nous observâmes à midy la hauteur de 24d 53′ 30″
& nous estimâmes la longitude de 341d 15′ 30″.

Par l'expérience du poids des eaux de la mer, je trouvai que leur équilibre avoit augmenté d'un demy grain, ayant été observé de 2. onc. 3. drag. 52. grains ½.

XXIII. *Juillet.*

Les vents se tirerent le 22. au Nord-Nord-Ouest, & le lendemain 23. ils revinrent au Nord-Nord-Est ; & soufflant outre mesure, nous calâmes nos mâts de Perroquet pour prévenir quelque desordre. La mer augmentant aussi, & prenant le Vaisseau par le côté, nous causa un si grand roullis, qu'on ne pouvoit se tenir debout dans aucun endroit du Navire. Nous passâmes une triste nuit ; & ce qui nous affligeoit davantage, étoit la crainte où nous étions, que la suivante ne fût encore pire. Ces changemens sentoient l'approche de la riviere de la Plata, où les vents & la mer sont toûjours extraordinaires : on les ressent à cent lieuës au large, & peu de Navires ont passé par le travers de cette riviere ou de ce grand fleuve, qu'ils n'ayent rencontré les mêmes temps.

1708. Juillet.

La longueur meridienne observée donna la hauteur du Pole de 27d 5′ 0″
& la longitude fut estimée de 335d 52′ 0″

L'Amplitude occidentale du Soleil observée, donna la declinaison de l'Aiman de 12d 11′ 0″ au Nord-Est.

Et celle de la Lune, qui se coucha après dix heures du soir, donna la declinaison de 12d 3′ 0″ de même au Nord-Est.

La difference entre ces deux observations ne fut trouvée que de huit minutes, dont la moitié 4′, étant ajoûtée à la moindre de ces observations, on aura un milieu entre les deux observations de 12d 7′ 0″

Par l'expérience de l'équilibre des eaux de la mer, je trouvai de la diminution, & quoy qu'elle fût de peu de consequence, elle ne laissa pas de me donner à connoître, qu'il falloit que nous fussions vers l'embouchure de quelque riviere, qui mêlant ses eaux avec celles de la mer, les rendoit plus legeres, & cette même diminution nous annonçoit encore l'approche des terres; je trouvai donc l'équilibre de ces eaux de 2. onces 3. dragmes 52. grains.

XXIV. *Juillet.*

Le vent fraîchit au Nord-Nord-Est, nous eûmes quelques grains qui nous amenerent le calme, mais il ne dura pas; les vents revinrent toujours au même endroit, & nous continuâmes la même route que nous faisions auparavant, qui etoit le Sud-Ouest ¼ de Sud, 2. degrez 38′ minutes vers l'Ouest.

Le Soleil ne parut pas à midy, la hauteur du Pole fut estimée de 28d 37′ 20″
& la longitude de 332d 49′ 23″

Les nuages qui nous avoient caché le Soleil s'étant dissipez sur les trois heures après midy, nous commençâmes à découvrir la terre vers le Nord-Ouest, à environ neuf lieües de distance. A l'extrémité du Cap le plus avancé vers le Sud, deux petites Isles paroissoient, sur le derriere desquelles on voyoit une terre fort éloignée, & cette vuë nous confirma, que la premiere terre que nous avions découverte étoit l'Isle de Sainte Catherine, étant alors par sa hauteur ; & celle qui paroissoit sur son derriere, étoit la terre-ferme. Je dessinai l'une & l'autre à la même heure, & leur figure étoit semblable à celle qui est représentée dans la troisiéme figure de la premiere planche.

Sur les sept heures du soir, ayant trouvé les eaux fort changées, nous crûmes être sur quelque bas-fond. Pour s'en assurer on cargua les basses voiles, on mit le vent sur les huniers ; & le Navire étant arrêté, on jetta le plomb, & on trouva soixante-dix brasses de fonds, qui nous rassurerent.

XXV. *Juillet.*

Le Soleil parut à son Orient, j'observai son Amplitude, elle donna la variation de l'Aiman de 12d 0' 0"

Les vents s'étoient rangez au Sud la nuit précedente, & la crainte de nous approcher trop de terre, nous fit revirer au large. Nous étant éloignez dans la nuit de la terre par la route que nous fismes, & n'ayant reviré une seconde fois vers la terre qu'au Soleil levant, nous nous en trouvâmes assez éloignez pour ne pouvoir la découvrir ; nous ne tardâmes pourtant pas long-temps de la voir. A midy j'observai exactement la hauteur du Soleil, qui donna la hauteur du Pole de 28d 55' 0"
& par l'estime je trouvai la longitude de 331d 21' 0"

Les côtes de la terre-ferme desquelles nous n'étions qu'à environ quatre lieües de distance, nous parurent fort sablonneuses & assez basses. Cette disposition nous persuada que nous pourrions trouver le fonds. Ayant donc sondé, nous trouvâmes justement trente brasses fond de vaze. Le froid se faisoit sentir. L'Hyver ne commence dans cette partie du monde qu'à l'entrée du Soleil, dans le premier degré du Cancer ; ce qui arrive

1708. Juillet.

ordinairement le 21. du mois de Juin, commencement de l'Esté dans nos climats & dans toute la partie septentrionale du monde. Les vents de Sud qui souffloient alors, ayant les mêmes qualitez au-delà de la Ligne, qu'a le vent de Nord de deçà, y rend l'air froid; & comme nous étions sortis depuis peu de jours de la Zone Torride, nous y étions extrémement sensibles. Nous reconnûmes le soir que les courans près de terre portoient sur les côtes. D'abord qu'il fut nuit nous revirâmes de bord, & fismes route au large pour ne pas nous trouver dans l'embarras.

XXVI. *Juillet.*

La nuit précedente les vents se tirerent au Sud-Sud-Est, nous ne pûmes porter le Cap qu'à l'Est; & au jour naissant nous revirâmes de bord pour continuer nôtre route. Le Soleil se leva clair, j'observai son Amplitude, par laquelle je déterminai la declinaison de l'Aiman de 12d 40' 0"

Etant à douze lieües au large je remarquai que les eaux étoient encore troublées, & que le fond de la mer étoit un vaze noir. Nous vîmes quantité d'oiseaux de differentes especes; mais nous n'en pûmes prendre aucun. Des nuages qui se leverent sur les dix heures du matin, nous cacherent à midy le Soleil; & n'ayant pas pû prendre sa hauteur meridienne, je me reservai jusques au lendemain à faire la reduction des routes, & déterminer le point de l'arrivée.

Le soir, étant environ à cinq lieües de la terre-ferme, je trouvai par l'expérience du poids des eaux de la mer, que leur équilibre, toûjours avec le même Areometre, étoit de 2. onces 3. drag. 51. grains.

Cette diminution de poids avoit sa cause connuë, & nous ne crûmes pas nous tromper en l'attribuant à des rivieres qui se déchargeant dans la mer, poussoient quelques parties de leurs eaux jusques à cette distance, & leur mélange avec celles de la mer rendoient celles-cy plus legeres. Sur les quatre heures du soir, étant à l'Ouest-

Nord-Oueſt de la terre, j'en deſſinai la vûë, qui eſt repréſentée dans la quatriéme figure de la premiere planche.

XXVII. *Juillet.*

Au jour naiſſant nous vîmes la terre à environ quatre lieuës vers l'Oueſt; cependant ſelon la route que nous avions tenu la nuit, nous devions en être à plus de 20. lieuës de diſtance. Etant ſurpris d'une erreur ſi conſiderable, il étoit difficile d'en trouver la cauſe. Je crus qu'on pouvoit l'attribuer à une des trois ſuivantes, & que même toutes les trois y avoient pû concourir; la premiere, à la variation de l'Aiman, qui changea & augmenta tout d'un coup de trois degrez, ſur leſquels nous ne comptions pas en corrigeant nos routes; la ſeconde, aux courans que nous avions déja remarquez, qui portoient avec précipitation vers le Nord-Oueſt, & qui à l'endroit où nous étions alors portoient preſque à l'Oueſt, ce qui arrive toûjours lorſque les vents ſont du côté de l'Eſt, & qu'ils pouſſent la grande mer de l'Orient vers l'Occident; enfin la troiſiéme, aux Cartes dont nous nous ſervions, ſur leſquelles les côtes étant mal ſituées, contribuoient à nôtre erreur. Ces trois cauſes jointes enſemble, concourant toutes à un même effet, pouvoient ſans doute nous faire tomber dans une erreur tres conſiderable. Cette erreur nous fit connoître l'importance qu'il y auroit de corriger les Cartes, & avec quelle application devroient s'y employer, pour conſerver leurs biens, ceux qui y ſont les plus intereſſez, & qui ſe ſont enrichis par le commerce des pays étrangers; ce qu'on executeroit tres-facilement, en envoyant ſur les côtes des gens habiles, qui par leurs obſervations les placeroient dans leurs ſituations veritables; on ne verroit pas alors tant de naufrages, cauſez la plus grande partie par l'ignorance & le peu de connoiſſance que nous avons encore de la veritable poſition des côtes. J'ai eu le malheur dans tous mes voyages, dont la fin, après la gloire de Dieu, & l'obéïſſance au Roy, étoit le bien public, de n'avoir rencontré que des Navires marchands pour

1708. Juillet.

m'embarquer, qui n'étant occupez qu'au commerce, ne m'ont jamais donné le temps d'observer dans les lieux où j'ai passé, lors qu'ils n'y avoient rien à faire; ce qui néanmoins eût été absolument necessaire pour la perfection de la Geographie & de la Navigation. Si en passant, par exemple, devant les Isles de l'Ascension on eût eu la complaisance d'y moüiller, & de me donner le temps d'y faire quelques observations, qui n'auroient pas demandé plus de trois ou quatre jours, on auroit eu la longitude & la latitude de cette Isle, point qui auroit relevé les Pilotes de toutes leurs erreurs, qui vont ordinairement reconnoître cette Isle allant dans la riviere de la Plate, & à la mer de Sud; cependant ces occasions perduës, il faut ensuite des siecles entiers pour les retrouver.

Le matin toute la partie orientale de l'horison fut chargé d'un gros broüillard, qui nous représenta le Soleil sortant de l'horison, d'une couleur plombée. Son Amplitude observée donna la variation de l'Aiman de 16d 4′ 0″

Je dessinai sur les dix heures du matin la vûë des terres. Vers la partie du Nord elles étoient terminées par une haute montagne, qui s'alloit perdre insensiblement dans la mer par une pointe fort basse. Au milieu des terres hautes paroissoient deux petites montagnes pointuës; & à la pointe du Sud de toutes ces hautes terres, on ne voyoit qu'une longue terre basse & sablonneuse. Ces terres marquent ordinairement des plages, vis-à-vis desquelles on trouve fort avant dans la mer le fond, ce que j'ai experimenté tres-souvent. J'ai représenté la vûë de ces terres de la maniere qu'elles nous parurent dans la cinquiéme figure de la premiere planche.

Depuis les trois heures du soir précedent les vents s'étoient rangez au Nord-Nord-Est; la hauteur à midy fut douteuse; quelques foibles nuages passant de temps en temps devant le Soleil, empêchoient que l'ombre des marteaux ne parût bien terminée sur nos fléches. Cette observation donna la hauteur du Pole de 31d 0′ 18″ & par l'estime nous trouvâmes la longitude de 329′ 7′ 0″.

Sur

1708. Juillet.

Sur les trois heures après midy, étant encore à la vûë de la terre, je fis l'expérience suivante; les eaux étoient fort belles & claires, il n'y paroissoit aucun mélange, & la distance de la terre étoit assez grande pour se persuader que ces eaux étoient entierement pures; cependant je trouvai que leur poids avoit diminué, & que leur équilibre avec l'Areometre n'étoit que de 2. onc. 3. drag. 50. grains $\frac{1}{2}$.

Je fis le soir deux observations pour déterminer la declinaison de l'Aiman, la premiere fut l'Amplitude occidentale du Soleil, qui donna la variation au Nord-Est de 16^d 18′ 0″

Et la seconde, vers les neuf heures du soir, fut de l'Amplitude occidentale de Venus, qui ayant paru assez claire sur l'horison, je l'observai fort exactement, elle donna au Nord-Est la variation de 16^d 31′ 0″

La moitié de la difference entre ces deux observations étant ajoûtée à la moindre, donna un milieu de 16^d 24′ 0″

On vit encore du haut des mâts, au Soleil couchant, la terre; elle étoit basse comme celle qu'on avoit déja vûë le matin, & elle étoit éloignée, selon l'estime de ceux qui la virent, d'environ douze lieües.

XXVIII. *Juillet.*

La route que nous tinsmes dans la nuit qui avoit précedé, ne nous éloignant pas des terres que nous avions vûës le soir, appréhendant de nous en approcher de trop près, & que les courans ne nous eussent fait dériver, nous sondâmes sur les quatre heures du matin pour prévenir quelque fâcheux accident, qui auroit pû nous arriver dans un échoüement; nous trouvâmes vingt-cinq brasses de fond environ à quatorze lieües de la côte. Cette sonde me confirma dans la pensée où j'étois, que la construction des côtes en marque la differente profondeur; car j'ai souvent remarqué & observé que la figure du fond de la mer suit ordinairement celle des

1708. Juillet.

côtes, & que les terres étant plates sur les côtes, & s'étendant fort loin, le bassin de la mer faisoit à peu près la même figure, & qu'on trouvoit le fond à une grande distance, comme l'on vient de voir, & comme l'on verra dans le lieu où ces observations auront été faites. Au Soleil levant nous revîmes la terre du haut des mâts; elle étoit basse comme celle qu'on avoit vû le soir précedent, sablonneuse, & nullement terminée par des montagnes : marque de leur étenduë. La nuit avoit été fort obscure; nous commençâmes d'entendre du côté de terre des grands tonnerres précedez d'éclairs, ce qui ne nous surprit pas, étant déja prévenus, qu'en Hyver ils sont tres-frequents dans ces climats.

L'Amplitude orientale du Soleil donna
la declinaison de 19d 12' 0"

Sur les huit heures du matin le vent de Nord-Nord-Est calma, peu de temps après celuy de Sud-Sud-Ouest souffla, il nous étoit entierement opposé; nous eûmes pour nous consoler de son arrivée, une grande multitude de Dauphins, qui donnerent chasse à de petits poissons, dont la superficie de la mer étoit couverte, qui sautoient les uns sur les autres, se montrant tous hors de l'eau.

Ovid. *lib.3. Metamorp.*

Undique dant saltus multaque aspergine rorant,
Emerguntque iterùm, redeuntque sub æquora rursus,
Inque Chori ludunt speciem, lascivaque jactant
Corpora, & acceptum patulis mare naribus efflant :

Ces poissons, au rapport de Pline, aiment extrémement les hommes, & ce qu'il en rapporte dans le huitiéme chapitre du neuviéme livre de son Histoire naturelle, tient plus de la Fable que de la verité.

La hauteur du Pole observée à midy de 32d 51' 0"
& la longitude estimée de 328d 31' 0"

Après que j'eus observé la hauteur meridienne du Soleil, je trouvai, observant le poids des eaux de la mer, un grand changement à leur équilibre, n'étant que de 2. onc. 3. drag. 47. grains.

Dans le temps de cette observation nous étions environ six lieües de la terre, vis-à-vis la riviere de S. Pierre qui passe par la terre *dos Patos*, où elle fait un grand lac rempli de canards, que les Espagnols & les Portugais appellent *Patos*, & qui ont donné leur nom aux terres voisines. J'attribuai la diminution du poids des eaux observée, à la proximité de cette riviere, qui mêloit ses eaux avec celles de la mer. Nous remarquâmes dans le même endroit, que les courans n'étoient plus si rapides que nous les avions trouvez, le mouvement des eaux de ce fleuve, quoique lent, les rallentissant.

1708. Juillet.

La nuit suivante fut extrémement claire; les vents se rangerent à l'Est-Nord-Est, les étoiles de nôtre hemisphere étoient à moitié cachées, & Antarés passoit au-delà de Zenit vers la partie du Nord. Nos matelots s'en apperçûrent; & la Lune n'étant pas alors éloignée de son opposition avec le Soleil, causa entre eux un procès dont je fus choisi pour Juge. Les uns soûtenoient que la Lune qu'ils voyoient étoit une autre Lune differente de celle qu'on voyoit en Europe, fondez sur la disposition des taches, qui ayant presque la figure d'un homme, leur faisoit croire qu'effectivement elle en fût un. Voicy donc de la maniere qu'ils argumentoient dans leur naïveté: L'homme qui est dans nôtre Lune, disoient-ils, n'a jamais changé de posture, il a toûjours eu les jambes en bas; & celuy que nous voyons dans celle-cy, au contraire du nôtre, a les jambes en haut: donc, quelle apparence y a-t-il que cette Lune soit la même que la nôtre! Ils tiroient de cet argument une seconde consequence, qui étoit qu'il falloit absolument que nous fussions dans un autre monde que le nôtre, puis qu'ils n'y avoient jamais vû qu'une seule Lune. Ceux du party contraire, ausquels nos Pilotes avoient déja expliqué le mystere, ne pûrent jamais leur persuader, que la partie superieure de la Lune devenant l'inferieure dans leur pays, au-delà de la Ligne; & au contraire l'inferieure la superieure leur faisoit voir en haut les jambes de leur homme lunatique, & la tête en bas. Ce procés nous servit de recréation durant quelques jours; après quoy il fallut donner Sentence définitive. On souhaitteroit dans

1708. Juillet.

les voyages de mer avoir tous les jours des procez aussi plaisants, ils dissiperoient bien de mauvais momens qu'on y passe; le temps y paroît long, & le moindre amusement suffit pour arrêter les esprits les plus serieux.

XXIX. *Juillet.*

Sur les quatre heures du matin les vents se déchaînerent, le tonnerre gronda épouventablement, & les pluyes furent si extraordinaires, qu'on ne trouvoit dans tout le Navire aucun endroit pour s'en garantir. Ce temps tout nouvean nous annonçoit que nous étions veritablement dans le plus fort de l'hyver; il nous faisoit extrémement craindre pour le sejour que nous esperions de faire dans la riviere de la Plata, ressentant déja de si violentes approches. Le Ciel resta couvert toute la journée; nous ne vîmes pas par consequent le Soleil, & la latitude ne nous fut connuë que par l'estime qui la donna de 34ᵈ 3′ 0″
& la longitude de 328ᵈ 19′ 0″

Nous sondâmes à midy, quoique nous fussions hors de la vûë des terres, nous trouvâmes le fond à cinquante brasses. La route du Sud ¼ Sud-Ouest que nous avions tenu depuis le midy du 28. nous avoit éloignez de la terre, nous mîmes le Cap au Sud-Sud-Ouest pour nous en approcher. Cette route nous remit sur un banc de sable que nous avions trouvé le jour précedent, qui regne depuis l'Isle de Sainte Catherine jusques à la riviere de la Plata. Nous sondâmes à cinq heures du soir une seconde fois; le fond ne fut trouvé que de seize brasses. Sur les onze heures du soir nous ressondâmes une troisiéme fois, & nous en trouvâmes vingt, fond de coquillages. Les terres que nous avions vuës les jours passez, étant extrémement basses, nous faisoient prendre beaucoup de précaution; elles ne sont pas encore bien connuës, & leur situation sur les Cartes étant mal marquées, nous appréhendions continuellement de les approcher de trop près.

L'expérience du poids des eaux que j'avois faite sur les quatre heures du soir, nous marqua que nous nous étions éloignez de la terre ; je trouvai que leur équilibre avoit augmenté d'un demy grain, étant alors de 2. onc. 3. drag. 47. grains ½. 1708. Juillet.

XXX. *Juillet.*

Nous fûmes en calme toute la nuit ; nos matelots prirent quantité d'oiseaux, qui vinrent à l'entrée de la nuit se reposer sur les vergues. Je dessinai & représentai en couleur naturelle les plus curieux, qu'on verra dans un volume considerable de l'Histoire naturelle qu'on donnera dans la suite. J'en ai rapporté un icy, qu'on appelle Damier, qui me parut assez singulier. La construction de son bec, qui avoit sur sa partie superieure une élevation divisée en deux cavitez, tout-à-fait semblable à un nez avec ses deux narines, me porta à faire l'anatomie de sa tête, après en avoir fait sa description.

DESCRIPTION D'UN DAMIER,

& Anatomie de sa Teste.

LES Damiers sont des oiseaux aquatiques, se nourrissant ordinairement sur les eaux de la mer ; leur grosseur égale celle d'un pigeon, ils ont le bec noir, crochu vers l'extrémité, long de seize lignes, portant sur sa partie superieure une élevation creusée en deux tuyaux, & éloignée de la pointe ou extrémité du bec de huit lignes. Le fond de leurs yeux est noir, & leur contour est rouge ; leur couronnement & tout le dessus de leur tête est d'un minime obscur & luisant, leur parement est blanc, & cette couleur continüe au dessous du ventre jusques à l'extrémité de leur queüe, qui est noire ; leur manteau est mêlé de blanc & de minime par taches ; leur train est de même couleur, ce qui leur a fait donner le nom de Damier. Au dessous de leurs plumes blanches ils ont un petit duvet fort fin ; leurs jambes sont noires, & longues de dix-huit lignes ; leurs nageoires sont com-

1708. Juillet.

posées de trois serres, qui ont entre elles un cartillage fort mince & noir, qui commence à l'angle de leur division, & va se terminer à la naissance de l'ongle qui est à l'extrémité de chaque serre. La serre de chaque patte a deux poûces de longueur, en y comprenant l'ongle qui a quatre lignes & trois articulations; la serre du dedans de la patte a un pouce huit lignes ½ de longueur, & deux articulations. La troisiéme serre, ou la serre exterieure a deux poûces & demi ligne de longueur, & quatre articulations; & la quatriéme ou posterieure ne consiste qu'à un seul ongle, dont la longueur n'est que d'une ligne.

Je commençai l'anatomie de la tête de cet oiseau par la langue. Sa baze qui forme un angle fort obtus, est attachée à la partie exterieure de l'os hyoide, qui se divise au même endroit en deux branches, lesquelles forment un angle aigu de 45. degrez, dont les parties posterieures ou les deux cornes sont terminées en arc.

Les extrémitez de ces deux branches font leur mouvement au dessous de deux condiles de l'occiput, & sont environnées d'une membrane tres-fine.

L'os hyoide a quatre muscles, deux de chaque côté; deux desquels servent à retirer la langue, & les deux autres à la prolonger.

Les deux qui sont du même côté, se croisent, & forment en se croisant quatre angles, dont les opposez sont égaux.

Les deux muscles qui servent à retirer la langue vers le fond du bec, prennent leur origine d'un côté de l'angle inferieur de la partie inferieure du bec; & ils vont s'inserer de l'autre côté sur la partie superieure des deux branches de l'os hyoide, proche de l'angle, qui fait leur separation.

Les deux autres muscles qui servent à pousser dehors la langue, prennent leur origine au dessous de l'angle inferieur de la mâchoire inferieure, à une petite tuberosité ou crete, & vont s'inserer à la distance de quatre lignes de la pointe des cornes de l'os hyoide.

L'os hyoide a treize lignes & demi de longueur, & se divise, comme j'ay déja dit, en deux cornes, trois lignes au-delà de sa partie anterieure.

Il y a encore de chaque côté un troisiéme muscle qui sert à approcher la langue du palais. La partie superieure interne de ce muscle prend son origine de la partie inferieure du bec, & va s'inserer à la partie superieure, à trois lignes de distance de l'angle des deux cornes de l'os hyoide; la substance de ce muscle est membraneuse, à la difference des autres qui sont charneux.

La partie inferieure du bec fait son mouvement par le moyen de huit muscles, dont il y en a quatre de chaque côté, qui composent quatre paires.

La premiere paire qui sert à l'ouvrir, est composée de deux gros muscles charneux, qui prennent leur naissance de la partie moyenne & laterale de l'os occiput par une large *Aponevrose*, & vont se joindre de l'autre côté à la partie posterieure de l'angle inferieur des cornes de la partie inferieure du bec.

La seconde paire des muscles sert à fermer les deux parties du bec, la superieure & l'inferieure; ces muscles sont tendineux dans toute leur étenduë, & prennent leur naissance de la partie inferieure & posterieure du Temporal, ils se joignent de l'autre côté à une *Apophise*, semblable à une *Apophise* coronoide.

La troisiéme paire, qui sert à retirer en dedans la partie inferieure du bec, est composée de deux muscles qui prennent leur origine à la partie posterieure du Temporal; & passant au dessous des muscles qui servent à serrer le bec, ils vont se joindre par leurs autres extrémitez à la partie superieure des cornes de l'os hyoide, à cinq lignes de distance de l'angle posterieur des mêmes cornes.

La quatriéme paire est membraneuse, son usage est de tapisser les deux parties interieures du bec, & de serrer les mêmes parties.

Sur la partie superieure du bec, à huit lignes de distance de la pointe, il y a une élevation dont la partie superieure est courbe & creusée. Cette élevation n'est

1708. Juillet.

autre chose que le nez du *Damier*. Ce creux est divisé par une cloison osseuse. Cette cloison forme deux narines tapissées interieurement d'une membrane noire assez forte à son entrée, après quoy elle change de couleur, & devient blanche ; cette même membrane forme un petit canal qui perce interieurement la baze du crane, & son usage est de servir à la respiration.

Il y a à la racine de la cloison une seconde membrane claire & transparente de chaque côté, dont l'usage est de former l'odorat.

Je ne trouvai point sur la tête de cet oiseau de suture sagitale, je ne vis que deux sutures, l'une *Coronnale*, & l'autre Occipitase.

La dure mere est attachée interieurement à une ligne droite, qui fait une éminence angulaire depuis la partie anterieure du *Couronnal*, jusques à la partie superieure de l'Occiput.

La pie-mere est fort mince, & elle est parsemée d'une infinité de petits vaisseaux.

Le cerveau est divisé en deux parties.

L'Aphophise, *Crista Galli*, est divisée en deux cavitez à la partie inferieure du Couronnal. Ces deux cavitez logent les deux lobes internes du cerveau, & elles sont tapissées de la production de la dure-mere. Ces deux cavitez sont percées de petits trous imperceptibles qui correspondent au siege de l'odorat; c'est tout ce que j'examinai dans la tête du Damier.

J'avois observé environ à une heure & trois quarts du matin l'Amplitude occidentale de la Lune, qui donna la declinaison de l'Aiman de 18d 20' 0"

Nous découvrîmes la terre à sept heures du matin; les courans portoient toûjours vers le Sud-Ouest. Nous sondâmes sur les neuf heures, nous trouvâmes dix-sept brasses, fonds d'un sable gris, mêlé de petits coquillages. A onze heures nous sondâmes une seconde fois, nous trouvâmes dix-huit brasses, & à une heure après midy nous trouvâmes le même fond.

Par la hauteur meridienne du Soleil observée, la hauteur du Pole fut déterminée de 34d 18' 0"

&

& la longitude par l'estime de 327d 49' 0'' 1708. Juillet.

Nous vîmes à une heure après midy une terre fort longue & basse, environ à six lieües de distance. Son extrémité du côté du Sud étoit d'un sable blanc & uni; ensuite tirant vers le Nord, on voyoit deux petites montagnes, puis une terre basse, plate & assez longue, terminée par une montagne; après celle-cy il y en avoit deux autres petites, renfermées entre une autre égale à celle qui leur étoit au Sud, qui avoit vers le Nord une terre basse qui se perdoit dans la mer. Cette terre est représentée dans la cinquiéme figure.

Depuis le 29. nous n'avions eu que de petits vents variants du Nord-Nord-Ouest, au Sud-Est.

La declinaison de l'Aiman fut observée par l'Amplitude occidentale du Soleil de 18d 17' 0''

Etant environ à sept lieües de la terre, & ayant fait l'expérience du poids des eaux, je trouvai que leur équilibre avoit augmenté, marque infaillible que nous avions doublé la riviere de *Martin de Sousa*, dont le mélange causoit aux eaux de la mer la diminution de leur équilibre; ce qui se trouvoit encore justifié par les mêmes eaux qui paroissoient plus claires que celles que nous avions trouvées. L'équilibre fut observé de 2. onces 3. dragmes 49. grains.

XXXI. *Juillet.*

Après le midy du 30. les vents commencerent de souffler à l'Est, ils se rangerent insensiblement au Nord-Nord-Est, lieu où nous les souhaitions, d'autant qu'ils étoient tout-à-fait favorables pour entrer dans la riviere de la Plata, où nous avions dessein d'aller passer la mauvaise saison de l'hyver, temps auquel on ne sçauroit doubler le Cap de Hornn, sans courir de grands risques, & s'exposer à de grands dangers. Les nuits contraires aux Navigateurs y sont alors fort longues, le froid s'y fait sentir vivement, les neiges y sont continuelles, la glace attachée aux cordages empêche la manœuvre, & les têmpêtes ordinaires dans cette saison nous obligerent

1708. Juillet.

de prendre ce parti. Sur les deux heures du matin nous sondâmes, nous trouvâmes le fond à vingt-deux brasses; à sept heures nous vîmes la terre de la maniere qu'elle est représentée dans la sixiéme figure, que je dessinai à la même heure. L'équilibre des eaux nous marquoit que nous étions déja entrez dans celles de la riviere de la Plata, il ne fut observé que de 2. onc. 3. drag. 45. grains $\frac{1}{2}$.

A onze heures leur équilibre fut de 2. onc. 3. drag. 45. grains : confirmation par cette diminution de nôtre entrée dans la riviere.

Les vents qui avoient été toute la nuit au Nord-Nord-Ouest revinrent encore à l'Est, & nous amenerent des broüillards, qui se dissiperent à neuf heures, & la terre qui nous avoit été cachée depuis les sept heures par ces broüillards, se découvrit. Je la dessinai selon qu'elle est représentée dans la septiéme figure, en étant alors éloignez de quatre lieües. Peu de temps après nous découvrîmes sur l'avant une petite Isle basse, nous y passâmes au Sud, à une lieüe de distance; j'en dessinai la vûe, en passant, représentée à la huitiéme figure.

Nous apprîmes dans la suite qu'on appelloit cette petite Isle, l'Isle de Lobos, à cause de la grande multitude de loups marins qui y font leur demeure. Nous y en vîmes un grand nombre dans nôtre passage, qui n'étant pas accoûtumez, selon les apparences, à voir des Navires & des hommes, furent si épouvantez, qu'ils se jettoient les uns sur les autres, pour s'aller cacher dans les eaux de la mer. Le Ciel fut couvert toute la journée; n'ayant pas pû voir le Soleil à midy, nous n'eûmes la latitude que par l'estime, qui fut trouvée de 35d 38' 0"
& la longitude de 326d 17' 0"

A deux heures après midy l'air se chargea d'un grand broüillard, qui nous cacha les terres; la crainte de les approcher de trop près, ne sçachant pas leur direction, nous fit moüiller à quinze brasses, où nous attendîmes que le broüillard fût dissipé.

Etant à l'ancre je cherchai la difference de longitude entre l'Isle de Lobos & les Isles de l'Ascension, je la tirai des differentes routes que nous avions parcouru ; je trouvai, toutes reductions faites, que l'Isle de *Lobos* étoit plus occidentale que les Isles de l'Ascension 1708. Juillet.

de 23d 34'

cette distance n'étant fondée que sur l'estime, je ne la rapporte icy que comme une conjecture, & non comme une chose entierement sure.

1. *Aoust.*

D'abord que le jour parut nous appareillâmes ; les terres qui nous guidoient n'étant plus cachées par des broüillards, nous entrâmes à leur faveur dans la riviere de la Plata. Nous marchâmes, la sonde à la main, appréhendant de rencontrer quelque banc de sable, qui sont fort frequents à l'embouchure des rivieres, la mer y arrêtant les sables que les courants des eaux entraînent. A dix heures du matin nous découvrîmes un Navire à l'Est de deux petites Isles ; nous fumes surpris de voir un Navire dans un lieu desert, d'où l'on ne pouvoit tirer, selon qu'il nous paroissoit, aucun secours pour la vie. Ayant mis le Cap sur luy pour l'aller reconnoître, & étant arrivez à une distance pour pouvoir juger de sa grosseur, nous apperçûmes qu'il étoit sans mâts de hune ; on mit le canot à la mer pour aller au devant d'une chaloupe que nous vîmes détacher de son bord, pour aller s'informer quel étoit ce Navire. Nous apprîmes à son retour que c'étoit un Navire de Roy, appellé l'Oriflame, commandé par Monsieur de Courbon ; qu'étant parti de Toulon avec Monsieur de Chabert, pour aller à Lima par ordre du Roy, le mauvais temps l'avoit obligé de relâcher dans la riviere de la Plata, aprés avoir perdu toutes ses voiles & la plus grande partie de son Equipage, ne luy restant plus que trente hommes en état de pouvoir manœuvrer, de quatre cens qu'il avoit en sortant de France, qu'il mouilloit depuis trois mois au même endroit, en attendant les ordres de son Commandant pour passer à la mer du Sud, ou pour s'en retourner en France. A trois heures 1708. Aoust.

1708. Aoust. après midy nous moüillâmes à la portée d'un canon de huit livres de bale de l'Isle de Flores, où moüilloit l'Oriflame, & à la portée d'un canon de quatre de ce Navire; nous n'eûmes pas plûtôt moüillé que nous calâmes nos mâts de hune pour prévenir les coups de vents, tres-frequents dans cette riviere.

VI. *Aoust.*

Nous restâmes sur nos ancres jusques au 6. la nuit qui le préceda il fit des tonnerres à nous faire perdre l'oüie; les éclairs se suivoient de si près, qu'étant semblables à des flambeaux allumez, ils éclairoient continuellement sans s'éteindre. L'expérience que nous fismes cette nuit-là des mauvais temps qui regnent en Hyver dans la riviere de la Plata, nous confirma tout ce qu'on nous en avoit appris. Pendant nôtre sejour à l'Isle de Flores nous fûmes visitez par les Officiers de l'Oriflame, ils nous raconterent les mauvais temps qu'ils avoient trouvé par le travers du Cap de Hornn, & la perte de la plus grande partie de l'Equipage, qui n'ayant pû resister aux tempêtes & aux grands travaux qu'il luy avoit fallu faire, fut attaquée du scorbut, & emportée par cette cruelle maladie; ce qui obligea Monsieur de Courbon de désarmer deux petits Navires François, moüillez au haut de la riviere, devant la Ville de *Buenos-Aires.* Il nous demanda dix hommes de nôtre Equipage, que nous luy accordâmes jusqu'au retour, quoy qu'ils nous fussent bien necessaires. Le temps qui paroît long, lors qu'on est à l'ancre, fait chercher des occupations pour ne pas s'ennuyer. Nous n'étions éloignez de la terre qu'environ de deux lieües; tous les matins nos pêcheurs y alloient descendre nos chasseurs; & revenant le soir, les uns chargez de leur chasse, & les autres de leurs pêches, ils nous fournirent durant nôtre sejour des rafraîchissemens qui nous furent d'un tres-grand secours. Parmy les poissons qu'on nous apportoit, j'en trouvai un assez singulier; & quoique j'eusse parcouru long-temps les mers, je n'en avois pas encore vû de cette espece. Je les dessinai & le représentai dans mon Histoire des animaux en sa couleur naturelle.

DESCRIPTION DU POISSON appellé *Alca-Achagual-Challgua*.

LEs Indiens appellent ce poisson *Alca-Achagual-Challgua*, & les Espagnols *Piscis-Gallus*, à cause d'une crête qu'il a sur le devant de la tête. Ces poissons ont jusques à trois pieds de longueur, & leur épaisseur vers le milieu est de cinq poûces, ils vont en grossissant depuis la tête jusques au milieu du ventre, & delà ils diminuent jusques à la queüe ; leur queüe est faite en forme de faux recourbée vers le ventre ; ils ont cinq nageoires, quatre au dessous du ventre, & une sur le dos ; celle-cy est en triangle, semblable à une voile de barque ou d'Artimon de Navire, laquelle est appuyée sur une arrête fort pointuë, qui passe au-delà de l'angle aigu de l'extrémité de la nageoire, & prend sa naissance au derriere de la tête ; c'est l'unique arreste qu'on trouve à ces poissons, tout n'étant que cartilages. Les quatre autres au dessous sont ainsi disposées ; deux sont au dessous de l'Anus, faites en palete, & les deux autres fort larges prennent naissance au dessous des Bronchies. L'Epine du dos est une corde qui s'étend depuis l'Occiput, où elle a son origine, jusques à la queüe, semblable à celle du Lamprois, qui n'est qu'une espece de cartilage, n'ayant ni moëlle, ni cavité, ni nerfs. Le fond de leurs yeux est noir, & le tour jaune. Cette trompe qu'on voit allonger à l'extrémité de la tête, est un cartilage couvert d'une peau d'un gris bleuâtre. Leur gueule a deux poûces de largeur, on y voit en dedans un rang de dents en forme de scie, qui est composé d'un cartilage semblable à celuy de la corde qui tient lieu de l'Epine du dos. Leur peau est lissée, sans écailles, d'une couleur bleuâtre sur leur dos, qui diminuë en s'approchant du ventre, où elle devient argentée. La chair de ce poif-

1708. Aoust. son est blanche, elle a un goût assez agréable, & son seul défaut est d'être un peu fade.

DESCRIPTION

d'une autre espece de Poisson.

J'En trouvai un grand nombre d'une autre espece, qui n'est pas moins singuliere qué l'*Alca-Achagual-Challgua*, que j'ai rapporté dans la même Histoire. Ceux-cy n'ont pas plus d'un pied de longueur; ils ont sur la lévre superieure deux allonges ou espece de cornes flexibles de chaque côté, longues de huit pouces, épaisses à leur naissance d'une ligne, terminées en pointe, & de couleur d'or. A l'extrémité de la lévre inferieure ils ont quatre autres cornes, deux desquelles ont six poûces de longueur, & les deux autres en ont trois; elles sont toutes de la même couleur que les deux de la lévre superieure, & elles ont la même flexibilité. Leur tête est plate vers son extrémité. Ils ont six nageoires, deux au dessous des oüies, qui commencent par une arreste fort dure, découpée en dedans en scie; au dessous & vers le milieu du ventre ils ont une autre nageoire, composée de sept épines qui se divisent en plusieurs branches vers leurs extrémitez, entre lesquelles il y a une pellicule mince, de couleur grise, étenduë. Au-delà de l'Anus, aussi au dessous du ventre, ils ont une autre nageoire composée de même de sept épines, divisées vers leurs extrémitez, couvertes d'une pellicule mince, grise, & semblable à celles qui couvrent toutes les autres nageoires. Outre celles-cy ils en ont encore deux autres sur leur dos; la premiere prend son origine derriere la tête, commence par une arreste découpée d'un côté en dents de scie aux mâles, & toute unie aux femelles; celle-cy est suivie de six autres qui sont couvertes d'une peau semblable à celle dont je viens de parler. La seconde vers la queüe a sa composition differente de toutes les autres; ses épines sont fort minces, elles sont en grand nombre, n'ont aucune division vers leur extrémité, s'étendent ainsi jusques à leur terme, & sont couvertes comme les autres. Leur queüe est divisée vers le milieu en deux parties, les épines qui la composent sont droites, sans aucune division, & couvertes de même que les autres. Le corps de ces poissons est divisé dans sa longueur vers son milieu en deux parties, en superieure & en inferieure, par une ligne bleuâtre, qui prend son origine aux Bronchies, & va se terminer à l'angle de la division que font les deux parties de la queüe. Sur la partie superieure de chaque côté du corps, on voit trois rangs de taches grises, commençant au derriere de la tête, & terminant vers la queüe. Toute cette partie est d'une couleur d'or pâle, diminuant en s'approchant de la ligne de la division. Sur la partie inferieure il n'y a que deux rangs d'un gris clair sur un fond argenté qui rend cette partie agréable, & la variation des deux couleurs, je veux dire celle de l'or, qui se confondant insensiblement en argent, rendent ces poissons d'une beauté charmante. Les Indiens donnent à ces poissons le nom de *Curvi ;* ils le préferent dans leur repas à tout autre ; en effet ils sont d'un goût excellent, ils n'ont pas d'écailles comme plusieurs autres ; mais ils sont couverts d'une peau dont la partie exterieure que je viens de dépeindre, en fait toute la beauté. Cette riviere est abondante en une infinité d'autres especes de poissons, comme je dirai ailleurs.

1708. Aoust.

Dans le peu de temps que noüs restâmes sur nos ancres, je commençai de m'appercevoir de l'irregularité des marées ; je remarquai que les vents venant de l'Ouest, qui est le haut de la riviere, ayant soufflé durant deux jours de ce côté-là, il n'y eut pas de marée, & les eaux ne monterent pas pendant ce temps-là ; mais elles descendirent : ce que je connus par les expériences de l'Areometre, observant de temps en temps que l'équilibre des eaux diminuoit, marque indubitable que celles de la riviere prévaloient à celles de la mer, & rendoient les eaux plus legeres. Je m'en apperçus encore par la diminution du fond ; car ayant sondé à nôtre arrivée, & res-

1708. Aoust. sondant, lorsque les vents eurent changé, & qu'ils venoient du haut de la riviere, je trouvai toûjours moins de fond.

Le même jour 6. nous appareillâmes sur les dix heures du soir avec un vent d'Est-Sud-Est; nous fismes route le long de la côte du Nord de la riviere. Après avoir doublé les Isles de Florès, nous trouvâmes une pointe qui avance dans la riviere appellée Pointe *Brave*, à cause des rochers cachez sous les eaux, qu'il faut éviter en s'en éloignant. Le soir nous arrivâmes au Sud d'une petite montagne sur le bord du Nord de la riviere, appellée *Montè-Video*, où nous moüillâmes dans le dessein d'y attendre le jour.

VII. *Aoust.*

Nous appareillâmes sur les quatre heures du matin; il se leva à huit heures une grosse brume, qui nous obligea de remoüiller environ à huit lieuës au Sud de *Montè-Video*, éloigné du Cap Sainte-Marie de 37. lieuës & demy, & de l'Isle de Flores de cinq lieuës. Le Cap Sainte-Marie est le Cap du côté du Nord qui forme l'entrée de la riviere de la Plata. Les vents d'Est-Sud-Est avec lesquels nous avions appareillé le matin, continuoient; ces vents venant de la mer faisoient entrer ses eaux dans la riviere, & augmentoient son fond: ce que marquoit l'Areometre, augmentant son poids selon la quantité d'eau de mer qui se trouvoit mêlée avec celle de la riviere; je trouvai leur équilibre de 2. onc. 3. drag. 35. gr. Equilibre plus grand de 18. grains que ne l'étoit celuy des eaux pures de la riviere de la Plata, que je pesai dans la suite, étant moüillez devant Buenos-Aires; & moindre de 17. grains que l'équilibre des eaux pures de la mer.

L'Areometre, comme on voit par ces observations, est d'un grand usage dans les rivieres, outre qu'il donne à connoître vers leurs embouchures le mélange des eaux de la mer avec celles de rivieres, & de quelle quantité de parties les unes surpassent les autres, il marque encore

core, étant près des côtes, s'il s'y rencontre quelque riviere, qui mêle ses eaux avec celles de la mer : connoissance absolument necessaire aux Navigateurs dans les voyages de longs cours. La provision des eaux leur manquant, ils peuvent connoître sans moüiller, étant près d'une côte qu'ils ne connoissent pas, & qu'ils n'osent pas approcher, pour ne pas exposer leur Navire au danger ; ils peuvent, dis-je, connoître par cet instrument, à l'équilibre des eaux, s'il y a sur les côtes quelque riviere, & s'y arrêtant, y faire leurs provisions.

1708. Aoust.

VIII. *Aoust.*

Les gros broüillards qui s'étoient levez le matin du 7. ne se dissiperent que dans la nuit, & le matin du 8. nous appareillâmes avec un temps fort clair sur les six heures. J'observai l'Amplitude orientale du Soleil, elle donna la declinaison de l'Aiman au Nord-Est de 18ᵈ 0′ 0″

Les vents qui avoient soufflé le 7. & la nuit suivante à l'Est-Sud-Est, se rangerent le matin au Nord-Ouest ; les eaux de la mer qui étoient entrées par le vent d'Est-Sud-Est dans la riviere, commencerent à descendre dès que le vent de Nord-Ouest souffla ; ce que l'Areometre m'indiqua dans l'expérience que je fis vers le midy, ayant trouvé l'équilibre des eaux de 2. onc. 3. drag. 18. grains. Outre les usages de l'Areometre dont j'ai parlé cy-dessus, on peut encore par son moyen connoître, navigeant près de l'embouchure de quelque riviere, lorsque les eaux augmentent ou qu'elles diminuent : connoissance qui n'est pas peu utile, pouvant sauver un Navire, & luy éviter un échoüement. Je trouvai donc que la difference des eaux sur lesquelles nous navigions avec les eaux pures de la riviere de la Plata, n'étoit plus que d'un grain, cette diminution de poids dans ces eaux nous marquant la difference de la diminution du fond de la Ravire, étoit pour nous un avertissement ; car la riviere ayant peu de profondeur dans certains endroits, il est à propos, connoissant qu'elle baisse, de moüiller & attendre que les eaux augmentent pour continuer sa route ;

1708. Aoust.

ce que nous ne fismes pas, & ce qui pensa aussi nous coûter cher. Toute la Science d'un Navigateur dans les rivieres consiste à avoir la sonde en main; les eaux courantes charrient incessamment des sables, qui s'accumulant, forment une petite montagne aujourd'huy ou un banc à un endroit, que peu de temps après elles détruisent pour le transporter dans un autre. La crainte d'en rencontrer quelqu'un nous fit mettre à l'eau nôtre chaloupe & nôtre canot, & étant toûjours à un demy quart de lieuë sur l'avant du Navire; ceux qui les conduisoient faisoient de temps en temps des signaux, marquant la quantité d'eau qu'il y avoit dans tous les endroits où ils passoient, ce qu'ils connoissoient par la sonde. Sur les trois heures du soir le Navire rencontra malheureusement une de ces petites montagnes, la riviere n'étant pas assez profonde dans cet endroit, nous touchâmes, heureusement le Navire ne trouva pas de resistance, & passa outre; tout l'Equipage s'alarma. Cette alarme étoit fondée; nôtre Navire étoit extrémement foible; & si l'endroit où il toucha, qui étoit apparemment un sable mouvant, eût tant soit peu resisté, il se seroit infailliblement brisé. On mit d'abord le vent sur les voiles, le Navire prit par devant; & ayant rangé les voiles, nous fismes route vers le même côté d'où nous étions venus, persuadez que nous y rencontrerions le même fond que nous y avions déja trouvé. Passant par le même endroit nous rencontrâmes encore la même élevation sur le plan du fond de la riviere, où nous touchâmes une seconde fois; & peu de temps après, ayant trouvé en sondant quatre brasses d'eau, fond que demandoit nôtre Navire, nous moüillâmes.

Je trouvai, après avoir moüillé, l'équilibre des eaux de la riviere de 2. onc. 3. dragm. 17. grains: équilibre des eaux les plus pures, marque évidente que la riviere ne pouvoit pas être plus basse, & qu'il falloit attendre que cet équilibre augmentât pour mettre à la voile.

IX. *Aoust.*

Les vents retournerent dans la nuit à l'Est-Sud-Est,

ils devoient faire rentrer les eaux; en effet sur les six heures du matin, ayant plongé l'Areometre dans les eaux de la riviere, il ne fut en équilibre avec les mêmes eaux, qu'étant chargé du poids de 2. onces 3. dragmes 24. grains.

1708. Aoust.

Après cette expérience, je jettai un plomb pour sonder; je trouvai par la sonde que depuis le jour précedent la riviere avoit augmenté de demi brasse. Nous appareillâmes à la même heure; & les eaux allant toûjours croissant, nous navigeâmes avec plus de seureté que le jour précedent. L'augmentation des eaux n'avoit pas détruit nôtre défiance; craignant toûjours quelque échoüement, nous observâmes par précaution la même manœuvre que nous avions observé la veille. Nôtre chaloupe & nôtre canot étoient toûjours sur l'avant, continuant de faire les signaux dont on avoit donné ordre à ceux qui étoient dedans. La route fut entre l'Ouest-Nord-Ouest & l'Ouest $\frac{1}{4}$ Nord-Ouest. A dix heures nous découvrîmes un Navire, à onze nous en découvrîmes deux autres. Les croyant moüillez devant la Ville de Buenos-Aires, ne voyant alors aucun des bords de la riviere, nous mîmes le Cap sur eux, & continuâmes nôtre route. D'abord que ces Navires nous eurent vû, ils envoyerent au devant de nous une de leurs chaloupes, prévoyant le danger où nous allions nous précipiter. Ils connurent à nôtre manœuvre que nous étions des gens tout nouveaux dans cette riviere, & que leur secours nous étoit absolument necessaire. Nous n'étions qu'à un demi cable de distance de la pointe du banc *Ortis*, lorsque, heureusement pour nous, la chaloupe qu'on nous avoit envoyée se trouva à la portée de la voix. Un Pilote entretenu du Roy d'Espagne à Buenos-Aires, pour montrer les passages aux gens des Navires étrangers, & les conduire devant la Ville, étoit dans la chaloupe, nous voyant près du danger, il nous cria de moüiller. Nos ancres étoient parées, on les laissa tomber; & sondant dans le même temps, on ne trouva que trois brasses, fond d'un pied d'eau de plus que ne tiroit nôtre Navire, où nous n'aurions pas été en seureté avec un vent un

1708. Aoust.

peu frais. La Divine Providence qui nous avoit déja retirez de plusieurs dangers, & qui par une conduite admirable nous les avoit fait éviter, voulut bien encore par une grace toute particuliere nous tirer de celuy où nous allions assurément perir, si nous n'eussions pas été avertis par ce charitable Pilote. Sur les quatre heures du soir, ce Pilote connoissant que l'endroit où nous étions ne convenoit pas à nôtre Navire, qui demandoit beaucoup plus de fond, nous fit appareiller, & nous conduisit dans l'ance du banc, pour nous approcher des autres Vaisseaux, & nous faire moüiller dans un lieu où il n'y avoit rien à craindre. Après que nous eûmes moüillé, nous saluâmes les Vaisseaux de cinq coups de canon, ils nous rendirent le même salut. Les vents se tirerent encore à l'Ouest-Nord-Ouest, & l'equilibre des eaux fut observé de 2. onces 3. drag. 17. grains.

Depuis peu de jours un Navire de soixante canons montant à Buenos-Aires, avoit eu le malheur d'échoüer sur la même pointe, où il resta échoüé jusques à ce qu'on eut déchargé son canon, & une partie de ses marchandises. Heureusement pour luy il ne fit point de vent durant ce temps-là; car pour peu qu'il eut soufflé, le Navire auroit été perdu. Après cet échoüement le Capitaine fit visiter son Navire par des Maîtres Charpentiers; on trouva à fond de cale la grosseur d'un tonneau de sable qui y étoit entré, mais on ne trouva pas par quel endroit; cependant le Navire ne faisoit point d'eau, & on ne s'apperçut pas d'autre chose. Comme il étoit neuf, & que c'étoit son premier voyage, on crut que la violence du coup, en échoüant, avoit fait plier quelque planche, qui s'étoit remise en même temps en place, & avoit rebouché le trou. Les Capitaines des trois Vaisseaux nous vinrent visiter, & nous apporter quelques rafraîchissemens. Un d'eux fut assez malheureux pour perdre, en soupant, un de ses matelots fideles; il l'envoya à son canot pour prendre une bouteille qu'on avoit oubliée; & comme il tardoit de revenir, on y envoya un second, qui n'ayant trouvé ni bouteille ni matelot, en vint avertir son Maître. On crut d'abord qu'il se feroit amufé avec quelqu'un de fes camarades ; mais après l'avoir cherché dedans & autour du Navire, on ne trouva aucun veftige de fon naufrage.

X. *Aouft.*

Les trois Navires conduits par ce Pilote Efpagnol appareillerent le matin avec les vents de Sud-Sud-Oueft, & furent moüiller à l'entrée du paffage qui eft entre la terre-ferme & la pointe du Banc *Ortis*, l'équilibre des eaux étoit encore de 2. onces 3. drag. 17. grains, qui marquoit qu'il n'y avoit aucune augmentation à la riviere.

XI. *Aouft.*

Les vents fe tirerent dans la nuit à l'Eft-Sud-Eft, les eaux augmenterent, & nous appareillâmes à midy. Un des trois Navires dans lequel étoit embarqué le Pilote Efpagnol, paffoit de l'avant pour nous montrer la route que nous devions tenir, & on avoit fait mettre pour fignal une chaloupe fur la tête du banc, où elle demeura jufques à ce que tous les Navires l'euffent doublée. Ayant doublé la tête du banc, nous fuivîmes le *Chenal*, qui eft entre la terre-ferme & le banc. Sur les quatre heures du foir nous en fortîmes, & nous nous vîmes hors du danger que nous appréhendions avec raifon, à caufe de la difficulté qu'il y a de fuivre le Chenal, qui eft un endroit fort étroit que le courant de la riviere creufe; elle peut auffi le fermer, & en creufer un autre ailleurs, & ainfi le changer de place. Nous moüillâmes fur les huit heures du foir; la nuit fut fort obfcure ; la crainte de nous égarer & d'échoüer fur les bords de la riviere, nous fit attendre le lendemain pour continuer nôtre route.

XII. *Aouft*

Nous appareillâmes à la pointe du jour, à huit heures nous découvrîmes deux Navires François qui moüilloient à trois lieuës à l'Eft de la Ville de Buenos-Ayres.

1708. Aoust. A onze heures nous moüillâmes entre ces deux Navires. Le temps étoit extrémement froid, les vents s'étoient rangez à l'Est-Nord-Est, & les nuages nous cacherent le Soleil toute la journée. La nuit suivante le vent se tira à l'Est, il souffla avec tant de violence, qu'il fit chasser tous nos Navires, & nous faillîmes nous aborder les uns les autres; ce qui nous obligea le matin du 13. de remettre à la voile, & de prévenir le malheur qui auroit pû nous arriver dans un autre rencontre, allant moüiller à l'Ouest des Navires dans une distance à ne plus craindre leur abordage.

XIV. *Aoust.*

Les vents calmerent, les nuages se dissiperent, le Soleil parut à son lever; & la rigueur du froid du jour précedent qui nous avoit arrêté au Navire, s'étant adoucie, nous partîmes le matin pour la Ville de *Buenos-Aires*, à l'Est de laquelle nous moüillions à trois lieuës de distance. A une lieuë à l'Est-Nord-Est de la Ville nous rencontrâmes une pointe de terre de laquelle il ne faut pas approcher plus près que d'une lieuë, à cause de quantité de pierres qu'il y a dans la riviere, & du peu de fond qu'on y trouve; & comme les eaux sont toûjours troubles, on s'exposeroit à échoüer dans la vaze, ne voyant pas le fond, & à briser le canot, en rencontrant les pierres. On commence du même endroit à voir dans un enfoncement & à l'extrémité d'une petite baye quelques arbres & deux petites maisons sur lesquelles il faut gouverner, & on trouve des balizes qui sont de longs bâtons plantez dans la riviere, éloignez les uns des autres de 25. à 30. pas, sortant cinq à six pieds hors de l'eau, qui servent pour tracer le chemin, & montrer les endroits où il y a plus d'eau. Il ne faut pas s'éloigner de ces balizes de la longueur d'une chaloupe; car on s'exposeroit à échoüer dans la vaze. Elles conduisent dans une petite riviere appellée par les Espagnols *Rio-Chuello*, qui signifie en nôtre langue, *petite riviere*, où l'on va moüiller dans l'endroit des deux maisons dont j'ai parlé. A nôtre arrivée, les gardes qui s'y tiennent, vinrent pour nous visiter, & ne voulurent pas me permettre de porter à la Ville mes instrumens, que j'avois embarquez le matin, ayant dessein de ne pas retourner au Navire que quelques jours avant nôtre départ. Ils se saisirent donc de mes instrumens, les enfermerent dans leur maison, & nous conduisirent, le Capitaine, les deux Directeurs du Navire, & moy, delà à la Ville chez Monsieur le Gouverneur, qui logeoit dans le Fort, sans permettre à aucun autre du canot de mettre à terre. Nous arrivâmes sur les trois heures après midy au Fort bâti sur le bord de la riviere. Le Gouverneur nous y reçut fort agréablement ; ce bon accueil fit que nôtre Capitaine n'hesita pas à l'informer du sujet de nôtre relâche dans la riviere de la Plata, & de celuy qui nous avoit obligé de monter devant la Ville de Buenos-Aires. Le Gouverneur luy répondit fort gracieusement, qu'il étoit bienaise de nous rendre service ; & ayant demandé dequoy il s'agissoit, le Capitaine luy fit le recit des dangers que nous avions courus par la mauvaise situation de nôtre gouvernail, qui tombant avec violence d'un côté & d'autre dans le roulement du Navire même avec le moindre petit temps, à cause que ses ferrures mouvantes du haut avoient trop de jeu, nous menaçoit à tout moment de casser l'Etembord, partie essentielle du Navire, qui eût infailliblement péri, si ce malheur nous fût arrivé. Le Gouverneur marqua être sensible à nôtre disgrace. Le Capitaine le pria de permettre, que luy ou un de ses Commis restât à la Ville pour faire travailler incessamment à raccommoder les ferrures de nôtre gouvernail, & y prendre les provisions necessaires pour l'Equipage. Il répondit que cette demande étoit au-delà de son pouvoir, qu'il avoit des défenses tres-expresses du Roy d'Espagne, ausquelles il ne pouvoit pas contrevenir sans se rendre rebelle aux ordres de son Prince. Le Capitaine insista ; mais il n'avança rien. Croyant qu'il ne me feroit pas la même difficulté, je le priai en particulier, comme passager sur le Navire, de permettre que j'allasse coucher au Convent des Peres de S. François. Il me répondit

1708. Aoust.

Arrivée à la Ville de Buenos-Aires.

1708. Aoust.

qu'il n'avoit pas plus de permission pour moy que pour les autres. Cette résistance m'obligea de luy présenter les ordres du Roy. Tout cela ne me servit de rien, & il me fallut suivre le Capitaine & les deux Commis, ausquels il commanda de retourner au lieu où nous avions laissé nôtre canot, & delà à nos Navires. Les vents étoient à l'Est, opposez à la route qu'il falloit tenir pour aller à nôtre Navire, le froid étoit rude, & la nuit s'approchoit. Ces obstacles nous porterent à protester devant les gardes du danger auquel le Gouverneur nous exposoit. Un d'eux voyant nos raisons tres-justes, monta à cheval, & fut les représenter au Gouverneur, qui luy donna ordre, après l'avoir entendu, de nous conduire à la Ville dans la maison d'un François Directeur de la Compagnie de la *Siente*, & de nous consigner à ce Directeur jusques au lendemain matin, qu'il nous ordonnoit de partir. Ce garde fut bientôt de retour, nous l'attendions avec impatience, esperant que tout rempli de bonté, comme il nous parut, il nous donneroit le couvert pour cette nuit-là, en cas que le Gouverneur ne voulut pas permettre nôtre retour à la Ville. Il nous annonça à son arrivée la réponse que le Gouverneur luy avoit faite; il retourna à la Ville pour nous conduire dans la maison de ce Directeur, où nous fûmes dédommagez par une reception agréable, des peines & des déplaisirs que nous venions de recevoir.

XV. *Aoust.*

Fête de l'Assomption de la Sainte Vierge, je commençai la journée par la sainte Messe que je celebrai dans l'Eglise des Reverends Peres de la Compagnie de Jesus, qui m'offrirent dans leur maison une chambre & tout ce qui me seroit necessaire durant le sejour qu'ils croyoient que j'allois faire dans cette Ville. La Messe finie, & mon Action de graces, je retournai à la maison, croyant d'y trouver quelque nouveauté; je n'y appris autre chose que l'impossibilité d'aller à bord, les vents contraires ayant rafraîchi. Quelques personnes des plus apparentes de la de la Ville s'employerent pour nous auprès du Gouverneur, luy représenterent les difficultez qui se rencontroient; il fut inflexible même aux prieres qu'ils luy en firent; & tout ce qu'ils en purent obtenir, fut, qu'il nous permettoit de rester à la Ville jusques à ce que le temps fût favorable, & que les vents qui souffloient alors eussent changé. Cette petite liberté me donna occasion de l'aller voir après le dîner, & luy demander par grace de rester en Ville, pendant qu'on travailleroit au Navire; il ne démordit pas de ses premiers sentimens: ce qui m'obligea de luy présenter le lendemain 16. un Placet conçu dans ces termes: 1708. Aoust.

MONSEIGNEUR,

La quantité de Navires qui se sont perdus dans les voyages de long cours, pour n'avoir pas eu des Cartes Hidrographiques, sur lesquelles les côtes fussent exactement tracées, ont porté SA MAJESTE' Tres-Chrétienne, d'envoyer par toute la terre ses Mathématiciens pour y faire des Observations Astronomiques & Hidrographiques, afin de placer tous les lieux dans leur veritable situation. L'année 1704. étant à Carthagene de l'Amerique pour le même dessein, Monsieur de Piniente, President pour lors de cette Audience, me reçut tres-favorablement, m'accorda tout ce que je luy demandai, & me donna tous les secours dont j'avois besoin, & qui dépendoient de luy, pour me mettre en état de travailler avec seureté dans toutes ses dépendances, voulant luy-même en faire toutes les dépenses. Monsieur Davila, President de Panama, venoit depuis peu de jours de m'accorder les mêmes faveurs. Et en l'année 1700. étant envoyé en Orient pour le même dessein, le Grand Visir me donna, en l'absence du Grand Seigneur, un passe-port, dans lequel il me recommandoit à tous les Bachas des Villes de l'Empire Othoman. J'espere que VÔTRE GRANDEUR, qui ne connoît pas moins l'importance d'un travail si utile à toutes les nations, que ceux que je viens de luy rapporter, sera bien-aise de contribuer de sa part autant qu'eux, & de faire connoître au Roy

1708. Aoust.

son Maître, par la protection que j'en espere, le zele qu'elle a pour la conservation de ses Navires, & à tous les autres Souverains, la part qu'elle prend à tout ce qui les regarde. Comme Buenos-Aires est un des points principaux de l'Amerique meridionale, & que la Divine Providence a permis que nous y ayons relâché, à cause du malheur arrivé à nôtre gouvernail, qui nous a mis hors d'état de tenir la mer ; je supplie tres-instamment VÔTRE GRANDEUR, de permettre de débarquer mes instrumens pour satisfaire aux ordres du Roy mon Maître. Comme SA MAJESTE' pourroit être informée de nôtre relâche à Buenos-Aires, je serois bien-aise de me pouvoir disculper, en cas que je fusse interrogé sur le sujet qui m'auroit empêché d'y faire des observations. Si VÔTRE GRANDEUR me refuse la grace que je luy demande, elle m'obligera de me donner ses raisons, qui me serviront de justification.

Aussi-tôt qu'il eut lû ce Placet que je luy présentai, il fit appeller par un de ses valets deux cavaliers, & leur ordonna de partir incessamment pour aller prendre mes instrumens, & de les luy remettre à leur retour. Je le remerciai ; & prenant congé de luy, il me dit de retourner sur les trois heures après midi, que mes instrumens seroient arrivez, & qu'il vouloit avoir luy-même le plaisir de me les remettre en main, & de contribuer à tout ce qu'il pourroit, pour satisfaire aux intentions d'un si grand Roy que celuy par qui j'étois envoyé.

Je ne manquai pas de me rendre au Fort à l'heure qui m'étoit assignée : la sentinelle me fit conduire par un soldat à l'appartement de Monsieurle Gouverneur ; qui fit prendre mes instrumens, qu'il avoit enfermez dans son cabinet, appréhendant que quelqu'un y touchât ; il m'offrit une chambre dans le Fort ; je répondis à ses honnêtetez, que le Pere Provincial de l'Ordre de S. François m'avoit prié dès le matin de loger dans son Convent, & que je luy avois donné ma parole. Ensuite pour satisfaire aux empressemens qu'il me témoignoit, je luy promis d'aller faire quelques observations dans le Fort ; ce que j'executai de la maniere suivante.

1708. Aoust.

OBSERVATIONS

PHYSIQUES ET MATHEMATIQUES,

Faites à Buenos-Aires, Ville dans le Tucuman, bâtie sur le bord meridional de la riviere de la Plata.

XVII. *Aoust.*

JE mis mon horloge en mouvement sur les huit heures du matin ; des broüillards épais cacherent le Soleil, & je ne pûs pas prendre le matin des hauteurs correspondantes pour commencer à la regler.

Les vents s'étant rangez après midy au Sud-Ouest, chasserent tous les broüillards, & rendirent le Ciel fort clair. Le froid se faisoit sentir vivement ; heureusement nous nous étions précautionnez avant que de descendre à terre, en prenant des habits d'hyver ; jugeant bien que le temps n'y seroit pas moins froid, qu'il étoit à bord.

Après midy je disposai mes tubes de verre pour faire les expériences du Barometre, je netoyai tres-soigneusement le Mercure, en le faisant passer plusieurs fois par un linge fort net, jusques à ce qu'il parut entierement purifié, & qu'il ne resta dans le linge aucune saleté. Sur les quatre heures du soir je remplis un tube de trente-trois poûces de longueur, après avoir passé en dedans un linge par le moyen d'un fil d'archal. Ayant ensuite vuidé l'air entierement, sans y laisser aucune Ampoulle, & achevé de le remplir, je renversai le tube de la maniere que j'ai rapporté cy-dessus, & le plongeai dans le Mercure du vaze. Le tube étant bien perpendiculaire, le Mercure resta suspendu à la hauteur de 28. poûces 1. ligne.

Cette expérience & les suivantes, aussi-bien que les observations faites dans le Convent de S. François, qui est près du bord de *Rio-Chuelo*, élevé sur le plan de

1708. Aoust. cette riviere d'environ cinq toises, & éloigné de la mer de soixante-seize lieuës.

XIX. *Aoust.*

Je verifiai le matin mon quart de cercle, appréhendant qu'il ne se fût dérangé dans le transport. Je me servis de la même methode que j'ai déja expliquée; je trouvai qu'il donnoit les hauteurs trop grandes de deux minutes, moindres que celles qu'il avoit données dans la Mediterranée: c'est sur cette verification que je corrigeai les observations suivantes.

Je pris le même jour des hauteurs correspondantes, pour sçavoir l'heure que mon horloge marquoit à midy; je n'ai pas crû necessaire de les rapporter icy.

J'observai la hauteur meridienne apparente du bord superieur du Soleil de	43^d	3'	15".
Le quart de cercle donnoit les hauteurs trop grandes de		2.	0.
Premiere Correction.	43.	1.	15.
Refraction moins la Parallaxe.			55.
Hauteur corrigée.	43.	0.	20.
Demi-Diametre du Soleil.		15.	55.
Hauteur du Centre.	42.	44.	25.
Declinaison septentrionale.	12.	40.	48.
Hauteur de l'Equateur.	55.	25.	13.
Donc hauteur du Pole de Buenos-Aires.	34.	34.	47.

Je fis sur les quatre heures du soir l'expérience du Barometre; le Mercure resta suspendu dans le tube à la hauteur de 28. poûces 1. ligne.

Dans le temps de cette expérience le Ciel étoit clair & serain, le temps froid, & les vents au Sud. J'attendois d'observer le soir une Emersion du premier Satellite de Jupiter; mais la matiere refractive qui s'éleve dans ce climat est si épaisse, que quoique Jupiter fût élevé sur l'horison de plus de quinze degrez au temps de l'Emersion, je ne pûs plus découvrir les Satellites avec une lunette tres-bonne, de dix-huit pieds de longueur. J'attribuai aux vapeurs la condensation de cette matiere, qui s'élevent dans ces vaſtes plaines, qui toûjours humides en hyver, à cauſe des grandes pluyes qui y tombent continuellement, privent les gens du pays du plaiſir de la campagne, & les obligent de garder leur maiſon. 1708. Aouſt.

XX. *Aouſt.*

Au lever du Soleil les vents commencerent de ſouffler au Nord-Nord-Eſt. A dix heures du matin ils ſe rangerent au Nord, & le temps, de froid qu'il étoit, paſſa d'une extrémité à l'autre, devenant chaud dans le moment.

Hauteurs correſpondantes du bord ſuperieur du Soleil pour verifier l'Horloge.

Heures du matin.	hauteurs.	heures du ſoir
9h 24′ 9″	36d 26′ 0″	1h 7′ 54″
9. 32. 5.	37. 20. 0.	0. 59. 56.
9. 37. 9.	37. 52. 0.	0. 54. 52.
9. 41. 45.	38. 21. 30.	0. 50. 16.

Par la premiere hauteur l'horloge marquoit à midy,	11h 16′ 1″ ½.
& par les trois ſuivantes,	11. 16. 0′ ½.
en prenant un milieu, on eut le temps que l'horloge devoit marquer à midy de	11. 16. 1.
J'obſervai la hauteur meridienne apparente du bord ſuperieur du Soleil de	43d 23′ 15″
Quart de Cercle.	2. 0.
Premiere Correction.	43. 21. 15.
Refraction moins la Parallaxe.	55.
Hauteur corrigée.	43. 20 20.
Demi-Diametre du Soleil,	15. 55.
Hauteur du Centre.	43. 4. 25.
Declinaiſon ſeptentrionale.	12. 21. 6.
Hauteur de l'Equateur.	55. 25. 31.
Donc hauteur du Pole de Buenos-Aires.	34. 34. 29.

1708. Aoust. J'observai à la même heure que le jour précedent, la hauteur du Mercure de 27. poûces 11. lignes.

J'ai déja remarqué que le vent étoit au Nord, & le temps chaud; j'avois trouvé cette hauteur avec les vents au Sud, & le temps froid de 28. poûces 1. ligne.

Cette difference des temps donna pour la difference de la hauteur du Barometre 2. lignes.

OBSERVATION

De l'Occultation de l'Etoile de la quatriéme grandeur au pied Austral de la Vierge, par la Lune que Bayer marque λ.

LE soir du 20. le Ciel étant clair & serain, j'observai avec une lunette de 15. pieds l'occultation de l'Etoile au pied Austral de la Vierge, marqué par Bayer λ. L'état de mon horloge étoit parfaitement bien connu, par les hauteurs correspondantes prises le jour devant l'observation, & que je pris aussi ceux d'après.

La Lune cacha l'Etoile par sa partie obscure à l'horloge non corrigée à	6^h	$21'$	$26''$
L'horloge retardoit au temps de l'occultation de		44.	14.
Donc le temps vray de l'occultation arriva le soir à	7^h	$5'$	$40''$
L'Etoile parut sur le bord éclairé de la Lune vis-à-vis de *Fracastorius* & de *Petavius* à l'horloge non corrigée	7^h	$17'$	$5''$
L'horloge retardoit à la sortie de l'Etoile de		44.	16.
Donc le temps vray de la sortie fut à	8.	1.	21.
Cette Etoile resta donc cachée pendant l'espace de	0.	55.	41.

1708. Aoust.

Hauteurs correſpondantes du bord ſuperieur du Soleil pour verifier l'Horloge.

heures du matin.	hauteurs.	heures du ſoir.
9^h 48′ 8″	39^d 22′ 0″	0^h 42′ 25″
9. 53. 14.	39. 50. 0.	0. 37. 25.
10. 8. 15.	41. 6. 20.	0. 22. 16.

Par la premiere hauteur l'horloge marquoit à midy, 11^h 15′ 16″ ½.

Par la ſeconde, 11. 15. 19. ½.

Par la derniere, 11. 15. 16.

En prenant un milieu entre ces hauteurs on eut midy à 11. 15. 18.

L'horloge marqua midy le 20. à 11. 16. 1.

Donc l'horloge retardoit dans 24. heures de 0. 0. 43.

Je me ſervis de cette retardation de l'horloge pour corriger l'obſervation de l'occultation de l'Etoile qui eſt au pied Auſtral de la Vierge.

J'obſervai la hauteur meridienne apparente du bord ſuperieur du Soleil de 43^d 42′ 40″

D'où je conclus la hauteur du centre du Soleil de 43. 23. 53.

Declinaiſon ſeptentrionale, 12. 1. 23.

Hauteur de l'Equateur, 55. 25. 16.

Donc hauteur du Pole, 34. 34. 44.

Determination de la Latitude de Bueuos-Aires.

Pour mieux m'aſſurer des hauteurs du Pole dans les lieux où j'ai fait pluſieurs obſervations, pour les déterminer, j'ai toujours pris la moitié de la difference trouvée entre la plus grande élevation du Pole obſervée, & la moindre. J'ai enſuite ajoûté la moitié de cette difference à la moindre hauteur obſervée. Il reſultoit de cette addition une hauteur moyenne, qui étoit la veritable, ou du moins approchante.

1708. Aoust. La plus grande hauteur du Pole que j'observai à Buenos-Aires fut de 34d 34' 47"
La moindre de 34. 34. 29.

Difference, 18.
Moitié, 9.

Ajoûtant donc cette moitié à la moindre hauteur, on aura pour la hauteur moyenne, 34d 34' 38"

OBSERVATION

Sur la Declinaison de l'Aiman.

J'Observai la declinaison de l'Aiman dans le même endroit où j'avois fait les observations précedentes. Je posai pour cela une pierre de niveau, sur laquelle je traçai par le moyen de l'ombre d'un fil de Pite une ligne meridienne au moment que l'horloge marquoit le vray midy, que je connoissois parfaitement par les correspondances que j'avois prises. Je trouvai après avoir posé mes deux boussoles sur cette ligne meridienne la declinaison de l'aiguille aimantée vers le Nord-Est de 16d 45' 0"

OBSERVATION

Sur l'Inclinaison de l'Aiguille aimantée.

L'Inclinaison de l'aiguille aimantée est l'angle formé par le plan d'une Boussole posée bien de niveau, & par l'aiguille de la même Bossole. J'observois cet angle, lorsque j'avois tracé sur une pierre de niveau une ligne meridienne de la maniere que j'ai dit. Je tirois sur cette meridienne une ligne qui la coupoit, & faisoit avec elle des angles égaux à l'angle de la declinaison de l'Aiman, qui fut icy de 15d 45' 0". J'appellai cette ligne le Meridien Magnetique. Ce Meridien Magnetique étant tracé, j'appliquai dessus ma Boussole, qui se trouvant de niveau,

niveau, la pierre y ayant été mise avant l'observation. 1708. Aoust.
L'aiguille aimantée, qui devoit être parallele avec le plan de la Boussole, étoit inclinée vers le Sud ou partie Australe du monde de 6d 20′ 0″ : Inclinaison que je cherchois.

EXPERIENCE

Sur l'Equilibre des Eaux.

JE fis le même jour quelques expériences sur la pesanteur des eaux de la petite riviere ou *Rio-Chuelo*, & de celles de la riviere de la Plata. Je trouvai celles de *Rio-Chuelo* d'un poids égal, son équilibre étant le même que j'avois observé il y avoit deux jours, dans le Fort, en presence du Gouverneur, qui fut de 2. onces 3. drag. 17. grains.

Les eaux de la riviere de la Plata furent trouvées en même temps en équilibre avec le même Areometre dont je venois de me servir pour l'expérience des eaux de *Rio-Chuelo*, de 2. onc. 3. drag. 18. grains.

Les vents étoient au Nord-Nord-Est depuis le jour précedent, selon les remarques que j'avois faites depuis nôtre entrée dans la riviere, les eaux de la mer ne montoient que lorsque les vents prenoient de l'Est, & elles ne descendoient que lors qu'ils prenoient de l'Ouest : ce qui me fit conclure, qu'ayant déja observé l'équilibre des eaux de la riviere de la Plata, pendant que le vent étoit directement à l'Ouest, de 2. onces 3. drag. 17. gr. il falloit absolument que le vent de Nord-Nord-Est eût fait entrer la mer, l'équilibre des eaux ayant été trouvé plus grand d'un grain : le vent se tira ensuite à l'Est-Sud-Est, où il souffla jusques au 24.

J'observai le 24. l'équilibre des eaux de la riviere de la Plata ; je le trouvai de 2. onc. 3. drag 24. grains : expérience qui confirma celles que j'avois déja faites.

1708. Aouſt.

XXII. *Aouſt.*

Les vents d'Eſt nous amenerent de gros nuages, qui nous couvrirent le Ciel, & nous donnerent de ſi grandes pluyes, que les campagnes en furent inondées; en ſorte qu'on ne pouvoit plus ſortir des maiſons qu'à cheval, les ruës étant devenuës autant de rivieres. Les tonnerres ne diſcontinuerent pas de toute la nuit qui avoit précedé, ni de toute la journée. Ils ſe ſuivoient de ſi près les uns des autres, qu'on entendit pendant plus de 24. heures preſque un bruit égal. Les éclairs ſemblables à des flambeaux ardents éclairerent la nuit par une lumiere ſucceſſive juſques aux plus profondes tenebres; & il nous paroiſſoit au milieu de ces ſpectacles, que la machine du monde s'alloit détruire. Pendant le plus fort de la pluye, & que les nuages me parurent être plus bas, j'obſervai la hauteur du Barometre, je la trouvai de 27. poûces 7. lignes ½: baſſeſſe conſiderable, eu égard à la hauteur à laquelle le Mercure étoit monté le 20. qui marquoit un temps extraordinaire. Le 23. les vents s'étant tirez le matin à l'Oueſt, les tonnerres & la pluye ceſſerent. Ayant recommencé ſur les neuf heures du ſoir, un vent de Sud violent qui ſe leva tout d'un coup le matin du 24. chaſſa les nuages, & nous ramena le beau temps.

OBSERVATION

d'une Colomne de lumiere.

LE Ciel étant clair le matin, je deſcendis ſur le bord de la riviere de la Plata, où j'allai pour obſerver de combien les eaux étoient augmentées. Pendant ce temps-là, le Soleil ſe levant ſur l'horiſon des eaux de la riviere, je vis ſur cette partie du Ciel de petits nuages blanchâtres, fort foibles, étendus en long, qui laiſſoient voir entre de petits intervalles qu'il y avoit entre eux, le fond d'un Ciel d'un beau bleu celeste. Trois minutes après que le bord superieur du Soleil fut sorti hors des eaux, le bord inferieur ne paroissant pas encore s'en détacher, j'en fus surpris, & je m'attachai de voir à quoy se termineroit cette apparence. Le Soleil continuant sa course, laissa au dessous de son bord superieur une colomne de lumiere, passant toûjours par le même vertical que le corps du Soleil, dont la baze s'appuyoit sur l'horison de la riviere, & le bord inferieur du Soleil étoit si bien confondu dans la lumiere de cette colomne, qu'on ne pouvoit nullement l'en distinguer. Cette colomne renfermée entre deux paralleles, dont la distance étoit le diametre du Soleil, resta de même jusques à la hauteur de six degrez. Ensuite elle changea de figure, & devint un Cone, en s'élargissant par sa baze, appuyé toûjours sur l'horison de la riviere, ayant pour sommet le bord superieur du Soleil. Je ne distinguai le bord inferieur du Soleil, que lorsque cette colomne commença de changer de figure. Les nuages qui causoient cette représentation par la refléxion de la lumiere, se rarefierent, & disparoissant peu à peu, cette lumiere s'affoiblit; & d'abord que le Ciel fut entierement serain, le corps du Soleil resta fort clair, & ses bords parfaitement bien terminez.

1708. Aoust.

Ce phenomene si singulier surprit tous ceux qui le virent, ne pouvant pas comprendre la cause de cette colomne, ne s'appercevant pas des foibles nuages répandus dans l'air, ils croyoient en effet que le Soleil s'étoit allongé, & qu'il alloit laisser derriere luy une trace de lumiere. Monsieur de la Hire, de l'Académie Royale des Sciences, connu par les sçavans ouvrages qu'il a donnez au Public, observa un phenomene presque semblable, à cela près, que la colomne de lumiere avoit pour baze le même corps du Soleil, comme il rapporte dans les Memoires de l'Académie Royale des Sciences de l'année 1702. où il remarque que feu le sçavant Monsieur Cassini observa le 18. de Février de l'année 1692. une même lumiere, & qu'il a dit que ce phenomene est si rare, qu'il n'en avoit vû qu'un autre de même en l'année 1672.

1708.
Aouſt.

DESCRIPTION

d'un Monſtre né d'une brebis.

S'Il n'y a rien dans la nature qui ne garde un ordre reglé dans l'obéïſſance des loix qu'elle a établies, on ne doit pas l'accuſer de déreglement & d'impuiſſance dans la production des monſtres, parce qu'elle ſemble s'égarer de ſes loix ordinaires, en donnant naiſſance à des individus auſſi défectueux, que celuy qui eſt repréſenté icy, & qui prit naiſſance d'une brebis. Dans un cas ſi ſingulier la nature nous fait comprendre qu'elle peut, quand il luy plaît, faire des prodiges dans les animaux, ſoit par une ſorte de mélange des differentes eſpeces, ſoit par la force de la fantaiſie ou de l'imagination.

Le monſtre dont on voit icy la figure, parut à Buenos-Aires le 26. du mois d'Aouſt. Le contraſte de trois reſſemblances qu'il avoit avec un enfant, un cheval, & un veau, ſurprit étrangement tous ceux qui le virent. Je le demandai à celuy qui me le montra, dans le deſſein d'en examiner toutes les parties, & d'en faire un fidele rapport; mais il ne voulut jamais me l'abandonner. Je l'examinai d'aſſez près, & j'en deſſinai, ſans qu'on s'en apperçût, les traits principaux. D'abord que je fus retiré dans ma chambre, ayant dans mon imagination les eſpeces toutes fraîches de ce monſtre, elle me fournit ce qui manquoit au deſſein que j'en avois commencé. Je le finis entierement, & le repréſentai enſuite en ſa couleur naturelle. Ce monſtre avoit onze poûces de longueur; il avoit ſur la tête un poil naiſſant, & ſur le reſte du corps une peau de couleur de chair liſſe, marquant que ce fœtus étoit venu au monde avant ſon terme; il avoit une tête d'homme, le deſſus du crane étoit ſperique, à la naiſſance de la partie ſuperieure du front ſortoit une corne mollaſſe, qui pendoit en bas, & cachoit un œil de taureau bien formé, qui étoit au milieu du viſage,

L. Feuillée Mathe. et Botan. Reg. delin. P. Giffart [illegible]

où nous avons le nez, & se terminoit un peu au dessus de la lévre superieure; je ne la dessinai pourtant pas si longue, pour ne pas cacher l'œil qu'avoit ce fœtus. Le front étoit parfaitement proportionné, il n'avoit pas de nez, sa bouche étoit placée comme à nous, le menton de même; les oreilles à côté de la tête étoient semblables à celles d'un cheval, de même que le col, & tout le reste du corps ne differoit pas de celuy d'un veau. La figure qui le représente icy, gravée sur l'original, en démontre regulierement toute sa forme exterieure. 1708. Aoust.

Je crus par la disposition de la tête de ce fœtus, que quand même il seroit venu à terme, il n'auroit pas vécu, puis qu'il n'auroit pas pû entierement joüir du privilege de la respiration, le nez luy manquant. Il est vray qu'on ne sçait pas les raisons qu'avoit eu la nature, ce celebre Anatomiste ne luy en donnant pas; elle pouvoit avoir suppléé à ce défaut par quelque autre endroit, que j'aurois peut-être decouvert, si le fœtus eût été à ma liberté, en en faisant l'Anatomie. Il sortit mort du ventre de la brebis, & l'on voyoit clairement par sa petitesse, qu'il n'étoit pas encore à terme.

DESCRIPTION
de la Ville de Buenos-Aires.

Buenos-Aires, d'où nous partîmes peu de jours après, doit sa premiere fondation à Pierre de *Mendoza*, envoyé par Charles V. avec huit cens hommes. Etant entré dans la riviere de la Plata, surpris de sa grandeur, il fit route vers l'Ouest. Arrivant après quelques jours de navigation à l'embouchure d'une petite riviere dont j'ai déja parlé, appellée par les Espagnols *Rio-chuelo*, il y moüilla; il fit descendre tous ses gens à terre dans le même endroit, où ayant trouvé une situation tres-avantageuse pour y bâtir une Ville, il le proposa à son Equipage; & d'un commun accord ils commencerent d'en jetter les premiers fondemens en l'année 1535. L'ambition de regner

1708. Aoust. rendit bien-tôt cette nouvelle Ville deserte. Ses premiers fondateurs se laissant emporter aux extravagances de cette cruelle passion (qui fit autrefois sacrifier à Agamemnon, dans le port d'Aulide, la belle Iphigenie, pour appaiser les Dieux.)

Horace, *lib.* 2. *Sat.* 3. ——————— *placavi sanguine divos.*

se désunirent bien-tôt; & forcez de l'abandonner, ne voulant se rien ceder les uns aux autres, ils allerent habiter ailleurs. Cette Ville demeura déserte jusques à l'arrivée de *Cabeça di Vaca*, qui y amena en 1542. une nouvelle Colonie, qui la rétablit. Ceux-cy maltraitez, & souvent attaquez des naturels du pays, l'abandonnerent une seconde fois, & elle ne fut rebâtie de la maniere qu'on la voit aujourd'huy qu'en 1582. Elle est située dans une vaste plaine, dans la Province des Sauvages, appellez vulgairement *Morocotes*; elle est élevée sur le plan de *Rio-Chuelo* de quatre à cinq toises. La hauteur du Pole Antartique, comme j'ay déja remarqué dans les observations que j'y fis, est de 34d 34′ 38″

Ses rues sont tirées au cordeau, elle est longue & étroite; la Paroisse qui est au milieu de la Ville est une fort belle Eglise. On voit encore hors de la Ville une autre petite Eglise qui sert de Paroisse aux naturels du pays. Outre ces deux Paroisses il y a quatre Maisons Religieuses, qui sont les Religieux de l'Ordre de Saint François, ceux de S. Dominique, de la Mercy, & les Peres de la Compagnie de Jesus; ceux-cy ont le College, où ils élevent avec grand soin la jeunesse, & toûjours zelez pour attirer les ames au Seigneur, font tous les jours de nouvelles conquêtes à Jesus-Christ. Ils ont déja ramené dans le sein de l'Eglise la plus grande partie du Paraguai, où ils vont s'exposer sans crainte à la fureur de ces peuples cruels, qui étoient Antropophages avant les Missions de ces Peres. Enfin ils ont trouvé le moyen de détruire toutes ces cruautez aux depens de leur propre vie. Il y a au milieu de la Ville une grande Place quarrée, qui a sur un de ses côtez un Fort bâti sur le bord de *Rio-Chuelo*. Le côté du Fort qui luy fait face est compofé de deux demy baftions, qui ont vers le milieu de leur courtine un angle faillant, & une porte au même endroit, qui a communication à *Rio-Chuelo*. Du côté de la Place il y a deux baftions fort petits, munis de quelques pieces de canons de fonte. Au-delà du foffé, au milieu de la Courtine, on voit un petit Ravelin qui couvre la grande porte du Fort qui communique à la Place. En dedans du Fort il y a à un de fes côtez l'appartement du Gouverneur, où il fait ordinairement fa demeure; dans un autre font les magafins; à celuy qui eft du côté de la Place eft la Chapelle & les barraques ou hutes des foldats de la garnifon. Les remparts font prefque tous bâtis de quarrez longs de terre graffe qu'on fait fecher au Soleil, d'un pied & demy de longueur, & de demy pied d'épaiffeur, appellez par les Efpagnols *Tapia*. Les maifons ne font que d'un feul étage, couvertes de thuiles qu'on fait dans le pays à la maniere d'Europe; elles ont prefque toutes un jardin, où l'on voit de toutes les herbes que nous avons dans les nôtres, beaucoup de fleurs que nous n'avons pas, & quantité d'arbres fruitiers de même efpece de ceux que nous avons en Europe, & plufieurs autres particuliers au pays.

1708. Aouft.

Le bon air qu'on refpire dans cette Ville luy a fait donner par fes premiers habitans le nom de *Buenos-Aires*; elle eft éloignée de foixante-dix-fept lieües du Cap Sainte Marie, qui eft à l'entrée de la riviere de la Plata. Les faifons y font bien reglées, felon ce que j'en appris des habitans. L'Hyver eft extrémement pluvieux, les vents fort impetueux, & les tonnerres frequents. Le matin du 27. le tonnerre tomba fur le Maître-Autel de l'Eglife des Peres de S. François, pendant que le Sacriftain étoit à le couvrir; j'y avois celebré la fainte Meffe un moment auparavant; deforte que j'étois encore dans la Sacriftie à me deshabiller, lorfque j'entendis dans l'Eglife un grand bruit; j'y allai pour en apprendre la caufe, je trouvai devant l'Autel le Sacriftain à moitié mort, que le tonnerre, ou plûtôt la frayeur, avoit renverfé par terre, fans le bleffer. Les chaleurs y font exceffives en Efté, & fi on n'avoit pas un petit vent, qui fe leve

1708. Aoust. tous les matins sur les huit heures, elles seroient insupportables.

Le terroir est uni, on voit des plaines de chaque côté de la Ville d'une prodigieuse étenduë, si grasses & si fertiles, qu'elles suffiroient pour fournir à plusieurs Royaumes les grains & toutes les autres choses necessaires à la vie, si elles étoient cultivées. Les habitans de ces contrées sont peu laborieux, ils laissent ces belles campagnes incultes; & la nature se contente par la verdure qu'elle y entretient sans cesse, de faire voir de quoy elle est capable, si l'on secondoit ses intentions. On voyoit autrefois dans ces campagnes de belles vignes que les premiers habitans y avoient plantées, elles donnoient de tres-beaux raisins, dont on faisoit un vin tres-exquis; mais une grande multitude de fourmis, fort grosses, survinrent, qui ayant mangé tous ces fruits avant leur maturité, obligerent les habitans de les arracher; de sorte qu'on ne voit plus aujourd'huy que quelques treilles dans les jardins; l'on en conserve les fruits, en mettant autour de leurs pieds de l'eau dans des vases, pour empêcher ces insectes d'en approcher.

J'ai déja dit qu'on a à Buenos-Aires de tous les fruits qui sont en Europe, les plus communs & les plus abondants sont les pêches. Lorsque ces fruits sont meurs, on ôte leur peau, on coupe leur chair en forme de rubans, on les fait secher jusques à un certain degré, les joignant ensuite les uns contre les autres, on les serre fortement avec des boyaux de bœuf, & l'on en fait de gros saucissons que l'on conserve pour les provisions de l'Hyver. Pour les manger on ôte les boyaux, l'on hache en petits morceaux cette chair, on la fait boüillir dans un peu d'eau, dans laquelle on mêle du vin & du sucre, & l'on en fait une compote qui conserve un petit goût piquant qui la rend tout-à-fait agréable.

Toutes ces vastes campagnes sont remplies de bœufs, de vaches, de mules, de chevaux errans & sauvages, & d'une infinité de chiens qui y multiplient en si grand nombre tous les jours, qu'on y appréhendoit que leur multitude & leur ferocité n'interrompît le commerce qu'on qu'on avoit avec le Royaume de Chily. Ces animaux avoient déja devoré plusieurs voyageurs, & avoient commencé à rendre les chemins impraticables. Les habitans songeoient à les détruire; ils nous dirent que pour cela ils avoient envoyé prendre du poison en Europe, dans le dessein d'empoisonner la chair de plusieurs vaches, qu'ils esperoient tuer d'abord que le poison seroit arrivé, & qu'ils tâcheroient par cette voye-là de s'en délivrer pour ne pas devenir leur proye, & ne se voir pas tous les jours exposez à leur rage & à leur furie. 1708. Aoust.

Tous les bestiaux sont à grand marché, un cheval coûte ordinairement une piastre, qui vaut quatre livres de nôtre monnoye, un bœuf ou une vache demy piastre, &c. & ils ne coûtent rien à ceux qui veulent eux-mêmes se donner la peine de les aller prendre dans les campagnes. Les naturels du pays ont coûtume de conduire deux fois la semaine des troupeaux de vaches à la Ville. Pour assembler ces troupeaux de vaches sauvages, ils menent avec eux un grand taureau domestique, & l'exposent au milieu des campagnes, les vaches viennent l'environner; & d'abord qu'ils voyent qu'ils en ont le nombre qu'ils souhaittent, un ou deux de ces naturels, montez sur de bons coureurs, se mettent à la tête de la troupe, le taureau domestique les suit, accompagné de cette troupe de vaches; les autres naturels, montez de même, se tiennent sur le derriere & sur les aîles de la troupe, pour empêcher qu'aucune ne s'écarte. Pour n'en être pas insultez, ils portent en main de longues lances, armées à leur extrémité d'un fer en croissant ou demy-lune, d'un tranchant subtil, qu'ils leur présentent lors qu'elles s'approchent. Ils les conduisent de cette maniere dans un parc tout près de la Ville, entouré de pieux à hauteur d'homme, traversez par de longues barres, où les habitans se tenant en dehors, se rendent & choisissent sur la troupe celle qu'ils veulent acheter. D'abord qu'ils l'ont assignée & montrée à l'un des naturels qui les vendent, il ouvre la barriere qui ferme le parc, entre dedans à cheval, avec un grand lacet à la main, fait de peau de vache, & jettant ce lacet avec

1708. Aoust. une adresse admirable sur les cornes de la vache qu'on luy a designée, qui est quelquefois au milieu d'un cent, il le tire pour le ferrer. La vache prise par les cornes, & quelquefois par le col, faisant effort pour se degager, va vers l'endroit d'où elle se sent tirer. Le naturel sort par la barriere, tenant toûjours fortement son lacet, qu'il attache par précaution à la selle de son cheval; la vache le suit; un autre naturel qui se tient tout prêt, court après elle, & avec sa lance luy coupe les jarrets des jambes de derriere, qui tombant par terre, plusieurs se jettent à l'instant sur elle, & luy coupent la tête, qu'ils laissent pour les chiens avec toutes les entrailles. Alors celuy qui l'a achetée, la fait écorcher, & fait porter la viande chez luy.

Presque tous les meubles des maisons sont faits de peaux de vaches; j'ai vû des maisons où il n'y avoit pour tout lit qu'une de ces peaux étenduë, & même dans la chambre où je logeai, le lit n'étoit qu'une peau de vache. L'Estrade, qui est une espece de Sofa, où les femmes sont ordinairement assises, n'est pas composée d'autre matiere, leurs coffres, leurs sacs, tous leurs cordages sont de ces peaux, & les murailles de quelques maisons, & leurs couvertures sont aussi fabriquées de ces mêmes peaux.

La viande est plus abondante dans ce pays que le bois pour la cuire; l'on a un grand soin d'amasser les ossemens des têtes de vaches, après que les chiens en ont mangé la chair, on les fait secher au Soleil, & l'on s'en sert à chauffer le four pour cuire le pain. Il n'y a point de bois dans toutes ces campagnes; & quoy qu'elles soient extrémement fertiles en plantes, on n'y voit aucun arbre, qu'aux lieux où les nouveaux habitans en ont planté.

Les rivieres ne sont pas moins abondantes en poissons de differentes especes, que les campagnes le sont en bestiaux. On voit promener tous les jours dans les ruës, sur les sept heures du matin, trois ou quatre grandes charetes, chargées de poissons, dont le prix est fort modique. Je vis un matin dans une de ces charetes une belle Dorade, pesant environ trente livres; sa beauté me fit prendre la resolution de la dessiner. Je l'achetai, on me la vendit un Real, valant dix sols de nôtre monnoye; je la remis à un petit garçon pour la porter au Couvent, qui n'étoit pas à plus de cinquante pas, à qui il me fallut donner deux Riaux pour le port, le double du prix de la Dorade, encore n'étoit-il pas content. Les Religieux me voyant arriver avec ce gros poisson, me dirent qu'il n'avoit de bon que la tête, & qu'ils jettoient ordinairement le reste du corps; cependant après l'avoir dessiné, je trouvai que la viande avoit le même goût par tout le corps, & qu'il n'étoit pas tant à mépriser, qu'on avoit voulu me persuader. 1708. Aoust.

Les pêcheurs font ordinairement leur pêche à l'embouchure de *Rio-Chuelo*, qui est extrémement large, & où il y a peu d'eau. Montez sur leurs chevaux ils portent leurs filets assez loin, & leurs cordes étant amarrées à la selle, ils les tirent sur le sable, sans mettre pied à terre qu'au moment que les filets sont tous hors de l'eau, pour ramasser leur poisson. On en voit d'autres dont la maniere de pêcher est assez singuliere; ils ont la patience de se tenir à cheval au milieu de la riviere avec un roseau à la main, au bout duquel il y a un hameçon, attendant que les poissons viennent mordre; d'autres encore dans le même équipage se tiennent sur les bords, aux endroits où il y a beaucoup d'eau, où ils demeurent des heures entieres sans s'impatienter, quoy qu'ils ne prennent rien. Cette pêche me parut assez nouvelle, & cette nouveauté n'est pas moins particuliere que celle de monter à cheval pour aller allumer une lampe, ou chercher du feu chez ses voisins.

Le gibier n'y est pas plus cher que le poisson, j'ai vû donner pour un Real, ou dix sols de nôtre monnoye, six perdrix, dans un temps que six gros Vaisseaux moüilloient dans la rade, ce qui encherit ordinairement toutes les provisions de bouche. La chasse de ces animaux est assez singuliere, on la fait à pied & à cheval; d'abord qu'on a levé une perdrix, & qu'on l'a vuë remiser, sçachant où elle est, on n'a besoin ni de plomb ni de pou-

1708. Aoust.

dre pour la prendre, on n'a qu'à tourner autour d'elle; car en suivant de ses yeux le chasseur, elle s'ébloüit; & perdant la vûë, se laisse prendre assez souvent toute en vie à la main, ou tuer avec un bâton. Il y a des perdrix de plusieurs especes, les unes grosses comme les nôtres, mais d'un plumage different, & d'autres de la grosseur de nos poules, dont le plumage ne differe pas des petites, & des unes & des autres est presque semblable à celuy de nos perdrix grises. Les canards y sont aussi communs que les perdrix. Il y en a de plusieurs especes; leur grosseur est semblable à celle des nôtres, & leur goût n'en differe presque pas; ils sont extrémement gras, vivans dans les rivieres où le poisson est abondant, y trouvant sans peine de quoy se bien nourrir. On trouve dans les campagnes des Autruches & une infinité d'autres oiseaux differens de ceux que nous avons en Europe, dont je dessinai plusieurs, & les représentai dans un volume particulier, selon leurs couleurs naturelles: ce qui pourra un jour servir à l'Histoire des animaux de ce pays-là. Plusieurs particuliers de la Ville, & singulierement les Religieux, passant quelques momens dans ma chambre pendant que je m'occupois à dessiner, me firent differens contes sur le sujet des oiseaux qui se trouvent dans les montagnes fort éloignées de Buenos-Aires, où le Ciel est toûjours serain. Je n'en faisois pas beaucoup de cas, quoy qu'on me parlât fort naturellement. Il me paroissoit difficile de croire qu'il y eût dans les montagnes des oiseaux appellez par leurs habitans, oiseaux du Soleil, qui suivant tout le jour le cours de cet Astre, le conduisent avec des yeux fixes depuis son lever jusques à son coucher; & passant toute la nuit en larmes, privez des douces influences du Pere de la Nature, ne cessent de gémir jusques au moment qu'ils voyent son retour.

Ce ne furent pas les Religieux seuls, mais tous les gens de la Ville qui me confirmerent qu'ils avoient dans les campagnes fort éloignées de la Ville des serpens d'une prodigieuse grosseur, qu'on pouvoit monter comme un cheval, sans craindre qu'ils fissent aucun mal, & que même pour ne pas effrayer leur cavalier, ils n'osent pas détourner leur tête ni d'un côté ni d'autre, mais ils poursuivent leur chemin jusques à ce que le cavalier mette pied à terre. Sur le rapport du fait de plusieurs, il n'y avoit que le courage qui manquoit aux hommes, pour en faire tous les jours l'expérience.

1708. Aoust.

Enfin une infinité d'autres nouveautez surprenantes que je ne rapporte pas, ne les ayant pas vûës, ne laisseroient pas de faire plaisir aux crédules; mais je croirois faire beaucoup de tort à des matieres assez curieuses que je dois traiter icy, en mêlant des veritez avec des fables qui en diminueroient le prix parmy les Sçavans.

Je ne sçaurois passer sous silence le nombre d'especes d'Abeilles qu'on y trouve, suivant le rapport d'un Pere Jesuite, qui s'étoit attaché depuis plusieurs années à faire cette découverte, & qui s'y occupoit encore tous les jours. Ce Reverend Pere m'assura qu'il en avoit découvert trente-deux especes differentes, entre lesquelles il ne s'en trouvoit que deux faisant de la cire; que toutes les autres ne ramassoient que le miel des plantes; que chaque espece donnoit à sa ruche une forme ou figure particuliere, & que presque toutes faisoient leur demeure dans la terre, y construisant leur maison; ce qui est conforme à ce qu'en dit le Poëte:

Sæpè etiam fossis (si vera est forma) latebris
Sub terra fodêre larem, penitusque repertæ
Pumicibusque cavis, exesæque arboris antro.

Virgil. *lib.* 4. *Georg.*

Les distributions des Charges parmi ces animaux est une chose admirable; chaque ruche est une Republique, où les Loix que la seule nature y a établies sont exactement observées. On n'y souffre point de fainéantes; chaque Abeille y travaille selon l'employ pour lequel elle a été destinée; les unes y ont soin des vivres, les autres les vont ramasser à la campagne, & d'autres ont soin des petits, qu'elles élevent pour multiplier leur espece.

Les voyageurs qui vont de Buenos-Aires au Royaume de Chily, se servent ordinairement pour leurs voitures

1708. Aouſt.

de charettes fort commodes tirées par des bœufs. Ces charettes ſont d'une conſtruction particuliere; elles ſont fermées de tous les côtez par une cloiſon de planches, elles ont ſur le devant & ſur le derriere une porte qui ſe ferme à clef, elles ont auſſi ſur le devant une galerie où eſt le ſiege du cocher, & une autre ſur le derriere, où les voyageurs ſe vont délaſſer, & prendre l'air lors qu'ils ont été long-temps renfermez. Sur les côtez il y a des fenêtres pour la commodité des voyageurs, qu'ils ouvrent dans les grandes chaleurs, qui ſe font vivement ſentir dans ces vaſtes plaines où il n'y a que de l'herbe, & où l'on ne trouve aucun arbre. En dedans les voyageurs ont leurs lits, & ils y préparent même leur chocolat & leur mat, boiſſon qu'on fait en mettant dans une taſſe de l'eau boüillante avec du ſucre & de l'herbe ſeche qu'on apporte du *Paraguay*. On peut juger par-là de la grandeur de ces charettes. J'en vis une à Buenos-Aires, & un Marchand qui devoit partir dans peu de jours, me preſſa fortement d'en profiter, & de faire par terre le chemin que nous allions faire par mer, où il n'y avoit pas tant de riſques à courir. Le voyage n'en devoit pas être non plus ſi long, & il eſperoit que nous arriverions dans le Royaume de Chily avant que nôtre Navire fût au Cap de Hornn; mais comme ces charettes ne portent ordinairement les voyageurs que juſques à la Ville de *Mendoza*, qui eſt au pied de la Cordeliere, du côté de l'Orient, & qu'il faut enſuite prendre des mules pour paſſer de hautes montagnes qui ſont toûjours couvertes de neiges, au-delà deſquelles eſt le Royaume de Chily, & où le froid eſt exceſſif; je n'eus pas aſſez de courage pour m'y engager. Les charettes qui font ces voyages ont à leur ſuite ſoixante à quatre-vingt bœufs de rechange, dont quelques-uns ſervent dans la route pour la nourriture des gens. Ils en tuënt un tous les jours; ils prenent de la viande ce qui eſt neceſſaire pour leur proviſions, & abandonnent le reſte aux chiens qui ſont en grand nombre dans ces campagnes, comme j'ai dit ailleurs. Ils conſervent les peaux de ces bœufs, qui leur ſervent à paſſer les rivieres, en amarrant les unes contre les autres, après les avoir cousuës en forme de sac, & remplies de paille. On fait de ces peaux un espece de Radeau, sur lequel on met les marchandises, & on les passe de cette maniere d'un bord à l'autre, pendant que les bœufs passent les rivieres à la nage. 1708. Aoust.

REMARQUE SUR LES MARE'ES.

1. *Septembre.*

LEs vents d'Est soufflerent depuis le 28. du mois d'Août jusques au 30. Les eaux entrerent assez vivement pendant tout ce temps-là dans la riviere. J'avois planté un pieu sur ses bords, lorsque les eaux étoient les plus basses; ce que je marquai sur le même pieu. J'observai le 31. au matin que les eaux avoient monté au dessus de la marque que j'avois faite de 4. pieds 7. poûces. 1708. Septembre.

Cette élevation des eaux fut la plus grande de toutes celles que j'avois observées depuis mon arrivée; & m'étant informé des habitans qui avoient leurs maisons sur le bord de la riviere, si elle montoit dans quelque autre saison de l'année plus haut qu'elle n'étoit montée alors, ils m'assurerent que non; je trouvai le poids de leur équilibre de 2. onc. 3. drag. 24. grains.

Selon cet équilibre il y avoit dans ces eaux une sixiéme partie moins $\frac{1}{35}$ des eaux de la mer mêlées avec celle de la riviere; de sorte que la mer ne fait pas seulement remonter la riviere, mais elle monte avec elle; d'où l'on peut conclure que les marées doivent être fort grandes sur les côtes, puis qu'à Buenos Aires, qui est éloignée des côtes de 76. lieües, on trouve encore les eaux de la mer mêlées avec celles de la riviere, comme l'on vient de voir.

J'allai le matin prendre congé de Monsieur le Gouverneur; & après avoir remercié le Pere Provincial de l'Ordre de S. François, & tous ses Peres, desquels j'avois reçû tant d'honnêtetez, je partis pour me rendre à

1708. Septembre. nôtre canot, qui moüilloit à une lieüe de la Ville, où l'on m'attendoit. Je trouvai à la porte du Couvent la charette des Peres, qui voulurent absolument que je m'en servisse. Comme j'étois déja informé, qu'il ne faut pas refuser aux Espagnols ce qu'ils présentent, si l'on ne veut passer dans leur esprit pour des gens qui ne sçavent pas vivre; j'acceptai leur offre, & bien m'en valut; car je trouvai les chemins si boüeux, qu'à plusieurs endroits les bœufs en avoient jusques au ventre, & la charette jusques à l'essieu des roües. Etant arrivé où je devois m'embarquer, le Negre qui m'avoit conduit, me remit de la part du Pere Provincial demi-douzaine de gros saucissons de pêches, dont j'ai déja parlé: nouvelle obligation, dont je ne pûs témoigner ma reconnoissance qu'à celuy qui me les remettoit.

J'arrivai à bord sur les deux heures après midy. Le matin, les vents qui étoient les jours précedents vers l'Est, se tirerent au Sud-Ouest. La journée fut belle; & le Soleil ayant paru beau à son coucher, j'observai à bord avec la même boussole dont j'avois observé à terre, son Amplitude occidentale, qui donna la declinaison de l'Aiman de $15^{d}\ 45'$, égale à celle que j'avois observée à la Ville.

Pendant que j'observois l'Amplitude, un de nos matelots prit une carpe pesant dix-huit livres; je la dessinai, & la représentai le lendemain avec ses couleurs naturelles. Sa longueur depuis l'extrémité de sa tête jusques à la naissance de sa queuë étoit de deux pieds huit poûces. Les écailles dorées étoient de la largeur d'un quart d'écu, le fond des yeux entourez d'un grand cercle, couleur d'or, étoit noir; ses dents émoussées, adherantes à l'os de la mâchoire, avoient deux lignes de longueur, & une de largeur. Ce que nous y trouvâmes de plus agréable & de meilleur, fut, qu'elle étoit d'un goût excellent; & nos Officiers avoüerent qu'elle valoit beaucoup mieux que le meilleur mouton, & que plusieurs autres viandes qu'ils avoient mangé dans le pays.

11. Sept.

11. *Septembre.*

Nous eûmes de grands tonnerres, accompagnez de pluyes extraordinaires, qui ne cesserent que le lendemain 3. qu'on commença de préparer le Navire, rangeant les provisions qu'on faisoit actuellement à Buenos-Aires, pour le mettre en assiette; & n'ayant plus d'ennemis à craindre, on mit le canon à fond de cale pour débarrasser le pont. On avoit dessein de descendre la riviere; mais ayant encore à la Ville des provisions qu'on y avoit achetées, il fallut attendre necessairement un temps favorable pour les aller chercher. Pendant ce retardement, nos matelots passant leur temps à la pêche, prirent plusieurs poissons fort curieux, j'en dessinai une partie.

Ce même jour on prit une poule d'eau, des plus belles que j'eusse vûës jusques alors. Sa beauté me donna occasion de la décrire, de la dessiner, & de la représenter dans mon Histoire des animaux au naturel.

DESCRIPTION

d'une Poule d'eau.

CEtte Poule d'eau avoit le bec jaune, teint vers sa racine de couleur d'aurore, & ouvert par deux narines assez fenduës. Le dessus de sa tête étoit couvert d'une calotte charnuë de couleur d'écarlatte fort vive. Elle avoit sur la racine du bec un petit *tubercule* élevé, & sur le derriere de la tête deux grandes charnures. Ses yeux étoient grands, d'un beau rouge, situez au milieu d'une grande joüe nüe & bleuâtre, ornez d'une belle prunelle d'un noir luisant. On voyoit sous son bec une petite crête charnuë & pendante, semblable à deux petits mammelons, dont la couleur ne differoit pas de celle de la calotte qu'elle avoit sur sa tête.

Ses jambes étoient courtes, & ses pieds cartilagineux,

1708. Septembre. semblables à ceux des canards; leur couleur d'un jaune pâle, armez de petits ongles; sa queüe fort courte, ne passant pas au-delà du bout des aîles.

Son col étoit long, d'un beau verd sur le derriere, & tout son manteau de la même couleur. Les principales ou grandes plumes des aîles étoient mêlées d'un bleu d'azur cendré, & d'azur tout pur. On voyoit son parement de la même couleur, qui continuoit jusques à la naissance des cuisses; là commençoit un beau blanc, qui s'alloit terminer au dessous de la queüe; les plumes des cuisses étoient aussi blanches, & celles de la queüe d'un jaune couleur d'or.

VIII. *Septembre.*

Nous nous trouvâmes dans un grand calme, le Ciel fut clair & serain; & quoy qu'en Hyver, la chaleur ne laissoit pas de se faire sentir. Je voulus faire dans ce grand calme l'expérience du Barometre. Je remplis un tube de vif argent; étant plein, je le renversai dans un vase de la maniere que j'ai déja dit; mais bien que le Navire parût sans mouvement, je luy en remarquai pourtant un au vif argent, qui ne fut pas d'une grande consequence, puis qu'il ne s'éleva ni ne se baissa pas plus de deux lignes. Cependant voyant cette observation douteuse, je ne voulus pas la rapporter dans mon Journal, ayant resolu au commencement de mon voyage de ne rien écrire dont je ne fusse pleinement convaincu ou par l'expérience ou par la demonstration. La nuit suivante nous eûmes un temps bien opposé à celuy que nous avions eu le jour. Les vents de Sud-Ouest se déchaînerent, le tonnerre ne cessa de gronder, l'air étoit tout en feu, les éclairs portoient leur lumiere jusques dans le fond des Navires, les eaux de la riviere élevées jusques aux nües, nos ancres ne pouvant pas resister à la tempête, tous nos Vaisseaux chasserent; & si ce temps si épouventable eût duré une heure de plus, nos Vaisseaux se seroient brisez les uns contre les autres, sans pouvoir les en garantir, & les équipages auroient infailliblement peri. Cette tempête ne cessa que lorsque le vent de Sud-Ouest calma ; elle nous laissa dans de grands embarras, nos cables s'étoient mêlez les uns dans les autres, & nos Equipages eurent une peine incroyable pour les démêler.

XIX. *Septembre.*

Comme l'on n'attendoit que le beau temps pour partir, je ne sortis plus du Navire, appréhendant, si je retournois à terre, que les vents ne devinssent contraires pour revenir à bord, & favorables pour descendre la riviere. Je passai tout ce temps-là à dessiner quelques poissons, que nos matelots, devenus alors tous pêcheurs, m'apportoient de temps en temps, & singulierement lors qu'ils en prenoient quelqu'un qui leur paroissoit particulier.

Entre plusieurs de ceux que je dessinai, il y en avoit un d'une espece presque semblable à celle que nous avons dans la Mediterranée, & que j'avois vû à *Thessalonique*, Ville de Macedoine, que les Grecs du pays appellent φλασκόψαρος.

DESCRIPTION D'UN POISSON,

appellé par les Grecs φλασκόψαρος.

CE poisson change de figure, lors qu'il est en mouvement, & qu'il est irrité ; il devient alors tout rond. Il avoit dans sa figure naturelle un pied de longueur, & trois poûces & demy d'épaisseur. Il est semblable à une pantoufle pointuë, ou au corps d'une grenoüille, tronqué des bras & des cuisses. Son corps est court & pointu, & sa tête plate & émoussée ; ses yeux grands & élevez, comme ceux des grenoüilles, sont ronds, d'un bleu obscur, & entourez d'un cercle argenté, mêlé de quelques taches noires. Tout son corps est herissé de piquans osseux, blancs, larges dans leur origine, pointus à leur extrémité, & couverts d'une

1708. Septembre. peau jusques auprès de leur pointe : ces piquans leur tiennent lieu d'écailles. Ceux qui sont sur les flancs & sur le front sont presque la moitié plus longs que les autres, qui sont parsemez sur tout le reste du corps, ils ont un poûce & demy de longueur, & les autres n'ont que cinq à six lignes ; ces piquans haussent & baissent, & font les mêmes mouvemens que font ceux de nos herissons d'Europe.

Ce poisson sans écailles, comme je viens de dire, a son corps couvert d'une peau grise, cartilagineuse, molle, & visqueuse, qui enveloppe aussi ses piquans, parsemée sur le dos, ou sur sa partie superieure de taches noires, & elle est toute blanche au dessous du ventre, ou partie inferieure.

Ses quatre nageoires sont d'un gris bleuâtre, de même que sa queüe, ou verd fort obscur mêlé de jaune.

Deux de ses nageoires sont situées immediatement après les oüies ; pour les deux autres, l'une est d'abord après le dos, assez près de la queüe, & l'autre qui est au dessous luy est opposée. Sa queüe est presque en demy rond, épaisse & cartilagineuse.

Ce poisson irrité gronde comme un cochon, & se remplissant de vent, devient tout rond, & ressemble à un balon herissé de piquans. Son corps n'a de charnu que sa partie superieure, & cette charnure ne s'étend que le long de l'épine du dos, ou des vertebres, depuis le derriere de la tête jusques à la queüe.

Sa peau est fort épaisse, & toute tapissée en dedans d'une membrane tres-déliée, remplie d'une infinité de petites vessies semblables à de petites cellules. Outre cellecy on en voit encore deux autres, dont l'une peut être comparée au Peritoine, & l'autre à l'Epiploon.

La premiere de ces deux membranes, ou Peritoine, est fort vaste, semblable à une grande poche à double fond, l'orifice de laquelle répond à une ouverture ronde situé au devant de la nageoire inferieure, d'une grandeur à y pouvoir introduire le doigt *Index*, jusques à la capacité de la poche qui renferme dans son double fond.

La seconde membrane, ou Epiploon, attachée à la

grande poche le long de l'Interstice, contient dans sa capacité tous les intestins, & singulierement un grand foye, tout joignant le cœur, composé d'un seul lobe, d'une chair, ou Paranchime fort tendre, remplie d'un sang obscur, dont il tire sa couleur rouge aussi obscure.

Je remarquai que ce poisson a ses oüies simplement percées, sans frange ni découpure, comme on voit dans presque tous les autres poissons tant de mer que de riviere; mais à la place de cette frange (que les Anatomistes Physiciens assûrent être les poûmons des poissons) j'ai observé que celuy-cy a deux lobes attachez immediatement sous l'épine du dos, l'un d'un côté, & l'autre de l'autre, que j'ai crû assurément être les poûmons.

J'ai encore remarqué une autre espece de bourse située sous ces deux lobes, semblable à un double cœur composé d'une membrane tres-forte, ayant à sa tête un petit orifice, bien fermé par une valvule interieure, laquelle étant remplie de vent, on n'en sçauroit évacuer la moindre partie, quoy qu'on la presse.

Le même jour 19. sur les 7. heures & demy du soir, Antarez, ou le Cœur du Scorpion, étoile de la premiere grandeur, n'étoit éloigné du bord obscur de la Lune que d'environ quatre de ses diametres, & de la pointe de la Corne septentrionale, que d'un tiers de l'arc non éclairé de la Lune. Un nuage survint à la même heure, & nous cacha Antarez & la Lune, qui ne parurent plus de toute la nuit.

J'observai le 27. l'Amplitude occidentale du Soleil, qui donna la declinaison de l'Aiman de 15^{d} 40' au Nord-Est. J'allai ce jour-là dans un petit Navire, dans lequel je vis des cochons assez singuliers. Tout leur corps couvert d'une soye de differentes couleurs, formoit des rayes blanches, jaunes & isabelles, prenant leur origine à la tête, & se terminant vers la queüe. Ce mélange de couleurs sur ces animaux me parut fort particulier : pour la construction de leur corps, elles ne differoient pas de celle des autres de leur espece.

1708.
Octobre.

I. *Octobre.*

Depuis le 19. du mois de Septembre les vents furent fort inconſtans. Le jour précedent on avoit paſſé nos mâts de hune, qu'on avoit calé le jour que nous moüillâmes, pour prévenir quelque dématement, ayant déja quelques expériences des mauvais temps qui regnent en Hyver dans cette riviere. Un coup de vent nous obligea le 3. de les dépaſſer, il ne fut pas de durée ; cependant on reſolut de ne les mettre en place que lors qu'on verroit le temps propre à deſcendre, & qu'on auroit entierement terminé toutes les affaires qu'on avoit à la Ville.

IX. *Octobre.*

Nous eûmes toutes ſortes de temps. Quatre ancres que nous avions dans la riviere ne pûrent pas reſiſter à un grand vent de Sud-Oueſt qui ſe leva ſur les huit heures du matin, qui nous fit chaſſer. Il ceſſa peu de temps après, & nous demeurâmes aſſez tranquilles juſques au onziéme, qu'un vent violent de Sud-Eſt ayant agité les eaux de la riviere, on voyoit des lames auſſi élevées que celles du milieu de l'Ocean dans une grande tempête.

XVII. *Octobre.*

Sur les cinq heures du matin nous appareillâmes par un vent de Nord-Oueſt, pour deſcendre la riviere. Nous rangeâmes environ de deux lieües de diſtance les côtes de Sud, terres baſſes & plates. Nous trouvâmes dans cette route, ſondant continuellement, appréhendant de rencontrer quelque banc de ſable, quatre à cinq braſſes d'eau. Il faut neceſſairement avoir la ſonde en main dans cette riviere pour éviter le banc *Ortis*, & d'autres qui s'y rencontrent. Il n'y a ſur la côte aucun ſignal, & il eſt aſſez ſurprenant que les Eſpagnols, qui ont fondé depuis plus de cent ſoixante-dix ans la Ville de *Buenos-Aires*, n'ayent pas bâti quelques tours ſur cette côte, qui leur serviroient de signal, en leur marquant les routes que les Navires doivent tenir en montant & en descendant, pour n'être pas tous les jours exposez à échoüer, comme il leur arrive. Les grandes pluyes des jours passez avoient fait déborder la riviere. Ce debordement nous favorisa, augmentant le fond environ d'une brasse. Les eaux étoient fort troubles, & nous cacherent le corps d'un homme que nous rencontrâmes, dont nous ne vîmes que la tête & ses cheveux épars sur les eaux, qui apparemment s'étoit laissé surprendre à quelque torrent qui l'avoit emporté dans la riviere. Sur les trois heures aprés midy les vents se tirerent à l'Est, opposez à nôtre route, ils nous obligerent de moüiller, & d'attendre leur retour sur nos ancres.

XVIII. *Octobre.*

Les vents de Nord-Ouest revinrent dans la nuit, & nous firent appareiller de grand matin. Un Pilote du pays, qu'on avoit pris pour nous descendre la riviere, nous faisant observer dans la route la même distance des côtes du jour précedent, nous nous trouvâmes tout d'un coup à trois brasses & demy. Ce changement de fond si subit, dans un temps auquel les grandes pluyes avoient augmenté les eaux d'une brasse, nous allarma; il nous marquoit que nous avions perdu le chenal, & que nôtre Pilote n'étoit pas plus habile que nous; ce qui nous obligea à faire la même manœuvre que nous avions faite en montant. Nous mîmes donc nôtre chaloupe & nôtre canot sur l'avant; ceux qui étoient dedans nous marquoient, en sondant, la route que nous devions tenir, & nous les suivions de loin. Les vents ayant changé sur les trois heures aprés midy, se rangeant vers l'Est, entierement contraires, nous firent moüiller.

XIX. *Octobre.*

Jamais temps ne fut plus favorable; le vent d'Est ayant calmé le soir du 18. revinrent le lendemain à l'Ouest-

1708. Octobre. Nord-Oueſt, ſoufflant d'une égalité admirable, les eaux n'en furent pas émûës. Peu de temps après avoir appareillé, nous fûmes reduits à trois braſſes, nôtre Navire demandoit quinze pieds d'eau; de ſorte qu'il n'en reſtoit plus que deux pieds ſous la quille. Heureuſement le vent étoit petit, les eaux n'étoient point agitées; le Navire pouſſé par une force égale, n'ayant pas d'élancemens, décrivoit par ſa quille une ligne parallele au lit de la riviere; & ſe ſoûtenant toûjours à la même diſtance de ce lit, juſques à une heure après midy que le fond augmenta, il nous affranchit d'un échoüement que nous croyions inévitable. Un moment après cette augmentation, la Vigie du grand mât cria, qu'il voyoit *Monte-Video*, qui étoit de l'autre côté de la riviere, où nous allions moüiller. On luy porta un compas pour le relever; & l'ayant trouvé au Nord-Eſt, nous mîmes le Cap deſſus, aſſurez que nous laiſſions ſur l'arriere le banc *Ortis*, & que nous n'avions plus rien à craindre. Sur les quatre heures du ſoir nous découvrîmes un Navire à l'ancre; les vents d'Oueſt-Nord-Oueſt fraîchirent, & ils nous en approcherent bien-tôt.

Tout occupé dans nôtre deſcente de la crainte d'un échoüement, je ne ſongeois plus aux experiences de l'équilibre des eaux. D'abord que je m'en vis affranchi, mes premieres idées ſe repréſenterent; j'allai prendre mon Areometre; & l'ayant plongé dans un grand vaſe plein d'eau de la riviere, je trouvai ſon équilibre de 2. onc. 3. drag. 17. gr.

Cette expérience ſervit de preuve aux antecedentes, & démontroit évidemment que les vents d'Oueſt étoient directement oppoſez aux marées; & empêchant la mer d'entrer dans les rivieres, conſervoit ſes eaux dans ſa pureté; de ſorte qu'on ne trouvoit en elles aucun mélange.

Nous moüillâmes ſur les ſix heures à une lieüe au large de *Monte-Video*, proche du Navire que nous avions découvert. Nous apprîmes par les gens du canot, que le Capitaine nous envoya, qu'il venoit de S. Malo, qu'il étoit commandé par Monſieur Porée, allant comme nous à la à la mer du Sud ; & qu'ayant trouvé à la hauteur des Isles *Sebaldes* un tres-mauvais temps, il avoit été obligé de relâcher, & de venir chercher la riviere de la Plata, pour y attendre la belle saison. On donna à ces gens des rafraîchissemens. Le scorbut, maladie tres-dangereuse sur mer, étoit sur ce Navire. Comme elle se communique facilement, & qu'elle est à craindre, nôtre Capitaine pria l'Equipage de n'avoir aucun commerce avec les gens de ce Navire; ce qu'on executa, se trouvant tous également interessez dans cette recommandation. 1708. Octobre.

Le jour finit comme il avoit commencé; je mis au coucher du Soleil ma petite pendule à l'heure qu'elle devoit marquer, trouvée par le calcul, esperant qu'elle me pourroit servir dans la nuit, si elle continuoit d'être claire, ayant prévû que la Lune passeroit fort proche de quelques étoiles de la constellation du Sagittaire.

A $7^h\ 9'$ du soir j'observai, que la corne septentrionale de la Lune composoit avec deux étoiles de la constellation du Sagittaire, un triangle rectangle, l'angle droit duquel s'appuyoit sur la même corne. Le grand côté ou hypotheneuse de ce triangle étoit un arc de grand cercle qui passoit par les centres de deux étoiles, dont la plus occidentale de la cinquiéme grandeur, marquée par Bayer φ, est à la fléche proche de la main du Sagittaire, & l'Orientale de la quatriéme grandeur, marquée par le même ζ, est à la main Boreale. Celle-cy paroissoit à la vüë simple éloignée de la corne septentrionale d'un diametre & deux tiers de la Lune. Ce côté du triangle connu & l'hypotheneuse, qui étoit la distance entre les centres des deux étoiles, on pouvoit facilement par la 47. *prop. du* 1. *d'Ecul.* connoître le troisiéme côté. La connoissance de ce triangle donnoit dans le Ciel le lieu vû de la Lune & le temps de sa conjonction avec ces étoiles; qui étant comparée avec le temps que la même conjonction devoit arriver à Paris, pouvoit donner quelque connoissance de la difference en longitude entre cette Ville & *Monte-Video*; ce qu'on pouvoit trouver de la maniere que j'ai expliqué cy-dessus.

1708. Octobre.

XX. *Octobre.*

On descendit à terre le matin, pour y aller chercher un lieu commode à y dresser des tentes, & construire des fours pour faire du biscuit, appréhendant que nos provisions ne manquassent, si nous eussions trouvé malheureusement des vents contraires qui nous eussent arrêtez long-temps dans nôtre traverse. On trouva dans l'ance de *Monte-Video*, sur le bord de la riviere, un lieu plat, ayant à côté une ravine dans laquelle naissoit une fontaine d'eau claire. Jugeant donc ce lieu propre au dessein qu'on avoit, on s'y arrêta, & on commença dès ce même jour à dresser des tentes. Le canot revint le soir, les matelots nous rapporterent tout ce qui s'étoit passé dans leur petit voyage; ils nous apprirent qu'ils avoient abordé le matin dans une petite Isle, où ils avoient trouvé une si grande quantité de nids d'oiseaux, cachez dans les herbes, hautes jusques à la ceinture, qu'il étoit impossible d'avancer un pas sans mettre le pied sur quelqu'un, qu'ils en avoient rempli le canot à moitié de toutes sortes d'âge, les uns ne faisant que de naître, d'autres plus âgez étant encore dans leurs nids, d'autres qui en étoient sortis, couroient pour se cacher dans les herbes, & ceux qui pouvoient voler, se levant dans les airs tout épouvantez, accompagnez de leurs peres & de leurs meres, couvroient le Ciel par leur multitude, & poussoient de si grands cris, qu'ils faisoient retentir toute la campagne.

XXI. *Octobre.*

La chaloupe partit à la pointe du jour, pour porter les provisions necessaires à ceux qui étoient restez à terre; je m'embarquai avec mes instruments, & je trouvai, à mon arrivée, les tentes dressées dans le fond de l'ance dont j'ai déja parlé, où l'on voit deux rivieres venant des vastes plaines du Bresil, abondantes en poissons d'une infinité de differentes especes. C'est dans une de ces rivieres, où nous allions assez souvent jetter nos filets, que je trouvai des poissons singuliers. J'ai eu soin de les dessiner dans l'Histoire des animaux ; je ne trouvai pas à ces poissons le même goût qu'avoient ceux de la riviere de la Plata ; leur chair étoit fade, mollasse & d'un blanc sale, ce que j'attribuai à leur nourriture ; car cette riviere étant fort fourbeuse, & ne produisant dans son lit aucune plante, ces animaux sont obligez de se nourrir de ce qu'ils rencontrent dans cette bouë. 1708. Octobre.

XXIII. *Octobre.*

Je couchai la nuit précedente dans une de nos cabanes ; le matin, après avoir celebré la Sainte Messe, je verifiai mon quart de cercle, que je trouvai dans le même état que je l'avois embarqué à *Buenos-Aires*, c'est-à-dire, qui donnoit encore deux minutes de trop, ausquelles il falloit avoir égard dans les observations, en les retranchant des hauteurs observées.

OBSERVATIONS

Faites dans la Baye de Monte-Video, sur les bords de la riviere de la Plata, pour en déterminer la latitude.

LE 23. hauteur meridienne apparente du bord superieur du Soleil,	67^d	3$'$	0$''$
Quart de cercle,		2.	
Premiere Correction,	67.	1.	0.
Refraction moins la Parallaxe,			21.
Hauteur corrigée,	67.	0.	39.
Demi-Diametre du Soleil,		16.	15.
Hauteur du centre,	66.	44.	24.
Declinaison Australe,	11.	36.	24.
Hauteur de l'Equateur,	55.	8.	0.
Donc la hauteur du Pole de *Monte-Video* est de	34.	52.	0.

1708. Octobre.

XXIV. *Octobre.*

Hauteur meridienne apparente du bord superieur du Soleil,	67d 24' 30"
Quart de cercle,	2. 0.
Premiere Correction,	67. 22. 30.
Refraction moins la Parallaxe,	21.
Hauteur corrigée,	67. 22. 9.
Demi-Diametre du Soleil,	0. 16. 15.
Hauteur du centre,	67. 5. 54.
Declinaison Australe,	11. 57. 23.
Hauteur de l'Equateur,	55. 8. 31.
Donc hauteur du Pole de Monte-Video	34. 51. 29.

Nos Maſſons qui travailloient ſans relâche depuis le moment qu'ils deſcendirent à terre, mirent après midy la derniere pierre à leurs fours; ils commencerent le ſoir d'y allumer du feu pour les ſecher, & on n'y fit du pain que deux jours après. Les pierres qui ſervirent à leur conſtruction ſe trouverent dans l'ance ſur les bords de la riviere. Leur plus grande partie, expoſée au feu, ſe réduit en petites lames dorées, qu'on convertit facilement en poudre, conſervant ſa même couleur. Tout le fond de l'ance eſt un rocher plat tout de la même pierre, traverſé par des bandes d'un marbre blanc fort dur, de deux pouces de large, allant d'Eſt à Oueſt, penétrant ces rochers depuis leur ſuperficie juſques aux fondemens.

Je remarquai, en creuſant dans la terre, près du rivage, qu'à deux pieds au deſſous de ſa ſuperficie on rencontroit un lit de coquillage allant fort avant, que je crus être encore des effets du déluge.

Je paſſai preſque tout ce jour-là à faire un jardin le long de la Ravine, qui étoit à côté de nos tentes. Après avoir arraché les méchantes herbes, & mis cette terre en état de recevoir de nouvelles ſemences dans divers compartimens, dans un je ſemai des laituës, dans un autre du perſil, &c. & dix à douze jours après nous commençâmes de manger des salades, des petites raves, dans la suite des choux & plusieurs autres plantes, qui m'indemniserent de mon travail. Pour les plantes plus tardives dans leur production, nous les laissâmes à ceux qui resterent après nous, ou qui pourroient venir dans la suite; car la terre étant une fois ensemencée, les graines germent dans leur saison, & la nature leur donne leur accroissement, & en conserve l'espece. 1708. Octobre.

La nuit suivante nous eûmes des vents de Sud-Sud-Est froids, & de petites pluyes qui ne passerent pas heureusement à travers de nos tentes, composées des voiles du Navire. Tous nos animaux qu'on avoit descendus à terre, sensibles au froid & à la pluye, se retirerent la nuit dans nôtre tente. Elle devint une nouvelle arche, dans laquelle on voyoit des bœufs, des moutons, des cochons, des poules, des canards, des poules-d'Indes, &c. Honorable compagnie, à laquelle on ne donnoit le couvert que par necessité, ayant besoin de la conserver pour l'usage de l'Equipage. Ce mélange nous fit voir le matin à nôtre lever une décoration plaisante; les uns se trouverent couchez entre des bœufs, les autres entre des moutons, d'autres entre des cochons; qui cherchant les uns & les autres à se garantir du froid & de la pluye, eurent la discretion de se loger dans les lieux qui n'étoient pas occupez, où ils passerent la nuit fort tranquillement.

XXVIII. *Octobre.*

Depuis le 24. nous eûmes des temps obscurs; le Ciel fut presque toûjours couvert de nuages; & la nuit qui précéda le 28. il se leva un vent de Nord-Nord-Ouest, si furieux qu'il pensa renverser plusieurs fois nôtre tente; il nous amena des nuages qui nous donnerent de si grandes pluyes, que nos tentes n'y pûrent resister; de sorte que nous n'étions pas plus à couvert qu'au milieu d'une pleine campagne. Nous passâmes une triste nuit, nos provisions nageoient sur les eaux; & pour conserver mon quart de cercle que j'avois renfermé, afin qu'il ne

1708. Octobre. se moüillât point, je m'assis sur sa caisse, où je restai jusques au jour que les grandes pluyes cesserent. Un vent de Sud succedant à la pluye, dissipa les nuages; & nous rendant le Ciel serain, nous fit voir dès le matin le Soleil, qui ayant resté clair toute la journée, nous donna le temps de sécher toutes nos hardes, & tout ce qui étoit dans nôtre tente, que nous fûmes obligez de mettre bas, pour faire sécher la terre où nous devions étendre nos matelats la nuit suivante.

J'observai la hauteur meridienne apparente du bord superieur du Soleil de 68d 45. 20''

Quart de cercle,	2.
Premiere Correction,	68. 43. 20.
Refraction moins la Parallaxe,	19.
Hauteur corrigée,	68. 43. 1.
Demi-Diametre du Soleil,	15. 15.
Hauteur du centre,	68. 27. 46.
Declinaison Australe,	13. 19. 16.
Hauteur de l'Equateur,	55. 8. 30.
Donc hauteur du Pole,	34. 51. 30.

L'inconstance des temps & le froid qui se faisoit vivement sortir, m'obligerent de me retirer à bord, & je ne retournai à terre que quelques jours après que les temps eurent changé.

Determination de la Latitude de Monte-Video.

Je crus que prenant une moyenne hauteur entre les trois que j'avois observées, je pouvois conclure assez exactement la hauteur du Pole du fond de la baye de *Monte-Video* de 34d 51' 45''

Par les observations que j'avois faites à *Buenos-Aires*, je déterminai la hauteur du Pole de cette Ville de 34d 34' 38''

Donc la difference entre la Ville de *Buenos-Aires* & la baye de *Monte-Video* est de 0d 17' 7''

J'ai dit ailleurs que Buenos-Aires est bâti sur le bord meridional de la riviere de la *Plata*, & la baye de *Monte-Video* sur le bord septentrional de la même riviere; ainsi on peut connoître par la difference de leurs hauteurs de Pole, la direction du cours de la riviere, qu'on verra dans le plan que j'en donnerai cy-après.

IV. *Novembre.*

Il parut sur le soir, à l'extrémité de la pointe de l'ance, un grand Navire montant la riviere; on examina pendant quelque temps sa manœuvre; la voyant fort lente, on crut ce Navire incommodé; ce qui détermina nôtre Capitaine à luy envoyer sa chaloupe, armée de vingt-cinq hommes, pour luy donner du secours en cas qu'il fût necessaire. Nous apprîmes le lendemain 5. par le retour de nôtre chaloupe, que ce Vaisseau étoit sorti depuis le mois de Mars du port de Marseille, & que croyant doubler le Cap de Hornn, entrer dans la mer du Sud, & continuer sa route vers le Perou, il avoit avancé jusques au 46. degré de hauteur, esperant primer tous les autres Navires qui le suivoient, & vendre ses marchandises avant leur arrivée. Mais ayant trouvé à cette hauteur des mers épouvantables, & des froids à n'y pouvoir resister; & par un surcroît de malheur, son Equipage étant saisi du scorbut, il fut obligé de revirer de bord, & de venir dans la riviere de la Plata chercher un azyle, pour y attendre une saison plus convenable que celle où nous étions alors, & y soulager ses malades. D'abord que ce Navire fut moüillé, le Capitaine fit élever des tentes à une lieüe de l'endroit où nous étions déja logez, dans lesquelles il fit transporter ses malades. Il ne s'éloigna de nous que pour empêcher que ses gens n'eussent aucune communication avec les nôtres, ayant appris par nos matelots, qui furent le soir moüiller son Navire, que nous n'avions aucun malade, & que nôtre relâche dans la riviere n'avoit été que dans le dessein d'y attendre la belle saison, n'ayant pas voulu nous exposer dans le plus mauvais temps de l'année à tenter l'entrée de la mer du Sud, sçachant les difficultez qu'il y avoit à doubler le Cap de Hornn. Ce Navire avoit déja perdu 42. hommes de son Equipage, morts du scorbut, qu'on avoit jettez à la mer.

1708. Novembre.

1708. Novembre.

VIII. *Novembre.*

La nuit du 7. au 8. un vent violent venant du Sud-Sud-Oueſt excita une ſi furieuſe tempête, qu'elle nous menaçoit d'un échoüement ſur les côtes de la riviere. Heureuſement nos ancres luy firent tête, & nous en fûmes quittes pour une méchante nuit.

XV. *Novembre.*

Le temps avoit entierement changé, le Soleil aſſez élevé commençoit d'échauffer les campagnes, & le Printemps avancé déja vers ſon milieu, ayant fait éclore dans ces belles plaines une infinité de fleurs differentes, me convia de deſcendre une ſeconde fois à terre pour voir les productions merveilleuſes de la nature. La premiere plante qui ſe préſenta fut la *Contra-Hierba*, appellée de ce nom par les gens du pays, qui ſignifie la même choſe dans la Langue Eſpagnole, que contre-poiſon dans la nôtre. Je la deſſinai dans mon Hiſtoire des Plantes, & j'en fis enſuite la deſcription de la maniere ſuivante.

DESCRIPTION

de la Contra-Hierba.

CEtte plante a au deſſous de la partie inferieure de ſa tige quelques fibres & des tubercules attachez les uns avec les autres par la continuation d'une même ſubſtance. Ces tubercules ont au deſſous de leur partie inferieure des fibres ſemblables aux premiers, chargez de quelque petit chevelu, qui ne s'éloignent pas dans leur direction de la perpendiculaire, hormis qu'ils rencontrent dans leur naiſſance, & pendant que la nature travaille à unir ſes ſemences, quelque oppoſition dans la terre, comme ſi c'étoit quelque pierre qui obligeât ces mêmes ſemences de chercher ailleurs une autre route, pour

pour augmenter leur assemblage, & finir ou terminer le composé que la nature s'étoit proposé.

Ces Tubercules sont couverts d'une peau de couleur grise, qui en sechant, se change en blanc sale; ils sont charneux, & leur substance interieure est d'un blanc un peu jaunâtre.

La tige de cette plante se leve sur la superficie de la terre environ d'un poûce au plus, son épaisseur est de six lignes, ronde; & les écailles qu'on découvre sur son contour, sont les loges des bazes qu'ont les queües des feüilles, qui étant tombées, laissent les petits enfoncemens, & les irregularitez qui y paroissent. Ce contour est d'un verd fané, & le dedans de la tige entouré de ces écailles est d'un blanc jaunâtre.

L'extrémité de la partie superieure de la tige reste toûjours couronnée de cinq ou six feüilles, naissantes sur cette même extrémité, dont les queües rondes, couvertes d'un petit velu blanc imperceptible, ont environ trois poûces de longueur, & sont épaisses à leur naissance de deux lignes. Le petit velu dont elles sont chargées, les représente d'un verd blanchâtre. Elles portent à leur sommet des feüilles à leur baze recourbées en oreillettes, dont la longueur des moyennes est de deux poûces, & leur largeur d'un & demy. Leur contour est ondé, & la pointe qui les termine est émoussée; la côte qui passe par le milieu, qui est une prolongation de la queüe, terminée à leur pointe, est arrondie sur le revers, & élevée d'une ligne sur leur plan, & en dedans sillonée, chargée de chaque côté de huit autres petites côtes arrondies de même sur le revers, & sillonées en dedans, s'étendant sur chaque côté des feüilles jusques à leur contour, divisées en plusieurs petits nerfs, qui sont encore soûdivisez. Le dessus ou revers des feüilles, couvert d'un velu blanchâtre, semblable à celuy de leur queüe, les représente aussi d'un verd blanchâtre (on ne découvre ce velu qu'à la faveur du microscope) & le dedans ou dessous des mêmes feüilles est d'un verd gay, où il n'y paroît aucun velu.

Les fleurs sont portées sur le sommet d'un pedicule

1708. Novembre.

arrondi, couvert d'un velu blanc imperceptible, long de deux pouces, & épais d'une ligne & demy. Les fleurs sont des bouquets non radiez, représentez sur un disque rond de quinze lignes de diamettre. Ce disque est un amas de petits fleurons fort serrez, d'un violet clair, portez chacun sur un embrion de graine. La fleur étant passée, chaque embrion devient une semence sans aigrette.

Ces semences ou graines sont semblables à celles du chanvre, un peu lenticulaires, couvertes d'une peau d'un gris clair, & d'une ligne & demy de diametre.

La *Contra-Hierba* naît ordinairement dans les lieux pierreux & sablonneux ; je n'en ay vû dans tout mon voyage des Indes Occidentales que sur le penchant de la petite montagne de *Monte-Video*.

Pendant que j'étois à terre, je dessinai plusieurs autres plantes, desquelles je donnerai un petit Traité à la fin de mon Journal.

DESCRIPTION

d'un Animal appellé *Chinche*.

ALlant le matin chercher du travail, je vis dans les herbes le derriere d'un animal qui me parut tout d'un coup un Renard, les herbes assez hautes me l'ayant caché, je m'approchai de l'endroit où je l'avois vû. Epouvanté de me sentir à ses trousses, il crut qu'en fuyant il échapperoit ; mais malheureusement pour luy un coup de fusil que je luy tirai allant plus vîte, l'attrapa, & il resta sur la place. Content du coup que je venois de faire, croyant avoir en cet animal dequoy passer la journée, en le dessinant, & le représentant en couleur naturelle, je m'approchai pour le prendre, mais une odeur insupportable qui sortoit de ce corps mourant, me fit reculer, & obligé de m'en éloigner, je le dessinai sur le lieu, n'ayant pas osé m'en charger pour le porter dans la tente où étoient mes couleurs & mes pinceaux.

Cet animal est appellé par les naturels du pays *Chinche*; il est de la grosseur d'un de nos chats, il a la tête longue, se retréssissant depuis sa partie anterieure jusques à l'extrémité de la mâchoire superieure qui avance au-delà de la mâchoire inferieure, les deux formant une gueule fenduë jusques aux petits *Canthus*, ou angles exterieurs des yeux; ses yeux sont longs, & leur longueur est fort retressie, l'uvée est noire, & tout le reste est blanc; ses oreilles sont larges & presque semblables à celles d'un homme; les Cartilages qui les composent ont leurs bords renversez en dedans, leur *Lobos* ou partie inferieure pendent un peu en bas, & toute la disposition de ces oreilles marquent que cet animal a l'oüie fort delicate. Deux bandes blanches prenant leur origine sur la tête, passent au dessus des oreilles, en s'éloignant l'une de l'autre, & vont se terminer en arc aux côtez du ventre; ses pieds sont courts, les pattes divisées en cinq doigts, munis à leurs extrémitez de cinq ongles, noirs, longs & pointus, qui luy servent à creuser son terrier. Son dos est voûté, semblable à celuy d'un cochon, & le dessous du ventre est tout plat. Sa queüe aussi longue que son corps ne differe pas dans sa construction de celle d'un Renard. Son poil est d'un gris obscur & long comme celuy de nos chats. Il fait sa demeure dans la terre comme nos lapins; mais son terrier n'est pas si profond.

1708. Novembre.

Après que j'eus dessiné cet animal, je retournai à la tente; j'en étois encore éloigné de dix pas, lorsque nos Officiers s'apperçûrent de la méchante odeur que je portois avec moy. N'osant pas entrer dans la tente, je me fis apporter des habits dans un lieu écarté le long de la riviere; & m'étant changé de pied en cap, je mis tremper dans la riviere ceux dont j'étois revêtu en dessinant cet animal, & les laissai dans l'eau durant un jour & une nuit; après quoy les ayant retirez & mis secher au Soleil, je crus qu'ils auroient entierement perdu la mauvaise odeur dont ils étoient imbus; cependant il en restoit encore quelque chose, qui ne s'exhala qu'après sept ou huit jours que mes habits eurent été exposez à l'air. On peut conclure de la difficulté qu'il y eut à faire

1708. Novembre. perdre cette odeur à mes habits, de quelle qualité il faut qu'elle soit.

Un naturel du pays qui avoit descendu la riviere avec nous, m'informa des qualitez de cet animal ; il m'apprit que sa méchante odeur étoit produite de son urine ; & que pour ne pas devenir la proye d'aucun autre animal d'espece differente à la sienne, d'abord qu'il en sentoit, ou qu'il se voyoit approcher par quelqu'un, il urinoit sur sa queüe ; & s'en servant de guépillon, il répandoit dans l'air cette urine, & les obligeoit de cette maniere à l'abandonner, fuyant cette odeur puante ; que se retirant le soir dans son terrier, afin qu'on n'interrompît pas son repos, il urinoit à l'entrée ; & que pour se garantir, & faire bien-tôt perdre cette odeur, on n'avoit qu'à brûler du vieux cuir ou quelque autre chose de méchante odeur qui jettât une fumée epaisse. Il m'apprit encore que ces animaux sont fort friants & amateurs de la volaille, ce que je n'eus pas de peine à croire ; car une campagne aussi deserte qu'est celle où ils demeurent, devroit être remplie d'oiseaux ; cependant ils y sont bien rares, marque infaillible que ces animaux les détruisent ; car les oiseaux n'ayant que la plate terre pour nicher, leurs petits deviennent necessairement la nourriture de ces animaux.

XVII. *Novembre.*

L'Esté approchoit, les pluyes avoient entierement cessé, le Soleil qui avoit passé au-delà de la ligne & à cette autre partie du monde où nous demeurions alors, n'étant plus couvert de nuages, dardant ses rayons sur nos tentes depuis son lever jusques à son coucher, les échauffa tellement, que depuis les neuf heures du matin jusques à quatre du soir que le frais commençoit, nous avions de la peine à respirer.

Pendant ces grandes chaleurs je fis deux expériences du Barometre, l'une à la porte de nôtre tente sur le bord de la riviere de la Plata, & l'autre sur le sommet de la petite montagne de *Monte-Video*. Ces deux expériences furent faites entre onze heures du matin & midy, heure à laquelle les chaleurs sont ordinairement les plus fortes. Je comptois que de nos tentes pour arriver au sommet de *Monte-Video*, il falloit une petite demi-heure, qui valoit en chemin une petite demi-lieuë. 1708. Novembre.

Je trouvai dans l'expérience que je fis au sommet de *Monte-Video*, que le Mercure se soûtenoit constamment à la hauteur de 27. p. 9. l. o''

Et qu'à celle que je fis à mon retour à l'heure de midy, il se soûtenoit à 28. p. 3. l. o''

Donc la difference entre ces deux expériences fut de o. 6. l. o''

Selon la progression ingenieusement établie par Monsieur Maraldy, de l'Académie Royale des Sciences, donnant à la premiere ligne de cette difference 61. pieds, à la seconde 62. à la troisiéme 63. &c. les six lignes d'abaissement du Mercure trouvées par ces deux expériences dans cette hypothese, font équilibre à 61 + 62 + 63 + 64 + 65 + 66. pieds d'air, ou 63. toises 3. pieds, donc le sommet de *Monte-Video* étoit élevé de cette quantité au-dessus de la superficie de la riviere.

Si on étoit assuré que cette progression regnât dans toute l'Atmosphere, & qu'on la trouvât sous la ligne, & dans ses differentes distances de la même quantité, il ne seroit pas difficile dans quelque endroit du monde qu'on fût, de trouver la hauteur des montagnes, faisant à leur pied & à leur sommet des expériences du Barometre. On n'auroit alors qu'à multiplier les 28. poûces de Mercure par 12. parce qu'un poûce est composé de 12. lignes, on auroit 336. lignes, ausquelles ajoûtant les 3. lignes de plus, que je trouvai dans l'observation faite au bord de la riviere, elles feront la somme de 339. termes, dont la difference étoit un, & le premier terme 61; ce qui donneroit d'abord la somme de la hauteur de l'Atmosphere de six lieuës trois quarts environ, & l'air de la 339. colonne se trouveroit plus de six fois moins condensé que celuy de la premiere.

Ceux qui auront quelque difficulté de concevoir les

1708. Novembre. differentes pesanteurs de cet Atmosphere, n'ont qu'à faire l'expérience que leur propose M. Mariotte, de l'Académie Royale des Sciences. Posez, dit cet habile Physicien, plusieurs éponges les unes sur les autres, vous verrez que celles qui servent de baze seront beaucoup plus comprimées que ne le seront celles du dessus, parce que celles-cy sont moins chargées. La même chose arrive dans l'air; qui est un corps poreux; une de ses couches étant appliquée sur une autre, & une autre sur celle-cy, & ainsi successivement; celles qui servent de baze, soûtenant plus de poids, doivent être aussi plus comprimées; & ces compressions suivant toûjours les loix de la nature, ont un certain rapport entre elles, qui conserve une même proportion. On peut donc conclure de là avec Monsieur Mariotte, que la condensation & la rarefaction sont les causes essentielles de la pesanteur & de la legereté.

DESCRIPTION

d'une Macreuse de la Riviere de la Plata.

UN de nos Chasseurs m'apporta une Macreuse ou *Fulica Menilopos*, dont la grosseur égaloit celle d'une de nos poules domestiques; son bec dur & ouvert par une grande narine, semblable à celuy de nos poules, étoit tout blanc, & on voyoit sur son milieu une tache d'un brun rouge. Son couronnement, ou partie qui divise le dessus du bec d'avec la tête, étoit relevé par une bosse blanche, ronde, en forme de calus, dont la grosseur égaloit le bout du poûce. Ses paupieres étoient d'un beau blanc, ses yeux d'un rouge de sang, & la prunelle d'un bleu azuré. Sa tête d'un noir obscur, & cette obscurité diminuoit insensiblement à mesure qu'elle s'approchoit du manteau; & descendant de son parement sous le ventre, elle devenoit d'une couleur d'ardoise, qui s'étendoit jusques au bout de la queüe, qui étoit fort courte. Tout son parement & son vol étoient de la même couleur ; son plumage, excepté les plumes des aîles, d'un duvet extrémement fin, fort épais, & tres difficile à arracher. 1708. Novembre.

Ses jambes étoient de la longueur de celles de nos poules, d'un verd jaunâtre, hormis la partie de dessus du genou, qui étoit d'un rouge d'écarlate, augmentant à mesure qu'il s'approchoit du plumage des cuisses. Le *Tibia* étoit un peu plus grêle sous le genou que vers le *Carpe*, & ses pieds de la même couleur que les jambes étoient composez de quatre serres, trois fort longues sur le devant, & d'une petite sur le derriere, armées d'ongles durs, noirs, & pointus. Les trois serres du devant étoient bordées d'un cartilage qui luy servoit de nageoire. Ce cartilage étoit taillé à triple bordure, & toûjours étranglé à l'endroit des articulations ou jointures des phalanges, dont trois composent la serre du milieu, deux l'interieure, quatre l'exterieure, & une seule de derriere qui est fort courte.

Ces oiseaux sont rares dans ces quartiers ; ce qui me donna occasion de dessiner celuy-cy. Nous en avons en Europe qui sont presque semblables, à la tête près, qui est tout-à-fait differente.

XXVIII. *Novembre.*

Depuis le 17. je ne m'occupai qu'au dessein. Jupiter étoit encore trop près du Soleil pour pouvoir être observé ; je le vis plusieurs fois le matin avec une lunette de 18. pieds ; mais n'étant pas encore sorti de cette matiere refractive, qui nous cachoit les étoiles près de l'horison, avant que le grand jour parût, je n'avois pas pû voir bien à clair ses Satellites ; ce qui étoit absolument necessaire pour observer leur immersion, afin de déterminer la longitude, sujet principal de mon voyage.

Le 27. on acheva la provision du biscuit, à laquelle nos Boulangers travailloient depuis nôtre arrivée. On avoit prévû en la commençant, qu'il se consommeroit une grande partie de la provision du bois, & qu'il falloit chercher quelque moyen pour le remplacer. Un na-

1708. Novembre.

turel du pays que nôtre Capitaine avoit embarqué à Buenos-Aires en qualité de Pilote, pour nous descendre la riviere, luy enseigna à six lieües d'où nous étions moüillez, un endroit où l'on trouveroit quelques arbres; on y avoit envoyé la chaloupe avec quinze hommes, qui y demeurerent pendant tout le temps que nous restâmes moüillez, & ne revinrent que le 27. au soir, que le Capitaine avoit donné ordre que chacun eût à s'embarquer, ayant dessein de mettre à la voile le 29. L'Officier qui avoit commandé la chaloupe, nous conta à son retour toutes les avantures qui leur étoient arrivées pendant son absence. Il nous fit en premier lieu la description de l'endroit où ils trouverent les arbres; il nous dit donc que c'étoit sur le bord d'une belle riviere, appellée de *Sainte Alousie*, à six lieües de *Monte-Video*, qui a environ deux lieües de largeur, & qui vient se perdre par une large embouchure dans la riviere de la Plata; qu'ils commencerent à leur arrivée d'abbattre du bois pour construire une cabane, & que pendant quelques jours ils avoient eu de grandes pluyes dont ils avoient été fort incommodez; & les pluyes étant cessées, ils ressentirent ensuite des chaleurs insupportables; que les arbres qu'ils avoient trouvez étoient des *Acacias*, dont le pied n'étoit pas plus gros que la jambe, de la hauteur de nos pruniers, leur nombre ne passant pas soixante, & que c'étoit-là tous les arbres qu'ils avoient vûs dans ces vastes plaines; que ce petit bocage servant de retraite à tous les petits oiseaux de ces contrées, il l'avoit fait abbattre avec regret; persuadé que ces pauvres animaux, obligez de nicher & coucher sur la plate terre, alloient devenir la proye des rats & des autres animaux terrestres; qu'ils s'étoient rendus si familiers avec eux, qu'ayant laissé ses bottes penduës à la porte de sa cabane, un de ces petits oiseaux avoit niché dedans, & qu'un autre avoit fait la même chose dans un vieux chapeau d'un matelot; que la riviere de *Sainte Alousie* étoit extrémement poissonneuse; qu'un jour un coup de vent violent ayant élevé les eaux, en jetta un si grand nombre sur le rivage de son embouchure, qu'on y auroit chargé trois ou ou quatre chaloupes ; qu'un jour, accompagné de trois de ses camarades, allant à la chasse des bœufs, ils prirent un petit veau ; & l'ayant remis à un matelot pour le porter à leur cabane, ce matelot tomba à son retour dans une troupe de chiens sauvages qui l'environnerent, & l'alloient dévorer, si heureusement pour le matelot ils ne fussent retournez de leur chasse. Le voyant exposé à la rage de ces animaux, ils les chasserent à coups de fusil, & le délivrerent du danger ; il nous raconta plusieurs autres choses, que je n'ai pas crû devoir rapporter, n'étant pas de consequence.

Le même jour 28. on commença le matin à abbattre nos tentes, & porter à bord tout ce qu'on avoit à terre, pour être en état de mettre à la voile le lendemain.

Durant le sejour que nous fismes sur les bords de cette grande riviere, nos recréations les plus agréables furent sur le sommet de la montagne de *Monte-Video.* Nous voyions de ce sommet toute la partie du Sud terminée par les eaux de la riviere, confonduës avec le Ciel sur le bord de l'horison. Du côté du Nord c'étoit une vaste plaine, émaillée de fleurs, dont les differentes couleurs faisoient un mélange admirable. Cette plaine s'alloit perdre à son horison dans le Ciel ; on voyoit même au Soleil levant l'ombre de ses habitans portée à l'extrémité de l'horison opposé au levant du Soleil, & peinte de ce même côté jusques dans le Ciel. On peut juger delà l'étenduë de ces plaines. Leurs habitans sont des bœufs, des vaches, & des mules sans nombre. Les vaches sont par petits troupeaux composez de deux ou trois cens, ayant toûjours à leur tête un grand taureau pour les conduire : ces troupeaux ont entre eux des guerres continuelles. Nous montions rarement sur la montagne sans voir quelque combat, qui ne se donnoit qu'en bataille rangée. Le taureau qui commandoit chaque troupe ayant toûjours sur l'arriere son troupeau en bon ordre, commençoit le combat. A voir la fierté de ces animaux, en s'approchant l'un de l'autre, on jugeoit que le combat alloit être sanglant ; en effet, ils n'avoient pas plûtôt

1708. Novembre.

foncé dans leurs ennemis, que les vaches dont ils étoient suivis se mêloient les unes dans les autres, portant de tous côtez des coups de leurs cornes avec tant de force, qu'ouvrant les flancs de leurs adversaires, on en voyoit sortir les entrailles. Je trouvai tres-souvent dans les campagnes, où j'allois pour chercher quelques plantes, des vaches mortes, ouvertes par les côtez, leurs boyaux hors du ventre, qui avoient été tuées dans ces combats; & quelques-uns de nos Chasseurs en avoient tué, qu'ils avoient trouvées à moitié pourries, n'ayant pû guérir de leurs blessures.

La chasse aux vaches est tres-dangereuse. Lors qu'un Chasseur n'est pas habile, & qu'il ne donne pas à propos dans un endroit du corps de ces animaux, pour les arrêter, il court grand risque; s'il ne fait que les blesser, elles courent sur luy, & ne luy feroient pas de quartier, s'il n'avoit des armes pour se défendre. Un jour un de nos Officiers en ayant blessé une, elle alla sur luy, ne luy donnant pas le temps de recharger son fusil, qu'elle luy cassa, le luy ayant opposé pour se parer des coups de cornes qu'elle luy portoit; & elle l'auroit infailliblement tué sans le secours de ses camarades, qui le voyant de loin dans le peril, coururent à luy, & mirent bas la vache à coups de fusils. Il ne se passoit aucun jour sans qu'on en tuât quelqu'une, & quelquefois en tuoit-on jusques à trois & quatre; aussi la viande étoit devenuë si commune à nos matelots, qu'ils commençoient à s'en dégoûter, & préferoient le poisson de la riviere, tout grossier qu'il etoit, aux meilleurs morceaux d'une vache. Nos Chasseurs prenoient ordinairement les petits veaux à la course, & s'en servoient ensuite, en les amarrant avec une corde à une cheville fichée en terre, pour tuer leurs meres. Ces animaux ainsi attachez, criant au secours, leurs meres venoient à eux, nos Chasseurs couchez sur le ventre, ne les avoient pas plûtôt à portée, qu'ils leur lâchoient leurs coups de fusils, & rarement leur échapoient-elles.

1708.
Novembre.

DESCRIPTION

de la riviere de la Plata, depuis son embouchure jusques à la Ville de Buenos-Aires.

AVant la découverte que firent les Espagnols de la riviere de la Plata, les Sauvages qui habitoient sur ses bords, donnoient à cette riviere le nom de *Amaramayu*, prenant l'origine de *Amara*, grandes couleuvres qui se trouvent en grand nombre dans les montagnes, d'où descendent une infinité de rivieres qui viennent se joindre à ce grand fleuve, & de *Mayu*, Riviere, en leur langue.

Le premier qui entra dans la riviere de *la Plata*, fut Jean Dias de Solis. Etant arrivé en 1515. à une Isle habitée par des Sauvages qui luy parurent fort humains, il se laissa facilement persuader d'aller à terre; de sorte que ne se défiant point d'eux, il descendit avec quelques-uns de ses Officiers, sans porter des armes, croyant visiter des peuples amis, & incapables de leur faire le moindre outrage. D'abord qu'ils furent à terre, ces Sauvages cruels les massacrerent, pour les manger, en presence de ceux qui restoient dans le Navire, sans qu'on pût leur donner du secours. Depuis ce temps-là jusques à l'année 1526. cette riviere porta le nom de *Solis*.

Sebastien Cabot, Anglois de nation, envoyé par l'Empereur Charles-Quint aux Moluques, chargé dans ce voyage de passer par le détroit de Magallans; étant par le travers de la riviere de *Solis*, fut contraint d'y entrer, par la crainte qu'il n'arrivât quelques revoltes dans ses navires, ses gens se plaignant fortement de ce qu'on leur avoit retranché leurs vivres, parce qu'on craignoit d'en manquer. Cabot passa près de trois ans dans cette riviere, il monta jusques à la jonction des grandes rivieres du Parana, qui prend sa source dans le Bresil & du Paraguay. Il entra dans celle-cy; & après y avoir essuyé plusieurs combats avec les Sauvages, ausquels il enleva

1708. Novembre.

une grande somme d'argent ; il retourna en Espagne ; les Espagnols ayant appris, à son arrivée, qu'il venoit de la riviere de *Solis*, crurent que Cabot avoit trouvé sur ses bords les sommes dont il étoit chargé. Cette idée leur fit changer le nom de la riviere de *Solis* en celuy de *Rio de la Plata*, qui veut dire en François *Riviere d'argent*, nom qu'elle porte encore aujourd'huy.

Les deux Caps les plus avancez dans la mer, qui forment l'embouchure de la riviere de la Plata, sont éloignez l'un de l'autre de trente lieües & demy. Celuy qui est du côté du Nord est appellé le Cap Sainte Marie, & celuy du Sud le Cap Saint Antoine ; celuy-cy a à sa pointe un banc de sable appellé le Banc des François, qui s'étend au Nord-Est de cette pointe, à la distance environ de dix-neuf lieües, & laisse depuis la pointe qui le termine, jusques au Cap Sainte Marie, un passage de quinze lieües, dans lequel on trouve 15. à 16. brasses d'eau, fond de sable.

La côte du côté du Sud de la riviere court quarante lieües depuis le Cap Saint Antoine Est & Ouest, où l'on trouve trois petites rivieres presque également distantes les unes des autres. La plus éloignée du Cap est appellée la riviere *Ortis*, à laquelle Jean *Ortis* de Zarate donna son nom. A cette distance de quarante lieües du Cap Saint Antoine, la côte fait un coude de onze lieües de longueur, plié vers le Nord ; il se forme à l'extrémité de ce coude une pointe appellée la Pointe des Pierres, à cause de quelques pierres qu'on y trouve. Dans cet angle la riviere a tres-peu de fond, & aucun Navire, pour petit qu'il soit, n'y sçauroit moüiller. De cette pointe de Pierres à *Buenos-Aires* la côte court 36. lieües & demy vers le Nord-Ouest. Cette côte a trois rivieres ; la premiere est éloignée de 23. lieües de la pointe de Pierres, appellée la Riviere de Jean *Bays* ; la suivante à trois lieües de celle-cy, la Riviere *S. Jacques*, laquelle a près de son embouchure une petite maison appellée la *Poudriere* ; & la troisiéme est *Rio-Chuelo*, dont j'ai déja parlé, sur le bord de laquelle est bâtie la Ville de *Buenos-Aires*.

La côte du Nord de la riviere de la Plata commence

au Cap Sainte Marie ; elle court Oueſt ¼ Nord-Oueſt & Eſt ¼ Sud-Eſt, juſques aux petites montagnes appellées les *Monts S. Michel*, diſtantes de 72. lieües du Cap Sainte Marie. 1708. Novembre.

Du Cap Sainte Marie à la Baye de *Maldonado* il y a neuf lieües. On n'a rien à craindre dans cette baye que les vents qui viennent du Sud, qui font ſes traverſiers. Entre la petite Iſle qui eſt vers la pointe de l'Eſt de l'entrée de la baye, il n'y a point de paſſage, il faut entrer par l'autre côté, & moüiller derriere la petite Iſle à cinq ou ſix braſſes, pour ſe garantir des vents qui viennent du Sud. Son fond eſt d'un ſable mouvant de tres-méchante tenuë, dans lequel les ancres labourent d'abord que les vents ſont un peu forcez. La diſpoſition du lit de la baye y contribuë, il eſt fait en cul de chaudron ; les ancres qui ſe trouvent ſur ſa pente n'ont pas beſoin d'un gros temps pour deſcendre à fond, pour peu de force que faſſe un Navire ſur ſes cables, il chaſſe juſques au moment que les ancres arrivent au cul de ce chaudron ; ce qui cauſeroit un deſordre, ſi dans un mauvais temps pluſieurs Navires s'y trouvoient moüillez, s'abordant les uns les autres ; mais lors qu'il n'y en aura que trois ou quatre, ils y ſont en fureté. Le fond de la baye, comme on void icy dans le deſſein, eſt depuis 4. braſſes juſques à 14.

De la pointe de l'Oueſt de la baye de *Maldonado* à la riviere de *Jean Dias de Solis* il y a ſept lieües & demy, dix de cette riviere aux Charettes. On a donné le nom de Charettes à un Cap avancé dans la riviere, à 2. lieües à l'Eſt de la pointe, qui ferme la baye de *Monte-Video*, à cauſe de pluſieurs rochers qui paroiſſent, & d'autres tres-dangereux cachez ſous les eaux. J'ay dit ailleurs que la baye de *Monte-Video* étoit fermée entre deux Caps ; du Cap qui la ferme du côté Oueſt à la riviere de *Sainte Alouſie* il y a ſix lieües ; de celle-cy aux trois Rivieres 8. lieües & demy, & des trois Rivieres à la riviere du Roſaire 5. lieües ½. Suivant toûjours la côte on rencontre enſuite une grande pointe avancée dans la riviere ; de cette pointe, tirant toûjours vers l'Oueſt, on compte à

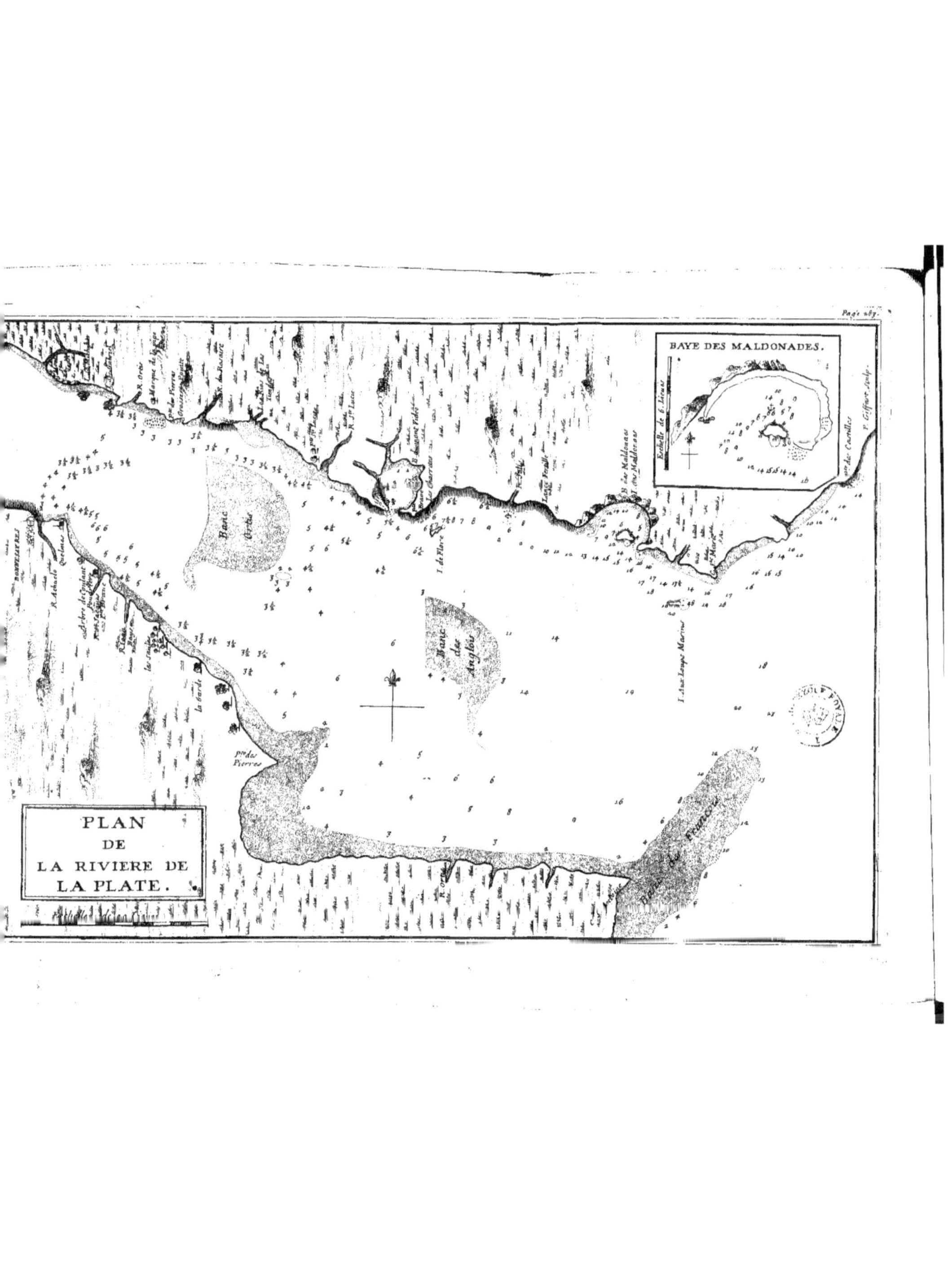
PLAN
DE
LA RIVIERE DE
LA PLATE.
BAYE DES MALDONADES.
Banc Ortis
Banc des Anglois
I. de Flore
I. aux Loups Marins
Pte des Pierres
La Garde
I. des Maldonas
Pte des Castilles
R. Ortis
R. Ste Lucie
R. du Rosaire
R. Achuelo
P. Giffart sculp.

1708. Novembre. la riviere *Ortis* 6. lieuës ; il y a à cet endroit à demy lieuë dans la riviere des pierres marquées icy dans le Plan ; les Isles de S. Gabriel sont derriere la pointe de l'Ouest de la riviere *Ortis*. Les Portugais avoient autrefois bâti sur la terre-ferme, au Nord de ces Isles, une Ville qu'ils appellerent du même nom, de laquelle les Espagnols de *Buenos-Aires* les chasserent, & cette Ville est aujourd'huy deserte. A cet endroit la riviere de la Plata a encore dix lieuës de largeur : c'est-là tout ce que j'en ai vû. Toute cette côte depuis la baye de Maldonado jusques aux petites montagnes de S. Jean est fort basse & sablonneuse, & presque semblable à celle du Sud.

Il y a quelques Isles & quelques bancs de sable dans la riviere de la Plata. J'ai déja parlé de celuy qui bouche une partie de son entrée. Au milieu de la riviere il y en a un autre à 23. lieuës à l'Ouest ¼ Sud-Ouest du Cap Sainte Marie, appellé le Banc des Anglois, étendu de sa pointe du Sud à celle du Nord 15. lieuës. On en rencontre encore un troisiéme, appellé le Banc *Ortis*, avant que d'arriver à *Buenos-Aires*, éloigné de 15. lieuës de celuy des Anglois, traversant la riviere, laissant de chaque côté un passage. Celuy du Sud est le plus assuré, on y trouve toujours plus de fond qu'à celuy du Nord ; & c'est par celuy-là où passent tous les gros Navires qui montent à *Buenos-Aires*.

L'Isle de *Lobos*, la plus voisine de l'embouchure, est éloignée de quatre lieuës du Cap Sainte Marie, & de trois & un quart de la terre-ferme. La quantité des loups marins dont elle est toujours remplie, luy a fait donner ce nom. Le nombre de ces animaux est si grand depuis le Cap Sainte Marie jusques à la baye de *Monte-Video*, que de petits bateaux auroient de la peine à s'en défendre ; & un jour ils obligerent les gens de nôtre canot, qui avoient descendu la riviere pour aller à l'Isle de *Flores*, de descendre à terre.

De l'Isle de *Lobos* à celle de *Solis*, qui est devant la riviere de même nom, où Jean de Solis & ses camarades furent massacrez, & mangez par les Sauvages qui l'habitoient alors ; de cette Isle, dis-je, à l'Isle de *Solis*, il y a 19. lieuës, elle est presentement inhabitée; il y a 7. lieuës & demie de celle-cy aux Isles de *Flores*, qui sont éloignées de la terre-ferme de 2. lieuës ¾. Les loups marins sont aujourd'huy les maîtres de toutes ces Isles. 1708. Novembre.

Les premiers Espagnols qui entrerent dans la riviere de la Plata, trouverent sur les côtes, tant du Nord que du Sud, diverses nations Sauvages fort inhumaines, guerrieres & agiles, accoûtumées à se nourrir de chair humaine. Ils furent obligez de donner plusieurs combats pour les éloigner, ils y perdirent une partie de leurs gens; & ce ne fut pas sans beaucoup de peines & de dangers, qu'ils s'établirent sur les bords de cette riviere, qu'on voit aujourd'huy fort deserts, tous les Sauvages les ayant abandonnez pour aller habiter des lieux plus reculez, & pour fuïr la domination des Espagnols.

XXIX. *Novembre.*

Nous appareillâmes le matin, en compagnie d'un autre Navire François appellé l'Atlas, par un vent de Nord-Nord-Ouest, qui calma peu de temps après; & les courans nous jettant sur la Pointe de Pierres, nous obligerent de moüiller. Le lendemain 30. nous appareillâmes avec les vents de terre. Une grosse brume qui se leva nous cachant la côte, nous fit remoüiller, appréhendant de ne tomber dessus. S'étant dissipée sur les dix heures, nous levâmes l'ancre, & à midy nous arrivâmes aux Isles de *Flores*, où nous mouillâmes à la distance d'un canon de quatre de l'Oriflame que nous avions déja vû avant que de monter la riviere.

I. *Decembre.*

Nous n'attendions plus qu'un bon vent pour faire voile. Le vent d'Est qui se leva le matin, opposé à nôtre route, nous arrêta tout ce jour-là sur nos ancres. Le Commandant de l'Oriflame nous vint visiter; il demanda à nôtre Capitaine dix de ses matelots, qu'il luy donna avec regret, n'en ayant pas plus qu'il ne falloit pour la 1708. Decembre.

1708. Decembre. manœuvre du Navire. Il nous avoit déja fait la même demande en montant la riviere ; & comme on n'en avoit plus parlé depuis ce temps-là, nous crûmes qu'il n'y pensoit plus, ou qu'il avoit assez de matelots des deux Navires qu'il avoit désarmez.

11. *Decembre.*

La nuit nous parut extrémement longue : on desiroit passionément de s'éloigner de l'Oriflame, appréhendant que le Capitaine ne revînt à la charge, & qu'il ne nous demandât encore d'autres matelots. D'abord qu'il fut jour, & que la sainte Messe fut celebrée, on leva l'ancre. L'Atlas plus diligent que nous étoit déja à près de deux lieuës, lorsque nous commençâmes à faire route. A onze heures du matin nous fûmes par son travers, & nous y passâmes à tribord, à la portée du fusil. Tout l'Equipage monta sur le Tillac, pour luy crier bon voyage, personne ne répondit. Surpris de ce silence, & ne sçachant à quoy l'attribuer; quelques-uns crûrent, qu'ayant travaillé toute la nuit pour se disposer à leur retour en Europe, ceux du Navire étoient à se reposer, & nous apprîmes par un Officier du même Navire, que nous trouvâmes à Lima une année après, que tout l'Equipage étoit alors occupé à la pompe, que l'eau commençoit à les gagner, qu'ils ne s'apperçurent pas de nôtre passage & qu'ayant reviré de bord le lendemain, pour retourner à l'Isle de *Flores*, le Navire fut plein avant qu'il y arrivât, & coula à fond ; heureusement ils n'étoient pas fort éloignez de la terre, & plusieurs se sauverent dans le canot & dans la chaloupe.

Sur les quatre heures du soir nous étions Nord & Sud avec le Cap Sainte Marie ; l'Atlas que nous quittâmes à midy, faisant route vers le Nord, & nous au Sud, ne paroissoit plus, & les montagnes de *Maldonado* ne montroient que leur sommet.

J'observai à la même heure le poids des eaux de la mer, je les trouvai en équilibre avec l'Areometre, chargé du poids de 2. onc. 3. drag. 36. grains.

Nous

Nous connûmes par cet équilibre que nous étions encore dans les eaux de la riviere de *la Plata*, nous continuâmes à faire route à l'Eſt pour en ſortir. 1708. Decembre.

III. *Decembre.*

Les vents varierent du Nord-Eſt au Nord-Oueſt. A trois heures après midy l'équilibre des eaux de la mer fut de 2. onc. 3. drag. 51. grains.

Cette expérience nous marquoit que nous étions entierement hors des eaux de la riviere de *la Plata*, & que nous pouvions mettre le Cap au Sud-Sud-Oueſt; ce que nous n'avions pas encore oſé faire, dans la crainte de trop approcher les côtes.

IV. *Decembre.*

Nous fûmes en calme toute la nuit précedente; nous eûmes le matin de gros broüillards, & la mer derriere. A dix heures ces broüillards ſe diſſiperent, & nous laiſſerent un Ciel clair. A midy la hauteur du Soleil nous donna la hauteur du Pole de 37ᵈ 5′ 20″

Par la reduction des routes parcouruës depuis nôtre départ des Iſles de *Flores*, je trouvai que la longitude devoit être à midy de 326ᵈ 25′ 0″

Je paſſai le reſte de cette journée à reduire toutes les routes faites depuis l'Iſle de Tenerif à une ſeule, pour trouver à peu près la difference en longitude entre cette Iſle & l'entrée de la riviere de la Plata, ou du Cap Sainte Marie. Je trouvai, les reductions faites, que ſuppoſant que le premier Meridien paſſât par l'Iſle de Tenerif, la longitude du Cap Sainte Marie devoit être de 326ᵈ 29′ 0″

V. *Decembre.*

Les vents ſe rangerent au Nord-Nord-Eſt, ils fraîchirent conſiderablement, la mer s'éleva, & nous fumes obligez de ſerrer nos huniers, & de faire route ſous nos baſſes voiles. Le Soleil ne parut pas à midy, par conſe-

Oo

1708. Decembre.

quent il n'y eut pas de hauteur; les froids commencerent à se faire sentir, & nous obligerent de chercher les habits d'hyver. Le lendemain 6. les vents calmerent, ils prirent une autre route, ils varierent du Sud-Sud-Est à l'Ouest-Sud-Ouest, le Ciel s'éclaircit, & la hauteur meridienne du Soleil observée donna la hauteur
du Pole de 38d 7' 0"
& la longitude fut estimée de 325d 14' 0"

L'équilibre des eaux de la mer fut de 2. onc. 3. drag. 51. grains.

VIII. *Decembre.*

Le jour précedent le vent fut au Nord-Ouest, où il resta toute la journée; il se tira le matin du 8. à l'Ouest-Nord-Ouest. J'observai l'amplitude orientale du Soleil, qui donna la variation de l'Aiman de 19d 19' 0"

La hauteur meridienne du Soleil observée
donna celle du Pole de 41d 11' 0"
& la longitude par l'estime fut de 322d 46' 0"

XI. *Decembre.*

Les vents se tirerent au Sud le 9. Nous eûmes une tempête qui dura jusques au 11. nous mîmes à la cape pendant tout ce temps-là sous la grande voile; & devenus le joüet des flots & des vents, nous nous abandonnâmes entre les mains de la Divine Providence. Les refléxions accompagnées de repentir ne manquent pas dans ces occasions : mais la tempête passée, tous les maux qu'on a soufferts s'oublient. Le froid augmentoit tous les jours, & celuy qui regna pendant la tempête à nôtre foyer fut triste pour ceux qui n'étoient pas encore bien accoûtumez à la mer. Le vent commença le matin à varier du Sud au Sud ¼ Sud-Est; ce changement diminua de sa force. La mer ayant un peu calmé, & le Soleil qui avoit toûjours été caché, paroissant à midy, nous observâmes le complement de sa hauteur, laquelle
donna celle du Pole de 41d 37' 0"

& la reduction des routes donna la longitude de 323d 0′ 0″ — 1708. Decembre.

L'équilibre des eaux fut observé de 2. onc. 3. drag. 52. grains.

XII. *Decembre.*

Nous eûmes un combat des deux mers, l'une venant de l'avant, & l'autre nous prenant par les côtez, qui causa un roulis à nous faire tout craindre pour nos mâts; les vents prirent une autre route, ils varierent du Sud ¼ Sud Est à l'Est-Sud-Est, & se rangerent ensuite au Nord-Ouest.

Par la hauteur du Soleil observée la hauteur du Pole fut de 42d 16′ 0″
& la longitude estimée de 322d 15′

J'observai le soir l'amplitude occidentale du Soleil, qui donna la variation de l'Aiman de 17d 57′ 0″

XIII. *Decembre.*

L'Amplitude orientale du Soleil donna la variation de 19d 50′ 0″

Les vents varierent du Nord-Ouest au Sud-Sud-Ouest; nous n'eûmes que de foibles nuages, qui ne nous ayant pas caché à midy le Soleil, nous observâmes assez exactement le complement de sa hauteur meridienne, qui donna la hauteur du Pole de 43d 24′ 0″

Et les routes reduites donnerent la longitude de 321d 49′ 0″

L'Amplitude occidentale du Soleil observée donna la variation de l'Aiman de 19d 57′ 0″

XIV. *Decembre.*

Nous comptions depuis nôtre départ de Marseille un an entier; cependant nous nous voyions encore assez éloignez de la mer du Sud, où étoit le terme de nôtre navigation.

Nous observâmes à midy la hauteur du Pole de 45d 8′ 0″

1708. Decembre.

& nous estimâmes la longitude de 320^d 45′ 0″

Les eaux parurent changées sur les trois heures du soir; leur couleur blanchâtre nous fit craindre d'être sur quelque bas fond. Nous sondâmes après avoir arrêté le Navire; & n'ayant pas trouvé de fond, nous ne sçûmes à quoy attribuer ce changement; nous vîmes deux baleines & une grande multitude de marsoüins: les vents étoient encore les mêmes que ceux du jour précedent.

XV. *Decembre.*

Je remarquai que depuis le 13. le vent s'étoit rangé tous les soirs vers les neuf heures au Nord-Ouest, & qu'il souffloit au même endroit jusques à deux heures du matin du lendemain, qu'il revenoit au Sud-Sud-Est, où il restoit jusques à midy; & qu'enfin passant du Sud-Sud-Est à l'Ouest-Nord-Ouest, il y demeuroit jusques à neuf heures du soir, où il reprenoit les mêmes routes du jour précedent.

Je trouvai le matin par l'expérience du poids des eaux leur équilibre de 2. onc. 3. drag. 51. grains.

J'observai l'Amplitude orientale du Soleil, elle donna la declinaison de l'Aiman de 19^d 16′ 0″

La hauteur du Pole fut observée à midy de 46^d 24′ 0″

& la longitude fut estimée de 319^d 44′ 0″

XVI. *Decembre.*

Nous découvrîmes la terre vers l'Ouest si-tôt qu'il fut jour. A l'extrémité du Sud de cette terre paroissoient quelques rochers qui avançoient dans la mer; la terre qui suivoit, & qui s'étendoit vers le Nord, étoit plate sur son sommet, & on voyoit vers son milieu une montagne en pain de sucre, dont l'apparence marquoit être bien au-delà de ces premieres terres. A huit heures nous étions au Nord-Est des rochers que nous voyions au jour naissant à l'extrémité des terres. La pointe de ces rochers nous parut plus élevée que la terre-ferme qui est sur le derriere, & entierement détachée. Comme nous allongions les terres, nous vîmes au Sud de ces rochers un Cap tout blanc ; cette vûë nous fit juger que c'étoit le Cap Blanc, marqué sur nos Cartes à la même hauteur que nous étions alors. Nous passâmes à deux lieuës au large de ces rochers, & nous les vîmes entiérement détachez de la terre-ferme, & entourez de la mer : le vent nous étoit favorable, la mer de même, & nous faisions bon chemin. 1708. Decembre.

Sur les dix heures, ayant fait l'expérience du poids des eaux, je trouvai leur équilibre de 2. onc. 3. drag. 51. grains.

Je conclus de cette expérience qu'il n'y avoit pas dans cet endroit de grandes rivieres, dont les eaux vinssent se mêler avec celles de la mer, puisque leur équilibre n'avoit pas encore diminué, quoique nous fussions assez près de la terre.

OBSERVATION

de l'Inclinaison de l'Aiguille aimantée.

LA tranquillité de la mer, les vents qui venoient de terre, & le peu de balancement de nôtre Navire, qui ayant vent de côté, couroit sur les eaux, sans qu'on se ressentît de son mouvement, me donnerent occasion d'observer l'Inclinaison de l'Aiman, que je ne rapporte pas icy comme infaillible, étant tres-difficile de s'assurer sur mer du mouvement de l'Aiguille aimantée, & choisir ce moment qu'il paroît être en repos, duquel dépend la détermination de l'Inclinaison. Ces observations, bien que douteuses, ne laissent pas d'avoir leur utilité ; elles peuvent exciter la curiosité de quelque autre voyageur, qui passant par les mêmes endroits, pourroit les verifier, & donner une connoissance assurée de ce qui nous est encore inconnu.

Je trouvai par cette observation, que l'Aiguille aimantée inclinoit vers le Sud de 7d 15'.

1708. Decembre. La hauteur meridienne observée du Soleil fut exacte, elle donna celle du Pole de 47ᵈ 44′ 0″
& l'estime donna la longitude de 317ᵈ 33′ 0″

Après midy nous vîmes des terres entierement differentes de celles du matin ; elles paroissoient beaucoup plus basses & fort steriles. Le rivage sans aucune verdure étoit un sable blanc, & nous crûmes le Port *Desiré* dans un enfoncement où il ne paroissoit aucune terre qui le terminât.

A 7^h 50′ environ du soir, sortant de table, la Vigie du grand mât nous cria d'arriver ; nous allions nous briser sur des rochers, poursuivant la même route, qui n'étoient plus qu'à demy lieuë sur l'avant. Si-tôt que la Vigie nous eut avertis, on arriva, & un moment après nous vîmes des écüeils dont la pointe paroissoit hors de l'eau, environnant un rocher semblable au dos d'une Baleine. Si nous fussions arrivez malheureusement une heure plus tard dans ces parages, & que la nuit nous eût caché ces rochers, de la vîtesse dont nôtre Navire alloit, il se seroit brisé en mille pieces, & il ne se seroit pas sauvé un seul homme de nôtre Equipage. La même Vigie nous avertit un moment après, qu'il paroissoit à bas bord un autre rocher. Nous ne vîmes point celuy-cy, & nous crûmes que c'étoit une chaîne de rochers, laissant vers son milieu, où nous passâmes, un enfoncement que nous trouvâmes fort heureusement sans le chercher. Le premier rocher que nous vîmes, & que nous laissâmes en passant à tribord, étoit éloigné de la terre-ferme environ de six lieues.

Sa latitude est à 48ᵈ 17′ 0″
& sa longitude à 316ᵈ 59′ 0″

XVII. *Decembre.*

Les vents d'Ouest-Nord-Ouest qui souffloient depuis quelques jours, calmerent le matin ; & un moment après ceux d'Est ¼ Sud-Est vinrent dissiper le chagrin causé par les calmes. Nous nous trouvâmes le matin à six lieuës de la terre ; à sept heures j'en dessinai la vûë. Elle paroissſoit fort baſſe, & de la maniere qu'elle eſt repréſentée dans la premiere figure de la ſeconde planche. Nous eûmes un beau jour ; la hauteur du Pole fut 1708. Decembre.

obſervée de	49ᵈ 23′ 20″
& la longitude eſtimée de	315ᵈ 51′ 0″

XVIII. *Decembre.*

Nous nous trouvâmes le matin à trois lieües de la terre. A ſix heures la brume nous la vint cacher ; & appréhendant de la trop approcher, voyant les eaux changées, on ſonda ſur les ſept heures, & on trouva dix-ſept braſſes. A neuf heures on eut encore le même fond, & les eaux toûjours changées. A onze heures on ſonda une troiſiéme fois, le fond fut de 45. braſſes, different de celuy que nous avions trouvé dans les deux premieres ſondes. Ce changement de fond confirma le jugement que nous fiſmes dans la premiere ſonde, n'y ayant trouvé que 17. braſſes, croyant être ſur le banc qui eſt au Nord du Cap des *Vierges*, & au Nord-Eſt de la riviere de *Galegos*.

Les broüillards s'étant diſſipez après midy, la terre commença à paroître ; la premiere que nous découvrîmes fut le Cap des *Vierges*, qui eſt à l'entrée du détroit de *Magellan*. Ce Cap eſt facile à reconnoître, il eſt taillé à pic, de la maniere qu'il eſt repréſenté en A. dans la ſeconde figure de la ſeconde planche. Le deſſus de la terre eſt plat, uni & de moyenne hauteur ; elle continuë la même pendant quelque eſpace, où commençant à baiſſer, elle va ſe terminer en pointe dans la mer, où l'on voit un enfoncement qui paroît former une baye. Elle reparoît enſuite, & s'éleve une autre fois preſque de la même hauteur, & ſe perd encore dans la mer ; formant un autre enfoncement, elle va ſe relever & terminer vers le Nord de la maniere qu'elle eſt repréſentée dans la même figure. Par ces reconnoiſſances on ne ſçauroit ſe tromper, cherchant le Cap des *Vierges* ; car je n'en ay pas vû de ſemblable ſur toute la côte.

Depuis le midy du jour précedent les vents varierent

1708. Decembre. du Nord-Nord-Ouest au Sud-Est ; les broüillards qui couvroient encore le Ciel à midy, nous empêcherent d'observer la hauteur meridienne du Soleil, & de déterminer la hauteur du Pole du Cap des *Vierges* autrement que par l'estime ; par les routes corrigées, je trouvai que sa hauteur devoit être de 52d 22' 0"
& sa longitude, supposant toûjours le premier meridien passer par l'Isle de Tenerif de 314d 51' 0"

Après le dîner on mit côté en travers pour dépasser nos mâts de hune, qui étant trop longs pour naviger dans les mers où nous devions entrer dans peu de jours, auroient pû se casser dans quelque tempête, & nous exposer à quelque naufrage, on en mit à leur place deux autres beaucoup plus courts qu'on avoit de rechange, & on envergua des voiles proportionnées à leur longueur. Pendant ce rechange un coup de vent assez violent faillit à nous démâter ; les entrées des détroits y sont assez sujettes ; nous étions alors vers le milieu de celuy de *Magellan* ; & lors qu'on a des ouvrages de cette importance, il faut se mettre à l'abri de quelque terre, choisir un temps propre pour prévenir les malheurs qui n'arrivent que trop souvent, & dont les Navigateurs sont la victime. Les nouveaux huniers ne furent en place que sur les six heures du soir. Resolus de ne pas entrer dans le détroit, quoique les vents fussent à l'Est & fort favorables, dans la crainte de ne rencontrer comme plusieurs autres que des vents contraires, nous fismes voile vers le détroit de la *Maire*. Ce seroit icy l'endroit de rapporter ceux qui les premiers découvrirent ce celebre détroit. Chacun sçait qu'on doit cette découverte à Ferdinand Magellan, lequel ayant reçu cette commission de l'Empereur Charles V. partit d'Espagne en 1519. & ne reconnut le Cap des *Vierges* qu'au commencement du mois de Novembre de l'année suivante 1520. Il entra dans le détroit, & en sortit vingt jours après. Heureuse traversée, dans laquelle plusieurs de ceux qui l'ont suivi, ont été obligez de rester trois & quatre mois par la contrarieté des temps qu'ils y ont rencontrez.

En 1525. Dom Garcia de Loaysa, envoyé avec six Navires

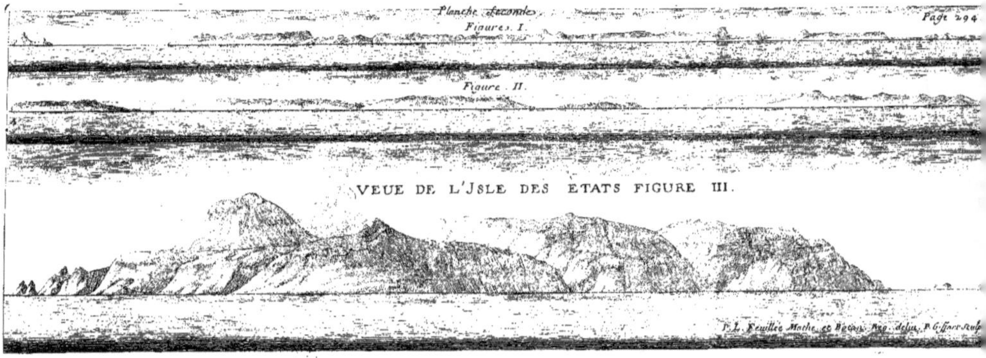

Planche seconde
Page 294
Figures. I.
Figure. II.
VEUE DE L'JSLE DES ETATS FIGURE III.
P. L. Feuillée Mathe. et Botan. Reg. delin. P. Giffart Sculp.

Navires pour la même découverte, arriva à la fin de Decembre tout près du Cap des *Vierges*, où il perdit un de ses Vaisseaux dans une furieuse tempête. Il entra dans le détroit le 18. Janvier de l'année 1526. Le lendemain une autre tempête l'en fit sortir; il s'en alla moüiller au fleuve de *Saint Alfonse*, attendant que le mauvais temps cessât. Il rentra le 8. Avril dans le détroit duquel il ne sortit que le premier de Juin, après avoir beaucoup souffert; & par un surcroît de malheur, il trouva à la sortie une horrible tempête, qui ayant separé ses Navires, celuy qu'il montoit périt, sans qu'il en échappât aucun homme.

1708. Decembre.

En 1539. l'Evêque de Plaisance ayant obtenu de l'Empereur la permission d'envoyer quatre Vaisseaux aux Isles Molucques par le détroit de Magellan, ils entrerent dans le détroit après une heureuse navigation le 20. Janvier de l'année suivante 1540. Etant avancez environ vingt-cinq lieües en dedans, ils furent surpris par un vent d'Ouest, qui ayant jetté sur la côte trois de ces Navires, les brisa, heureusement leurs équipages se sauverent, parmy lesquels on comptoit quelques Prêtres & 18. à 20. femmes. Le quatriéme Navire tenant le large ne reçut aucun mal, & le Capitaine peu sensible aux cris & aux larmes de ses camarades, & témoin du malheur qui venoit de leur arriver, ne voulut embarquer personne, dans la crainte de n'avoir pas assez de vivres pour les nourrir, & de charger trop son Navire. Le temps ayant changé, il fit route vers la mer du Sud, & étant sorti du détroit, s'en alla à Lima. On croit que ceux qui resterent ont été l'origine de ce peuple, appellé *Cesaréens* par les Chiléens, qui habitent une terre à 43. ou 44. degrez de hauteur du Pole Antartique, au milieu du continent qui est entre la mer du Nord & la mer du Sud, pays extrémement fertile & tres-agréable, fermé du côté de l'Ouest par une grande riviere fort rapide, au rapport de ceux qui ont été sur ses bords, qui disent avoir vû au-delà la riviere des peuples bien differents des naturels du pays, des linges fort blancs mis à secher, & entendu des cloches, marques évidentes que ces peu-

1708. Decembre.

ples suivent le Rit Romain. J'appris étant dans le Royaume de Chily, que l'entrée dans les terres des *Cesaréens* est défenduë à tous les Espagnols; & que pour se conserver dans leur liberté, ils ont établi entre eux une Loy, que ceux qui seroient traîtres à la Republique, & qui découvriroient son entrée, seroient condamnez à mort, fût-il le Chef de la Republique. Ce qu'on apprit par un Indien, leur espion, qui ayant été gagné par argent & par flatterie, par un Prêtre zelé, qui souhaitoit depuis long-temps d'aller prêcher à ces peuples, s'étant déja présenté sur le bord de la riviere, sans pouvoir passer au-delà. L'Indien luy promit de luy montrer l'entrée, s'approchant des terres, le fit arrêter, & le cacha dans le bois avec son valet, luy recommandant de ne pas paroître, & qu'il retourneroit la nuit suivante, pour l'introduire dans la Ville. Il vint en effet; mais bien-loin de le mener à la Ville, il l'assassina, le valet du Prêtre témoin de cet attentat, se cacha dans le bois, & s'en retourna à Chily, où il rapporta cette Histoire.

Il y a quelque apparence que la necessité ayant contraint ces pauvres malheureux après le naufrage, à ramasser les débris de leurs vaisseaux, étant tous sains & saufs, ils allerent ensuite chercher dans ces vastes pays une terre qui leur fût convenable, & propre à habiter, dans laquelle s'étant multipliez, ils forment aujourd'huy une Republique. Ces peuples n'ayant besoin de rien, parce qu'ils trouvent chez eux tout leur necessaire, sont bien aises de vivre dans la tranquillité; ce qu'ils craindroient de perdre, s'ils donnoient entrée à des peuples étrangers.

En 1577. François Drak partit de Plymouth pour aller aux Molucques, dans le dessein de passer par le détroit de Magellan, où il entra le 21. Août, & en sortit le 6. Septembre. Plusieurs autres ont passé par ce même détroit; mais les grands dangers qu'ils y ont courus, joints à ce qu'on découvrit que la Terre de Feu n'étoit qu'un amas de plusieurs Isles separées par des canaux, & qu'on trouvoit derriere ces terres la grande mer; ces dangers, dis-je, ont été cause qu'on ne s'est plus exposé dans ce détroit, où l'on étoit continuellement menacé de quelque naufrage, selon que j'appris par l'Aumônier de nôtre Navire, & par plusieurs Officiers qui y passerent en 1699. allant à la mer du Sud, & dans lequel ils furent obligez de rester près de trois mois. 1708. Decembre.

Le soir du 18. il mourut un de nos Volontaires, âgé de plus de soixante ans, lequel avoit langui depuis longtemps : c'est l'unique qui mourut dans nôtre voyage ; nous le jettâmes à la mer à l'entrée du détroit. Les vents s'étant tirez à l'Ouest-Nord-Ouest, nous fismes route sur les six heures vers l'Isle des Etats, dans le dessein de passer par le détroit de le Maire.

XIX. *Decembre.*

La nuit précedente fut tres-belle, les vents continuerent de souffler à l'Ouest-Nord-Ouest, nous fismes route vers le Sud-Sud-Est ; & quoy qu'en Esté, le froid se faisoit sentir.

J'observai le Complement de la hauteur meridienne du Soleil de	29^d 32′ 0″
Declinaison Australe,	23. 28. 0.
Donc la hauteur du Pole du point où nous étions à midy étoit de	53. 0. 0.
& la longitude fut estimée de	315^d 29. 0.
J'eus assez de bonheur pour observer dans un parage, où le Soleil paroît rarement, son Amplitude occidentale, elle donna la declinaison de l'Aiman de	23^d 5. 0″

XX. *Decembre.*

A 7. heures 30. min. du matin nous nous trouvâmes à une lieüe environ de l'Isle des Etats ; le Cap *S. Jean*, le plus avancé vers l'Est, nous restoit au Sud, environ deux lieües de distance, marqué en A dans la troisiéme figure de la seconde planche.

L'extrémité du Cap *S. Jean* est terminée par deux pointes de rochers assez élevées. Deux autres beaucoup

1708. Decembre. plus basses & pointuës suivoient celles-cy, & parurent se détacher du Cap à mesure que nous avancions vers l'Est. A huit heures le vent cessa, nous fûmes pris du calme, & les courans nous reculerent en une heure de plus de deux lieües. Sur les dix heures il se leva un petit vent qui nous avança jusques au même endroit où j'avois commencé de dessiner la vûë, représentée icy dans la troisiéme figure. Après ces pointes suivoit une montagne à pointe émoussée, qui couronnoit une petite plaine à l'Est, terminée par des terres taillées à pic qui se précipitoient dans la mer. On voyoit encore d'autres montagnes parfaitement semblables au dessein, & trois petites Isles fort basses & longues vers l'extrémité de toutes ces terres, qui n'étoient selon toutes les apparences qu'une suite des mêmes terres dont l'éloignement nous empêchoit de voir la continuation ; parce qu'étant plus basses à des endroits qu'à d'autres, dans ces abaissemens la terre paroissoit noyée & separée d'une plus élevée. Etant arrivez au même endroit où nous étions sur les huit heures, nous y trouvâmes du calme & un courant semblable à celuy qui nous avoit déja reculé une fois.

A deux lieües au Nord Est du Cap *S. Jean* j'observai avec la même fléche qui m'avoit servi dans toute la route, le Complement de la hauteur meridienne du Soleil de 31d 16′ 20″

Declinaison Australe du Soleil, 23. 29. 0.

Donc la hauteur du Pole fut de 54. 45. 20.

Et la longitude fut estimée de 318. 9. 0.

Je trouvai par l'observation de la hauteur du Pole, que le Cap *S. Jean*, Cap le plus oriental des Isles des Etats, étoit plus au Sud que le Cap des *Vierges* de 2d 20′

Et je trouvai par l'estime, que le même Cap *S. Jean* étoit plus oriental de 3d 25′

On ne doit pas s'attendre que ces déterminations de longitude & de latitude soient dans la derniere exactitude, j'ai expliqué ailleurs tous les inconveniens qui se rencontrent en observant à la mer, & la difficulté de s'assurer d'une bonne hauteur, qui dépend de plusieurs principes dont on a peu de seureté; cependant ces observations, quelques imparfaites qu'elles soient, ne laisseront pas de donner des lumieres à ceux qui feront les mêmes voyages; & comparant leurs observations avec celles que je rapporte icy, & prenant un milieu entre elles, ils s'éloigneront de peu de la position de ces terres. 1708. Decembre.

XXI. *Decembre.*

Les montagnes de l'Isle des Etats que nous vîmes d'abord qu'il fut jour, avoient changé de décoration. Le jour précedent elles nous parurent aux endroits où il n'y avoit pas d'arbres d'un beau verd naissant, & elles furent couvertes d'une blancheur à nous éblouïr, mais elle ne dura que tres-peu de temps. Les neiges qui tomberent dans la nuit s'étant fonduës, nous revîmes ces productions admirables de la nature. Je fus mortifié de ne les pas voir de plus près, pour enlever de ces lieux des trésors qui nous sont cachez dans une infinité de plantes, & d'être privé d'y faire des observations qui auroient déterminé immediatement la veritable situation de cette Isle : deux motifs bien suffisans à un Astronome Physicien pour l'engager de descendre à terre; mais demander pour des sujets semblables à mettre un canot à la mer, ce seroit passer pour visionnaire : tout le monde ne connoît pas la valeur des Sciences; & ceux qui en sçavent le prix & l'importance qu'il y a de se servir, pour les perfectionner, des occasions qui se rencontrent, & qui sont aussi rares que celle qui se présentoit alors, ont assurément un vray sujet de peine de les voir échaper, sans pouvoir en faire usage.

Nous avions passé toute la nuit au calme, les courans nous avoient fait dériver. Un petit vent nous approcha de l'Isle à la distance d'une lieüe, où ayant sondé, nous trouvâmes fond à 40. brasses. Les calmes revinrent, ils nous dériverent à deux lieües au-delà, où nous sondâmes une seconde fois, le fond augmenta, & fut trouvé de 70. brasses.

A une heure après midy, étant au Sud-Est du Cap

1708. Decembre. *S. Jean*, je pris avec le compas la diſtance de trois petites Iſles ou écüeils repréſentez dans leurs éloignemens. J'avois tracé les jours paſſez la diſpoſition des côtes qui ſont près du Cap, entierement ſemblables à celles qui ſont icy. Les trois écüeils démontrent l'extrémité des Iſles des Etats. Si nous n'euſſions eu quelques memoires, nous n'aurions pas crû être dans le détroit de le Maire, étant au Sud-Eſt du Cap *S. Jean*; ce qui m'a donné occaſion de repréſenter icy le deſſein des côtes & des trois petites Iſles qui ſont au-delà de la pointe, perſuadé du plaiſir que cela feroit à ceux qui paſſeroient dans la ſuite par le même endroit.

J'obſervai près du Cap le poids des eaux de la mer, je trouvai leur équilibre de 2. onc. 3. drag. 52. grains.

J'obſervai auſſi le ſoir, étant au Sud-Eſt du Cap, l'Amplitude occidentale du Soleil de	64ᵈ	30'	0"
L'Amplitude calculée fut trouvée de	41ᵈ	26'	29.
Donc la variation de l'Aiman fut dans cet endroit de	23.	3.	31.

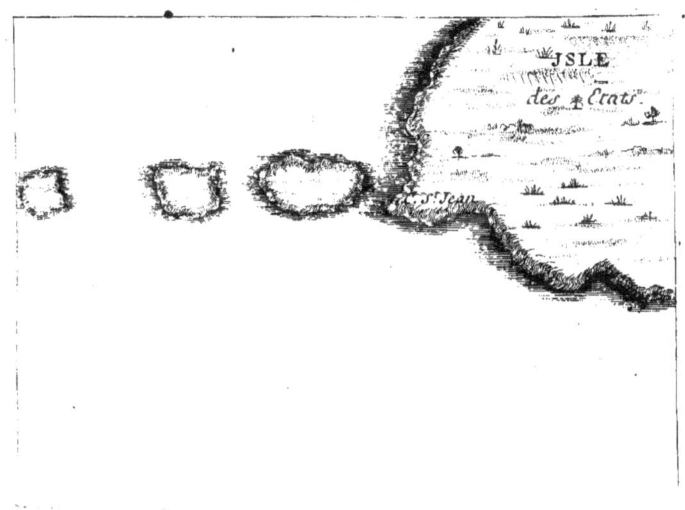

XXII. *Decembre.*

Les vents ſe rangerent au Sud, les froids augmentoient tous les jours, & nous avions de la neige par intervalle, mais elle ne demeuroit pas long-temps ſur le pont; car d'abord qu'elle étoit tombée, elle ſe fondoit, & toute l'incommodité que nous en recevions, étoit l'humidité qu'elle nous laiſſoit, qui interrompoit nos promenades, & nous obligeoit de demeurer enfermez dans la chambre. Les vents s'étant tirez ſur le ſoir à l'Oueſt-Sud-Oueſt, oppoſez à nôtre route, il reſta au même endroit juſques au 24. Le Soleil ne parut pas pendant tout ce temps là, & la hauteur du 24. fut eſtimée de 55d 42′ 0″
& la longitude de 318d 49′ 0″

XXV. *Decembre, jour de Noël.*

Nous eûmes des temps fort inconſtans, il venta, il tomba de la neige, & de la grêle, le calme ſuivit après, la brume, & point de Soleil. La mer venant de l'Oueſt étoit toûjours fort groſſe; & nôtre Navire roulant à ſon ordinaire, j'appréhendois de ne pouvoir pas celebrer la Meſſe ce ſaint jour, qui eſt un des plus ſolemnels de toute l'année. J'eus le bonheur d'en dire une des trois avec bien de la peine, n'ayant pas oſé m'expoſer à dire les deux autres, à cauſe du roulement du Navire, qui nous menaçoit à tout moment de renverſer l'Autel. Nous vîmes quantité d'oiſeaux, dont les aîles étoient extrémement grandes par rapport à leur petit corps, en quoy j'admirois la Divine Providence, qui a donné à ces animaux de quoy ſe couvrir pour ſe garantir dans ces climats des grands froids qu'ils y reſſentent dans toutes les ſaiſons de l'année. Le matin les vents ſe tirerent à l'Eſt-Sud-Eſt, le Soleil toûjours couvert ne put pas être obſervé, & il fallut comme le jour précedent nous contenter pour la hauter, de celle que nous trouvâmes par l'eſtime qui fut de 56d 47′ 0″
& la longitude de 317d 51′ 0″

L'équilibre des eaux obſervé fut de 2. onc. 3. dragm. 53. grains.

1708.
Decembre.

XXVI. *Decembre.*

Les nuits perdoient sensiblement leur obscurité, nous commencions de pouvoir lire à minuit sans chandelle. Le Soleil n'étant sous nôtre horison, à la même heure, qu'à 9. degrez & quelques minutes; nous eûmes des vents qui varierent du Sud-Est ¼ Sud au Sud ¼ Sud-Ouest. Nous vîmes quantité d'oiseaux tout-à-fait differents de ceux que nous avions vû le 25.

La hauteur fut estimée de 57ᵈ 16′ 0″
& la longitude 316ᵈ 58′

XXVII. *Decembre.*

Le froid me fit garder la chambre, le Soleil qui ne paroissoit plus, toûjours couvert des nuages qui nous donnoient souvent de la neige, & quelquefois de la grêle, ne pouvant pas être observé à midy, il falloit pour les hauteurs s'en fier à nôtre estime. Nous la trouvâmes ce jour-là de 58ᵈ 35′ 0″
& la longitude de 315ᵈ 55′ 0″.

XXVIII. *Decembre.*

Un grand calme commença le matin, & dura jusques au lendemain, qu'il tomba de la neige toute la journée. La mer venoit toûjours de l'Ouest, & les nuages étant fort épais, rendoient les jours fort obscurs; en sorte qu'on ne pouvoit déja plus distinguer la nuit d'avec le jour. On ne parloit plus d'allumer des chandelles, on voyoit aussi clair à minuit qu'à midy; & le Soleil ne paroissant pas, nous ne connoissions ni matin ni soir, & nous ne sçavions plus quels termes donner à nos repas. Le 29. les vents se tirerent au Nord ¼ Nord-Ouest. Le lendemain 30. ils fraîchirent; & ayant dissipé de gros nuages qui nous avoient donné le matin de la neige, ils nous firent voir le Soleil. Nous observâmes à midy le Complement de sa hauteur, elle nous donna

la hauteur

la hauteur du Pole Antartique, 59d 5′ 0″
& nous estimâmes la longitude de 313d 22′

1. *Janvier.*

Tout parut se renouveller avec l'année, les vents se rangerent le matin vers le Sud-Ouest, la mer de l'Ouest calma, & le Soleil parut dès le matin avec toute sa splendeür. La nuit précedente fut belle, nous vîmes l'Aurore depuis dix heures du soir que les nuages se dissiperent, jusques au lever du Soleil. Tous ces changemens ramenerent la joye dans nôtre Navire. Les Marins se contentent de peu, ils ne considerent que le present : Effet de la Providence; car s'ils conservoient long-temps dans leur memoire tous les maux qu'ils souffrent, je crois qu'après avoir fait un premier voyage, on en trouveroit peu qui voulussent s'exposer à un second. Ils imiteroient *Caton*, qui ayant fait par mer une lieüe, qu'il pouvoit faire par terre, en eut tant de repentir, qu'il fit un vœu solemnel de n'aller sur les eaux de sa vie. 1709. Janvier.

Nous observâmes à midy le Complement
de la hauteur meridienne du Soleil de 36d 50′ 20″
Declinaison Australe, 23. 0. 28.
Donc la hauteur du Pole Antartique fut de 59. 50. 48.
& la longitude fut estimée de 319. 30. 0.

Dans le même endroit l'équilibre des eaux de la mer fut de 2. onc. 3. drag. 53. grains.

11. *Janvier.*

L'entrée dans la mer du Sud que nous souhaittions depuis si long-temps, nous fit oublier tous nos chagrins, & consola tout nôtre équipage, qui ayant essuyé toute la fureur des *Vertumnes* *, commençoit à respirer, & trouver du soulagement dans leurs maux.

—— *Vertumnis quotquot sunt, natus iniquis.* Horace, *l.* 2. *Satyr.* 7.

Les vents prirent une bonne route, ils passerent du

* Vertumnes, *Dieux du changement.*

1709. Janvier.

Sud-Oueſt au Nord-Eſt, & le lendemain 3. ſe rangerent au Sud-Eſt. Nous eûmes une belle nuit, l'Aurore commença au Soleil couchant du 2. & ne finit qu'au lever du Soleil du 3. Il ſe leva le matin de gros nuages, qui nous donnerent de la neige; mais comme nous avions vent arriere, nous nous mocquions de l'inconſtance du temps, & nous ne faiſions pas plus de cas du roulis du Navire, quoy qu'il nous ſecoüât, que ſi nous euſſions été les plus tranquilles du monde. Le Soleil ne parut pas à midy, nous devions nous trouver ſelon

l'eſtime à la hauteur de	56^{d} 20′ 45″
& la longitude devoit être de	306. 2. 0.

IV. *Janvier.*

Les vents ſe tirerent plus vers l'Eſt, ils diminuerent un peu de leur premiere force, ils calmerent enſuite; & dans le roulis du Navire, causé par une groſſe mer que les vents avoient élevée, nous perdîmes la voile du grand hunier qui ſe fendit en deux par ſon travers. On en remit auſſi-tôt une autre à ſa place; & le vent étant revenu, nous continuâmes nôtre route au Nord ¼ Nord-Oueſt, n'oſant pas encore mettre le Cap au Nord, & appréhendant de n'avoir pas dépaſſé les terres, & n'être pas aſſez avancez vers l'Oueſt. Le Soleil qui n'avoit pas paru depuis le premier du mois, ſe fit voir le lendemain cinquiéme. Nous obſervâmes le Complement de ſa hauteur meridienne, qui donna la hauteur du

Pole de	54^{d} 43′ 20″
& l'eſtime donna la longitude de	302. 54. 0″

VI. *Janvier.*

Les vents changerent dans la nuit, ils vinrent à l'Oueſt. Selon la hauteur que nous avions obſervée le jour précedent, nous devions être par le travers du Cap *Victoire*, qui eſt à l'entrée du détroit de Magellan du côté du Nord; de ſorte que n'ayant plus de terre à craindre, nous mîmes le Cap au Nord; le froid commençoit à diminuer considerablement, & nos habits d'hyver à devenir incommodes. 1709. Janvier,

La hauteur du Pole fut observée de 52d 30' 0"
& la la longitude estimée de 302. 1. 0.

XI. *Janvier.*

Depuis le 6. les vents varierent de l'Ouest au Nord-Nord-Ouest. La mer que les vents avoient extrémement élevée, prenant le Navire par son travers, luy causoient des balancemens à nous faire craindre quelque démâtement. Comme ils nous étoient entiérement opposez, ils nous obligerent de louvoyer depuis le 6. jusques au 11. qu'ils se tirerent à l'Ouest-Sud-Ouest. Le 9. au matin on entendit par tout le Navire un grand coup sur le derriere, qui épouvanta tout l'Equipage. On appréhendoit depuis le départ de la riviere de la Plata, & même devant nôtre arrivée dans cette riviere, que nôtre gouvernail dans ses chûtes ne cassât l'Etembord. On crut d'abord ce malheur arrivé; cependant ce ne fut qu'une barre de fer traversant la sainte Barbe, sur laquelle s'appuyoit la Barre du Gouvernail, qui cassa par le milieu, quoy qu'elle fût assez épaisse. On en substitua bien-tôt une autre à sa place, sur laquelle on remit la même barre. Il se leva ce jour-là une tempête qui dura jusques au 12. au matin, qu'un vent d'Ouest-Sud-Ouest vint chasser les nuages, & nous amena le beau temps.

A l'heure de midy le Ciel se trouva serain, nous observâmes la hauteur du Soleil, elle donna la hauteur du Pole de 51d 26'
& la longitude tirée des routes que nous avions parcouruës depuis le 6. fut de 299. 29. 0.

J'observai l'Amplitude occidentale du Soleil, elle donna la variation de l'Aiman de 15. 0. 0.

XII. *Janvier.*

Le scorbut commença de se manifester. Cette maladie est aussi dangereuse que la peste; d'abord qu'on en est

1709. Janvier.

atteint, les forces manquent, on tombe insensiblement dans une indolence qui conduit au tombeau ; de sorte qu'un Navire pourroit perir, faute d'hommes pour manœuvrer. Nous allions nous voir dans ce triste état, si le Seigneur n'eût pas permis que le mauvais temps que nous avions depuis le 6. eût changé. Le Soleil se leva fort clair le matin du 12. J'observai son Amplitude orientale, elle donna la variation de l'Aiman de 14d 30'

Le Complement observé de sa hauteur meridienne donna la hauteur du Pole de 49 51. 20.
& la longitude fut estimée de 299. 54. 0.

Par l'expérience du poids des eaux de la mer, je trouvai leur équilibre de 2. onc. 3. drag. 52. grains ½. L'horison resta clair sur toute la partie occidentale, le Soleil se couchant j'observai son Amplitude, elle donna la declinaison de l'Aiman de 13d 30' 0''

XIV. *Janvier.*

Les vents furent fort inconstans tout le 13. variant du Nord-Est au Nord-Nord-Ouest. Le lendemain ils se tirerent au Sud-Ouest. Nous trouvâmes de belles mers ; & ne croyant plus avoir de mauvais temps, on passa nos mâts de Perroquet, qu'on avoit dépassez sortant de la riviere de la Plata.

La hauteur observée du Soleil donna celle du Pole de 46d 23' 50''
& la longitude fut estimée de 300. 28. 0.

XVI. *Janvier.*

De gros broüillards nous cacherent le Ciel tout le 15. nous n'eûmes pas de peine à nous en consoler ; les vents étoient arriere, & le Vaisseau allant à pleines voiles, nous faisoit esperer de voir bien-tôt les terres du Royaume de Chily. Nous eûmes ce jour-là le malheur de perdre un jeune homme de vingt-quatre ans, qui tomba malheureusement dans la mer des haubans du mât d'Artimon. D'abord qu'on l'apperçut, on mit le vent sur les voiles, pour arrêter le Navire, on luy jetta des planches; & pendant qu'on mettoit le canot à la mer pour l'aller prendre, nous le vîmes couler à fond : unique accident funeste qui nous soit arrivé dans toute la mer Oceane. Le vent s'étoit tout-à-fait rangé au Sud, il y continuoit encore le 17. Nous vîmes ce jour-là le Soleil à midy, & nous observâmes le Complement de sa hauteur, qui donna la hauteur du Pole de 41d 44′ 0″ 1709. Janvier.

& la longitude fut estimée de 303. 9. 0.

XVIII. *Janvier.*

Je commençai la journée par l'Amplitude orientale du Soleil, elle donna la declinaison de l'Aiman de 11d 33′ 0″

Le mois de Janvier qui répond dans ces climats à nôtre mois de Juillet, étoit aussi chaud que l'est ordinairement en Provence le mois de Juillet. Cette contrarieté fit naître entre nos matelots, tout nouveaux dans ces mers, une contestation plaisante. Quelques-uns ne vouloient pas croire que nous fussions veritablement dans le mois de Janvier, parce qu'ils sentoient, disoient-ils, sur leurs épaules une chaleur qui les obligeoient à quitter leurs juste-au-corps dans un temps où ils auroient porté leur manteau en Provence : agréables disputes qui nous donnoient toûjours quelques momens de divertissement, assez rares à la mer.

Nous observâmes la hauteur du Pole de 41d 4′ 0″

& nous estimâmes la longitude de 303. 20. 0″

XIX. *Janvier.*

Les vents de Sud continuoient; leur qualité dans ces climats est d'être frais, differente de celle que ces mêmes vents ont dans les nôtres. Si l'on ne consideroit la Sphere que dans une même position, on en seroit surpris; mais étant dans cette partie du monde entierement opposée à la nôtre, tout doit y être opposé. Cette fraîcheur soulageoit nos scorbutiques qui commençoient à

1709. Janvier.

sentir leur mal; les chaleurs entierément contraires à ces maux augmentoient à mesure que nous approchions la Ligne, & nous faisoient desirer d'arriver bien-tôt dans le Royaume de Chily, où nous esperions trouver des rafraîchissemens, étant alors la saison des fruits. Nous avions déja appris par quelques-uns de nos Officiers qui avoient fait ce voyage, que les gens du pays sont de fort bon commerce, & que nous devions attendre d'eux toutes sortes de secours & de soulagemens.

J'observai à midy la hauteur du Pole de 39d 34. 0"
& j'estimai la longitude de 303. 43. 0.

XX. *Janvier.*

Nous vîmes fort confusément la terre le soir du 19. nous fismes route toute la nuit suivante au Nord pour l'allonger, & le matin du 20. nous la vîmes fort à découvert, nous la cherchions depuis plus d'un an. Elle nous parut élevée, & coupée de distance en distance, ayant sur le rivage des enfoncemens dans lesquels on auroit pû moüiller, selon qu'il nous paroissoit; mais ne connoissant pas ces côtes, nous n'osâmes pas les approcher. Nous continuâmes donc la même route jusques à l'Isle de *Sainte Marie*, d'où nous commençâmes à découvrir les deux montagnes qui servent de reconnoissance à la Baye de la Ville de *Pinco* ou *Conception*, qui en est à l'Est, appellées par les Espagnols *las Tetas de Pinco*.

J'observai à midy le Complement de la hauteur du Soleil, il donna la hauteur du Pole de 37d 32' 0"
& la longitude ne differa pas de celle du jour précedent, la route corrigée ayant donné directement le Nord, elle dût donc être de 303d 43' 0"

Par l'expérience du poids des eaux je trouvai l'équilibre de 2. onc. 3. drag. 53. grains.

XXI. *Janvier.*

Nous entrâmes sur les deux heures après midy dans

la Baye de la Ville de *la Conception.* L'entrée de cette Baye est directement au Nord, comme je dirai ailleurs, où l'on en verra le plan que je ne levay qu'au second voyage que je fis dans cette Ville, revenant de Lima. Nous revirâmes de bord à l'entrée de la Baye, les vents qui souffloient au Sud nous furent alors opposez, & nous obligerent de louvoyer. D'abord que nous fûmes entrez, il se leva une grosse brume qui nous cachoit la terre, quoy qu'en louvoyant nous n'en fussions pas quelquefois à une demy lieüe de distance; ce qui fut cause que nous dépassâmes la Ville, & par consequent le moüillage. Les habitans qui étoient sur les bords de la mer, nous virent entrer; & appréhendant que si nous avancions, nous n'allassions échoüer au fonds de la Baye sur le sable, ils tirerent un coup de canon pour nous faire signal de moüiller, ce qu'on fit un moment après.

1709. Janvier.

XXII. *Janvier.*

Je descendis à terre après le déjeûné avec nôtre Capitaine en second, âgé de plus de soixante ans, vigoureux, homme d'expérience, qui comptoit 52. ans de navigation, pendant lesquels il ne luy étoit arrivé qu'un seul accident, d'avoir été pris, commandant un Navire, par un Corsaire de Tripoly, avec un de ses freres & six personnes de sa famille. Le Corsaire convoya sa prise dans le port de Tripoly, mit les esclaves à terre, & après les avoir vendus retourna en course. Le Capitaine & tous ceux de la même famille demeurerent deux ans esclaves parmy ces peuples barbares.

La premiere maison que nous trouvâmes fut celle d'un Bourgeois. Comme nous passions sans dire mot, on nous envoya un domestique qui nous avertit que son maître demandoit à nous parler. Nous retournâmes sur nos pas, nous entrâmes dans la maison, & nous fûmes agréablement surpris, voyant que des gens qui ne nous connoissoient pas, nous fissent un bon accüeil, & nous missent dans le même moment le couvert pour nous regaler. Prévenus que de refuser des Espagnols, lors qu'ils offrent

1709. Janvier.

quelque chose, c'est leur faire affront; nous nous mîmes à table sans beaucoup de céremonie, & comme des gens qui faisoient penitence depuis long-temps, nous tâchâmes de satisfaire l'inclination de ceux qui nous donnoient leur bien de si bonne grace. Dans tout le Royaume de Chily la charité pour les étrangers est extrême, les peuples y sont d'une bonté sans exemple, & j'en ai ressenti de si grands & considerables bienfaits, que je ne sçaurois trouver de termes assez significatifs pour exprimer leurs liberalitez. Les mécontemens qu'ils ont reçûs assez souvent de plusieurs de nôtre nation n'ont jamais pû diminuer leur bonté naturelle; & bien-loin d'en accuser leur malice, ils les ont attribuez à l'ignorance dans laquelle ils étoient des coûtumes du pays. Pendant la collation ils nous interrogerent sur l'état des affaires du Royaume d'Espagne, & dans quelle situation elles se trouvoient, nous répondîmes à leurs demandes en faveur de ce Royayme, quoique mal informez alors, puisque nous n'avions rien appris depuis nôtre départ d'Almerie. Ces bons Chiléens nous marquerent dans toutes leurs demandes être parfaitement bien intentionnez pour leur legitime Roy Philippe V. & pour marque de leur attachement & de leur fidelité, ils nous nommerent quelques factionnaires que l'Archiduc avoit dans la Ville, qui s'étoient laissez surprendre par de fausses nouvelles envoyées par leurs amis de Lima, qui étoient dans le même parti. Je leur demandai avant que de prendre congé, si je ne trouverois pas dans la Ville une chambre à loüer pour un ou deux mois que nous resterions peut-être moüillez dans la Baye. Ils me répondirent, qu'ils me logeroient volontiers, si leur famille n'étoit pas si nombreuse; mais qu'ils me conduiroient chez un de leurs amis, qui ayant alors plusieurs chambres inutiles, me donneroit tous les agrémens possibles. Je les remerciai de leurs honnêtetez obligeantes, & je les priai de me faire accompagner par un de leurs domestiques; le maître du logis voulut m'y conduire luy-même, & me mena dans la maison d'un Espagnol de bonne mine qui nous reçut ageáblement. Je connus par ces manieres nobles

nobles & grandes, qu'il étoit homme de distinction; je ne me trompai pas, apprenant ensuite qu'il étoit Commissaire general des troupes, qu'il avoit geré toutes les plus belles Charges de la Ville, & qu'il étoit un des plus qualifiez. Après luy avoir communiqué le dessein que j'avois de faire quelque sejour à la *Conception*, je luy fis connoître que je serois bien-aise de loüer une chambre, & de trouver un endroit tranquille, éloigné du bruit, & convenable aux occupations que j'avois, il me mena dans un appartement où il y avoit trois chambres, nous convînmes du prix à trois piastres par mois. Je ne les payai pas long-temps; car trois jours après le maître du logis me vint faire des excuses de m'avoir demandé de l'argent, & me pria tres-instamment de vouloir accepter sa table. Je resistai pendant quelques jours; mais ne pouvant plus me défendre contre ses pressantes sollicitations, j'acceptai son offre, dont il fut extrémement satisfait. Il donna le même jour cette nouvelle à tous ses parens & amis, & ils vinrent le soir en foule me visiter, & le feliciter de la nouvelle acquisition qu'il avoit faite dans sa famille; ils croyoient tous effectivement, voyant que je n'étois que passager sur le Navire, que je demeurerois à la *Conception* le reste de mes jours. J'experimentai dans le sejour que je fis dans cette maison jusques à quel point les Espagnols poussent leur honnêteté; car non contents de me combler de leurs biens, ils sollicitoient encore tous leurs parens & amis à suivre leur exemple; c'étoit à qui me préviendroit le premier pour me faire oublier les tristes momens que j'avois soufferts dans nôtre longue traverse, en m'invitant dans leurs maisons de campagne, & m'envoyant tous les jours quantité de rafraîchissemens.

1709. Janvier.

1709. Janvier.

OBSERVATIONS

PHYSIQUES ET MATHEMATIQUES,

avec plusieurs Remarques sur l'Histoire naturelle.

Faites à la Conception, Ville dans le Royaume de Chily, en l'année 1709.

XXIII. *Janvier.*

LE soir précedent j'étois retourné à bord dans le dessein de descendre à terre tous mes instrumens, pour commencer mes observations. Le matin du 23. je pris possession de la chambre, je mis ma pendule en mouvement, & je me disposai à observer. Le Ciel fut couvert tout ce jour-là, & je ne pus prendre aucune correspondance pour verifier mon horloge.

Dans ce temps que le Seigneur me conservoit la santé, nôtre Equipage fut réduit dans un tres-fâcheux état. Tous nos matelots, & une partie de nos Officiers furent attaquez du scorbut. Nôtre Capitaine loüa à la Ville une grande maison, dans laquelle on transporta tous les malades, pour tâcher de rétablir leur santé par les meilleurs alimens qu'on trouva dans le pays, & les remedes convenables à leur maladie.

XXIV. *Janvier.*

Je commençai mes observations par la verification du quart de cercle, je trouvai que depuis les dernieres que j'avois faites, il ne s'étoit point dérangé, donnant toujours les hauteurs trop grandes de 2. min.

Assuré du quart de cercle, je préparai ensuite un tuyau de verre pour les experiences du Barometre, je le nettoyai soigneusement; je fis passer mon Mercure dans un linge à plusieurs doubles, jusques à ce qu'il ne restât sur le linge aucune saleté. L'ayant bien purifié, je fis l'expérience suivante, dans laquelle je trouvai le Mercure suspendu dans le tuyau à la hauteur de 27. pouces 10. lignes $\frac{1}{3}$.

1709. Janvier.

Hauteurs correspondantes du bord superieur du Soleil pour verifier l'Horloge.

Heures du matin.	hauteurs.	heures du soir
$9^h\ 16'\ 38''$	$53^d\ 35'\ 0''$	$2^h\ 12'\ 46''$
9. 22. 14.	54. 39. 0.	2. 7. 11.
9. 30. 10.	56. 8. 30.	1. 59. 17.

Par la premiere & la seconde de ces correspondances l'horloge marquoit à midy,	$11^h\ 44.\ 42''$
& par la troisiéme à	11. 44. 43 $\frac{1}{4}$.
prenant un milieu on eut midy à	11. 44. 43.
Hauteur meridienne apparente du bord superieur du Soleil,	$72^d\ 43'\ 15''$
Le quart de cercle donnoit les hauteurs trop grandes de	2. 0.
Premiere Correction,	72. 41. 15.
Refraction moins la Parallaxe,	0. 15.
Hauteur du bord superieur du Soleil corrigée,	72. 41. 0.
Demi-diametre du Soleil,	16. 20.
Hauteur du Centre,	72. 24. 40.
Declinaison Australe,	19. 7. 44.
Hauteur de l'Equateur,	53. 16. 56.
Donc hauteur du Pole de la *Conception*.	36. 43. 4.

1709.
Janvier.

OBSERVATION

Sur l'Inclinaiſon de l'Aiguille aimantée.

JE poſai une pierre de niveau, ſur laquelle je mis la Bouſſole qui me ſervoit ordinairement pour faire ces obſervations, dont j'ai déja parlé ailleurs. Je trouvai qu'à la *Conception* la pointe de l'Aiguille aimantée qui tourne au Sud Magnetique, baiſſoit au deſſous du plan poſé exactement de niveau de ſix degrez 30′ 0″

J'obſervai la nuit qui ſucceda au même 24. la hauteur meridienne apparente de *Procyon*, étoile

de la premiere grandeur, de	47^d	23′	30″
Quart de Cercle,		2.	0.
Premiere Correction,	47.	21.	30.
Refraction,		0.	55.
Hauteur corrigée,	47.	20.	35.
Declinaiſon ſeptentrionale,	5.	57.	0.
Hauteur de l'Equinoxial,	53.	17.	35.
Donc hauteur du Pole de la *Conception*,	36.	42.	25.

La même nuit hauteur meridienne apparente obſervée de l'Etoile qui eſt à la tête Auſtrale des *Jumeaux* de la ſeconde gran-

deur,	24^d	39′	0″
Quart de Cercle,		2.	0.
Premiere Correction,	24.	37.	0.
Refraction,		2.	9.
Hauteur corrigée,	24.	34.	51.
Declinaiſon ſeptentrionale,	28.	41.	59.
Hauteur de l'Equinoxial,	53.	16.	50.
Donc hauteur du Pole de la *Conception*,	36.	43.	10.

XXV. *Janvier.*

Nous reſſentîmes de grandes chaleurs, nous n'étions que vers le milieu de l'Eſté. Les ſaiſons dans cette partie

du monde sont opposées aux nôtres. Le commencement de l'Hyver, qui en Europe est le 21. du mois de Decembre, est le commencement de l'Esté dans le Royaume de Chily, & le premier jour de l'Automne de Chily est en Europe le premier jour du Printemps. Plusieurs fruits, comme les poires, les pommes, les fraises, &c. étoient en maturité; on nous servit au dessert des fraises d'un goût merveilleux, dont la grosseur égaloit celle de nos plus grosses noix, leur couleur est d'un blanc pâle; on les prépare de la même maniere que nous faisons en Europe; & quoy qu'elles n'ayent ni la couleur ni le goût des nôtres, elles ne laissent pas d'être excellentes.

1709. Janvier.

Le vent de Sud qui rafraîchit l'air dans ces climats, commença à souffler entre huit & neuf heures du matin, il diminua les chaleurs qu'on sentoit déja, lesquelles ne seroient pas supportables, si le vent de Sud manquoit de revenir tous les matins.

Après avoir pris le matin les hauteurs correspondantes du Soleil, je fis l'expérience du Barometre; je trouvai le Mercure suspendu à la hauteur de 27ᵖ 11ˡ 0″.

Hauteurs correspondantes du bord superieur du Soleil pour verifier l'Horloge.

heures du matin.	hauteurs.	heures du soir.
$9^h\ 12'\ 21''$	$52^d\ 33'\ 0''$	$2^h\ 17'\ 28''$
9. 18. 34.	53. 44. 0.	2. 11. 13.
9. 26. 31.	55. 14. 0.	2. 3. 17.

La premiere & la derniere correspondance donnerent midy à	$11^h\ 44'\ 54''\frac{1}{2}$.
& la seconde à	11. 44. 53. $\frac{1}{2}$.
Prenant un milieu on eut midy à	11. 44. 54.
La hauteur meridienne apparente du bord superieur du Soleil observée fut de	$72^d\ 28'\ 0''$
D'où je conclus la hauteur de l'Equateur de	53. 16. 27.
& la hauteur du Pole de la *Conception* de	36. 43. 33.

1709. Janvier.

OBSERVATION

Sur la Declinaison de l'Aiguille aimantée.

LEs observations de la Declinaison de l'Aiman qui se font à terre, sont beaucoup plus exactes que celles qu'on fait à la mer; celles-cy ne se font ordinairement qu'au lever ou au coucher du Soleil, ou de quelque autre Astre; & les autres au vray midy, marqué par une horloge verifiée par les hauteurs correspondantes du Soleil. Les premieres ont des inconvenients qui laissent l'esprit d'un Observateur dans le doute, tels que sont les mouvemens du Navire, & la difficulté qu'il y a de pouvoir bien déterminer sur la Rose du Compas le point où le vertical qui passe par le centre du Soleil coupe la Rose. Celles qui se font à terre ne sont point sujettes à cet inconvenient. Après avoir connu l'etat de son horloge, on place une pierre de niveau, sur laquelle on tire à midy une ligne à la faveur de l'ombre d'une soye bien déliée, au bout de laquelle on met un plomb. Cette ligne représente le meridien; on pose ensuite sur cette ligne une Boussole, & la difference qui est entre ce Meridien, représenté par la ligne tirée sur la pierre, & le Meridien marqué par l'aiguille de la Boussole, que nous appellons Meridien Magnetique, est la declinaison de l'Aiman.

J'observai ce même jour à midy cette declinaison de 10ᵈ 20′ 0″

XXVI. *Janvier.*

Le vent de Sud revint à la même heure que le jour précedent. A dix heures du matin je trouvai par l'expérience du Barometre, que le Mercure dans le tuyau étoit à la hauteur de 27. pouces 10. lig. ½.

1709. Janvier.

EXPERIENCE

Sur l'Equilibre des Eaux.

JE laissois rarement échapper l'occasion, lors qu'il s'en rencontroit quelqu'une qui pouvoit être utile aux Sciences & aux Arts. J'allai ce jour-là à la campagne, dans le dessein de chercher quelques plantes; je rencontrai dans le chemin une riviere. Curieux d'apprendre l'équilibre de ses eaux, j'y plongeai mon Areometre, qui se trouva parfaitement en équilibre avec elles chargé du poids de 2. onc. 3. drag. 17. grains.

A la distance environ d'une lieüe, au pied d'une montagne, sur laquelle je trouvai quelques plantes assez curieuses, que je rapporterai à la fin de mes observations, je rencontrai une belle source d'eau vive, je fis dans ses eaux la même expérience que je venois de faire dans celles de la riviere, & je trouvai leur équilibre de 2. onc. 3. drag. 17. grains ½.

Cette difference d'un demy grain que l'eau de la riviere pesoit de moins que celle de la source, pouvoit provenir de l'air mêlé entre les parties qui la composent, lequel sert à la respiration des poissons, comme je remarquerai dans la suite.

Je verifiai à midy si la ligne que j'avois tirée le jour précedent représentoit une partie du veritable Meridien, en tirant auprès d'elle une autre ligne que je trouvai exactement parallele à la premiere, & la declinaison fut la même que celle que j'avois déja observée de 10. degrez 20. minutes.

J'observai la hauteur meridienne apparente du bord superieur du Soleil de	7.^{d}	13.'	15"
d'où je calculai la hauteur de l'Equateur de	53.	16.	52.
& la hauteur du Pole de	36.	43.	8.

1709. Janvier.

XXVII. *Janvier.*

Le matin un vent de Nord nous amena de gros nuages qui nous donnerent de la pluye. A deux heures après midy il se rangea à l'Oueſt, & à trois il fut au Sud.

J'obſervai à dix heures du matin, heure ordinaire de ces obſervations, la hauteur du Barometre de 27. poûces 11. lignes ½.

J'obſervai la nuit ſuivante la hauteur meridienne apparente de *Procyon*, que je trouvai de même que celle que j'avois déja obſervée le 24. de 47^d 23′ 30″

J'obſervai auſſi la hauteur meridienne apparente de l'Etoile qui eſt à la tête auſtrale des *Jumeaux*, que je trouvai de 24^d 39′ 0″ de même que je l'avois obſervée le 24.

L'horloge fut arrêté, & mis en mouvement peu de temps après.

XXVIII. *Janvier.*

Les chaleurs furent grandes, nous n'eûmes qu'un petit vent de Sud ¼ Sud-Oueſt.

Le Mercure reſta ſuſpendu dans le tuyau à dix heures du matin à la hauteur de 27. poûces 11. lignes ½.

Hauteurs correſpondantes du bord ſuperieur du Soleil pour l'Horloge.

heures du matin.	hauteurs.	heures du ſoir.
8^h 34′ 58″	44^d 48′ 0″	2^h 55′ 27″
41. 32.	46. 5. 0.	48. 58.
47. 38.	47. 16. 30.	42. 56.

Par la premiere & derniere correſpondance l'horloge marquoit midy à 11^h 45′ 17″

& par la derniere à 11. 45. 15.

prenant un milieu on eut midy à 11. 45. 16.

Equation à ajoûter, 6.

Donc l'horloge marquoit au vray midy, 11. 45. 22.

J'allai

Après avoir pris les correſpondances du ſoir, j'allai à la montagne pour chercher des plantes ; je paſſai par le même endroit où j'avois fait le 26. l'expérience de l'équilibre des eaux d'une belle ſource, je vis en m'approchant une eſpece de Lezard dans ſes eaux, qui cherchoit à ſe cacher ; je le pris, & en fis la deſcription qui ſuit. 1709. Janvier.

SALAMANDRE

aquatique & noire.

J'ay donné à ce Lezard le nom de *Salamandre*, par rapport à cette eſpece de Salamandre dont parle *Fabius Columna*, qui a quelque reſſemblance à celle-cy, ayant la queüe longue, platte, arrondie à ſon extrémité, & preſque ſemblable à une ſpatule.

Sa longueur depuis ſes lévres juſques au bout de ſa queüe étoit de quatorze poûces ſept lignes, ſa peau ſans écailles, differente de celle des autres Lezards, délicatement chagrinée, ſemblable à celle des Cameleons qu'on apporte d'Alexandrie, & qu'on trouve encore dans les campagnes de Smirne, d'où j'en rapportai deux en France en 1701. que j'avois trouvé dans les anciennes ruines d'un Château bâti ſur une montagne, à l'Eſt de cette Ville. Cette peau étoit d'un noir tirant ſur le bleu d'Indigo, excepté la paupiere, & un peu au deſſous du ventre, où ce noir devenoit plus clair, & paroiſſoit de couleur d'ardoiſe.

Son muſeau étoit un peu plus aigu que celuy des autres Lezards, & ſa tête beaucoup plus élevée, avoit au deſſus de ſon ſommet une eſpece de crête ondée, qui commençant au devant du front, s'étend juſques au bout ou extrémité de la queüe, où elle eſt beaucoup plus élargie & élevée perpendiculairement au deſſus du plan de la queüe.

Entre le muſeau & le front, on voit à chaque côté une narine fort ouverte, bordée par un grand cercle charnu que la Salamandre ouvre & ferme de temps à autre,

1709. Janvier.

de même que si c'étoit deux paupieres. Ses yeux sont situez directement au milieu des côtez de la tête, ils sont grands, plus longs que larges, & couverts par deux grandes paupieres ardoisées ; leur couleur est d'un jaune de safran, excepté la prunelle qui est d'un bleu foncé. Sa bouche est fenduë, & armée de deux rangées de tres-petites dents pointuës, & un peu crochuës. Sa langue épaisse, large, vermeille, & entierement attachée dans le gosier par sa partie inferieure, qui s'étend au dehors par un grand goitre que cet animal gonfle & retrécit à la maniere d'une vessie.

Ses bras à proportion des jambes sont fort courts, comme dans les grenoüilles communes, les pattes du devant plus petites que celles du derriere ; les doigts, tant des pieds que des mains, joints par un cartilage, semblables à ceux des canards & des oyes, & leur extrémité est terminée par un autre cartilage arrondi, plat, large, & relevé par une crête qui leur tient lieu d'ongle.

Son *Thorax* est fort étroit & fort court ; mais son *Abdomen*, partie contenuë par son dos & le ventre, est fort enflé, & relevé par quatorze ou quinze côtes, tant vrayes que fausses, qui l'environnent de la même maniere que font les cercles d'une barrique.

Ce que cet animal a de plus singulier est la queüe, elle est longue, étroite & ronde dans son commencement ou à sa naissance, elle s'élargit ensuite peu à peu jusques à deux pouces, comme l'Aviron d'une Galere ou d'une spatule, arrondie à son extrémité, ayant ses bords entaillez en forme de scie, & le dessus relevé par une crête large & ondée.

Ayant par mégarde écrasé cet animal, à mon grand regret, après l'avoir dessiné, je ne pûs pas examiner ses parties interieures.

J'observai le soir la hauteur meridienne apparente de l'Etoile qui est à la tête Boreale des Jumeaux.

de	20ᵈ 52′ 15″
Quart de Cercle,	2. 0.
Premiere Correction,	20. 40. 15.

Page 319.

Salamendre Aquatique.

Refraction à ôter,		2.	33.	1709. Janvier.
Hauteur corrigée,	20.	37.	42.	
Declinaison septentrionale,	32.	38.	39.	
Hauteur de l'Equateur,	53.	16.	21.	
Donc hauteur du Pole,	36.	43.	39.	

La hauteur du Pole que j'avois déja trouvée par la hauteur meridienne de l'Etoile, qui est à la tête Australe des Jumeaux étoit de 36ᵈ 43′ 10″.

La difference de la hauteur du Pole par ces deux observations, n'étoit que d'une demy minute.

XXIX. *Janvier.*

Le temps continua le même que celuy du jour précedent, le vent de Sud ¼ Sud-Ouest qui se leva à son ordinaire entre les 8. & neuf heures du matin, fut un peu plus frais, nous en eûmes besoin pour diminuer les chaleurs, car elles étoient accablantes.

Le Barometre se trouva à dix heures du matin à la hauteur de 27. pouces 10. lignes ½.

Hauteurs correspondantes du bord superieur du Soleil pour l'Horloge.

heures du matin.	hauteurs.	heures du soir.
9ʰ 2′ 28″	49ᵈ 58′ 0″	2ʰ 28′ 10″
11. 28.	51. 41. 0.	19. 18.
17. 25.	52. 48. 40.	13. 13.

Par la premiere & derniere correspondance l'horloge marquoit midy à	11ʰ 45′ 19″
& par la seconde,	11. 45. 23.
prenant un milieu on eut midy à	11. 45. 21.
Equation à ajouter,	6.
Donc l'horloge marquoit au vray midy	11. 45. 27.
Le 28. on eut le vray midy à	11. 45. 22.
Donc l'horloge avançoit en vingt-quatre heures de	0. 5.

1709. Janvier.

Pour être reglé au temps moyen elle dût avancer de 10.

Donc elle retardoit sur le temps moyen de 5.

J'observai la hauteur meridienne apparente du bord superieur du Soleil de 71d 25' 40"

D'où je conclus la hauteur de l'Equateur de 53. 16. 44.

& la hauteur du Pole de 36. 43. 16.

La multiplication des mêmes observations n'est pas inutile, au contraire elle est absolument necessaire; ainsi un bon Observateur ne doit jamais perdre l'occasion de refaire les observations qu'il a déja faites, découvrant tres-souvent dans les secondes des erreurs qui rendent les premieres inutiles. C'est dans cette vûë que je tirai sur une pierre que j'avois posé de niveau une troisiéme ligne meridienne, laquelle je trouvai parfaitement parallele aux deux autres que j'y avois déja tracées. L'état de mon horloge étoit bien connu; j'appliquai sur cette meridienne mes deux boussoles, & je trouvai qu'elles declinoient également toutes les deux vers le Nord-Est de 10d 20' 0" de même que les jours précedents.

Je passai le reste de la journée à dessiner quelques plantes que j'avois apportées le jour précedent de la montagne.

Appréhendant que mon horloge ne fût sale, ne l'ayant pas nettoyé depuis mon départ de Marseille, je le démontai sur les trois heures du soir; & après l'avoir mis en bon ordre, je le remis en mouvement.

XXX. *Janvier.*

Le Barometre fut à 10. heures du matin à la hauteur de 27. pouces 11. lignes $\frac{1}{2}$.

Les chaleurs étoient toujours égales, & les vents revenoient à leur heure ordinaire au Sud $\frac{1}{4}$ Sud-Ouest.

1709. Janvier.

Hauteurs correspondantes du bord superieur du Soleil pour l'Horloge.

heures du matin.	hauteurs.	heures du soir.
9h 16′ 16″	49d 33′ 0″	2h 44′ 36″
28. 36.	51. 53. 40.	32. 20.
33. 47.	52. 53. 0.	27. 6.

Par la premiere & troisiéme correspondance l'horloge marquoit à midy,	12h 0′ 26″
& par la seconde à	12. 0. 28.
prenant un milieu, on eut midy à	12. 0. 27.
Equation à ajoûter,	7.
Donc on eut le vray midy à	12. 0. 34.
Le lieu du Soleil fut trouvé par le calcul au de l'♒.	10d 46′ 12″
& sa declinaison dans le même endroit de	17d 33. 53″
J'observai la hauteur meridienne apparente de son bord superieur de	7d 9′ 15″
d'où je calculai la hauteur de l'Equateur de	53. 16. 55.
& la hauteur du Pole de	36. 43. 5.

OBSERVATION

d'une Tache dans le Disque du Soleil.

LE même jour 30. disposant ma lunette sur les trois heures ½ du soir, pour observer la nuit suivante une Immersion du premier Satellite de Jupiter, je découvris avec la même lunette une Tache dans le Disque du Soleil, déja fort avancée, environnée d'un Atmosphere qui s'étendoit beaucoup plus loin du côté de la pointe de la Tache que du côté opposé. Cette Tache est representée au dessous de l'Image du Soleil en la figure A.

1709.
Janvier.

OBSERVATION

du premier Satellite de Jupiter.

J'Observai le matin une Immersion du premier Satellite de Jupiter. Le Satellite entra dans l'ombre à la distance d'un demi-diametre de cette Planete, à l'horloge non corrigée, 0h 3′ 54″

L'horloge avançoit au temps de l'Immersion de 0. 0. 31.

Donc le temps vray de l'Immersion arriva à 0. 3. 23.

Cette même Immersion fut observée à Paris à l'Observatoire Royal, par Messieurs Cassini & Maraldy, le matin du même jour, à 5. 5. 29.

Donc la difference en temps entre ces deux Villes est de 5h 2′ 6″

Dans le temps de cette observation, la Lune se trouva proche de Jupiter, & je me servis d'une lunette de quatorze pieds.

A dix heures du matin le Barometre se soûtint constamment à la hauteur de 27. pouces 10. lignes $\frac{3}{4}$.

Les vents toûjours au Sud $\frac{1}{4}$ Sud-Ouest, le Ciel clair, & il s'élevoit sur l'horison une petite brume, qui nous représenta le Soleil elliptique à son lever.

Hauteurs correspondantes du bord superieur du Soleil pour l'Horloge.

heures du matin.	hauteurs.	heures du soir.
9h 33′ 59″	52d 45′ 0″	2h 26′ 45″
51. 18.	55. 56. 0.	9. 23.
57. 38.	57. 4. 15.	3. 6.

Par la premiere correspondance l'horloge marquoit à midy, 12h 0′ 22″

& par les deux autres, 12. 0. 20.

		1709. Janvier.
prenant un milieu, on eut midy à	12. 0. 21.	
Equation à ajoûter,	6.	
Donc l'horloge marquoit au vray midy,	12. 0. 27.	
Le 30. on eut le vray midy à	12. 0. 34.	
Donc l'horloge retardoit en un jour de	7.	
Pour être reglée au temps moyen, elle devoit avancer de	16.	

C'est sur le retardement de 7" que je corrigeai l'observation de l'Immersion du premier Satellite de Jupiter, arrivée le matin.

J'observai à midy la hauteur apparente du bord superieur du Soleil de 70d 53' 0"

D'où je conclus la hauteur de l'Equateur de 53. 17. 14.

& la hauteur du Pole de 36. 42. 46.

Observant la hauteur meridienne du bord superieur du Soleil, j'observai aussi la hauteur meridienne de la Tache qui avoit paru dans son Disque le jour précedent, je la trouvai de 70d 38' 0"

laquelle étant retranchée du bord superieur du Soleil, resta distance de la Tache au même bord, 0. 15. 0.

Le centre de la Tache précedoit à midy le bord oriental du Soleil en temps de 0h 1' 2"

J'observai encore le temps que le diametre du Soleil employa dans son passage par le meridien, je le trouvai de 0h 2' 17".

Recherche du Diametre apparent du Soleil.

L'observation du temps que le diametre du Soleil employa dans son passage par le meridien, me donna occasion de démontrer icy de quelle maniere on trouve son diametre apparent.

Ayant observé le temps que le diametre apparent du Soleil employe à passer par un cercle horaire, on peut trouver la grandeur de ce diametre en minutes & secon-

1709. Janvier. des de degré, en faisant comme 24. heures sont à 360. degrez; ou bien comme une heure est à 15. degrez; ainsi 137 secondes; temps que le diametre du Soleil a employé à passer par le cercle horaire, est à un quatriéme nombre qu'on trouve de 2055. secondes.

EXEMPLE.

3600. 54000 : : 137. 2055".
137.

378000.
162000.
54000.

7398000.

7398000(2055
3600000

Ayant donc trouvé le diametre du Soleil dans son parallele de 2055. secondes ou de $0^d\ 34'\ 15''$

On fera l'Analogie suivante, pour trouver le diametre du Soleil reduit dans un grand cercle.

ANALOGIE.

Comme le Sinus total
est au Sinus de la distance du Soleil au Pole $72^d\ 42'\ 51''$ l. 9. 9799280.
ainsi le diametre du Soleil dans son parallele, $2055''$ l. 3. 3128118.

au diametre du Soleil dans un grand cercle, $1962''$ l. 3. 2927398.

Divisant les $1962''$ par $60'$ pour reduire les secondes que l'on a trouvées en minutes, on aura le diametre du Soleil de $0^d\ 32'\ 42''$
& son demi-diametre de 0. 16. 21.

1. *Février*.

Le Ciel se couvrit dans la nuit précedée par un petit vent d'Ouest ¼ Nord-Ouest qui nous amena des nuages, qui se convertirent le matin en bruine; les vents

vents repasserent ensuite au Sud, & acheverent de nous purifier l'air. 1709. Fevrier.

A dix heures du matin je trouvai le Mercure suspendu dans le tube à la hauteur de 27. poûces 11. lignes $\frac{1}{3}$.

Hauteurs correspondantes du bord superieur du Soleil pour verifier l'Horloge.

heures du matin.	hauteurs.	heures du soir.
9ʰ 56′ 1″	56ᵈ 36′ 0″	2ʰ 4′ 31″
10. 1. 6.	57. 30. 0.	1. 59. 26.
14. 23.	59. 47. 0.	1. 46. 10.

Par ces trois correspondances l'horloge marquoit à midy 12ʰ 0′ 16″

Equation à ajoûter, 6.

Donc l'horloge marquoit au vray midy, 12. 0. 22.

Le 31. du mois de Janvier on eut le vray midy à 12. 0. 27.

Donc l'horloge retardoit en un jour de 5.

Pour être au temps moyen devoit avancer de 8.

Donc l'horloge retardoit sur le temps moyen en un jour de 13.

Le lieu du Soleil fut trouvé par le calcul des tables en 12ᵈ 47′ 51.
de l'♒.

& sa declinaison de 17ᵈ 0′ 4.

J'observai la hauteur meridienne apparente de son bord superieur de 70ᵈ 35′ 50″

D'où je conclus la hauteur du centre de 70. 17. 12.

Declinaison Australe, 17. 0. 4.

Hauteur de l'Equateur, 53. 17. 8.

Donc la hauteur du Pole fut de 36. 42. 52.

Je trouvai à midy la hauteur apparente de la tache qui paroissoit encore de 70ᵈ 21′ 50″

Retranchant cette hauteur de celle du bord superieur du Soleil, reste la distance du centre de la tache au bord superieur du Soleil de 0. 14. 0.

A la même heure le centre de la tache précedoit le bord du Soleil en temps de 0ʰ 1′ 13″

1709. Fevrier. Je trouvai par le calcul, qu'elle devoit avoir passé par le milieu du Soleil sur les six heures du matin.

OBSERVATION

de deux nouvelles Taches dans le Disque du Soleil.

SUr les quatre heures du soir, observant s'il ne paroîtroit pas quelque nouvelle Tache dans le Disque du Soleil. J'en découvris deux autres fort proche l'une de l'autre, avancées dans le Disque du Soleil, & éloignées de son bord oriental d'un quart du diametre du Soleil. La plus avancée vers le bord paroissoit beaucoup plus obscure que celle qui la suivoit. Je ne m'étois pas apperçu de ces Taches le jour précedent, quoique je restasse long-temps à la lunette du quart de cercle pour déterminer la situation de la grande Tache, ni à midy continuant d'observer dans le Disque du Soleil le chemin de la même Tache; ce qui me fit croire qu'elles pouvoient avoir paru tout d'un coup, comme il arrive à des corps, lesquels enfoncez dans une matiere liquide, telle que peut être celle du Soleil, paroissent sur ce liquide si-tôt que leur volume a moins de poids qu'un même volume du liquide dans lequel ils sont enfoncez. Ces assemblages dans cette matiere fluide, qui compose le corps du Soleil, peuvent encore se faire, comme font ceux que nous appellons glace sur la superficie des eaux, qui se formant en une seule nuit, retournent le lendemain à leurs premiers principes.

J'observai le même jour la hauteur meridienne de l'Etoile qui est à l'Epaule orientale d'*Orion* de 46ᵈ 1′ 0″

Quart de Cercle,		2.	0.
Premiere Correction,	45.	59.	0.
Refraction à ôter,			58.
Hauteur veritable,	45.	58.	2.
Declinaison septentrionale,	7.	19.	2.
Hauteur de l'Equateur,	53.	17.	4.
Donc hauteur du Pole,	36.	42.	56.

1709.
Fevrier.

DESCRIPTION

d'une Racine de Saule petrifiée.

11. Février.

LE matin, l'*Oydor*, Chef de la Justice, m'apporta une Racine de Saule petrifiée, qu'il m'avoit promise depuis deux jours. Cette Racine avoit environ deux pieds & demy de longueur, divisée en deux parties, dont l'une étoit toute ligneuse, qu'on coupoit facilement avec un couteau, & l'autre partie étoit petrifiée, semblable par sa dureté à celle de nos pierres à fusil. La partie ligneuse avoit un pied & demy de longueur, & tout le reste étoit petrifié. La liaison de ces deux matieres étoit frangée; je crus qu'en pliant cette Racine elle casseroit dans cette union, à cause de la difference de ces deux corps, aussi heterogene que le sont ceux du bois & ceux de la pierre; cependant la Racine cassa vers le milieu de la partie ligneuse; marque de l'union qui étoit entre ces deux corps differents. Nous tirâmes ensuite du feu de la partie petrifiée comme d'une pierre à fusil, ce qui me parut assez singulier.

Après ces expériences, je demandai à l'*Oydor*, dans quel endroit on avoit trouvé cette Racine? il me répondit, que c'étoit dans une riviere du Royaume de Chily, qui a sur ses bords quantité de Saules, dont la plus grande partie des racines qui trempent dans l'eau, est de la même nature que celle qu'il m'avoit apportée.

Il me semble qu'afin que les racines de ces arbres pûssent se changer en pierres, il faudroit absolument que les pores par où entre le suc nourricier, qui se filtre au collet, & se répand ensuite dans tout l'arbre pour le vivifier, & pour donner l'accroissement aux branches, aux feüilles & aux fruits; il faudroit, dis-je, que ses pores fussent bouchez par quelque autre matiere qui luy fermât le passage; cela peut arriver aux racines de saule

1709. Fevrier.

qui sont dans cette riviere, sur les bords de laquelle il y a grand nombre de rochers, & dont le fond est de cailloutage. Ces eaux qui coulent avec assez de rapidité, selon le rapport qu'on m'en fit, détachent dans leur cours de ces rochers & des cailloux quelques particules qu'elles emportent avec elles, lesquelles frappant continuellement contre les racines de ces arbres, les introduisent insensiblement dans les fibres & dans les petits canaux par où passoit le suc nourricier, dont elles bouchent l'entrée. Toute cette partie de la racine qui se trouve tremper dans l'eau, étant privée de ce suc vivifiant, l'arbre meurt, & les parties ligneuses qui n'ont plus entre elles la même liaison, sont obligées de ceder aux coups des particules de l'eau si souvent réïterez, & les détachant les unes après les autres, les entraînent avec elles, & il ne reste plus en leur place qu'un corps étranger, qui est cette Racine que nous appellons alors petrifiée.

Pline fait mention dans le 53. chapitre de son Histoire naturelle, de deux fleuves dont les eaux ont la vertu de petrifier; l'un desquels est dans le Royaume de Naples, appellé *Silé*, & l'autre dans la contrée de Colchis, appellé *Surio*, pays celebre parmy les Poëtes, par rapport à la Toison d'or & par les Amours de Jason & de Medée, aujourd'huy la *Mingrelie*.

J'observai à dix heures du matin la hauteur du Barometre de 27. pouces 11. lignes ½.

Hauteurs correspondantes du bord superieur du Soleil pour l'Horloge.

heures du matin.	hauteurs.	heures du soir.
9h 50' 59"	55d 32' 0"	2h 9' 21"
10. 1. 36.	57. 24. 0.	1. 58. 46.
8. 55.	58. 40. 30.	1. 51. 24.

Par ces trois correspondances l'horloge marquoit à midy 12h 0' 10" ½.
Equation additive, 6.

1709. Fevrier.

Donc l'horloge marquoit au vray midy	12.	0.	16.
Le premier on eut le vray midy à	12.	0.	22.
Donc l'horloge retardoit en un jour de			6.
Pour être au temps moyen elle devoit avancer de			8.
Donc l'horloge retardoit sur le temps moyen de			14.
Le lieu du Soleil fut trouvé à midy par le calcul au de l'♒.	13^d	$48'$	$39''$
& sa declinaison Australe de	16^d	$42'$	$36''$
La hauteur apparente de son bord superieur fut observée à midy de	70^d	$17'$	$25''$
D'où je conclus la hauteur de l'Equateur de	53.	16.	29.
& la hauteur du Pole de	36.	43.	31.
J'observai la hauteur meridienne apparente de la grande Tache de	70.	3.	25.
Donc sa distance au bord superieur du Soleil étoit de	0.	14.	0.
Le bord du Soleil précedoit la Tache en temps de	0^h	$0'$	$54''$

Cette Tache paroissoit encore sous la même figure que les jours précedents; elle s'étoit seulement un peu retrécie, parce qu'elle s'éloignoit du milieu du Soleil, & s'approchoit de son bord. Les differentes figures sous lesquelles une même tache nous est représentée d'un jour à un autre, ne sont qu'un effet de la perspective; car une tache qui nous paroîtra ronde, lors qu'elle arrivera vers le milieu du Soleil, quittant ce milieu, & allant vers le bord, elle se retrécira; ensorte qu'arrivant sur le bord, elle ne paroîtra que comme une ligne noire, qui se confondant avec le même bord, disparoîtra insensiblement en passant vers la partie superieure du Soleil; & si après avoir parcouru la partie superieure du Soleil, elle revient sur son autre bord, ainsi qu'il arrive fort souvent, on la verra comme une ligne, la Tache augmentera jusques à son arrivée au milieu du Disque du Soleil, où elle commencera encore de se retrécir en le quittant.

Les deux Taches que j'avois vûës le jour précedent,

1709. Fevrier. éloignées du bord du Soleil d'un quart de son diametre, parurent encore; l'une étoit changée en nebulosité, & l'autre avoit beaucoup diminué de grosseur. Pour les observer je me servis d'une lunette de quatorze pieds, n'ayant pas pû les découvrir avec la lunette du quart de cercle.

Sur les trois heures du soir le vent se tira au Nord-Ouest, il nous amena des nuages qui nous couvrirent le Ciel, & nous donnerent une petite pluye qui ne dura que demi-heure; le Barometre ne changea nullement, le Mercure se soûtenant comme le matin à la hauteur de 27. pouces 11. lignes $\frac{1}{3}$.

Le vent retourna au Sud sur les six heures du soir, j'attendois d'observer la nuit suivante l'Occultation d'*Antares*; le retour du vent calma le déplaisir où j'étois de me voir privé de faire cette observation, esperant qu'il chasseroit les nuages, comme il arriva.

OBSERVATION

d'une Eclipse d'Antares, ou Cœur du Scorpion, qui arriva le matin du 3.

III. *Février.*

J'Avois disposé le jour précedent une lunette de quatorze pieds, pour m'en servir dans cette observation. Le matin le Ciel fut clair & serain. Sur les quatre heures & demy, voyant que la Lune s'approchoit d'*Antares*, je ne quittay plus la lunette qu'au moment qu'*Antares* disparut entierement, & qu'elle fut tout-à-fait eclipsée.

L'Horloge marquoit au moment de cette Occultation,	4^h 49' 39"
Elle avançoit alors de	0. 0. 12.
Donc le temps vray de l'Occultation fut à	4. 49. 27.

La Lune cacha cette Etoile vis-à-vis d'*Aristarcus*, je

remarquai dans cette obſervation qu'*Antares* ne diſparut entierement qu'étant tout-à-fait ſur le bord éclairé de la Lune ; Remarque que j'avois faite dans pluſieurs autres éclipſes des Etoiles fixes. 1709. Fevrier.

J'obſervai à dix heures du matin la hauteur du Barometre avec un vent de Sud & quelques petits nuages, de 28. poûces 0. lignes ½.

Hauteurs correſpondantes du bord ſuperieur du Soleil pour verifier l'Horloge.

heures du matin.	hauteurs.	heures du ſoir.
9h 53′ 13″	55d 45′ 30″	2h 6′ 57″
10. 0. 20.	57. 1. 0.	1. 59. 46.
9. 16.	58. 32. 15.	1. 50. 52.

Par la premiere & derniere correſpondance l'horloge marquoit midy à	12h 0′ 5″
Par la ſeconde à	12. 0. 3.
Prenant un milieu on eut midy à	12. 0. 4.
Equation additive,	6.
Donc l'horloge marquoit le vray midy à	12. 0. 10.
Le 2. on eut le vray midy à	12. 0. 16.
Donc l'Horloge retardoit en un jour de	0. 0. 6.
Pour être au temps moyen elle devoit avancer de	0. 0. 7.
Donc l'Horloge retardoit ſur le temps moyen de	13.
J'obſervai la hauteur apparente du bord ſuperieur du Soleil de	70d 1. 0″
d'où je calculai la hauteur de l'Equateur de	53. 17. 44.
& la hauteur du Pole de	36. 42. 16.
La premiere Tache que j'avois obſervée continuoit ſa route, ſa hauteur meridienne apparente fut obſervée de	69d 47′ 30″
Retranchant cette hauteur de celle du bord ſuperieur du Soleil, reſte la diſtance du bord au centre de la Tache de	0. 13. 30.

1709. Fevrier. A la même heure le bord du Soleil précedoit la Tache en temps de o. o. 45.

La plus grande des deux autres Taches ne paroissoit plus avec la lunette de 14. pieds que comme un petit point, & la nebulosité qui la suivoit le jour précedent disparut entierement.

J'observai le soir la hauteur meridienne apparente de l'Etoile qui est à la tête Australe de ♊ de 24d 39' 15"

Je conclus de cette hauteur la hauteur du Pole de 36. 42. 55.

IV. *Février.*

L'Esté, quelque violentes que soient les chaleurs, est dans tous les lieux du monde la saison la plus agréable, parce qu'elle fournit mille douceurs pour la vie. Outre les Poires, les Pomes, les Prunes, les Cerises & les Fraizes, nous avions plusieurs autres fruits qui ne sont pas connus en Europe.

Les vents étoient au Sud, & la hauteur du Barometre fut observée de 27. poûces 11. lignes o.

Hauteurs correspondantes du bord superieur du Soleil pour verifier l'Horloge.

Heures du matin.	hauteurs.	heures du soir.
9h 31' 11"	51h 34' 0"	2h 28' 43"
40. 17.	53. 15. 40.	2. 19. 34.

Par la premiere correspondance l'horloge marquoit à midy	11H	59'	57"
& par la derniere,	11.	59.	55.
prenant un milieu, on eut midy à	11.	59.	56.
Equation additive,			6.
Donc l'horloge marquoit le vray midy à	12.	o.	2.
Le 3. on eut le vray midy à	12.	o.	10.
Donc l'horloge retardoit en un jour de			8.
Pour être au temps moyen elle devoit avancer de			6.

Donc

Donc l'horloge retardoit sur le temps moyen de	14.
Je trouvai par le calcul des tables le vray lieu du Soleil en de l'♒.	15ᵈ 50′ 13″
& sa declinaison australe de	16ᵈ 7′ 5″
J'observai la hauteur meridienne apparente de son bord superieur de	69ᵈ 43′ 30″
D'où je conclus la hauteur du centre de	69. 24. 54.
Declinaison australe,	16. 7. 5.
Hauteur de l'Equateur,	53. 17. 49.
Donc hauteur du Pole,	46. 42. 11.
à midy la hauteur apparente de la Tache fut observée de	69. 30. 10.
retranchant cette hauteur de celle du bord superieur du Soleil, on eut la distance de ce bord au centre de la Tache de	13. 20.
au même temps le bord du Soleil précedoit la Tache en temps de	0ʰ 35″½.

Les deux dernieres Taches ne laisserent qu'une petite nebulosité que j'observai avec la lunette de 14. pieds.

v. *Février.*

Les vents resterent toûjours au Sud ¼ Sud-Est, & la hauteur du Barometre à 27. poûces 11. lignes ¼.

Hauteurs correspondantes du bord superieur du Soleil pour verifier l'Horloge.

Heures du matin.	hauteurs.	heures du soir
9ʰ 26′ 41″	50ᵈ 34′ 0″	2ʰ 32′ 44″
33. 22.	51. 49. 0.	26. 3.
39. 15.	52. 54. 0.	20. 12.

Par ces correspondances l'horloge marquoit à midy	11ʰ 59′ 43″
Equation additive,	7.
Donc l'horloge marquoit le vray midy à	11. 59. 50.

1709. Février.

Le vray midy du 4. fut à	12. 0. 2.
Donc l'horloge retardoit en un jour de	12.
Pour être au temps moyen elle devoit avancer de	4.
Donc l'horloge retardoit sur le temps moyen de	16.

J'attribuai au vent de Sud ¼ Sud-Est cette difference de deux secondes qu'elle retardoit de plus dans ces 24. heures qu'elle n'avoit fait auparavant.

J'observai à midy la hauteur apparente du bord superieur du Soleil de	69d 24′ 30″
d'où je conclus la hauteur de l'Equateur de	53. 17. 17.
& la hauteur du Pole de	36. 42. 43.
La hauteur meridienne apparente de la Tache fut observée de	69d 11′ 50″
laquelle étant retranchée du bord superieur du Soleil, on eut la distance du centre de la Tache au bord superieur du Soleil de	12. 40.

Je ne vis plus à midy sur le Disque du Soleil aucun vestige des deux dernieres Taches, desquelles j'avois encore observé le jour précedent une petite nebulosité. La premiere suivoit toûjours la revolution du Soleil sur son Axe. L'Atmosphere qui l'environnoit, quoique la Tache s'approchât du bord du Soleil, paroissoit fort distinctement. Son retrécissement me fit concevoir que je ne pourrois peut-être plus l'observer le lendemain avec la lunette du quart de cercle, qui me servoit à déterminer sa situation sur le Disque apparent du Soleil, par le moyen des soyes qui sont à son foyer, qui se croisent à angles de 45. degrez. Une de ces soyes servant de parallele à l'Equateur, je faisois suivre exactement le bord superieur du Soleil sur cette parallele, tandis qu'une autre soye perpendiculaire à celle cy, représentant un cercle horaire, servoit pour déterminer le temps du passage de la partie du Soleil, qui étoit entre un de ses bords & le point sur le Disque du Soleil qu'occupoit le centre de la Tache.

A midy du même jour le bord du Soleil devançoit en temps la Tache de	0h 0′ 26″

Sur les cinq heures du soir les vents se tirerent à l'Ouest, & nous amenerent de gros nuages, qui nous cacherent le Ciel la nuit suivante, dans laquelle j'espe- rois observer une Immersion du premier Satellite de Jupiter. 1709. Février.

VI. *Février.*

Les vents d'Ouest qui nous amenoient toûjours de la pluye, revinrent le matin; il plut près d'une heure & demie. Le Barometre ne changea pas; il fut observé à la hauteur de 27. poûces 11. lignes ½.

DESCRIPTION

de l'Aper Marinus Aureus maculatus.

APrès midy je dessinai un poisson fort singulier qu'un Indien, Pêcheur de la maison où je demeurois, m'apporta. J'appellai ce poisson *Aper*, à cause de la figure approchante qu'il a avec l'*Aper* dont parle Rondelet dans le 27. chapitre du 5. livre de son Histoire des Poissons. Cet Auteur ayant laissé aux curieux le soin de déterminer, quel est le veritable *Aper Marin* de nos Anciens, j'ai mieux aimé donner à celuy-cy le nom d'*Aper de mer*, & le constituer pour genre, que de m'arrêter à de longs discours inutiles, pour démontrer quel est le veritable *Aper Marin* d'Aristote & d'Athenée, que nous appellons en François *Sanglier*. Rondel. *lib.* 5. *cap.* 27.

Ce poisson a presque la figure de nos Turbots, pressé comme eux dans son épaisseur. Son corps est un peu plus long que large; sa longueur depuis l'extrémité du museau jusques à la naissance de la queüe n'excede pas dix poûces, & sa largeur depuis le dos jusques au dessous du ventre est environ de sept poûces.

Sa gueule est extrémement petite, elle avance en maniere de petit groüin, & elle est garnie seulement de quelques petites dents si serrées les unes contre les autres, qu'elles paroissent n'en composer qu'une. Ses yeux sont fort grands, eu égard à sa tête; ils sont ronds, dorez, & ornez d'une petite prunelle d'un gris noir. Sa tête

1709. Février.

est presque toute renfermée dans la substance du corps, & couverte de fort petites écailles.

Sa queüe est semblable à un petit évantail arrondi, dont le manche est une petite portion du corps couvert de petites écailles.

Le corps couvert d'écailles semblables à celles de la queüe, est de quatre couleurs differentes. Tout le fond est d'une belle couleur d'or, traversé de quelques bandes grises & noires. La premiere qui est noire prend son origine au commencement de la nageoire ou aileron du dos, passe par le milieu de l'œil; & formant un grand arc de cercle, va se terminer au dessous de la tête. Deux autres grandes bandes grises traversent le corps, prennent leur naissance sur le dos, se terminent au dessous du ventre, & divisent tout le corps en quatre parties égales. On voit encore deux autres bandes, dont l'une est grise, & entoure tout le manche de la queüe; de même que celle qui suit, qui est d'un beau noir, & divise la queüe du corps du poisson. Toute la queüe est argentée, & bordée d'un beau cercle jaune, varieté qui produit un effet fort agréable. Ce que ce poisson a encore de particulier, est que les deux extrémitez du corps, superieure & inferieure, separées par la queüe, sont teintes d'un beau noir un peu clair, & bordées toutes les deux d'une petite nageoire, semblable à une belle crête dorée. Vers l'extrémité du dos entre cette couleur noire & la couleur d'or du corps, on voit une grande tache ovale beaucoup plus noire que tout le reste du corps. A chaque côté il a aussi une petite nageoire argentée & triangulaire, attachée près des oüies. Tout son dos est surmonté par une rangée d'arrêtes pointuës & noires, jointes par un cartilage un peu épais, mêlé de brun & de jaune, formant une tres-belle crête qui luy sert de nageoire. Le dessous du ventre est aussi garni de deux petites nageoires noirâtres, & de deux petits aiguillons noirs joints par un cartilage jaune, qui accompagne une autre rangée de petites arrêtes couvertes d'une peau noire bordée de jaune, qui va se terminer au manche de la queüe.

Ce poiſſon eſt d'un tres-bon goût, il eſt rare dans ces mers, & celuy que je deſſinai eſt l'unique que j'y aye vû. 1709. Février.

OBSERVATION

du premier Satellite de Jupiter.

VII. *Février.*

J'Obſervai le matin du 7. une Immerſion du premier Satellite de Jupiter, le Satellite éloigné du bord de Jupiter entrant dans l'ombre de cette Planette d'un tiers du diametre de Jupiter. Cette Immerſion arriva à l'horloge non corrigée à 1h 55′ 10″.

L'horloge retardoit au temps de l'obſervation de 0. 25.

Donc le temps au vray de cette obſervation fut à 1. 55. 35.

Cette Immerſion fut obſervée à l'Obſervatoire Royal de Paris par Meſſieurs Caſſini & Maraldy le matin du 7. à 6. 58. 10.

Donc par cette obſervation la difference en temps entre Paris & la *Conception* eſt de 5. 2. 35.

A dix heures du matin le Mercure reſta ſuſpendu dans le tuyau à la hauteur de 27. poûces 6. lignes.

L'abaiſſement de cinq lignes du Mercure ayant égard à la hauteur du jour précedent, étoit trop conſiderable pour n'y pas faire attention. Pendant l'expérience le Ciel étoit ſerain, & il faiſoit un petit vent de Sud qui ne dura pas. Le jour précedent nous eûmes dans la nuit une petite pluye qui nous laiſſa le matin de gros broüillards répandus dans l'air, qui ne ſe diſſiperent entiérement qu'à l'entrée de la nuit; ils m'empêcherent de voir le Soleil, & de prendre des hauteurs correſpondantes, pour mieux m'aſſurer de mon horloge, qui m'étoit déja aſſez bien connuë. Je n'oſai attribuer aux broüillards diſ-

1709. Février. ſipez l'abaiſſement du Mercure. Croyant donc que la cauſe pourroit être ou dans le tuyau par quelque ſaleté qui auroit pû s'y introduire, ou dans le Mercure par quelque mélange, je nettoyai fort ſoigneuſement l'un & l'autre, après quoy je refis l'expérience avec beaucoup de précaution; je trouvai encore la même hauteur de 27. poûces 6. lignes.

Hauteurs correſpondantes du bord ſuperieur du Soleil pour l'Horloge.

heures du matin.	hauteurs.	heures du ſoir.
9^h 7' 34''	46^d 40' 10''	2^h 51' 14''
13. 18.	47. 45. 15.	45. 28.
28. 35.	50. 35. 0.	30. 10.

Par la premiere correſpondance l'horloge marquoit à midy,	11^h 59' 24''
Par la ſeconde,	11. 59. 23.
Et par la troiſiéme,	11. 59. 22. $\frac{1}{2}$.
Prenant un milieu on eut midy à	11. 59. 23.
Equation additive,	7.
Donc l'horloge marquoit le vray midy à	11. 59. 30.
Le 5. on eut le vray midy à	11. 59. 50.
Donc l'horloge retardoit en deux jours de	0. 0. 20.
Pour être au temps moyen elle devoit avancer de	7.
Donc l'horloge retardoit en deux jours ſur le temps moyen de	27.
& en un jour de	13. $\frac{1}{2}$.

L'horloge étoit parfaitement bien reglée depuis que je l'avois nettoyée, & je me ſervis de ſon retardement vray pour corriger l'obſervation de l'Immerſion précedente.

Je trouvai par le calcul à midy le lieu vray du Soleil au	18^d 52' 21'' de ♒.
& la declinaiſon à la même heure de	15. 11. 40.
J'obſervai la hauteur apparente du bord ſuperieur du Soleil de	68. 47. 0.
D'où je calculai la hauteur du Pole de	36. 43. 16.

1709. Février.

RECHERCHE DE L'EQUATION,

qu'il faut ajoûter à midy, par la resolution de deux Triangles.

J'Ay déja dit ailleurs que le midy trouvé par les hauteurs correspondantes du bord superieur ou interieur du Soleil, n'est pas le vray midy; qu'il y a une Equation à chercher par la resolution de deux Triangles, un qui se fait le matin, & l'autre le soir, dont la moitié de la difference changée en temps, & ajoûtée au midy trouvé par les correspondances, lorsque le Soleil descend, donne le vray midy, & on la retranche lorsque le Soleil monte.

Quoique j'aye expliqué dans les observations faites à Malthe, de quelle maniere on doit chercher cette Equation, qui dépend de deux Angles faits au Pole par la rencontre du Meridien & du Cercle horaire; j'ay crû qu'en rapportant un second exemple plus court & plus facile que le premier, je ferois plaisir au Lecteur, parce qu'il auroit moyen de choisir celle des deux manieres qui luy conviendroit le mieux.

Je suppose d'abord qu'on a le lieu du Soleil connu, trouvé par le calcul, recherche qui m'a donné occasion de rapporter à la fin de mon Journal les Tables des moyens mouvemens du Soleil. Avec le lieu du Soleil trouvé on cherche sa declinaison; l'ayant trouvée, on la retranche de celle du jour suivant, pour avoir leur difference en 24. heures, qui fut entre le 7. & le 8. de 18′ 58″

Cette difference étant connuë, on prend la partie proportionnelle dûë au temps qui est entre les deux observations choisies des hauteurs correspondantes, une faite le matin, & l'autre le soir. Cette difference fut trouvée icy de 5^h 32′ 20″, & la partie proportionnelle de la declinaison duë à ce temps de 5^h 32′ 20″ fut de 4′ 20″

On divisa les 4′ 20″ en deux parties égales, & on eut 2′ 10″.

1709. Février. Cela fait, on ajoûta ces 2' 10" à la declinaiſon trouvée à midy de 15^{d} 11' 40" parce que les declinaiſons diminuoient, le Soleil s'approchant alors de la ligne d'où on commence de les compter, & on eut 15^{d} 13' 50" pour la declinaiſon du matin à l'heure qu'on avoit obſervé la hauteur du Soleil qui étoit icy de 9^{h} 13' 18" on retrancha l'autre moitié de la declinaiſon 2' 20" de la declinaiſon trouvée à midy 15^{d} 11' 40", & on eut pour la declinaiſon de l'heure du ſoir correſpondante à celle du matin 2^{h} 45' 28", 15^{d} 9' 30".

La declinaiſon du Soleil dans les deux obſervations ayant été trouvée, on la retranche de 90^{d} pour avoir la diſtance du Soleil au Pole, ou le Complement de ſa declinaiſon, qui eſt un des côtez du triangle, duquel on cherche un des angles, qui eſt celuy qui ſe fait au Pole, & les deux autres côtez du même triangle ſont, l'un le Complement de la hauteur du Pole, ſuppoſée déja trouvée par les obſervations précedentes, & l'autre côté le Complement de la hauteur du Soleil, corrigée par la Refraction & la Parallaxe.

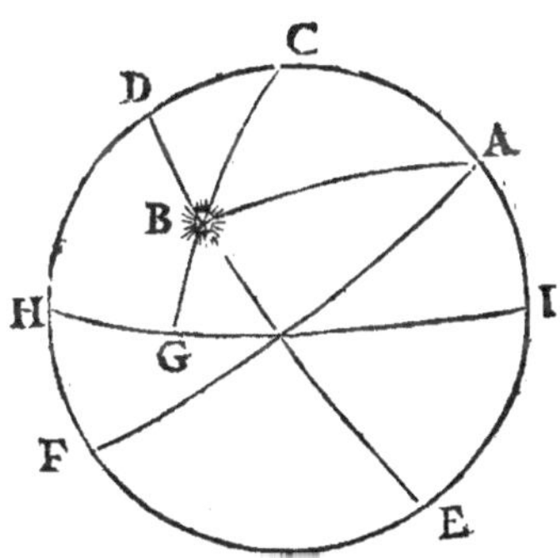

DEMONSTRATION.

Soit dans la Figure preſente HDCAIE repréſentant le Meridien, HI l'horiſon, DE le Parallele à l'Equateur, CBG le Vertical qui paſſe par le centre du Soleil B, & BA le Complement de la declinaiſon du Soleil, ou ſa diſtance au Pole. Or

Or dans le triangle A B C, les trois côtez A B, Complement de la declinaison du Soleil, B C Complement de la hauteur observée, & C A Complement de la hauteur du Pole, sont connus, il reste donc à chercher l'angle A.

Il faut pour cela ajoûter les trois côtez AB, BC, CA, du triangle A B C ensemble, prendre ensuite la moitié de la somme, de laquelle on retranchera le côté B A, distance du Soleil au Pole, pour avoir un premier excès, on retranchera encore de cette demi-somme le côté C A, Complement de la hauteur du Pole pour avoir un second excès. Ces deux excez étant donnez, on trouvera l'angle fait au Pole par les deux côtez C A, B A du triangle B A C; ce qu'on cherche de la maniere qui suit,

ANALOGIE

Pour l'Angle du matin.

COmme le produit du Sinus Logarith. du Complement de la hauteur du Pole & le Sinus Logarith. de la distance du Soleil au Pole, est aux Sinus Logarith. des deux excez; ainsi le quarré du Sinus total est à un quatriéme Sinus Logarith. dont la racine quarrée donne le Sinus Logarith. de la moitié de la distance du Soleil au Meridien en degrez & minutes de l'Equateur, laquelle distance étant reduite en temps par la table de la reduction des degrez & minutes de l'Equateur qu'on trouve icy à la fin des tables des mouvemens du Soleil, on a les heures, minutes & secondes dûës à cette distance. On fait la même operation pour trouver l'angle du soir; lors qu'on l'a trouvé, on retranche la moindre distance en temps de la plus grande. La moitié du reste de la soustraction est l'Equation qu'on cherche, qui fut trouvée dans cet exemple de 6. secondes.

1709. Février.

RECHERCHE

de l'Angle du matin.

42^d 15′ 35″	Compl. de la hauteur du Soleil.	
53. 17. 0.	Compl. de la hauteur du Pole.	l. 9. 9039586.
74. 46. 10.	Compl. de la declin. du Soleil.	l. 9. 9844717.
170. 18. 45.	Somme	19. 8884303.
85. 9. 22.	Moitié	18. 9786050.
53. 17. 0.		20. 0000000.
31. 52. 22.	Premier excès. l. 9. 7226558.	38. 9786050.
74. 46. 10.		19. 8884303.
10. 23. 12.	Second excès. l. 9. 2559492.	19. 0901747.
	18. 9786050.	9. 5450873.

Logarith. de la moitié de l'angle du matin, 20^d 32′ 15″
dont le double, 41. 4. 30.
est la distance du Soleil au Meridien, laquelle étant convertie en temps, de la maniere que j'ay dit ailleurs, on a 2^h 44′ 18″

RECHERCHE

de l'Angle du soir.

42^d 15′ 35″	Compl. de la hauteur du Soleil.	
53. 17. 0.	Compl. de la hauteur du Pole.	l. 9. 9039586.
74. 50. 30.	Compl. de la declin. du Soleil.	9. 9846204.
170. 23. 5.		19. 8885790.
85. 11. 32.		18. 9775489.
53. 17. 0.		20. 0000000.
31. 54. 32.	Premier excès. l. 9. 7230957.	38. 9775489.
74. 50. 30.		19. 8885790.

1709. Février.

10. 21. 2. Second excès. l. 9. 2544532. 19. 0889699.

18. 9775489. 9. 5444849.

Logarith. de la moitié de l'angle du soir, ou moitié de la distance du Soleil au meridien,	2 d	30′	28″
dont le double,	4 d	0′	56″
est la distance du Soleil au meridien, laquelle étant convertie en temps, on a	2h	44′	4″
la retranchant de la distance du Soleil au Meridien, trouvée le matin,	2.	44.	18.
reste pour la difference des deux triangles,	0.	0.	14.
dont la moitié est l'Equation qu'on cherchoit, qui est de			7″

VIII. *Février*.

La nuit précedente nous eûmes des vents furieux, variant du Nord à l'Ouest, qui nous amenerent de gros nuages, qui nous donnerent pendant la nuit de grandes pluyes. Les nuages se dissiperent le matin, nous laisserent le Ciel beau, & j'observai la hauteur apparente du bord superieur du Soleil à midy de 68d 28′ 30″
d'où je calculai la hauteur de l'Equateur de 53. 17. 11.
& la hauteur du Pole de 36. 42. 49.

IX. *Février*.

Les vents souffloient encore le matin au Nord, la nuit qui avoit précedé fut semblable à celle d'auparavant; les nuages ne commencerent à se dissiper que sur les onze heures du matin. Le Ciel fut tres-beau le reste de la journée, & j'observai à midy la hauteur apparente du bord superieur du Soleil de 68d 9′ 10″
d'où je conclus la hauteur du Pole de 36. 42 55.

1709. Février.

OBSERVATION

Du troisiéme Satellite de Jupiter.

LE soir du 9. le troisiéme Satellite de Jupiter commença de paroître, sortant sur le bord de l'ombre de cette planete à l'horloge non corrigé, 10h 59' 49"

L'horloge retardoit au temps de cette Emersion de 1. 2.

Donc le vray temps de cette Emersion fut à 11. 0. 51.

Lorsque le Satellite commença de paroître, je crus qu'il étoit éloigné du bord de Jupiter environ d'un tiers du diametre de cette planete. Dans le temps que je faisois cette observation, Jupiter étoit encore assez près de l'horison, & on voyoit sur son Disque un grand mouvement d'ebullition, qui m'empêchoit même de voir ses bords bien terminez. Je ne crus pourtant pas que ce mouvement eût retardé mon observation ; car d'abord que cette petite lumiere, presque imperceptible, commença de paroître, elle augmenta sensiblement, sans disparoître jusques au moment que le Satellite fut entierement hors de l'ombre. Le premier Satellite qui parcouroit la partie inferieure de son cercle, & le troisiéme la superieure, allant par consequent par parties contraires, furent en conjonction à la même heure de l'Emersion, selon qu'il me parut.

X. *Février.*

Les vents se rangerent le matin au Sud. Depuis deux ou trois jours, comme j'ai remarqué, ils varierent de l'Ouest au Nord. La difference que j'avois trouvée dans les hauteurs du Barometre, observées tous les jours, ayant égard aux hauteurs des jours précedents, subsistoit encore. Les vents d'Oueſt venant d'extrémement loin dans ces endroits, & qui ſoufflent ſelon les tangentes de la circonference du grand Ocean, doivent ſoûlever l'air ſuperieur, & diminuer par conſequent ſon poids, ou ſon reſſort, en le ſoûtenant en partie; ce qui pourroit être la cauſe de cette difference de la hauteur du Barometre, qui fut encore obſervée à 10. heures du matin de 27. poûces 6. lignes $\frac{1}{2}$.

1709. Février.

Hauteurs correſpondantes du bord ſuperieur du Soleil pour verifier l'Horloge.

heures du matin.	hauteurs.	heures du ſoir.
9ʰ 48' 42''	53ᵈ 42' 0''	2ʰ 8' 43''
53. 52.	54. 35. 30.	3. 39.
59. 37.	55. 34. 40.	1. 57. 54.

Par la premiere & derniere correſpondance l'horloge marquoit à midy,	11ʰ 58' 43'' $\frac{1}{2}$.
Par la ſeconde à	11. 58. 45. $\frac{1}{2}$.
prenant un milieu, on eut midy à	11. 58. 44.
Equation à ajoûter,	7.
Donc l'horloge marquoit au vray midy	11. 58. 51.
Le 7. on eut le vray midy à	11. 59. 30.
Donc l'horloge avoit retardé en trois jours de	39.
Pour être au temps moyen, elle devoit avoir avancé de	4.
Donc elle avoit retardé ſur le temps moyen en trois jours de	43.
& en un jour de	14.

Ce retardement toûjours égal marquoit que le changement des jours paſſez n'avoit fait ſur l'horloge aucune impreſſion, & que je pouvois être aſſuré de ſa juſteſſe.

Le lieu du Soleil fut trouvé par le calcul à midy au	21ᵈ 54' 15''
de ♒.	
& ſa declinaiſon auſtrale de	14ᵈ 13' 56''

1709. Février.

J'observai à midy la hauteur apparente de son bord superieur de 67d 49' 30"

d'où je conclus la hauteur du Pole de 36. 43. 4.

OBSERVATION

du second Satellite de Jupiter.

LE soir du même jour 10. j'observai l'Immersion du second Satellite de Jupiter entrant dans l'ombre de cette planete, à la distance de son bord environ d'un de ses demi-diametres, à l'horloge non corrigé, 11h 8' 49"

L'horloge retardoit au temps de l'Immersion de 1. 15.

Donc le vray temps de cette Immersion fut à 11. 10. 4.

XI. *Février.*

Les vents revinrent au Sud ; les chaleurs que les pluyes avoient diminuées, reprirent leurs premieres forces, qui nous obligerent de garder la maison depuis huit heures du matin jusques à cinq heures du soir, qu'un petit frais se répandit dans l'air, & rafraîchit toutes les campagnes. Il étoit resté du côté de la terre des brumes que les vents d'Ouest, qui avoient soufflé les jours précedents, avoient laissées, ausquelles j'attribuai la bassesse du Barometre, ne voyant pas d'autre cause d'où ce changement pût provenir. Ce même jour je nettoyai le tube avant que de faire l'expérience, je passai le Mercure dans un linge à plusieurs doubles ; après toutes ces préparations je trouvai cette difference encore plus grande qu'elle n'avoit été jusques alors, le Mercure ayant resté suspendu à la hauteur de 27. poûces 5. lignes $\frac{1}{2}$.

Par les observations précedentes j'avois remarqué que les plus grandes hauteur du Mercure avoient été de 27. poûces 11. lignes $\frac{1}{2}$.

Je conclus donc par la difference de la hauteur que je trouvai entre ces observations, que la force élastique de l'air avoit diminué de $\frac{11}{671}$ de sa force. 1709. Février,

Hauteurs correspondantes du bord superieur du Soleil pour verifier l'horloge.

heures du matin.	hauteurs.	heures du soir.
9h 31' 51"	50d 30' 0"	2h 25' 13"
37. 28.	51. 31. 0.	19. 35.
43. 54.	52. 40. 0.	13. 9.
57. 45.	55. 3. 30.	1. 59. 18.

Par ces quatre correspondances l'horloge marquoit à midy,	11h 58' 32"
Equation à ajoûter,	7.
Donc l'horloge marquoit au vray midy,	11. 58. 39.
Le 10. on eut le vray midy à	11. 58. 51.
Donc l'horloge retardoit en 24. heures de	12.
Pour être au temps moyen elle devoit avancer de	1.
Donc l'horloge retardoit toûjours également en 24. heures de	13.
Le Soleil fut trouvé par le calcul à midy au 22d 54' 53" de ♒.	
& sa declinaison australe de	13d 54' 15"
J'observai à midy la hauteur apparente du bord superieur du Soleil de	67d 29' 40"
d'où je conclus la hauteur de l'Equateur de	53. 16. 46.
& la hauteur du Pole de	36. 43. 14.

XII. *Février.*

Le Mercure nous avoit averti par sa bassesse, que le mauvais temps n'étoit pas entiérement passé, l'experience nous en convainquit, il se leva le matin un vent de Nord furieux, qui ayant fait chasser les Navires moüillez dans la Baye, ils faillirent échoüer sur la côte; ce vent ne cessa que sur les quatre heures du soir.

1709. Fevrier. La hauteur du Barometre fut observée de 27. poûces 6. lignes ½.

DESCRIPTION

d'une Vescie de mer.

LE soir, après que le vent eut calmé, j'allai me promener le long du rivage, j'y rencontrai une Vescie que la mer avoit jettée sur le sable. Ce corps est un ouvrage des plus merveilleux que la mer produise, tant par rapport à sa construction, que par rapport à sa causticité insupportable. Ceux qui n'ont pas examiné le mouvement de cette Vescie, croyent qu'elle ne se meut qu'au gré des vents & des ondes. J'ai cependant remarqué par son mouvement peristaltique ou de contraction, qu'elle est vivante, de même que ces carnositez que les Auteurs appellent *Urtica* & *Pulmo marinus*; j'ai crû par-là qu'on pouvoit mettre cette sorte de Vescie dans le genre de celles que les mêmes Auteurs appellent *Holoturia*, qui ne sont ni plantes ni poissons, & qui cependant ne laissent pas d'être vivantes, & de se transporter par leur propre mouvement d'un lieu à un autre, sans le secours des vents ni des ondes. N'ayant pas dans nôtre langue de terme qui puisse exprimer ces productions admirables de la nature dans la description que j'en vais donner, je me servirai du nom d'*Holoture*.

Cet *Holoture* est une Vescie oblongue, ronde dans son contour, & émoussée par les deux extrémitez, mais plus par l'une que par l'autre; elle est composée d'une seule membrane tres-déliée & transparante, semblable à ces demy globes qui s'elevent sur la superficie des eaux dans un temps de pluye, & particulierement lors qu'elle tombe à grosses gouttes. Cette membrane est composée de deux sortes de fibres, les unes circulaires, & les autres longitudinales, par lesquelles on découvre un mouvement de contraction semblable à celuy que les Anatomistes donnent aux intestins & au ventricule. Elle est toûjours

toûjours vuide, mais enflée comme un balon plein de vent; elle a à son extrémité la plus aiguë un peu d'eau tres-claire, renfermée dans cette extrémité par une espece de cloison tenduë comme la peau d'un tambour ou le timpan de l'oreille.

On voit tout le long du dos de cette Vescie une autre membrane fort déliée, étenduë en maniere de voile ondée sur ses bords, semblable à une belle crête plissée, laquelle descend en forme de sillons jusques sur le dos de la Vescie. Cette membrane sert de voile à la Vescie pour naviger, elle se baisse & se hausse, & appareille avec toutes sortes de vents, & n'est pas exempte de naufrage, puisque celle-cy vint échoüer sur le rivage par la tempête.

Elle a sous le ventre plusieurs jambes fort courtes, épaisses comme le petit doigt, divisées en deux branches, celles-cy sont encore soûdivisées en plusieurs autres beaucoup plus menuës, mais plus longues. Ces jambes mêlées ensemble ressemblent à plusieurs vermisseaux entrelassez les uns dans les autres, tous articulez par quantité de petits anneaux circulaires, & qu'on voit remuer par un mouvement peristaltique. Toutes ces jambes divisées en plusieurs, comme je viens de dire, ressemblent à de tres-belles houpes pendantes & transparantes comme le plus beau cristal de roche, accompagnées d'autres jambes tres-longues, semblables à des cordons azurez, épais comme des plumes à écrire, & brodez tout le long par de petites veines circulaires de couleur de feu, & arrangées en maniere de petite dentelle ou broderie. J'observai que toutes ces petites veines remuënt incessamment par un mouvement peristaltique, quoique les jambes qu'elles parcourent demeurent toûjours pendantes comme des cordelettes.

On ne sçauroit déterminer la veritable couleur de cet *Holoture*; on en comprendra pourtant quelque chose, en considerant cette couleur comme celles qu'on verroit dans un feu grégeois, ou dans le plus violent embrasement d'une fournaise de soufre; on y voit une confusion de bleu, de violet & de rouge, si bien mêlez

Y y

1709. Février.

ensemble, qu'on ne peut discerner lequel des trois surpasse les deux autres. Enfin cet *Holoture* ne représente pas seulement le feu grégeois au naturel par ses couleurs, il le représente encore par les violentes cuisons qu'il produit lors qu'on le touche : une expérience que j'en fis par mégarde me rendit sçavant. Prévenu que j'étois, je m'en défiois; j'y fus cependant surpris. Ayant mis dans mon mouchoir, avec un bâton, un *Holoture* pour le dessiner; le lendemain, ne faisant pas refléxion à l'usage que j'avois fait de mon mouchoir, je voulus m'en essuyer les mains après les avoir lavées, je sentis dans le moment un feu violent, qui augmentoit sensiblement jusques à me causer des convulsions par tout le corps, avec des douleurs tout-à-fait insupportables; je me fis donner du vinaigre & de l'eau pour faire de l'oxicrat, & ayant trempé mes deux mains, la douleur diminua, & elle m'apprit par ma propre expérience ce que je ne sçavois que par le rapport d'autruy.

J'ay vû de ces Vescies en plusieurs endroits de l'Amerique, & on en trouve sur les bords de la mer, particulierement dans les anses sablonneuses, après qu'il a fait un grand vent.

XIII. *Février.*

J'allai sur les huit heures du matin au bord de la mer avec mon quart de cercle pour le verifier, appréhendant qu'il ne se fût dérangé dans le transport que j'en faisois tous les jours d'un lieu à un autre. Je trouvai par le renversement, qu'il donnoit les hauteurs trop grandes de deux minutes, comme j'avois déja observé le lendemain de mon arrivée.

1709. Fevrier.

OBSERVATION

de la Baſſeſſe apparente de l'horiſon de la mer pour la refraction.

M'Etant trouvé le matin ſur le bord de la mer, à l'occaſion de la verification de mon quart de cercle, l'horiſon de la mer paroiſſant fort net, & l'air pur, j'obſervai la baſſeſſe de la mer, ayant mis le fil horiſontal de la lunette ſur le terme qui ſepare la mer d'avec le Ciel; je trouvai que le quart de cercle donnoit la hauteur de l'horiſon de la mer de — 0ᵈ 1' 0''

Par la verification que je venois de faire du quart de cercle, j'avois trouvé qu'il donnoit les hauteurs trop grandes de — 0ᵈ 2' 0''

Donc la baſſeſſe de la mer étoit de — 0ᵈ 1' 0''

Dans cette obſervation l'œil de l'Obſervateur étoit élevé ſur la ſurface de la mer de huit pieds.

Hauteurs correſpondantes du bord ſuperieur du Soleil pour verifier l'Horloge.

Heures du matin.	hauteurs.	heures du ſoir.
10ʰ 24' 58''	58ᵈ 58' 30''	1ʰ 31' 6''
31. 21.	59. 53. 30.	24. 42.
42. 36.	61. 25. 50.	13. 34.

Par la premiere correſpondance midy arriva à l'horloge à	11ʰ	58'	2''
Par la ſeconde & troiſiéme à	11.	58.	5.
prenant un milieu on eut midy à	11.	58.	3.
Equation à ajoûter,			7.
Donc l'horloge marquoit au vray midy,	11.	58.	10.
Le 11. elle marquoit le vray midy à	11.	58.	59.
Donc elle avoit retardé en deux jours de		0.	29.
Pour être au temps moyen, elle devoit retarder de			3.

1709. Fevrier.

Donc l'horloge retardoit en deux jours ſur le temps moyen de	26.
& en un jour de	13.

OBSERVATIONS

des Etoiles qui forment la Conſtellation du Cruſero.

ON a donné le nom de *Cruſero* à une conſtellation en forme de Croix, qui eſt dans la partie Auſtrale du Ciel, compoſé de quatre Etoiles principales de cette conſtellation, dont l'une eſt de la ſeconde grandeur, deux ſont de la troiſiéme, & une de la quatriéme.

Lorſque je commençai cette nuit-là à obſerver le paſſage de ces Etoiles par le Meridien, celle du bras occidental du *Cruſero* avoit déja paſſé au-delà, & je ne pûs alors l'obſerver, mais je l'obſervai dans une autre occaſion.

J'obſervai donc la nuit du 13. au 14. la hauteur meridienne apparente de l'Etoile double au pied du *Cruſero*, lors qu'elle étoit dans la partie ſuperieure du cercle

qu'elle décrit autour du Pole de	65ᵈ 16′ 30″
Quart de cercle,	2. 0.
Premiere correction,	65. 14. 30.
Refraction à ôter,	27.
Hauteur corrigée,	65. 14. 3.
Hauteur du Pole Auſtral,	36. 42. 53.
Diſtance de l'Etoile au Pole Auſtral,	28. 31. 10.

Donc la declinaiſon Auſtrale de l'Etoile double du pied du *Cruſero*, qui eſt le Complement de ſa diſtance au Pole étoit de	61. 28. [illegible]0.
Hauteur meridienne apparente de l'Etoile qui eſt au haut du *Cruſero* dans la partie ſuperieure de ſon cercle,	71ᵈ 15′ 50″
Quart de cercle,	2. 0.
Premiere correction,	71. 13. 50.
Refraction à ôter,	20.

1709. Fevrier.

Hauteur corrigée,	71. 13. 50.
Hauteur du Pole Auſtral,	36. 42. 53.
Diſtance de l'Etoile au Pole Auſtral,	34. 30. 37.
Donc la declinaiſon Auſtrale de l'Etoile qui eſt au haut du *Cruſero*,	55. 29. 23.
Hauteur meridienne apparente de l'Etoile qui eſt au bras oriental de la même conſtellation du *Cruzero*.	68ᵈ 42′ 0″
Quart de cercle,	2. 0.
Premiere Correction,	68. 40. 0.
Refraction à ôter,	24.
Hauteur corrigée,	68. 39. 36.
Hauteur du Pole Auſtral,	36. 42. 53.
Diſtance de l'Etoile au Pole Auſtral,	31. 56. 43.
Donc la declinaiſon Auſtrale de l'Etoile, qui eſt au bras oriental du *Cruſero*, étoit alors de	58. 3. 17.

OBSERVATION

du petit Nuage & d'une Etoile qui en eſt peu éloignée.

LE petit Nuage eſt une des deux grandes taches blanchâtres que l'on voit dans l'Hemiſphere Auſtral; j'obſervai à ſon paſſage par le Meridien ſa hauteur apparente dans la partie inferieure de ſon cercle

de	20ᵈ 48′ 0″
Quart de cercle,	2.
Premiere Correction,	20. 46. 0.
Refraction à ôter,	2. 33.
Hauteur corrigée,	20. 43. 27.
Hauteur du Pole Auſtral,	36. 42. 53.
Diſtance du petit Nuage au Pole Auſtral,	15. 59. 26.
Donc la declinaiſon Auſtrale du petit Nuage étoit de	74. 0. 34.

On ne voit dans cette Tache aucune petite Etoile;

1709. Fevrier. & l'ayant obſervée avec une lunette de 18. pieds, je ne pus nullement la diſtinguer du reſte du Ciel.

La même nuit j'obſervai la hauteur meridienne d'une Etoile de la cinquiéme grandeur, lors qu'elle étoit dans la partie inferieure du cercle qu'elle décrit autour du Pole. Elle eſt au-delà du petit Nuage, & non pas vers ſon centre, comme l'a marquée le R. Pere Coronelli dans ſon grand Globe celeſte.

Hauteur apparente de cette Etoile,	25ᵈ	43′	50″
Quart de Cercle,		2.	0.
Premiere Correction,	25.	41.	50.
Refraction à ôter,		2.	4.
Hauteur corrigée,	25.	39.	46.
Hauteur du Pole Auſtral,	36.	42.	53.
Diſtance de l'Etoile au Pole,	11.	3.	7.
Donc la declinaiſon Auſtrale de cette Etoile, étoit de	78.	56.	53.

XIV. *Février.*

Ce jour-là on celebra fort ſolemnellement à l'honneur de la Sainte Vierge, une Fête en action de grace d'avoir été délivrez, à pareil jour, d'une armée formidable d'Indiens qui venoient fondre ſur cette Ville, dans le deſſein de maſſacrer tous les hommes qui s'y trouveroient, d'enlever les filles & les femmes, & d'en faire leurs eſclaves. Les habitans de la *Conception*, déja prévenus des maux qui les menaçoient, apprenant par un de leurs eſpions la marche de ces peuples cruels, ſe diſpoſerent à leur faire tête; mais ſe voyant en ſi petit nombre, en comparaiſon des Indiens, ils eurent recours aux prieres, firent un vœu à la Sainte Vierge, de celebrer tous les ans, ce jour-là même, une Fête à ſon honneur, ſi elle daignoit les proteger contre de ſi puiſſans ennemis : enſorte que les Indiens étant arrivez ſur le ſommet d'une petite hauteur à l'extrémité orientale de la Ville, où l'on a depuis bâti une belle Egliſe dédiée à la Sainte Vierge; ils furent ſaiſis d'une ſi grande terreur, qu'ils prirent la fuite en deſordre, ſe précipitant les uns ſur les autres, & s'imaginant être pourſuivis par une armée infiniment ſuperieure à la leur, ainſi que le raconterent des Indiens que les Eſpagnols firent priſonniers de guerre dans cette conjoncture.

XV. *Février.*

Hauteurs correſpondantes du bord ſuperieur du Soleil pour verifier l'Horloge.

heures du matin.	hauteurs.	heures du ſoir.
$9^h\ 29'\ 11''$	$49^d\ 19'\ 30''$	$2^h\ 25'\ 45''$
34. 18.	50. 14. 0.	20. 31.
38. 38.	51. 1. 0.	16. 9.

Par ces correſpondances l'horloge marquoit à midy	$11^h\ 57'\ 24''$
Equation à ajoûter calculée,	8.
Donc l'horloge marquoit le vray midy à	11. 57. 32.
Le 13. on eut le vray midy à	11. 58. 10.
Donc l'horloge retardoit ſur le temps vray en deux jours, de	38.
Pour être au temps moyen, elle devoit retarder de	6.
Donc elle retardoit ſur le temps moyen en deux jours de	32.

OBSERVATION

du premier Satellite de Jupiter.

J'Obſervai le ſoir du 15. une Immerſion du premier Satellite de Jupiter. Cette Planette étoit encore fort peu élevée ſur les montagnes qui ſont à l'Eſt de la Ville, & par conſequent du lieu où j'obſervois. L'Immerſion de ce Satellite dans l'ombre de Jupiter arriva

à l'horloge non corrigée à	$10^h\ 15'\ 24''$
L'horloge retardoit alors de	2. 35.

1709. Fevrier.

Donc le vray temps de cette Immersion arriva le soir à 10. 17. 59.

Cette même Immersion fut observée à l'Observatoire Royal de Paris par Messieurs Cassini & Maraldy, le matin du 16. à 3. 19. 50.

Donc la difference en temps entre Paris & la *Conception* est par cette observation de 5^h 1′ 51″

REMARQUE

Sur une Pluye de Sable.

UN Pere Jesuite qui revenoit de la Province de *Puëlches*, me raconta plusieurs faits dont il avoit été témoin oculaire. Celuy qui me parut le plus singulier fut une Pluye de Sable qu'il m'assura être tombée l'année précedente 1708. le 21. du mois de Septembre, Fête de saint Mathieu. Le jour commença par un beau Ciel; sur les dix heures du matin il se couvrit de gros nuages, poussez par un vent d'Ouest, lequel venoit du côté de la mer : alors il se fit un si prompt changement, qu'on jugea bien qu'il alloit arriver quelque chose d'extraordinaire, ainsi qu'il arriva effectivement peu de momens après; car ces nuages épais obscurcirent tellement l'air, que l'on fut obligé d'allumer des flambeaux en plein midi, & ensuite ils se convertirent en pluye de sable. Toutes les campagnes qu'on avoit vûës un moment auparavant couvertes de neige, changerent tout-à-coup de face, & parurent d'un gris clair. Ces peuples qui n'avoient jamais vû dans leur pays d'évenements si extraordinaires, crurent que la machine du monde alloit se détruire; ils coururent à leur Curé, qui se servant de cette occasion pour leur faire connoître la toute-puissance du Createur de l'univers, leur fit un Discours fort pathetique à l'occasion d'un évenement si extraordinaire. J'ay crû qu'il meritoit d'être rapporté dans mon Journal, n'ayant encore rien lû de semblable dans nos Histoires. Pline parle dans

dans le 56. chapitre de son second livre, de deux differentes pluyes qui sont aussi fort étranges ; l'une arriva sous le Consulat de Marcus Acilius & Caius Porcius : il plut alors du sang & du lait mêlez ensemble ; l'autre arriva l'année que Titus Annius Milo fut tué. Ce celebre Historien remarque, que pendant que cet Orateur plaidoit luy-même sa cause, il tomba du Ciel une infinité de petites briques. 1709. Fevrier.

XVI. *Février.*

Quoique nous fussions au milieu de l'Esté, les nuits ne laissoient pas d'être fraîches ; ce que j'ai remarqué dans toute l'Amerique, à la difference des climats de l'Europe, où les chaleurs en plusieurs endroits sont incommodes la nuit. Etant à Lima, qui n'est qu'à douze degrez de la Ligne, comme je dirai ailleurs, je fus plusieurs fois obligé de prendre le manteau en me levant, de le porter jusques sur les huit heures du matin, & de le reprendre le soir sur les cinq heures que le froid commence à venir.

Hauteurs correspondantes du bord superieur du Soleil pour l'Horloge.

heures du matin.	hauteurs.	heures du soir.
10ʰ 1′ 20″	54ᵈ 39′ 20″	1ʰ 52′ 59″
8. 10.	55. 44. 50.	46. 7.
14. 34.	56. 44. 10.	39. 44.

Par ces correspondances l'horloge marquoit à midy	11ʰ 57′ 7″
Equation à ajoûter,	7.
Donc l'horloge marquoit au vray midy	11ʰ 57. 14.
Le 15. on eut le vray midy à	11. 57. 32.
Donc l'horloge retardoit en un jour de	18.
Pour être au temps moyen elle ne devoit retarder que de	4.

1709. Fevrier. Donc l'horloge continuoit à retarder, comme j'avois déja observé, de 14.

J'observai sur les 10. heures du matin la hauteur du Barometre de 27. poûces 11. lignes ½. Le retour du Barometre, à sa premiere hauteur, nous fit juger que le beau temps reviendroit, comme il arriva; il m'étoit extrémement necessaire, ayant à observer les deux nuits suivantes.

OBSERVATION

du troisiéme Satellite de Jupiter.

XVII. *Février.*

J'Observai le matin du 17. une Immersion du troisiéme Satellite de Jupiter, il entra dans l'ombre de cette Planette à la distance de son bord d'un peu plus que de son diametre. Cette Immersion arriva à l'horloge non corrigée à 0ʰ 31′ 10″

Elle retardoit au temps de l'observation de 2. 53.

Donc le vray temps de l'Immersion fut le matin à 0. 34. 3.

Je ne pûs pas observer la sortie du Satellite hors de l'ombre, la fiévre que j'avois depuis deux jours ne m'ayant quitté qu'à midy, & m'ayant repris sur le minuit; ensorte que j'eus bien de la peine à observer l'Immersion.

J'observai à 10. heures du matin la hauteur du Barometre de 27. poûces 9. lignes 0. Le Ciel étoit beau, il ne paroissoit aucun nuage; cependant le Barometre nous marquoit par sa bassesse, qu'il y avoit dans l'air quelque chose qui feroit changer le temps.

1709.
Février.

Hauteurs correspondantes du bord superieur du Soleil. pour verifier l'Horloge.

heures du matin.	hauteurs.	heures du soir.
$9^h\ 33'\ 14''$	$49^d\ 41'\ 0''$	$2^h\ 20'\ 24''$
39. 29.	50. 46. 20.	14. 9.
51. 27.	52. 48. 30.	2. 12.

Par ces correspondances l'horloge marquoit à midy $11^h\ 56'\ 49''\frac{1}{2}$.
Equation à ajoûter, 8.

Donc l'horloge marquoit au vray midy, 11. 56. 57. $\frac{1}{2}$.
Le 16. on eut midy à 11. 57. 14.

Donc l'horloge retardoit en 24. heures de 17.
Pour être au temps moyen elle devoit retarder de 4.
Donc l'horloge avoit retardé en 24. de 13.

OBSERVATION

du second Satellite de Jupiter.

XVIII. *Février.*

J'Observai le matin du 18. une Immersion du second Satellite de Jupiter. Le Ciel étoit clair & serain ; le Satellite entra dans l'ombre de cette Planete à deux tiers du diametre de Jupiter au-delà de son bord ; l'horloge marquoit alors $1^h\ 41'\ 24''$
Elle retardoit au temps de l'observation de 3. 44.

Donc le vray temps de cette Immersion fut à 1. 45. 8.

1709. Fevrier.

Hauteurs correspondantes du bord superieur du Soleil pour l'Horloge.

heures du matin.	hauteurs.	heures du soir.
10h 8' 18"	55d 20' 0"	1h 44' 35"
14. 20.	56. 15. 30.	38. 33.
20. 19.	57. 8. 0.	32. 36.

Par la premiere & derniere correspondance
l'horloge marquoit midy à 11h 56' 26" ½.
& par la derniere à 11. 56. 27. ½.
prenant un milieu on eut midy à 11. 56. 27.
Equation à ajoûter, 8.

Donc l'horloge marquoit au vray midy 11. 56. 35.
Le 17. on eut le vray midy à 11. 56. 57.
Donc l'horloge retardoit en vingt-quatre heures sur le temps vray de 22.

AVERTISSEMENT.

Les hauteurs correspondantes du bord superieur du Soleil, que j'ay si souvent rapportées, servant pour trouver le vray midy chaque jour, en y ajoûtant l'Equation convenable, m'ont aussi servi pour corriger les observations des Immersions des Satellites de Jupiter, & elles me serviront encore dans la suite pour verifier la difference de la longueur des Pendules, par rapport à la distance de la Ligne, qu'on ne peut sçavoir que par des observations faites sur les lieux, & non par des calculs imaginaires faits dans un cabinet sur quelques memoires dont on n'a pas bien découvert le mystere, ou que l'on a accommodez à son sistême.

Sur les trois heures du soir, nôtre Capitaine ayant resolu d'appareiller deux jours après, m'envoya un de ses Officiers pour m'avertir de me rendre à bord. Le Capitaine en second m'emmena le lendemain matin 19. des matelots pour apporter mes instrumens au Navire. Je pris congé dès le matin de mon hôte & de toute sa famille, ils me virent partir avec regret. Tous les Espagnols du Chily & de tout le Perou sont naturellement bons, & les étrangers sont mieux reçus chez eux que leurs plus proches parens. 1709. Février.

Détermination de la Longitude de la Ville de la Conception.

Les observations des Satellites de Jupiter, que je fis pendant mon sejour à la *Conception*, servirent pour déterminer la difference en longitude entre cette Ville & Paris, en les comparant avec celles qui furent faites en même temps à l'Observatoire Royal par Messieurs Cassini & Maraldy.

La premiere de ces observations fut une Immersion du premier Satellite de Jupiter qui arriva à la *Conception* le 31. Janvier de l'année 1709. le matin à	0h	3'	23"
Cette même Immersion fut observée à l'Observatoire Royal de Paris le même jour à	5.	5.	29.
Donc la difference des Meridiens en temps entre Paris & la *Conception*, trouvée par cette observation, est de	5.	2.	6.
Le 7. Février de la même année j'observai dans la même Ville une autre Immersion du même Satellite, le matin à	1.	55.	35.
La même Immersion fut observée à Paris à	6.	58.	10.
Donc la difference des Meridiens en temps entre ces deux Villes fut trouvée par cette observation de	5.	2.	35.
Le 15. Février de la même année j'observai le soir une autre Immersion du même Satellite à la Conception à	10.	18'	5"
Elle arriva à Paris le 16. au matin à	3.	10.	50.
Donc la difference des Meridiens en temps fut de	5.	1.	45.

1709. Janvier.

En prenant un milieu entre ces differences, on aura en temps la difference des Meridiens entre l'Observatoire Royal de Paris & la *Conception* de 5. 2. 10.

Reduisant cette difference, en degrez, minutes & secondes par la table de la reduction du temps, qui est à la fin des Tables des mouvemens du Soleil, de la maniere suivante, on aura en degrez, minutes & secondes la difference en longitude qui est entre la *Conception* & Paris.

Pour 5. heures	75ᵈ 0′ 0″
Pour 0. 2. minutes	0. 30. 0.
Pour 0. 0. 10. secondes	0. 2. 30.

Donc par ces observations la difference entre Paris & la *Conception* est de 75ᵈ 32′ 30″

Détermination de la Latitude de la Conception.

La plus grande hauteur du Pole que j'aye trouvée, soit par les hauteurs meridiennes du Soleil, soit par celles des Etoiles fixes, a été de 36ᵈ 43′ 33″

Et la moindre de 36. 42. 11.

En prenant un milieu entre ces differentes hauteurs, on trouve la hauteur du Pole de la *Conception* de 36. 42′ 53″

XXI. *Février.*

Nos malades ayant recouvré la santé se rendirent tous à bord le matin, & on disposa tout ce qui étoit necessaire pour mettre à la voile le soir. Comme nous devions revenir à la *Conception* avant que de passer en Europe, on laissa dans un magazin les mâts de rechange, & plusieurs autres choses qui incommodoient dans le Navire, & dont on étoit assuré que l'on n'auroit pas besoin dans le Royaume du Perou, où nous allions dans la pensée de reprendre tout cela à nôtre retour.

Nous appareillâmes après midy par un vent de Sud,

nous portâmes le Cap au Nord ¼ Nord-Oueſt, & nous ne perdîmes pas la terre de vûë. 1709. Février.

XXII. *Février.*

Il ſe leva le matin une groſſe brume qui nous cacha la terre, & elle ne ſe diſſipa que ſur les neuf heures. Nous nous trouvâmes environ à deux lieuës de la côte. A dix heures nous vîmes de la fumée dans un grand enfoncement, ſignal pour avertir les Villes prochaines, qu'on voyoit en mer un Navire. On appréhendoit avec beaucoup de fondement les ennemis, puiſque quelque temps après ils enleverent deux Vaiſſeaux richement chargez, ſortant du port de *Callao* pour aller à *Panama*. A la vûë de cette fumée le Capitaine reſolut de mettre en mer le canot, & d'envoyer un Officier au fond de cette baye, pour s'informer de ceux qui avoient allumé ce feu, & apprendre ſi nous étions encore éloignez de *Valparaiſſo* où nous devions aller. Nous mîmes côté en travers pour l'attendre; & voyant les eaux fort changées, appréhendant quelque bas fond, nous ſondâmes, & nous trouvâmes 70. braſſes.

J'obſervai vis-à vis de cette baye, avec le Quartier Anglois, le Complement de la hauteur meridienne du Soleil, qui donna la hauteur du Pole de $33^d\ 36'\ 0''$

Nôtre canot ne retourna qu'à trois heures après midy; l'Officier rapporta, que la fumée que nous voyïons n'étoit pas ſi proche qu'elle nous paroiſſoit; & qu'étant fort avant dans les terres, appréhendant qu'on ne s'impatientât de ſon retardement, s'il eût mis à terre pour aller chercher ceux qui avoient allumé ce feu, il n'oſa pas le faire, parce qu'il n'auroit pû revenir que de nuit. A ſon arrivée nous continuâmes nôtre route. Au Soleil couchant, étant à deux lieuës de la côte, je relevai les terres avec le compas; celle qui nous reſtoit ſur l'avant étoit une grande pointe, auprès de laquelle il paroiſſoit quelques rochers, éloignée ſelon nôtre eſtime de dix lieuës, ſur le Rumb du Nord-Nord-Eſt. Le calme nous prit le ſoir. Ces mers ſont belles lors qu'il n'y a pas de

1709. Février. vent ; & le peu de mouvement qu'elles ont, venant de fort loin, est si lent, qu'on ne s'en apperçoit pas : aussi passâmes-nous une nuit aussi tranquille que si nous eussions été à l'ancre.

XXIII. *Février.*

Le calme continuoit encore à midy ; j'observai pour lors avec le même instrument la hauteur du Pole de 33^d 30' 0''

Sur les trois heures du soir il se leva un petit vent de Sud-Sud-Ouest, qui nous approcha du cap ou pointe, de laquelle nous étions éloignez le jour auparavant de dix lieuës ; au Soleil couchant ce cap nous restoit au Nord ¼ Nord-Est environ quatre lieuës, étant alors éloignez de deux de la côte.

XXIV. *Février.*

Nous doublâmes la pointe dans la nuit, & nous nous trouvâmes le matin dans une autre baye peu enfoncée derriere le cap, où l'on pouvoit moüiller à l'abri des vents d'Est & de ceux du Sud ; mais avec ceux d'Ouest & de Nord-Ouest on y passeroit mal son temps. Cette baye du côté du Sud a des rochers qui s'étendent dans la mer à un bon quart de lieuë : ce sont les mêmes roches que nous avions vûës le 22. près de la pointe. Le fond de la baye qui est à l'Est est un sable blanc, & elle est fermée du côté du Nord par de grands rochers escarpez. Nous entrâmes jusques vers le milieu de cette baye ; & ayant sondé à trois quarts de lieuë de la terre, nous trouvâmes fond à soixante brasses ; nous vîmes à terre quelques personnes & quantité de bestiaux qui paissoient. Comme la nuit s'approchoit, & qu'il est dangereux de se trouver près des terres, où l'on ne sçauroit se sauver si malheureusemement les vents se tiroient au large, nous revirâmes de bord, mettant le cap à l'Ouest, & sur les dix heures nous capâmes, en attendant le jour.

XXV. *Février.*

1709.
Février.

XXV. *Février.*

Au jour naissant nous fismes route à terre, nous doublâmes le cap du Nord de la baye, & peu de temps après nous commençâmes à découvrir des maisons sur le bord de la mer. Nous moüillâmes à neuf heures du matin devant *Valparaiso*, à une portée de pistolet de la terre. Proche le cap du Sud qui est à l'entrée de la baye de *Valparaiso*, on voit en entrant des rochers au Sud, qui avancent dans la mer; & quoy qu'on puisse le ranger d'assez près, il vaut beaucoup mieux pour sa seureté s'en tenir un peu au large; parce que dès qu'on a doublé la pointe, étant obligé de mettre le cap au Sud pour aller chercher le moüillage, on trouve les vents contraires; & si malheureusement on tomboit sur ces rochers, on seroit en danger de perdre le Navire.

Après que nous eumes dîné je descendis à terre, pour aller chercher quelque maison où je pûsse placer mes instrumens; je n'en trouvai pas de plus commode que le Convent de Saint François. J'allai voir le Pere Gardien, & le priai de me prêter une chambre pour le peu de temps que nous resterions dans ce port; ce qu'il m'accorda fort agréablement. Il m'offrit sa table, que j'acceptai, ne pouvant pas retourner à bord pour manger, & étant obligé, pour observer dans la nuit, de coucher à la Ville.

OBSERVATIONS

ASTRONOMIQUES ET PHYSIQUES,

Faites à Valparaiso, petite Ville dans le Royaume de Chily.

XXVI. *Février.*

LE jour commença par de gros broüillards, qui ne se dissiperent que vers les trois heures du soir. Je montai le matin mon horloge, & verifiai ensuite mon quart de cercle, que je trouvai dans le même état où il étoit à la *Conception*, donnant encore les hauteurs trop grandes de deux minutes.

OBSERVATION

de Canopus.

J'Observai le soir la hauteur meridienne apparente de *Canopus* de 70d 32' 30". N'ayant pas encore fait des observations pour la détermination de la hauteur du Pole de cette Ville, je ne pûs pas par celle que je venois de faire, déterminer la declinaison de *Canopus*, laquelle on ne verra qu'à la fin des observations faites dans cette Ville.

J'observai dans la même nuit la hauteur meridienne apparente de *Procyon* de	51d	5'	0"
Le quart de Cercle donnoit trop de		2.	0.
Premiere Correction,	51.	3'	0.
Refraction à ôter,			49.
Hauteur corrigée,	51.	2.	11.
Declinaison septentrionale,	5.	56.	59.

Hauteur de l'Equateur, 56. 59. 10. 1709. Février.

Par cette observation la hauteur du Pole de *Valparaiso* fut trouvée de 33. 0. 50.

XXVII. *Février.*

Les broüillards revinrent à la même heure du jour précedent ; sur les quatre heures du soir ils s'allerent ranger vers l'Ouest, élevez sur l'horison de dix degrez, & laisserent la Baye fort claire, & le Ciel fort découvert.

Sur les dix heures du matin, après avoir nettoyé un Tube, & après avoir passé le Mercure par un linge à plusieurs doubles, je fis l'expérience du Barometre. Je trouvai le Mercure suspendu dans le Tube à la hauteur de 27. poûces 9. lignes $\frac{2}{3}$. L'air étoit brumeux dans le temps de cette observation, & les vents au Sud-Est.

AVERTISSEMENT.

Cette expérience & les observations suivantes furent faites à cent cinquante pas du bord de la mer, & à la hauteur de six toises au dessus de sa surface.

Je m'apperçus le soir, quelque temps après que le Soleil fut couché, que la Lune approchoit l'*Epy de la Vierge.* Je disposai mon quart de Cercle pour observer l'occultation de cette Etoile. A minuit des vapeurs fort rares s'éleverent, qui ne m'empêcherent pas de voir la Lune ; mais l'*Epy de la Vierge* paroissant confusément, je dressai une lunette de dix-huit pieds, avec laquelle je voyois fort distinctement l'Etoile. A une heure après minuit l'*Epy de la Vierge* n'étant plus éloignée que de deux de ses diametres du bord de la Lune, vis-à-vis d'*Harpalus* & d'*Helicon*, les vapeurs s'épaissirent, cacherent entiérement la Lune & l'Etoile, & rendirent mes préparatifs inutiles.

1709. Février.

XXVIII. *Février*.

Les vapeurs continuoient encore ; à midy s'étant un peu rarefiées, & le Soleil paroiſſant à travers, en ſorte qu'on diſtinguoit avec la lunette ſes bords aſſez bien terminez ; j'obſervai la hauteur meridienne

apparente de ſon bord ſuperieur de	65^d	7'	30"
Quart de Cercle,		2.	0.
Premiere Correction,	65.	5.	30.
Refraction moins la Parallaxe,			23.
Hauteur corrigée,	65.	5.	7.
Demi-Diametre du Soleil,		16.	11.
Hauteur du Centre,	64.	48.	56.
Declinaiſon Auſtrale,	7.	49.	36.
Hauteur de l'Equateur,	56.	59.	20.
Donc la hauteur du Pole de *Valparaiſo* fut trouvée de	33.	0.	40.

J'avois obſervé le matin la hauteur du Barometre de 27. poûces 10. lignes 0. A la même heure du ſoir du jour précedent un vent d'Eſt pouſſa les vapeurs vers l'Oueſt. Elles s'arrêterent ſur l'horiſon de la mer ; & à l'entrée de la nuit, ayant repris leur premiere extenſion, elles nous cacherent le Ciel une ſeconde fois.

III. *Mars*.

1709. Mars.

Les vapeurs qui continuerent s'étant condensées, firent entiérement diſparoître le Ciel de nôtre vûë, en ſorte que nous ne vîmes plus le Soleil. Je paſſai ce temps à deſſiner quelques plantes, & les oiſeaux les plus curieux que je trouvai dans les montagnes.

DESCRIPTION

d'un Goilland, ou *Larus* λευκομέλανος, *cauda breviſſima.*

APrès le dîné j'allai au fond de la Baye, eſperant d'y trouver quelque choſe qui me ſerviroit d'occupation le lendemain. Un *Goilland* aſſez ſingulier venant de la mer, & s'approchant un peu trop du rivage, reçut un coup de fuſil, qui l'ayant jetté à terre, ſatisfit au deſir que j'avois de le voir de plus près. En effet je le deſſinai, & le repréſentai avec ſes couleurs naturelles, après que j'en eus fait la deſcription.

Cet oiſeau eſt de la groſſeur d'une de nos poules, ſon bec eſt jaune, long de deux poûces neuf lignes, dur & pointu; ſa partie ſuperieure a ſa pointe recourbée, & l'inferieure eſt relevée en boſſe; la prunelle de ſes yeux eſt noire, entourée d'un cercle d'un gris clair.

Son couronnement & toute ſa tête eſt d'un beau blanc de lait, ſon parement eſt de même; & cette même couleur deſcendant ſous le ventre, va ſe terminer à l'extrémité de la queüe qui eſt fort courte.

Son manteau & tout ſon vol eſt d'un minime fort obſcur & luiſant, & l'extrémité des pennes ou grandes plumes des aîles eſt blanche.

Ses pieds longs de deux poûces & un quart ſont jaunâtres; ſes ſerres ſont jointes par des cartilages de la même couleur. La ſerre du milieu, terminée par un ongle noir, fort pointu, a trois articulations, & deux poûces trois lignes de longueur. L'exterieure en a quatre, & un poûce trois quarts de longueur, armée d'un ongle à ſa pointe. L'interieur n'en a que deux, longue de huit lignes; & la quatriéme ſur le derriere du pied n'a que cinq lignes, armée à ſon extrémité d'un ongle comme toutes les autres.

Ces oiſeaux nichent ſur la roche nuë, ne pondent ordinairement que deux œufs, un peu plus gros que ceux de nos perdrix, teints d'un blanc ſale, couvert de ta-

1709. Mars.

ches d'un rouge de ſang pourri, les unes plus claires que les autres.

J'ai vû de ces oiſeaux en pluſieurs endroits, ſur les côtes des mers du Perou, & ſur celles du Royaume de Chily.

OBSERVATION

Sur les Inteſtins de cet Oiſeau.

APrès que je l'eus deſſiné, je l'ouvris, & fis ſur ſes inteſtins les obſervations ſuivantes.

La langue avoit deux poûces trois lignes de longueur; ſa figure étoit en forme de feüille de ſaule, fenduë à ſon extrémité, & terminée par deux petites pointes fort aiguës; le deſſous ou partie inferieure étoit plate, & le deſſus ou partie ſuperieure canelée en long par le milieu. Sa racine, ou l'endroit où elle étoit attachée à l'os *hyoide*, étoit un peu frangée par de petites pointes fort tendres. On voyoit un peu au deſſous de cette frange le *Larinx*, fente d'environ demy poûce de long, & frangée à ſon extrémité de même que la langue.

La *Trachée Artere* étoit longue environ de ſept poûces, & composée de cent cinquante anneaux entiers cartilagineux; elle avoit près de trois lignes d'ouverture, & ſe diviſoit dans ſon extrémité en deux branches longues environ d'un poûce & demy, diminuant inſenſiblement juſques aux poûmons, où elles ſe perdoient dans leur ſubſtance. Cette ſubſtance étoit toute ſpongieuſe, rouge comme du coral, & entiérement adherante aux côtes.

Le *Pharinx* étoit dans la gueule immediatement après le *Larinx*; il étoit tout pliſſé, fort large, & évaſé comme eſt le pavillon d'un entonnoir. Les plis qui commençoient dans le *Pharinx*, continuoient juſques proche l'orifice du ventricule, & reſſembloient aux feüillets d'un champignon; ils ſervent beaucoup à la dilatation de l'*Oeſophage*, lorſque l'oiſeau veut avaler quelque poiſſon d'une groſſeur un peu conſiderable.

L'*Oesophage* n'avoit pas plus de longueur que la *Trachée-Artere*; il étoit composé de deux Tuniques, & assez grand pour y introduire sans peine le petit doigt. 1709. Février

Le *Ventricule* étoit un peu plus grand & plus long que l'œuf d'une Poule, sa substance ou Tunique exterieure étoit fort épaisse & charnuë, & l'interieure membraneuse & toute plissée par de grands plis arrondis. Je remarquai que sa capacité pouvoit à peine contenir le bout du poûce; je la trouvai, l'ayant ouverte, toute remplie des plumes de petits oiseaux qui se nourrissent sur le rivage de la mer, appellez par les gens du pays *Tocoquito*, marque évidente que ces *Goillands* chassent & sur terre & sur mer. Son Orifice étoit serrée comme le col d'une bourse fermée par une éminence ou valvule annulaire, & plissée de même que le dedans du ventricule.

Le *Pilore* sortoit presque vers le milieu, & à côté du ventricule il se continuoit par un intestin ou boyau long environ de quatre pieds, & épais de la moitié du petit doigt. Tout cet intestin étoit composé d'une seule Tunique un peu épaisse & toute enduite en dedans d'une matiere graisseuse, & grainée comme du chagrin. Je ne trouvai rien dans cet intestin que presqu'à la longueur d'un pied, depuis le *Pilore*; tout le reste étoit plein jusques à l'*Anus* d'une matiere glaireuse, dont une partie étoit blanche comme du lait, & l'autre roussâtre & fort pâle.

Le Cœur étoit de la grosseur d'une petite poire, mais sans *Pericarde*. Le dedans étoit divisé par deux ventricules, l'un grand & l'autre petit. Les parois du petit avoient quelques plis en long. Le grand avoit quelques membranes qui joignoient les deux parois vers la partie inferieure: ce sont-là toutes les remarques que je fis sur cet animal.

Le Soleil parut à midy à travers de gros brouillards qui s'étoient un peu rarefiez vers le meridien. Je distinguois assez clairement ses bords avec la lunette du quart de Cercle, pour pouvoir observer sa hauteur, je trouvai précisément à midy celle de son bord superieur de 63ᵈ 59′ 30″

1709. Mars. D'où je conclus la hauteur de l'Equateur

de	57. 0. 17.
& la hauteur du Pole de	32. 59. 43.

v. *Mars.*

Les vents qui souffloient au Nord se tirerent le matin au Sud-Est. Nous ressentîmes à onze heures un petit tremblement de terre ; je ne pûs observer le Soleil qu'à travers de foibles nuages ; ses bords mieux terminez que je ne les avois encore vûs, confirmerent les observations précedentes.

J'observai à midy la hauteur apparente de

son bord superieur de	63d 13' 0''
Hauteur corrigée,	63. 10. 35.
Demi-Diametre du Soleil,	16. 10.
Hauteur du Centre,	62. 54. 25.
Declinaison Australe,	5. 54. 45.
Hauteur de l'Equateur,	56. 59. 40.

Donc la hauteur du Pole de *Valparaiso* fut observée de 33. 0. 20.

vi. *Mars.*

Les vents s'étant rangez le matin à l'Ouest ¼ Sud-Ouest rarefierent les vapeurs, & commencerent à nous découvrir le Ciel que nous n'avions pas encore vû à clair. Je pris quelques hauteurs correspondantes pour m'assurer du mouvement de mon horloge. Nous eûmes à onze, même heure que le jour précedent, un tremblement de terre qui fut plus violent que celuy que nous avions déja ressenti.

1709. Mars.

Hauteurs correspondantes du bord superieur du Soleil pour verifier l'horloge.

heures du matin.	hauteurs.	heures du soir.
8h 54' 41''	40d 38' 0''	2h 51. 11''
9. 1. 46.	42. 1. 30.	2. 44. 8.
10. 30. 18.	56 48. 20.	1. 15. 31.

Par ces correspondances l'horloge marquoit à midy, . 11h 52' 56''
Equation à ajoûter, 9.

Donc l'horloge marquoit au vray midy, 11. 53. 5.
Le lieu du Soleil fut trouvé par le calcul à midy en 16d 0' 59''
de ♓.
& la declinaison australe de 5. 31. 32.
J'observai la hauteur meridienne apparente de son bord superieur de 62. 50. 0.
D'où je conclus la hauteur de l'Equateur de 56. 59. 53.

& la hauteur du Pole de 33. 0. 7.
Le diametre du Soleil demeura à passer par le Meridien, selon l'observation que j'en fis, 0h 2' 10''
Ayant calculé, l'observation faite, comme j'ai cy-dessus démontré, quel devoit être le diametre du Soleil reduit dans un grand cercle, je le trouvai de 0d 32' 21''
& son demy-diametre de 16. 10. ½.

VIII. *Mars.*

Nous eûmes encore la nuit précedente de gros broüillards qui nous cacherent entierement le Ciel. Cette disposition me fit naître le dessein de passer à *Lima*, voyant le peu d'apparence de pouvoir faire dans cette Ville aucune observation qui en eût pû déterminer la longitude. Un Navire Marchand de *Lima* qui se préparoit à partir,

BBb

1709. Mars. favorisa mon dessein ; j'allai le matin rendre visite au Capitaine, je luy demandai passage sur son Vaisseau ; & me l'ayant accordé fort agréablement, je commençai à m'y disposer ; cependant comme nous devions rester encore quelques jours dans *Valparaiso*, je laissai ma pendule en mouvement, esperant qu'à la faveur de quelque belle nuit, j'aurois occasion de satisfaire au desir que j'avois, de déterminer avant mon départ la longitude de cette Ville.

J'observai le matin la hauteur du Barometre de 27. poûces 10. lignes 0.

Hauteurs correspondantes du bord superieur du Soleil pour l'Horloge.

heures du matin.	hauteurs.	heures du soir.
9^h 29' 55''	47^d 7' 0''	2^h 10' 55''
49. 1.	50. 21. 30.	1. 51. 50.
58. 47.	51. 55. 40.	1. 42. 8.

Par la premiere correspondance l'horloge marquoit à midy,	11^h 50' 25''
Par la seconde,	11. 50. 26.
Par la troisiéme,	11. 50. 27.
En prenant un milieu, on eut midy à	11. 50. 26.
Equation à ajoûter,	9.
Donc l'horloge marquoit au vray midy,	11. 50. 35.
Le 6. on eut le vray midy à l'horloge à	11. 53. 5.
Donc l'horloge retardoit en deux jours de	2. 30.
Pour être au temps moyen, elle devoit retarder de	30.
Donc elle retardoit sur le temps moyen, en deux jours de	0. 2. 0.
Le Diametre apparent du Soleil fut observé, passant par le Meridien de	0^h 2' 10''
qui donnerent après le calcul le Diametre du Soleil reduit dans un grand cercle de	0^h 32' 21''
Le lieu du Soleil fut trouvé par le calcul en	18^h 0' 44''

de ♓.

		1709. Mars.
& sa declina son de	4^d 44′ 51″	
J'observai la hauteur meridienne de son bord superieur de	62. 2′ 40.	
D'où je conclus la hauteur de l'Equateur de	56. 59. 13.	
& la hauteur du Pole de	33. 0. 47.	

IX. *Mars.*

Le Soleil ne parut qu'à midy ; la hauteur apparente de son bord superieur fut observée	61. 39. 45.
D'où je conclus la hauteur de l'Equateur de	56. 59. 45.
& la hauteur du Pole de	33. 0. 15.

X. *Mars.*

Le vent d'Est-Sud-Est qui chasse dans ce climat les nuages, & rend le Ciel serain, commençant à souffler le matin, nous délivra bien-tôt des gros broüillards qui nous avoient caché le Soleil les jours précedents, & qui m'empêcherent le 9. au matin d'observer l'Immersion du premier Satellite de Jupiter.

Hauteurs correspondantes du bord superieur du Soleil pour l'Horloge.

heures du matin.	hauteurs.	heures du soir.
9^h 17′ 11″	44^d 46′ 0″	2′ 18′ 29″
22. 32.	45. 42. 30.	13. 8.
28. 36.	46. 47. 0.	7. 3.
34. 21.	47. 45. 50.	1. 10.

Par la premiere & seconde correspondance l'horloge marquoit à midy	11^h 47′ 50″
Par la troisiéme,	11. 47′ 49 ½.
& par la derniere,	11. 47. 50 ½.
En prenant un milieu, on eut midy à	11. 47. 50.
Equation à ajoûter,	10.
Donc l'horloge marquoit au vray midy,	11. 48. 0.

1709. Mars.

Le 8. elle marquoit le vray midy à	11. 50. 35.
Donc l'horloge retardoit en deux jours de	2. 35.
Pour être au temps moyen elle devoit retarder de	0. 31.
Donc l'horloge retardoit en deux jours sur le temps moyen de	2. 4.
& en un jour de	1. 2.
Le lieu du Soleil fut trouvé par le calcul en	20^d 0' 22''
de ♓.	
& sa declinaison de	3. 57. 55.
Son diametre apparent, passant par le Meridien, fut observé de	0^h 2' 9''
qui donnerent son diametre reduit dans un grand cercle de	0^d 32' 10''
& son demy-diametre de	16. 5.
J'observai la hauteur meridienne apparente de son bord superieur de	61. 16. 30.
Hauteur corrigée,	61. 14. 2.
Demi-diametre,	16. 5.
Hauteur du centre,	60. 57. 57.
Declinaison australe,	3. 57. 55.
Hauteur de l'Equateur,	57. 0. 2.
Donc par cette observation la hauteur du Pole fut de	32. 59. 58.

OBSERVATION

du grand Nuage.

LE grand nuage est une grande Tache blanchâtre qu'on voit dans la partie australe du Ciel, semblable en couleur à la voye lactée, avec cette difference, que celle-cy est composée d'un grand nombre de petites Etoiles; au lieu que l'on n'en découvre aucune dans le grand nuage, ni à la vûë simple, ni avec les plus longues lunettes avec lesquelles même on ne le distingue pas du reste du Ciel.

J'obſervai le ſoir ſa hauteur meridienne apparente, étant dans la partie ſuperieure du cercle qu'il décrit autour du Pole Antartique, je la trouvai de 52^d 41' 0''

1709. Mars.

Quart de Cercle,	2. 0.
Premiere Correction,	52. 39. 0.
Refraction,	46.
Hauteur corrigée,	52. 38. 14.
Hauteur du Pole,	33. 0. 24.
Diſtance du Nuage au Pole Antartique,	19. 37. 50.
D'où reſulte la declinaiſon auſtrale du grand nuage de	70. 22. 10.

OBSERVATION

de Canopus.

Canopus eſt une Etoile de la premiere grandeur dans la partie meridionale du Ciel, ſituée ſur le gouvernail d'*Argo-Navis*.

J'obſervai le même ſoir du 10. ſa hauteur meridienne apparente, étant dans la partie ſuperieure du Cercle qu'il décrit autour du Pole Auſtral, je l'obſervai, dis-je, de 70^d 32' 50''

J'avois obſervé le 26. du mois de Février la hauteur meridienne de la même Etoile de 70. 32. 30.

La difference entre ces deux hauteurs fut de 0. 30.

En prenant la moitié de cette difference, & l'ajoûtant à la moindre hauteur, on eut un milieu, qui fut de 70^d 32' 40''

Quart de Cercle,	2. 0.
Premiere Correction,	70. 30. 40.
Refraction,	21.
Hauteur corrigée,	70. 30. 20.
Hauteur du Pole,	33. 0. 24.
Diſtance de *Canopus* au Pole Auſtral,	37. 29. 56.

1709. Mars.

Donc la declinaiſon auſtrale de *Canopus* eſt de	52.	30.	4.
J'obſervai dans la même nuit la hauteur meridienne apparente de *Sirius* de	73.	22.	50.
Quart de Cercle,		2.	
Premiere Correction,	73.	20.	50.
Refraction,			18.
Hauteur corrigée,	73.	20.	32.
Declinaiſon auſtrale,	16.	21.	6.
Hauteur de l'Equateur,	56.	59.	26.
Donc Hauteur du Pole Auſtral,	33.	0.	34.

OBSERVATION

Du premier Satellite de Jupiter.

Le 10. au ſoir.

JE fus aſſez heureux pour avoir eu la nuit du 10. au 11. tres-belle, j'obſervai l'Immerſion du premier Satellite de Jupiter dans l'ombre de cette Planette à l'horloge non corrigée,	10^h	$21'$	$39''$
L'horloge retardoit au temps de l'Immerſion de		12.	34.
Donc le vray temps de l'Immerſion arriva à	10.	34	13.
La même Immerſion dût arriver à l'Obſervatoire Royal de Paris, ſelon le calcul corrigé par les obſervations précedentes, & celles qui ſuccederent le 11. au matin à	3^h	$32'$	$50''$
Donc la difference en temps entre *Valparaiſo* & l'Obſervatoire Royal de Paris eſt de	4.	58.	37.
En reduiſant cette difference en degrez, minutes & ſecondes, de la maniere que j'ai cy-deſſus démontré, on aura la difference en longitude en degrez, minutes & ſecondes entre Paris & *Valparaiſo* de	74.	39.	15.

1709. Mars.

Supposant la longitude de Paris de	21. 30. 0.
on aura la distance de *Valparaiso* au premier Meridien de	53d 9' 15"
laquelle étant soustraite de	360. 0. 0.
reste la longitude de *Valparaiso* de	306d 50' 45"

OBSERVATION

d'une Eclipse de Soleil faite à Valparaiso.

XI. *Mars.*

QUoique je ne fus pas entierement assuré que cette Eclipse parut à *Valparaiso*, je ne laissai pourtant pas de préparer le 10. tout ce qui étoit necessaire pour l'observer. Je traçai sur une feuille de papier l'image du Soleil, que je divisai en douze doigts par six cercles concentriques. Cette image avoit deux pouces de diametre; je la mis au bout d'une lunette dont le verre objectif avoit dix-huit pieds de foyer.

D'abord que le jour parut, je mis en bon ordre tous mes instrumens; & tout étant préparé, j'attendois le lever du Soleil, lors qu'un nuage commença de paroître justement à l'Orient qui nous le cacha, lors qu'il sortit de l'horison. Ces nuages se dissiperent, & me laisserent voir le Soleil étant encore éclipsé environ d'un doigt & un quart.

Temps à l'horloge.		Temps vray.
à 6h 6' 34".	Le Soleil éclipsé d'un doigt.	6h 19' 44"
6. 14. 25.	Fin de l'Eclipse.	6. 27. 35.

Cette même Eclipse fut observée en plusieurs endroits de l'Europe. Le R. Pere Laval, Jesuite, Professeur Royal d'Hydrographie, observa à Marseille son commencement, le soir à 2h 42' 18" & sa fin à 3. 2. 43.

Messieurs Cassini & Maraldi, qui ont correspondance avec tous les Sçavans, qui envoyent toutes leurs ob-

1708. Mars. servations à ces Messieurs, ayant reçû celle-cy, décrivirent dans la figure de cette Eclipse le parallele de *Valparaiso*, & ils trouverent par la phase d'un doigt la difference de *Paris* à *Valparaiso* de 4h 55' 0"
& par la fin de l'Eclipse de 4. 53. 50.

Cette difference étant moindre que celle qui resultoit de l'observation de l'Immersion du premier Satellite de Jupiter, ils conclurent qu'il étoit plus à propos de s'en tenir à l'Immersion du premier Satellite, à cause de la simplicité des élemens dont on se sert dans la comparaison de ces observations.

J'observai sur les dix heures du matin la hauteur du Barometre, je la trouvai de 28. poûces 0. lignes ½.

Je n'avois pas encore remarqué depuis nôtre arrivée à *Valparaiso*, que le Mercure se fut soûtenu si haut que ce jour-là; les vents étoient à l'Est-Sud-Est, & le Ciel fort clair.

Hauteurs correspondantes du bord superieur du Soleil pour verifier l'Horloge.

heures du matin.	hauteurs.	heures du soir.
9h 11' 57"	43d 47' 0"	2h 21' 7"
18. 2.	44. 52. 50.	14. 57.
24. 28.	46. 0. 15.	8. 34.
30. 18.	47. 1. 0.	2. 41.

Par la premiere correspondance l'horloge marquoit à midy,	11h 46' 32"
Par la seconde & derniere,	11. 46. 29. ½.
& par la troisiéme,	11. 46. 31.
En prenant un milieu, on eut midy à	11. 46. 31.
Equation à ajoûter,	10.
Donc l'horloge marquoit au vray midy,	11. 46. 41.
Le 10. elle marquoit au vray midy,	11. 48. 0.
Donc elle retardoit en un jour de	1. 19.
Pour être au temps moyen elle devoit retarder de	0. 16.

Donc

Donc l'horloge retardoit sur le temps moyen en un jour de 1. 3.

Ce retardement s'éloignoit de deux secondes de celuy que j'avois déja trouvé dans les observations précedentes.

OBSERVATION

Sur la Declinaison de l'Aiman.

JE tirai au vray midy, sur un plan posé de niveau, à la faveur de l'ombre d'un fil de pite bien délié, une ligne sur laquelle je mis deux boussoles l'une après l'autre, elles donnerent toutes les deux la declinaison de l'Aiman au Nord-Est de $9^d\ 30'\ 0''$.

J'observai le soir la hauteur meridienne apparente de *Procyon* de	51.	5.	30.
J'avois observé la hauteur apparente de la même Etoile le 26. de	51.	5.	0.
J'observai encore dans la même nuit la hauteur meridienne apparente de l'Etoile qui est à la tête australe des ♊ de	28.	21.	40.
Quart de Cercle,		2.	
Premiere correction,	28.	19.	40.
Refraction,		1.	49.
Hauteur corrigée,	28.	17.	51.
Declinaison septentrionale,	28.	41.	58.
Hauteur de l'Equateur,	56.	59.	49.
Donc la hauteur du Pole fut trouvée par cette observation de	33.	0.	11.

XII. *Mars.*

Les vents continuerent à souffler du côté du Sud, & nous ramenerent le beau temps; les chaleurs se firent sentir, nous étions encore en Esté; & l'agréable saison de l'Automne s'approchant, commençoit déja à nous présenter les belles productions de la terre, qui consis-

1709. Mars. toient dans les mêmes fruits que nous avons en Europe, & de quantité d'autres dont nous n'avons aucune connoissance dans cette partie du monde, & qui sont propres à ces climats : avantages que ces peuples ont sur nous.

DESCRIPTION
de la Ville de Valparaiso.

VAlparaiso est située dans un vallon au fond d'un golfe, & au pied de hautes montagnes, qui contribuent aux grandes chaleurs qu'on y ressent. Elle est divisée en haute & basse Ville; la basse est sur le bord de la mer, où l'on voit plusieurs magazins qui servent à renfermer toutes les denrées qu'on apporte du dedans des terres, pour en charger les Navires qui viennent de *Lima*, & d'autres endroits de la côte, & pour y décharger aussi les marchandises qu'on y transporte de *Lima*, qui consistent en toiles, étofes, & plusieurs autres choses qu'on transporte d'Europe à *Porto-Bello*, & qu'on fait passer sur des mules par terre à *Ponama*, où les Vaisseaux de *Lima* les vont prendre. Ces Vaisseaux distribuent dans tous les ports du *Perou* & du *Chily* ce qui est necessaire à ceux qui habitent dans les terres, n'ayant chez eux ni toile ni soye, étant défendu sous peine de la vie de semer ni chanvre ni lin, ni de planter de muriers: défense qu'ont faite les Rois d'Espagne pour assujettir ces peuples; car s'ils avoient tout ce qui leur est necessaire à la vie, ils pourroient facilement se revolter, & secoüer le joug que tous les Indiens, sujets du Roy d'Espagne, regardent comme tirannique, obligez de se voir soumis à des gens qu'ils considerent comme des usurpateurs. Vers le milieu de la basse Ville on y voit un Convent de Religieux Augustins, & deux petites rivieres qui descendent des montagnes, les eaux en sont excellentes; leur équilibre avec mon Areometre étoit de 2. onces 3. drag. 17. grains, poids des meilleures eaux.

Dans la haute Ville eſt la Paroiſſe, deſſervie par quelques Prêtres. Le Curé qui y étoit alors, étoit un grand homme, bien fait, & fort ſçavant, aimant la Nation Françoiſe, je paſſois preſque tous les jours quelques heures avec luy, trouvant beaucoup d'agrément dans ſa converſation, & n'en ſortant jamais ſans avoir appris quelque choſe de nouveau. A l'extrémité de la Ville, du côté de l'Eſt, eſt le Convent des Religieux de l'Ordre de S. François, dont l'Egliſe eſt aſſez belle; ils ſont fort zelez dans toutes les Indes Occidentales, & exacts dans l'obſervance de leur Regle. Les habitans de la Ville ne ſont pas riches, & le commerce leur eſt d'un grand ſecours pour les beſoins de la vie. Le Fort eſt bâti en amphitheatre, il eſt muni de bons canons de fonte, & fait face d'un côté à la baye, & de l'autre à la terre, où un foſſé profond le rend inacceſſible aux Indiens, le ſeul endroit par où ils pourroient l'attaquer; ce qui a obligé les Eſpagnols de ne rien épargner pour ſe mettre à couvert des inſultes de ces peuples. A l'Oueſt de la Ville, ſur le bord de la mer, il y a un fer à cheval avec quelques pieces de canon qui défend le moüillage. On voit au fond de la Baye, à une petite lieüe de la Ville, une petite plaine & quelques maiſons de campagne, embellies de tres-beaux jardins, dans leſquels on trouve toutes ſortes d'herbes potageres & quantité de fruits. Ce que j'y admirai le plus, fut la groſſeur des coins; il n'y a point de tête d'homme, quelque groſſe qu'elle ſoit, qui puiſſe les égaler; & ce qui me ſurprit davantage, fut le peu de cas qu'en ſont ces peuples, les laiſſant pourrir à terre, ſans ſe donner la peine de les ramaſſer. 1709. Mars.

Le Port de *Valparaiſo* eſt un des plus frequentez de toute la côte du Royaume de Chily, à cauſe du voiſinage de la Ville de *S. Jago*, capitale de ce Royaume, qui fournit du bled, du vin, du ſuif, & pluſieurs autres denrées preſque à tout le Perou. Les Navires de *Lima* y arrivent ordinairement en Octobre, & en partent au mois de Mars, pour éviter les vents du Nord qui regnent en Hyver ſur toutes les côtes de Chily, & qui excitent des tempêtes extraordinaires, auſquelles les

1709. Mars.

Navires du pays ne sçauroient resister, leur construction étant tout-à-fait differente de celle de nos Vaisseaux.

François *Dracq*, Anglois de nation, dans le voyage qu'il fit en l'année 1279. autour du monde, étant entré dans la mer du Sud, aborda premierement à *Valparaiso*, où il surprit un Navire Espagnol chargé de riches marchandises, parmi lesquelles il trouva, au rapport des Historiens, 12500. livres d'or de *Baldivia*, le plus pur & le plus parfait de toutes les Indes Occidentales. Ses soldats y brulerent dix à douze maisons & une Chapelle que les premiers Fondateurs de cette Ville y avoient bâtie. Elle essuya le même malheur quelque temps après que François *Dracq* l'eût pillée.

Georges *Spirbergue*, Vice-Amiral de la flote des Provinces-Unies, entra quelque temps après dans la Baye de *Valparaiso*, dans laquelle il ne trouva qu'un seul Navire à l'ancre. Les habitans n'ayant pas encore oublié les pirateries de *Dracq*, appréhendant que ces nouveaux Pirates ne s'en emparassent, & ne s'en servissent contre eux, y mirent le feu, & brûlerent de même quelques cabanes qu'ils avoient nouvellement construites, & se retirerent dans les campagnes.

Les Anglois furent les premiers qui firent des observations à *Valparaiso*, ils trouverent la hauteur du Pole Austral de 33ᵈ 40′ 0″, éloignée de la veritable de 0ᵈ 39′ 36″

Avant que de partir je levai le plan de la Baye, telle qu'on la voit icy représentée. Le moüillage est au devant de la Ville, & on peut approcher de la terre à une portée de pistolet ; cependant on est toûjours plus assuré, en se tenant un peu au large, pour ne pas être surpris, s'il arrivoit quelque coup de vent de Nord, qui fit chasser les Navires, parce qu'alors on seroit en danger d'aller échoüer à terre. Le fond n'est pas de bonne tenuë ; ce n'est qu'un sable mouvant qui regne dans toute la Baye. Le meilleur mouillage est vis-à-vis de la Paroisse, marqué dans le plan par une ancre.

Je ne sçaurois passer sous silence cette avanture de la vanité Indienne. Un jour j'allai dans les montagnes des

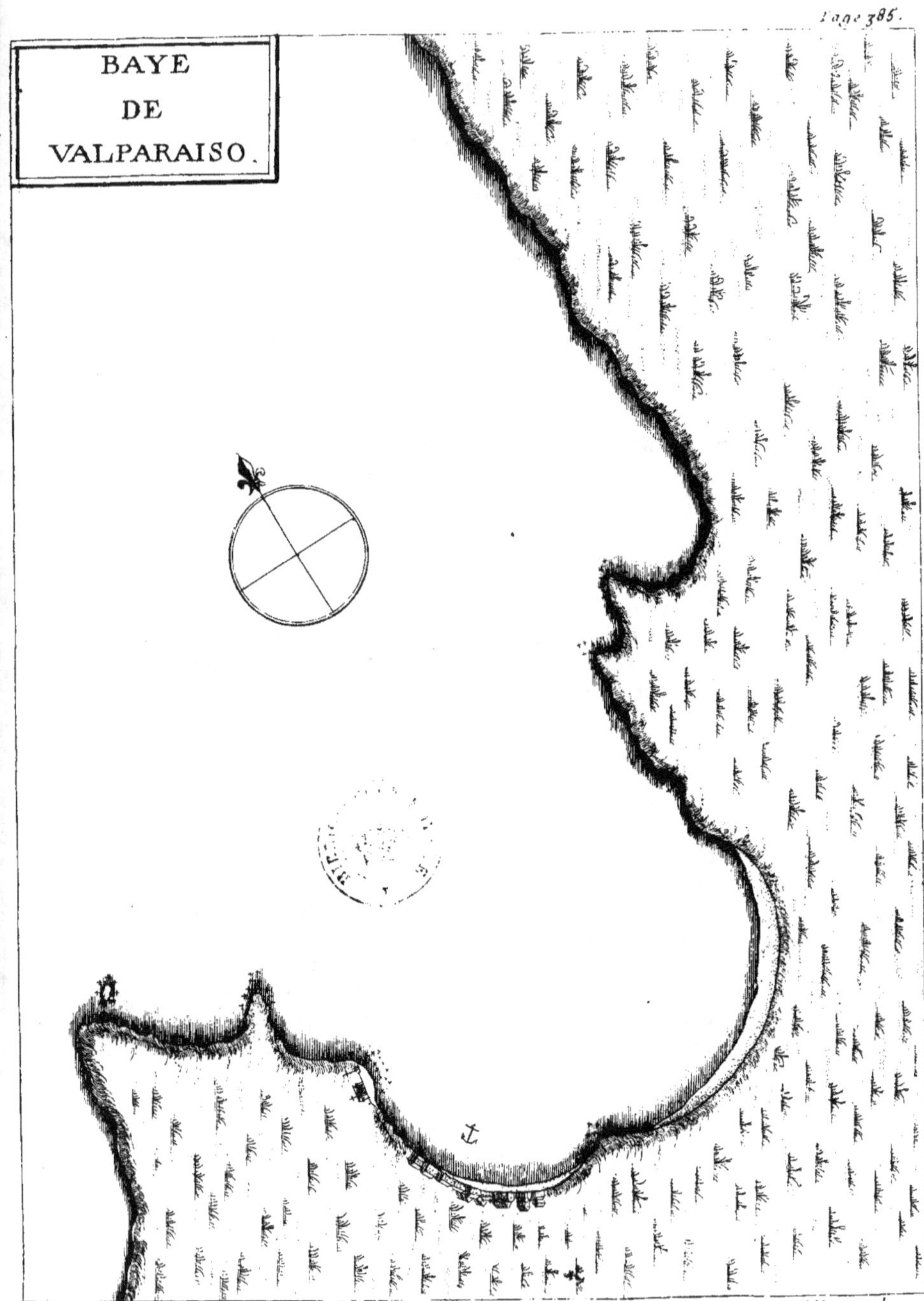

P. L. Feuillée Math. Reg. del. P. Giffart Sculp.

environs de *Valparaiso*, pour chercher & dessiner quelques plantes, le Ciel qui étoit pour lors couvert, ne me permettant pas de faire des observations; lorsque je fus éloigné environ d'une lieuë & demie de la Ville, je vis une cabane dans un vallon, j'y entrai, pour m'informer de quelques Indiens, quelles plantes de leurs montagnes étoient le plus d'usage dans leurs maladies; je trouvai dans cette petite maison une vieille femme qui avoit à ses côtez deux Indiens, âgez environ de 28. à 30. ans, couverts de méchans haillons. La compassion que j'eus de les voir dans un état si miserable, me porta à présenter une piastre à cette femme, luy disant en sa langue: *Recevez, pauvre femme, cette piastre.* Je n'eus pas plûtôt prononcé ces paroles de *pauvre femme*, que se levant de rage sur ses pieds, elle se jetta sur moy avec furie, prête à m'égorger; de plus elle m'accabla de mille injures & de mille differentes maledictions dont la langue Indienne est toute remplie, me reprocha les cruautez atroces que les Européens avoient exercées sur eux, en ravissant leurs biens & leurs trésors; elle me fit sentir que je ne devois pas la traitter de *pauvre*, disant que je n'étois moi-même qu'un gueux, contraint d'abandonner mon pays, & d'entreprendre de si longs & difficiles voyages, pour venir enlever leurs trésors; & qu'au reste les Indiens possedoient plus de richesses dans un petit coin de leur Empire, que les Européens dans toute l'étenduë de leurs plus grands Royaumes. Je tâchai d'appaiser cette harpie, en luy marquant que le sujet de mon voyage n'étoit pas pour luy faire aucun tort; cependant j'appréhendois toûjours que les deux Indiens ne se missent de la partie; mais heureusement pour moy ils furent d'un sang plus moderé, & se contenterent de me chasser de leur cabane par l'ordre de cette mégere, qui ne voulut jamais entendre raison, & me jetta ma piastre au nez: je la ramassai, quoy qu'assez mortifié d'avoir donné de l'argent pour me faire accabler d'injures, & me voir même exposé à perdre la vie, & je me trouvai fort heureux d'être échappé de leurs mains à si bon marché.

1709. Mars.

XIV. *Mars.*

Je pris congé le matin des Peres de S. François, je les remerciai de leurs biens & de toutes leurs honnêtetez, & j'allai attendre à bord que le Vaisseau Espagnol pour *Lima* mît à la voile. Etant dans le Navire, je dessinai le même jour la vuë de la Ville qui est représentée icy.

La lettre A montre un fer a cheval, à tribord en entrant dans la Baye.

B. Le Fort.

C. Le Convent de Saint François, ou mon Observatoire.

D. La Paroisse devant laquelle il y a une place & la maison du Gouverneur.

E. Le Convent des Peres Augustins, à la basse Ville, où sont les magazins.

XVIII. *Mars.*

Le Capitaine du Navire Espagnol appellé *S. Firmin*, criole de *Lima*, vint me querir à nôtre bord pour m'embarquer, esperant de mettre à la voile sur les deux heures après midy; mais un calme qui survint nous arrêta jusques au lendemain à dix heures du matin que nous appareillâmes. Les Navires de *Lima* & tous ceux du *Perou* sont fort pesans, & leurs membres extrémement épais; le bois dont ils sont construits est si dur, qu'il est presque incorruptible, & ces Vaisseaux peuvent servir cent ans sur mer. *S. Firmin* qui me transporta à *Lima*, selon ce que dit le Capitaine, passoit soixante ans; cependant on n'y avoit pas encore touché, & depuis sa construction on n'y avoit fait que le Carenage. Ces Navires sont fort commodes pour les passagers, chacun y a sa petite chambre, dans laquelle on ne peut guéres mettre que son matelas, & où l'on est fort tranquillement. Nôtre Equipage étoit composé d'Indiens, de Mestifs ou Malatres, & de quelques Negres. Je ne sçaurois assez loüer les honnêtetez que je reçûs dans ce passage; je commençai à connoître combien tous ces peuples respectent les Prêtres, & la veneration qu'ils ont pour nos saints Mysteres.

1709. Mars.

Sortant du Port de *Valparaiso* nous fismes route entre le Nord ¼ Nord-Ouest & le Nord-Nord-Ouest ; le temps se broüilla, & nous ne vîmes point le Soleil de toute la journée.

XXIII. *Mars.*

Le vent de Sud que nous avions eu depuis nôtre départ, se tira au Nord ¼ Nord-Ouest, il nous obligea de mettre le cap à l'Est-Nord-Est ; cette route nous approcha de la terre, & nous la fit voir sur le soir, environ à sept lieües de distance.

J'avois observé à midy la hauteur meridienne du Soleil, qui donna la hauteur du Pole de $31^d\ 33'\ 0''$

Par l'expérience du poids des eaux de la mer, je trouvai leur équilibre de 2. onces 3. dragmes 52. grains.

XXIV. *Mars.*

Les vents se rangerent le matin au Sud-Sud-Est, ils amenerent de grands broüillards qui nous cacherent la terre, & devinrent si violens, que quoy qu'ils fussent arriere, nous ne laissions pas de craindre quelque naufrage. Ces Navires sont tres-méchans voiliers, & ne sçauroient éviter les coups de mer comme les nôtres. L'Equipage que je n'avois pas encore vû dans l'exercice, montra son habileté dans cette tempête ; le Navire ayant pris vent devant par la faute de celuy qui étoit au gouvernail, il fallut pour revirer de bord qu'ils ferlassent toutes les voiles. Pendant ce temps-là le Vaisseau resta en proye & à la mercy des lames déja fort élevées, & nous faillîmes plusieurs fois à renverser avant que le Vaisseau fût rangé au vent. Ils déferlerent alors les voiles, mais avec tant de lenteur, qu'avant qu'elles fussent rangées, il se passa un temps tres considerable. Je ne fus plus surpris s'ils ne navigent que dans la belle saison ; difficilement se sauveroient-ils s'ils se trouvoient

1709. Mars. en mer avec toutes sortes de temps comme les Européans.

XXVI. *Mars.*

Noüs nous trouvâmes dans des mers plus tranquilles, le climat étoit tempéré ; mais ce que j'admirois davantage, c'étoit de voir des nuages si bas & si épais, qu'on auroit crû à leur couleur noire, qu'en fondant en pluyes ils nous eussent abîmez ; cependant nous les vîmes se dissiper sans qu'il tombât une seule goute d'eau.

J'observai à midy la hauteur du Pole de 26ᵈ 30′

Selon la route que nous avions tenuë, nous devions être à 25. lieües des terres, appellées par ceux du pays *el Delpuplao*, à cause qu'elles sont inhabitées ; & en effet ce ne sont que des sables brûlez par les grandes ardeurs du Soleil, il n'y pleut jamais, & les rivieres y sont inconnuës. Le 28. nous passâmes environ à 45. lieües à l'Est des Isles de *S. Felix*, éloignées de la terre-ferme de 70. lieuües. Sur les trois heures après midy nous étions sous le Tropique du Capricorne, & nous entrâmes dans la Zone Torride où les mers sont belles, & les tempêtes tres-rares.

XXIX. *Mars.*

Nous eûmes ce jour-là une petite contestation, le Capitaine & moy ; le Soleil ayant paru à midy fort clair, nous prîmes avec des instrumens differens sa hauteur meridienne. Les observations s'étant trouvées differentes, l'une donnant la hauteur du Pole de 22ᵈ 40′ & l'autre de 21ᵈ 30′. le Capitaine prétendit que son observation étoit préferable à la mienne ; je luy cedai fort modestement, après luy avoir expliqué d'où pouvoit provenir cette erreur, ce qu'il ne voulut pas cependant entendre. Je luy représentai que les tables des declinaisons dont il se servoit étoient hors d'usage, ayant plus de soixante ans d'impression, & ne s'accordoient pas avec la declinaison que le Soleil avoit alors ; mais que s'il vouloit se servir de la declinaison que j'avois calculée pour ce jour-là, & pour le lieu du Soleil à l'heure de midy,

midy, qu'il trouveroit que nos observations ne feroient peut-être pas si éloignées l'une de l'autre; il me répondit que les tables de ses declinaisons ayant été imprimées depuis plus de 70. ans en Hollande, leur ancienneté étoit une preuve de leur justesse; au lieu que celles dont je me servois, étant, selon moy, toutes nouvelles, elles ne pouvoient être fidelles. La prudence & les mesures qu'on est obligé de garder avec des nations étrangeres, jalouses & prévenuës de leur sçavoir, m'imposerent silence. Après le dîné nôtre Capitaine revint une seconde fois à la charge, se persuadant que mon silence étoit une preuve assurée de sa victoire. Il y avoit sur nôtre Navire sept ou huit passagers, gens de consideration, de la Ville de *Lima*, que quelques affaires avoient appellez à *S. Jago*, qui retournoient à *Lima*. Nôtre Capitaine s'imagina que ces passagers le mépriseroient, s'il ne me convainquoit, & ne me faisoit avoüer, en leur presence, que mes tables étoient fausses, & par consequent mes observations. Je n'avois pas beaucoup d'envie de me défendre, mais me voyant pressé, je luy demandai ce que l'on entendoit par le terme de declinaison, & pourquoy il l'ajoûtoit dans un certain temps à la hauteur du Soleil observée, & l'ôtoit dans un autre; mais il ne pût me répondre; je le luy expliquai, & cela avec tant de netteté, que ne doutant plus que je n'entendisse à fond ces matieres, il me supplia de l'instruire sur l'art de naviger, pendant que nous serions sur mer: je le fis avec beaucoup de plaisir, & avec succès; ensorte qu'étant arrivé à *Lima*, je connus par les bons services qu'il m'y rendit, que les bienfaits ne sont pas toûjours ni sans reconnoissance ni sans récompense.

1709. Mars.

XXX. *Mars.*

A midy nous fûmes selon la hauteur observée à 21^d 19' 0". Le 31. jour de Pâques, le calme nous prit, nôtre table ne changea pas de mets, on nous servit à dîné à l'ordinaire d'un poisson seché au Soleil, qu'on appelle *Tollo*, qui est gros comme nos moruës, dont le goût n'est pas desagréable. On fait la pêche de ces poissons autour des Isles de *Juan Fernandez*, où il y en a une aussi grande quantité que de moruës sur le grand banc.

Je trouvai à midy l'équilibre des eaux de la mer de 2. onces 3. dragmes 51. grains $\frac{1}{4}$.

1. *Avril.*

1709. Avril. Le vent de Sud se leva le matin; mais il étoit si foible, qu'à peine pouvoit-il remuer le Navire. Le 2. à midy j'observai la hauteur du Soleil, elle donna celle du Pole de 19ᵈ 6'; nous fismes route au Nord, & le 4. à 10. heures du soir le temps étant fort obscur; & appréhendant dans la nuit d'approcher trop près la terre, nous mîmes côté en travers, attendant le jour. D'abord qu'il parut, nous vîmes la terre à une lieüe de distance, nous fûmes assez heureux de prévenir le malheur dont nous étions menacez; car rien n'étoit plus assuré que nôtre échoüement, si nous avions poursuivi nôtre route. A midi du 5. nous avions l'Isle de *Lobos* au Nord-Est $\frac{1}{4}$ Nord, éloignée environ de sept lieües, & le cap de la terre-ferme appellé par les Espagnols *Murro Cremao* au Nord-Est. Toutes les côtes de la terre-ferme nous parurent extrémement élevées, leur secheresse marquoit leur sterilité, & les Indiens qui étoient sur nôtre Vaisseau m'assurerent qu'elles ne produisoient aucune plante..

L'Isle de *Lobos* est peu éloignée de la terre-ferme, il y a dans le passage, qui est entre deux, un bon moüillage, dans lequel on ne peut entrer que du côté du Sud, parce que les vents du Sud soufflent toûjours sur cette côte, il y a rarement d'autres vents: au reste on ne peut sortir de cette Isle que du côté du Nord.

La hauteur meridienne observée à midy donna la hauteur du Pole de 14ᵈ 22' 0''

A deux heures après midy l'Isle de *Sangallan* nous restoit au Nord à la distance environ de 7. lieües; elle n'est éloignée de la terre-ferme que d'un quart de lieüe. Les Navires qui viennent du côté du Sud, & qui moüillent à *Pisco*, passent entre la pointe de la terre & cette Isle. Lors qu'ils sont Est & Ouest avec cette pointe, ils met-

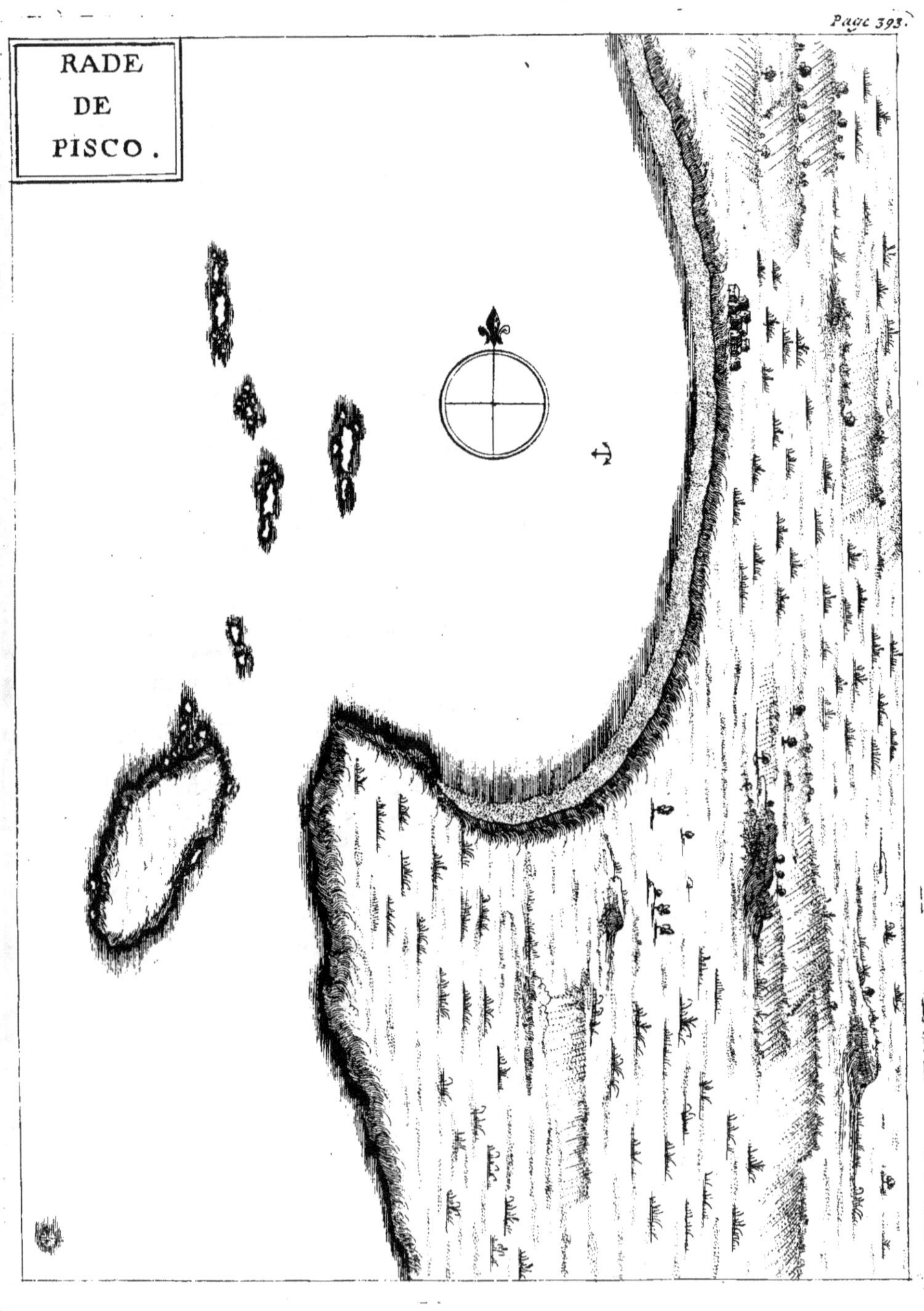
RADE
DE
PISCO.

tent le cap au Nord-Eſt, qui les conduit en droiture au moüillage, qui eſt au Sud-Oueſt de la Ville. Les petites Iſles qui ſont dehors, mettent les Vaiſſeaux à couvert des vents d'Oueſt, on n'y a à craindre que les vents de Nord, peu frequens dans ces parages. A trois lieües de diſtance au Sud-Sud-Eſt de la pointe du Sud de l'Iſle de *Sangallan*, il y a de petits écüeils tres-dangereux dont il faut ſe donner de garde. Ceux qui ſont au Nord-Nord-Eſt de la pointe du Nord de l'Iſle ne ſont pas tant à craindre, paroiſſant de loin ſur les eaux. Sur les quatre heures du ſoir le calme revint, & dura toute la nuit ſuivante.

VI. *Avril.*

Le matin les vents ſe tirerent au Sud. Sur les 7. heures nous nous trouvâmes dans le paſſage qui eſt entre l'Iſle de *Sangallan* & la pointe, ou cap de la terre-ferme. Nous étions dans le deſſein de moüiller dans la Rade de *Piſco*, mais les vents de Sud ayant fraîchi, & voyant la difficulté de mettre à terre, où une mer épouvantable venant du dehors, alloit ſe briſer, nous continuâmes nôtre route vers *Lima*. Avant que le vent fraîchît, étant preſque en calme, j'eus tout le temps qui m'étoit neceſſaire pour lever avec ma Bouſſole le plan de la Rade & de tous les écüeils qui s'y trouvent de la maniere qu'on la voit icy repréſentée.

La Ville de *Piſco*, avant le grand tremblement de terre qui arriva dans le Perou le 19. Octobre 1682. étoit bâtie près de la mer. Ce tremblement commença ſur les quatre heures du matin, la mer ſe retira aſſez loin; mais après avoir montré ſes abîmes, elle revint avec tant d'impetuoſité, que ceux qui ſe rencontrerent ſur ſes bords, n'eurent pas le loiſir de ſe retirer, des montagnes d'eau qui les ſubmergerent, ne leur donnant pas le temps de ſe reconnoître. La mer ſortit de ſon lit plus de trois quarts de lieüe, la Ville fut entierement abîmée, & les pauvres habitans, qui ne s'attendoient à rien moins qu'à une telle cataſtrophe, & qui preſque tous étoient encore dans leurs lits, furent enſevelis dans les eaux, & écraſez

1709. Avril. sous les ruines de leurs propres maisons. Ceux qui se trouverent heureusement à la campagne, échapez de ce naufrage, ayant appris aux dépens de leurs compatriotes, combien il est dangereux d'être trop près de la mer, rebâtirent la Ville de *Pisco* à une demi lieüe de la côte, pour n'être plus à l'avenir la victime de cet élement, & pour se mettre à l'abri de ses furies.

Les campagnes de *Pisco* sont presque toutes remplies de vignes, qui portent des raisins en abondance, dont on fait un vin excellent. Cette seule Ville en fournit *Lima*, & plusieurs autres endroits. Tous les Vaisseaux qui partent de *Callao*, ou pour la côte du Nord, ou pour celle du Sud, vont prendre à *Pisco* leurs provisions, du vin & de l'eau-de-vie; quelques Navires en chargent pour *Panama*, qu'on transporte ensuite par terre à *Porto-Bello*, & delà à *Carthagene*. L'air de *Pisco* est un des meilleurs de toute la côte; on y fait la vendange dans le mois de Mars & d'Avril; il y a de toutes les especes de fruits que nous avons en Europe, qui sont d'un goût merveilleux, ceux qui sont propres au pays sont en abondance; & on peut avancer sans temerité que *Pisco* est l'un des plus beaux endroits de toute la côte du *Perou*.

VII. *Avril.*

Selon la représentation des terres connuës par nos pilotes, nous n'étions plus éloignez au Soleil levant de *Callao* que de 11. lieües. Ces représentations ne consistent qu'en deux petites élevations en forme de pain de sucre, qui paroissent sur le sommet des hautes montagnes; celle qui est vers le Sud, est moindre que celle du Nord, & leur distance n'est pas extrémement grande; le calme nous prit le soir, & le vent ne revint que le lendemain.

VIII. *Avril.*

D'abord que le jour parut, & que nous découvrîmes la terre, nous nous apperçûmes que les courans nous avoient dérivez vers le Sud de plus de cinq lieües. Sur les sept heures le vent de Sud revint, & nous continuâmes nôtre route vers le Nord. 1709. Avril.

Nous rencontrâmes ce jour-là des *Baleines*, qui nous auroient donné une recréation agréable, si les eaux qu'elles jettoient n'eussent pas été si puantes. Nos passagers, pour s'en garantir, se renfermerent dans leurs cabanes; mais pour moy je voulus examiner d'où procedoit cette puanteur. Admirant donc le plaisir que ces animaux trouvoient à nous suivre, environnant nôtre Navire, plongeant de temps en temps; & revenant sur les eaux un moment après, elles nous montroient leur effroyable corps. Je remarquai que l'eau qu'un de ces poissons jettoit, étoit d'une odeur tres-mauvaise, & qu'en plongeant il laissoit en même temps la superficie de la mer teinte de son sang. Ne pouvant penetrer la cause de cette nouveauté, je crus que les Indiens qui vivent plus sur la mer que sur terre, pourroient me l'apprendre. Je la demandai à ceux qui navigeoient avec nous, & ils me répondirent que la *Baleine* dont le sang paroissoit sur les flots, & laquelle jettoit une eau si infecte, étoit en chaleur, que ces animaux avoient tous les mois leurs purgations; ce qu'on connoissoit par une longue expérience à la puanteur des eaux qu'elles jettoient, & au sang que l'on remarquoit sur la surface de la mer, dans le temps qu'elles plongeoient. Cette opinion s'accorde peu avec les sentimens d'*Hippocrate*, qui prétend que de tous les animaux il n'y a que les personnes du sexe sujettes à ces sortes de purgations. Au reste ces *Baleines* étoient infiniment plus petites que celles qu'on voit dans les Indes, du moins, si l'on en croit *Pline*, qui dans le 3. chapitre du 9. livre *de son Histoire naturelle*, donne à quelques-unes jusques à quatre arpens de terre ou 720. pieds de longueur. Je remarquai que trois d'entre elles avoient quantité de coquillages attachez aux bords de leurs queües, qu'on auroit pris pour des rochers, si on les eût trouvées en la mer sans aucun mouvement. Ces coquillages marquent, selon les Indiens, la vieillesse de ces animaux; parce que leurs peaux s'étant endurcies par le nombre des années, deviennent, disent-ils, pres-

1709. Avril.

que insensibles; de maniere que de petits poissons enfermez dans leurs coquilles, trouvant de quoy se nourrir aux queües des *Baleines*, ils s'y attachent aisément.

Sur les neuf heures du matin nous découvrîmes sur l'arriere un Navire qui faisoit la même route que nous. Sa lenteur & sa construction nous firent bien-tôt connoître que c'étoit un Vaisseau de *Callao*, & qu'ainsi nous pouvions sans aucune crainte continuer nôtre chemin. On goûte dans ces mers tous les charmes de la navigation; on se leve aussi tranquille qu'on se couche; on n'apprehende pas, en se levant, d'entendre crier Navire, & il n'y a point de combats à éviter, parce qu'il n'y a point d'ennemis; aussi on ne trouve dans les Vaisseaux de *Callao* ni poudre ni canon. Les broüillards qui s'étoient levez le matin, s'étant entiérement dissipez à midy, nous découvrîmes les Isles de *S. Laurent*, qui sont à l'Ouest de la Ville de *Callao*. Cette Isle est longue, étroite, & fort haute; elle s'étend du Nord-Ouest au Sud-Est, elle est remplie de sable & de rochers qui la rendent entiérement sterile; elle est sans eau, & ceux qui la gardent sont obligez d'y porter de la Ville tous les matins les provisions necessaires pour y passer la journée. Sur les quatre heures du soir nous sûmes par le travers de l'Isle environ une lieüe de distance; les vents étoient frais au Sud, cependant les courants qui portoient de ce côté-là, étoient si forts, que quoique nôtre Navire eût vent arriere, il ne pouvoit pas refouler la marée; en sorte que tombant insensiblement sur l'Isle, nous allions nous y briser. J'avertis alors nôtre Capitaine du danger où nous étions; & comme cet homme étoit déja prévenu en ma faveur sur l'art de naviger, il suivit mon conseil, & revira au large, où nous fismes route toute la nuit.

IX. *Avril.*

A quatre heures du matin nous remîmes le cap au Nord; & quoy qu'assez éloignez de l'Isle, les courants nous jetterent bien-tôt dessus; ce qui nous obligea de moüiller vers la pointe du Nord, & à y attendre la brise, qui vient ordinairement à midy, laquelle nous porta au moüillage. 1709. Avril.

Pendant qu'on moüilloit, je fis l'expérience de l'équilibre des eaux, je trouvai leur poids égal à celuy de l'Areometre, chargé de 2. onces 3. dragmes 52. grains.

Nous trouvâmes dans la rade de *Callao* deux Navires François, dont j'avois déja vû l'un dans la riviere de *la Plata*, où en partant nous le laissâmes avec tout son Equipage malade du scorbut, qui luy enleva plus de 50. hommes. Le Capitaine à qui je rendis visite, en passant, m'apprit, qu'étant par la hauteur des Isles *Sebaldes*, il avoit rencontré deux Vaisseaux qui le chasserent un jour entier; ce qui l'avoit obligé de venir en droiture moüiller à *Callao*, pour se mettre en seureté, n'ayant pas crû l'être dans le Port de la *Conception*, où il avoit dessein d'aller pour y prendre des rafraîchissemens, ni dans tous les autres Ports de la côte. Il m'apprit aussi les défenses que le Viceroy avoit faites, qu'aucun François descendît à terre, & que quoy qu'il luy eût rendu les paquets du Roy d'Espagne dont on l'avoit chargé partant d'Europe, il avoit eu beaucoup de peine à obtenir la permission d'envoyer le matin au marché son Maître d'Hôtel acheter les provisions dont ils avoient besoin. Cette défense si generale me surprit, je comprenois qu'elle étoit pour moy comme pour tous les autres; je me flattois cependant que les Lettres de Monseigneur le Comte de Pontchartrain, écrites en ma faveur au Viceroy, pourroient m'obtenir plus facilement la permission de me débarquer. Heureusement pour moy ce Seigneur se trouva ce jour-là à *Callao*, Ville sur le bord de la mer, dont je donnerai dans la suite le plan & la vuë; son Port est proprement celuy de *Lima*, qui en est à deux lieuës, & où le Viceroi se transporte & loge dans un magnifique Hôtel, lors qu'il arrive quelque Navire. Sur les quatre heures du soir je descendis à terre, en la compagnie de nôtre Capitaine, pour aller rendre mes Lettres au Viceroi, & luy présenter mes respects. Arrivant à son Palais, un Gentilhomme nous présenta. La premiere chose que me demanda le Viceroy, fut, si j'avois un passe-port du Gou-

1709. Avril. verneur du lieu d'où je venois ; je luy répondis, que l'ayant demandé au Gouverneur de *Valparaiso*, il m'avoit assuré qu'il étoit inutile. Le Viceroy ordonna en même temps au Capitaine qui m'avoit embarqué de se mettre en arrêt ; & me tirant à part, il me dit qu'il étoit obligé de garder ces formalitez à cause des gens du pays, qui n'aimoient pas naturellement la nation Françoise, & qui l'accusoient d'avoir trop d'inclination pour elle. Je luy remis en même temps mes Lettres. On ne sera peut-être pas fâché de voir icy celle de Monseigneur le Comte de Pontchartrain.

LETTRE
DE MONSEIGNEUR LE COMTE
DE PONTCHARTRAIN
AU VICEROY DU PEROU.

MONSIEUR,

Le Roy ayant permis au Pere Loüis Feüillée, Minime, l'un des Mathématiciens de Sa Majesté, de passer dans l'Amerique pour continuer les Observations qu'il a déja commencé d'y faire ; je n'ai pû luy refuser ma recommandation auprès de Vôtre Excellence, en vous priant de l'aider des secours de vôtre protection & de vôtre autorité dont il aura besoin pour remplir son projet avec plus de facilité. Comme il n'a d'autre objet que celuy de contribuer par son travail à la perfection des Sciences, j'espere que vous voudrez bien ne les luy pas refuser, ni à moy la justice de me croire tres-veritablement,

MONSIEUR,

DE VÔTRE EXCELLENCE,

Le tres-humble & tres-obeïssant Serviteur,
Pontchartrain.

A Fontainebleau, le 28. Septembre 1707.

Après

Après que le Viceroy eût lû cette Lettre, les Ordres du Roy & la permission de mes Superieurs, il me donna mille marques d'amitié, & envoya en même temps à mon Capitaine un valet de pied avec ordre qu'on le relâchât; il me fit ensuite excuse de ce qu'il ne me faisoit pas rester au Palais, à cause des mesures qu'il falloit qu'il gardât, & m'ordonna de retourner le lendemain sur les 9. heures du matin, après qu'on auroit tenu le Conseil, dans lequel on devoit parler de mon affaire. 1709. Avril.

x. *Avril.*

Je passai une triste nuit; ma reception dans ce Royaume dépendoit du Conseil, qui étoit composé de gens qui n'aiment pas la Nation Françoise : ainsi le succès étoit encore douteux. Je ne manquai pas l'heure assignée, j'arrivai sur les huit heures au Palais, le Conseil étant encore assemblé. D'abord qu'il fut fini, un Gentilhomme qui avoit ordre du Viceroy de me conduire dans son cabinet, me vint querir. Son Excellence me reçut à la porte, m'embrassa, m'apprit la conclusion du Conseil sur mon sujet, & me fit rester dans son Palais jusques à mon départ pour *Lima*. Il me proposa de demeurer avec luy à *Callao*; je sçavois qu'il devoit y rester quelque temps, je le suppliai de me permettre d'aller *à Lima*, rendre mes respects au R. P. Vicaire de mon Ordre, son Confesseur; ce qu'il m'accorda avec beaucoup de bonté.

Ce Viceroy étoit sçavant; jamais les Sciences n'avoient fleuri dans le *Perou* avec plus d'éclat que durant son regne. Son Palais à *Lima* étoit devenu une Académie, & les récompenses qu'il donnoit aux Sçavans excitoient les esprits les plus délicats à produire presque tous les jours des ouvrages de leur façon. Les uns travailloient à la Physique, les autres aux Mathematiques, d'autres s'occupoient à la Poësie, les Sciences & les Arts commençoient déja à faire en cette Ville beaucoup de progrez; mais deux ans après la Divine Providence appella ce grand homme de cette vie à une meilleure. Il la quitta sans regret. Dès qu'il se sentit malade, il fit

1709. Avril. appeller ses enfans; il les exhorta à vivre dans la crainte du Seigneur, & défendit à ses valets de ne laisser entrer dans sa chambre que son Confesseur & son Medecin. Il passa huit jours dans la Priere, sans faire attention à ses douleurs; enfin entiérement abandonné à la misericorde du Seigneur, il rendit l'esprit, laissant tous ses sujets dans la derniere consternation.

XI. *Avril.*

Le matin, sortant de l'Eglise des Peres de S. François, où j'avois dit la sainte Messe, je rencontrai à la porte un Chevalier de l'Ordre de *S. Jago.* Comme il reconnut que j'étois étranger, il me demanda, si j'avois besoin de quelque chose, en me mettant dans la main deux piastres. J'étois déja instruit, que parmy les Espagnols c'étoit leur faire un affront que de refuser ce qu'ils présentent; ainsi je les reçus avec action de grace; j'allai delà chercher une voiture pour transporter mes hardes à *Lima.* L'après-midy, comme je me disposois à partir, le Chevalier se présenta une seconde fois; il demanda secretement au charretier le prix dont il étoit convenu avec moy jusques à *Lima;* celuy-cy luy répondit que c'étoit huit piastres; il les luy donna sur le champ, luy défendant fort rigoureusement de rien recevoir de moy, & même ne dire qu'il étoit payé qu'à nôtre arrivée à *Lima*; le Chevalier disparut ensuite.

J'arrivai à *Lima* le soir, & donnai ordre à un de nos Freres de compter huit piastres au charretier, mais il les refusa, & me declara, que le Chevalier que j'avois vû le matin, l'avoit payé, avec de grandes défenses de recevoir de moy la moindre chose. Surpris d'une generosité si extraordinaire, je m'informai quel étoit ce Chevalier; on me dit qu'il s'appelloit *Lucas Bergare*, qu'il étoit cette année-là premier *Alcarde* de *Lima*, c'est-à-dire en nôtre langue premier Consul. Deux jours après je sçûs qu'il étoit de retour de *Callao*, j'allai chez luy le remercier; mais bien-loin que ces bontez pour moy se terminassent-là, je ressentis le reste du temps que je demeurai dans *Lima*, de si grands bienfaits, non seulement de luy, mais encore de toute sa famille, que dans l'impossibilité de les reconnoître, je m'offris de montrer les Mathematiques à un de ses enfans qu'il aimoit tendrement; ce qu'il agréa plus que tout ce que j'avois pû luy présenter de plus précieux. 1709. Avril.

Le chemin de *Callao* à *Lima* est tout uni; on voit dans ces plaines plusieurs belles maisons de campagne; & les anciens vestiges d'une Ville Indienne que les Espagnols ont entiérement ruinée. Elle avoit jusques à cinq lieuës de longueur; & aujourd'huy il n'y a qu'un petit nombre d'Indiens qui occupent une de ses extrémitez. On rencontre au milieu du chemin de *Callao* à *Lima* une petite Chapelle dédiée à la sainte Vierge; elle a du côté du chemin où tourne la porte, un beau portique, sous lequel un Hermite qui y fait sa demeure, a soin de tenir dans plusieurs vazes de terre de l'eau fraîche pour présenter aux passans.

XII. *Avril.*

Ce jour-là je reçus plusieurs visites; *Dom Jean Raymond Coninkius*, Maître de la Chapelle Royale, que je connoissois déja par reputation, fut un des premiers de ceux qui me firent cet honneur; c'étoit un bon vieillard, robuste, âgé de quatre-vingt-quatre ans, qui depuis son arrivée au *Perou*, à ce qu'il me dit, n'avoit jamais ressenti aucune douleur de tête. Il étoit habile dans la Geometrie Lineaire, & avoit fait imprimer à *Lima* en 1696. un Problême de la duplication du Cube, qu'il prétendoit démontrer. Monsieur *Bruynsteen*, Trésorier de la Ville de *Bruges*, à qui les Etats des Provinces-Unies le remirent, l'adressa à Messieurs de l'Académie Royale des Sciences de Paris pour l'examiner, & les pria de luy en marquer leur sentiment. Monsieur de *la Hire* fut chargé de ce soin; il découvrit bien-tôt un Paralogisme dificile à développer, qu'on communiqua à Monsieur *Bruynsteen*.

1709. Avril.

OBSERVATIONS

MATHEMATIQUES ET PHYSIQUES,

Faites à Lima, capitale du Perou, en l'année 1709.

XVII. *Avril.*

ON n'avoit point encore d'obſervations de *Lima* ni de toute la côte du Perou, ni du Chily; je fus le premier qui détermina ſur les Cartes Geographiques la ſituation des principaux points de ces deux Royaumes, & y fis encore pluſieurs remarques ſur l'Hiſtoire naturelle.

Je commençai le matin à monter mon horloge, je la mis en mouvement, & le Soleil n'ayant pas paru, je ne pus prendre aucune hauteur pour le verifier.

XVIII. *Avril.*

Le Ciel ſe trouva encore couvert; je verifiai le matin mon quart de cercle, qui me ſervit le ſoir, les broüillards s'étant diſſipez, à prendre les hauteurs meridiennes de quelques étoiles fixes. Je trouvai après la verification du quart de cercle, qu'il donnoit encore les hauteurs trop grandes de deux minutes; & qu'il étoit par conſequent dans le même état où il étoit lorque je partis du Royaume de Chily.

1709.
Avril.

OBSERVATIONS

des Etoiles du Cruzero, & de celle qui est à la queüe du Lion.

J'Observai la hauteur meridienne apparente de la Luisante, qui est à la queüe du Lion de	61ᵈ	50'	30"
Le quart de Cercle donnoit trop de		2.	
Premiere Correction,	61.	48.	30.
Refraction à ôter,			33.
Hauteur corrigée,	61.	47.	57.
Declinaison septentrionale,	16.	10.	34.
Hauteur de l'Equateur,	77.	58.	31.
Donc par cette observation la hauteur du Pole de *Lima* est de	12.	1.	29.
Hauteur meridienne apparente de l'Etoile, qui est au pied du *Cruzero*,	40ᵈ	36'	20"
Quart de Cercle,		2.	
Premiere Correction,	40.	34.	20.
Refraction à ôter,		1.	16.
Hauteur corrigée,	40.	33.	4.
Hauteur du Pole déterminée par plusieurs observations que je fis pendant mon sejour à *Lima*.	12.	0.	57.
Distance au Pole,	28.	32.	7.
Donc la declinaison de l'Etoile étoit de	61.	7.	53.
Hauteur meridienne apparente de l'Etoile qui est au haut du *Cruzero*,	46.	35.	0.
Quart de Cercle,		2.	
Premiere Correction,	46.	33.	0.
Refraction,			57.
Hauteur corrigée,	46.	32.	3.
Hauteur du Pole,	12.	0.	57.
Distance de l'Etoile au Pole,	34.	1.	6.

1709. Avril.

Donc la declinaison de l'Etoile du haut du *Cruzero* étoit de	55. 28. 54.
Hauteur meridienne apparente de l'Etoile du *Cruzero.*	44. 0. 30.
Quart de Cercle,	2. 0.
Premiere Correction,	43. 58. 30.
Refraction,	59.
Hauteur corrigée,	43. 57. 31.
Hauteur du Pole,	12. 0. 57.
Distance au Pole,	31. 56. 34.
Donc la declinaison de l'Etoile du bras oriental du *Cruzero* étoit de	58. 3. 26.

Ayant comparé ces observations avec celles que j'avois faites dans le Royaume de Chily, je trouvai que les declinaisons des Etoiles du *Cruzero*, s'accordoient à une minute près, & que je pouvois, sans craindre de m'égarer beaucoup, me servir des declinaisons de ces Etoiles, pour déterminer la latitude des lieux, ayant observé leurs hauteurs meridiennes.

XXV. *Avril.*

La journée commença par un tremblement de terre, devancé par un bruit sourd. Depuis mon arrivée le Soleil n'avoit pas encore paru, & l'on me dit, qu'on le voyoit rarement dans la saison où nous allions entrer, le Ciel étant presque toûjours couvert.

J'observai ce jour-là, de même que les suivans, sur les dix heures du matin, la hauteur du Barometre; le Mercure resta suspendu dans le tube à la hauteur de 27. poûces 6. lignes 0.

Le temps étoit couvert pendant que j'observois, & le vent au Sud.

XXVI. *Avril.*

Sur les dix heures du matin le Ciel se découvrit; les broüillards qui nous le cachoient, se convertirent en bruine, qui humecte fertilement les campagnes, rafraîchit l'air, & donne la vie aux plantes, que les grandes chaleurs brûleroient. & priveroient les hommes des productions de ces corps vegetatifs, & de l'usage que ceux-là en font pour la conservation de leur santé. On en trouve dans ces climats d'assez particulieres, de même que des fruits, comme on verra dans la suite, qui ne sont point du tout connuës en Europe.

Toutes les pluyes de *Lima* & de plus de deux cens lieües de côtes vers le Sud, consistent ordinairement en cette bruine, laquelle on pourroit avec plus de convenance appeller Rosée. Il n'en est pas de même dans les montagnes qui sont à vingt-cinq ou trente lieües dans les terres. Les pluyes y sont frequentes, & quelquefois incommodes; mais aussi on a l'avantage d'y voir tres-souvent le Ciel fort serain, & les étoiles si brillantes, qu'on croiroit les pouvoir toucher avec la main du sommet des montagnes.

Le vent souffla tout le jour au Sud-Est, & j'observai le Barometre à la hauteur de 27. poûces 5. lignes $\frac{1}{3}$.

Le Soleil paroissant, j'eus occasion de prendre quelques hauteurs correspondantes pour regler mon horloge, n'esperant pourtant pas m'en servir dans quelques observations des Satellites de Jupiter, étant déja informé qu'il auroit été extraordinaire de voir le Ciel durant la nuit, dans la saison où nous allions entrer; mais seulement dans le dessein d'examiner si les observations que j'avois faites dans l'Amerique septentrionale sur la longueur de la pendule, étoient conformes à celles que je ferois, & s'il falloit dans cette partie du monde, de même que j'avois observé dans l'autre, diminuer leur longueur, à mesure qu'on approchoit de la Ligne.

1709. Avril.

Hauteurs correspondantes du bord superieur du Soleil. pour verifier l'Horloge.

heures du matin.	hauteurs.	heures du soir.
10h 24' 38"	55d 46' 0"	1h 31' 37"
30. 6.	56. 40. 0.	26. 9.

Par ces deux correspondances l'horloge marquoit à midy, 11h 58' 7" ½.

J'observai à midy le temps du Passage du Disque apparent du Soleil par le Meridien, de 0. 2. 11.

La hauteur meridienne du bord superieur du Soleil fut observée de 64d 40' 20"

Le lieu du Soleil fut trouvé par le calcul au 6d 13' 46" de ♉.

& sa declinaison septentrionale de 13. 37. 18.

A son passage par le Meridien, je trouvai son diametre de la maniere que j'ai démontré cy-dessus, de 0. 31. 50.

& son diametre de 0. 15. 55.

La hauteur meridienne du Soleil, connuë, son diametre & sa declinaison, ayant par des tables sa Parallaxe & la refraction, élemens tous absolument necessaires pour déterminer la hauteur du Pole; je le cherchai de la maniere ordinaire, qui est la suivante.

Hauteur meridienne du bord superieur du Soleil, de	64.	40.	20.
Quart de Cercle,		2.	
Premiere Correction,	64.	38.	20.
Parallaxe,			4.
Refraction,			28.
Excès de la Refraction sur la Parallaxe,			24.
Hauteur corrigée,	64.	37.	56.
Demi Diametre du Soleil observé,		15.	55.
Hauteur du Centre,	64.	22.	1.
Declinaison septentrionale,	13.	37.	18.
Hauteur de l'Equateur,	77.	59.	19.

Donc la hauteur du Pole de *Lima* fut trouvée par cette observation, de 12. 0. 41.

XXVII.

XXVII. *Avril.*

Le Ciel se découvrit à meilleure heure que le jour précedent ; il ne restoit plus à neuf heures que de foibles nuages qui ne m'empêcherent pas de voir le Soleil, ni de faire les observations suivantes.

Hauteurs correspondantes du bord superieur du Soleil pour verifier l'Horloge.

Heures du matin.	hauteurs.	heures du soir.
9^h 14′ 13″	42^d 34′ 0″	2^h 37′ 45″
20. 26.	43. 51. 15.	31. 30.
24. 57.	44. 47. 0.	26. 56.

Par la premiere correspondance l'horloge marquoit à midy,	11^h 55′ 59″
Par la seconde,	11. 55. 58.
Par la troisiéme,	11. 55. 57.
Prenant un milieu, on eut midy à	11. 55. 58.
Le 26. l'horloge marquoit à midy	11. 58. 7. $\frac{1}{2}$.
Donc l'horloge retardoit sur le temps vray de	0. 2. 9. $\frac{1}{2}$.
Pour être au temps moyen, devoit retarder de	11.
Donc l'horloge retardoit sur le temps moyen de	1. 58. $\frac{1}{2}$.
Hauteur meridienne observée du bord superieur du Soleil,	64^d 21′ 0″
D'où je conclus la hauteur de l'Equateur de	77. 59. 4.
& la hauteur du Pole de	12. 0. 56.

XXIX. *Avril.*

Des vapeurs épaisses s'éleverent, qui se convertirent en nuës, lesquelles en se condensant, étant devenuës

1709. Avril. plus pesantes que l'air, tomberent en forme de petite rosée. A neuf heures & demy du matin, étant entierement dissipées, nous vîmes le Soleil, & il demeura visible jusques à deux heures & demy du soir. La hauteur du Barometre fut observée de 27. poûces 6. lignes, les vents étant au Sud.

Hauteurs correspondantes du bord superieur du Soleil pour verifier l'Horloge.

heures du matin.	hauteurs.	heures du soir.
9^h 33′ 17″	46^d 57′ 0″	2^h 10′ 0″
39. 9.	48. 6. 0.	4. 2.
44. 51.	49. 11. 0.	1. 58. 19.

Prenant un milieu entre ces correspondances qui convenoient à trois secondes près de difference, on eut midy à	11^h 51′ 36″
Le 27. midy à	11. 55. 58.
Donc l'horloge retardoit en deux jours de	4. 22.
Pour être au temps moyen elle devoit retarder de	19.
Donc l'horloge retardoit en deux jours sur le temps moyen, de	4. 3.
J'observai le diametre apparent du Soleil dans son passage par le Meridien, de	0^h 2′ 11″ ½.
Et la hauteur meridienne de son bord superieur, de	63^d 43′ 30″
D'où je conclus la hauteur de l'Equateur de	77. 59. 17.
& la hauteur du Pole, de	12. 0. 43.

XXX. *Avril.*

Les vents étoient encore au Sud, le Soleil ne parut qu'à midy. J'observai son diametre à son passage par le Meridien, de 0^h 2′ 12″
& la hauteur de son bord superieur de 63^d 24′ 50″
D'où je calculai la hauteur de l'Equateur,

laquelle fut trouvée de	77.	58.	59.	1709. May.
& la hauteur du Pole de	12.	1.	1.	

1. *May.*

Mes obſervations furent interrompuës, ayant eu ce jour-là un accès de fiévre de douze heures, elle revint le lendemain; mais elle me quitta deux jours après, ayant pris le quinquina que je préparai ainſi. Je mis dans un demy flacon de vin deux onces de bon quinquina bien pilé, je le laiſſai en infuſion au bain-marie pendant ſix heures, j'augmentai enſuite le feu juſques à l'effervescence, & un un moment après je l'ôtai du feu, je le laiſſai refroidir, le filtrai, & pris de cette infuſion une demi-once, avec de l'eau de bourоge; on peut encore le mêler avec de l'eau de petite ſentorée, d'abſinte, ou de chardon benit.

Ceux qui ſont nouvellement débarquez à *Lima* ſont rarement exempts de fiévres, ils en ſont tôt ou tard attaquez; & heureux ſont ceux dont la guériſon eſt auſſi prompte que la mienne le fut. On appelle cette maladie dans le pays, *Chapetonada*, terme qui ſignifie en nôtre langue, homme qui ne fait que d'arriver.

XVII. *May.*

Quelques-uns de mes amis vinrent me voir le matin; & me dirent qu'ils avoient vû un phenomene ſurprenant, qui faiſoit alors l'entretien de tous les gens de la Ville, duquel on m'avoit déja parlé. Ce Phenomene arriva le 14. ſur les neuf heures du ſoir, à l'Eſt de la Ville. On vit un globe de feu d'une grandeur extraordinaire; qui après avoir reſté allumé durant plus d'un quart d'heure, éclairant les campagnes comme un autre Soleil, ſe diſperſa dans l'air en une infinité de petites étincelles, qui ſembleꝛent aller embraſer la terre, & qui diſparurent un moment après. Tous ces peuples extrémement ſuperſtitieux (heritage que leur ont laiſſé les In-

1708. May. diens, leurs ancêtres) s'imaginerent que ce globe de feu leur présageoit, que dans peu de jours quelque terrible tremblement de terre devoit entiérement les abîmer. Cette crainte leur fut salutaire; on vit les Eglises remplies de gens contrits & humiliez, & implorant la misericorde du Seigneur, dans l'attente d'un évenement extraordinaire.

Le lendemain que ce globe parût, tout le monde sortit de la Ville à la même heure, croyant qu'il paroîtroit une seconde fois; mais ils l'attendirent inutilement; & les plus raisonnables n'eurent pas de peine à se laisser persuader que ces phenomenes n'ont aucune suite fâcheuse, n'étant qu'un amas de parties sulphureuses, suspenduës dans l'air, lesquelles se désunissant par leur mouvement, se répandent indifferemment dans l'air, & forment ce qu'on appelle des feux volages.

XVIII. *May.*

Nous eûmes un grand calme, le Soleil parut durant six heures, & fit sentir sa chaleur. J'observai la hauteur du Barometre de 27. poûces 7. lignes ½.

XIX. *May.*

Le matin les vents commencerent à souffler à l'Est. La constitution de l'air fut bien-tôt changée, la grande chaleur que nous avions ressentie le jour précedent, cessa, il fallut prendre des habits d'hyver pour se garantir du froid; ce qui me parut extraordinaire sous la Zone Torride, & étant si proche de la Ligne. Ce froid étoit causé par la neige qui étoit tombée la nuit précedente sur les hautes montagnes qui ne sont qu'à huit ou dix lieües à l'Est de *Lima*. Le matin je fus surpris de voir toutes ces montagnes couvertes de neiges; ce que j'aurois eu beaucoup de peine à croire, si je ne les avois pas vûës, & si je n'avois pas éprouvé la rigueur du froid.

Le Barometre, à l'heure ordinaire, étoit à la hauteur de 27. poûces 6. lignes 0''.

J'obſervai la hauteur meridienne apparente du bord ſuperieur du Soleil de 58^d 26′ 15″ 1709. May.

D'où je conclus la hauteur du Pole de 12. 1. 25.

XX. *May.*

Sur les deux heures du matin, tout le monde prenant ſon repos, il arriva un tremblement de terre. On eſt aſſez inſtruit par les triſtes expériences qu'on a faites, que ces tremblemens donnent à peine le temps de ſe ſauver. Heureux lors qu'on peut ſe trouver dans la ruë, quand ils arrivent. Le bruit qui les devance, reveille ceux qui dorment le plus profondement; on ne l'entend pas plûtôt, que chacun ſort promptement de ſa maiſon avec les hardes qui ſe trouvent ſous ſa main; & l'on voit pour lors dans les ruës des décorations capables de faire rire dans tout autre temps.

Sur les dix heures il en arriva en ſecond, qui me ſurprit à l'Autel, lorſque je diſois la Meſſe; l'Egliſe remplie de peuple fut bien-tôt vuide, chacun s'enfuit dans la ruë; la crainte d'être ſurpris les y arrêta; & n'oſant plus y entrer, je fus obligé de faire la fonction de Miniſtre & de ſerviteur. A l'impetuoſité de l'ébranlement ma pendule s'arrêta; les vents avoient été toute la nuit au Nord, & les nuages extrémement obſcurs.

XXIII. *May.*

Le même temps des jours paſſez duroit encore, les vents étoient au Nord, & l'air fort obſcur; il arriva le matin un petit tremblement de terre, & la hauteur du Barometre fut obſervée de 27. poûces 6. lignes $\frac{1}{3}$.

1709. May.

DESCRIPTION

d'un Limaçon.

CE *Limaçon* ne se trouve que dans le fond des rivieres graveleuses, où il vit & fait ordinairement sa demeure, ce qui me l'a fait appeller *Cochlea fluviatilis virens*; il est semblable en grosseur à nos Limaçons de terre, sa figure en est peu differente, il est un peu plus rond, & sa lévre un peu plus élevée; sa coquille plus mince, fort unie, teinte d'un verd fort brun, tirant sur le roux; elle est entourée de trois petites bandes, prenant leur origine au centre de la spirale, & aboutissent sur le bord même de la lévre.

L'animal qui est enfermé dans cette coquille est de la même consistance & de la même figure que nos escargots, mais il est beaucoup plus blanc & plus uni; il a sur le devant de la tête quatre cornes fort pointuës, dont deux sont situées sur l'extrémité de la tête, celles-cy sont les plus courtes; & les deux autres sont entre les yeux & les côtez de la tête.

Il rampe en se traînant sur une base assez ample, garnie d'un plastron ou écusson de la dureté de la corne, & taillé en palette de Peintre, qui luy sert pour se couvrir, lors qu'il est renfermé dans sa coquille, comme l'on voit en plusieurs coquillages, & particulierement à ceux à qui les Auteurs ont donné le nom de *Cochlea celata*.

Je trouvai quantité de ces Limaçons dans la riviere, qui passe le long des murailles de la Ville de *Lima*, où je cüeillis le même jour quelques plantes que je dessinai le lendemain, lesquelles je rapporterai à la fin de mon Journal.

La chair de ces Limaçons est fade & fort dure, quoy qu'on la fasse cuire long-temps.

1709. May.

XXV. *May.*

J'avois observé le 24. avec les vents au Nord, & le Ciel couvert, la hauteur du Barometre de 27. poûces 6. lignes ½.

Les vents se tirerent au Sud le 25. ils chasserent les nuages; & ayant découvert une partie du Ciel, j'eus occasion d'observer à midy le passage du Soleil par le Meridien, que je trouvai de 0h 2′ 12″.

Son lieu dans le Zodiaque fut trouvé par le calcul au 4d 10′ 45″ des ♊.

& sa declinaison septentrionale de 21d 1′ 13″

J'observai la hauteur meridienne apparente de son bord superieur de 57d 16′ 30″

& je conclus de ces observations la hauteur du Pole de *Lima* de 12. 0. 40.

XXVI. *May.*

A deux heures du matin il se fit un tremblement de terre, le vent étant au Sud. J'avois remarqué que dans les tremblemens des jours précedents les vents étoient du côté du Nord, l'air obscur, & le Ciel couvert de nuages fort épais.

J'observai la hauteur du Barometre de 27. poûces 6. lignes ½.

DESCRIPTION

d'un Colibri.

CEs oiseaux sont beaucoup plus petits que les *Roitelets* de l'Europe. J'en avois déja vû un grand nombre de ces premiers dans les Isles de l'Amerique; mais celuy dont je parle, m'ayant encore paru plus petit, me donna

1709. May. envie de le dessiner, & de le représenter au naturel dans l'Histoire des animaux.

Le bec de ces petits animaux est extrémement pointu, délié & noir; les plumes de leurs têtes commencent vers le milieu de la partie superieure du bec, elles sont fort petites à leur naissance, rangées en écailles, augmentant toûjours en grandeur jusques au dessus de la tête avec un arrangement admirable. Elles forment à cet endroit une petite hupe d'une beauté sans égale par l'éclat d'un coloris doré, & diversifié selon les differents aspects de l'œil qui les regarde. Tantôt il paroît d'un noir égal au plus beau velours, tantôt d'un verd naissant, tantôt azuré, & tantôt de couleur d'aurore.

Tout leur manteau est d'un verd obscur, mais doré; les grandes plumes des aîles sont d'un violet foncé un peu pâle, & la queüe composée de neuf petites plumes aussi longues que tout le corps: en quoy ils sont differents des oiseaux que j'avois vûs de cette espece aux Isles de l'Amerique. La queüe, dis-je, est d'un noir mêlé de violet & de verd, dont le mélange fait une diversité surprenante, selon la position de l'œil.

Leur parement est d'un gris foncé, & tout le dessous du ventre jusques à la queüe tire sur le noir, mêlé de violet, de verd & d'aurore, toûjours differemment représentées selon la situation de la vûë.

Leurs yeux vifs & luisants sont noirs comme du jayet, & proportionnez à la grosseur de leurs têtes; ils ont les jambes courtes, & les pieds fort petits, composez de quatre serres, dont trois sont sur le devant, & la quatriéme sur le derriere, armée chacune d'un petit ongle noir & fort pointu.

Ces oiseaux voltigent continuellement d'une vîtesse admirable, vont de fleurs en fleurs chercher dans leur fond avec une langue fort déliée le suc, qui leur sert de nourriture. Leur langue a un poûce & demy de longueur, elle est cartilagineuse, & depuis son milieu jusques à sa pointe elle est dentelée en façon de petite scie.

Leur chant n'est qu'un petit grincement qui se fait par leur vivacité assez bien entendre, mais il dure peu; ils

ils ne pondent ordinairement que deux œufs, qui sont gros comme nos pois; leurs nids sont de la grosseur d'une coque d'œuf; ils se servent de coton pour les faire, & leur structure est admirable; ils sont ordinairement suspendus entre des herbes ou entre les branches de petits arbrisseaux. 1709. May.

XXVII. *May.*

J'observai le matin la hauteur du Mercure de 27. pouces 7. lignes ⅓. & je pris des hauteurs correspondantes, pour sçavoir à midy l'heure que marquoit mon horloge, afin de continuer les remarques que j'avois déja faites sur son retardement ou son acceleration. Le matin j'avois élevé de deux lignes le petit poids qui étoit le long de la verge.

Hauteurs correspondantes du bord superieur du Soleil pour verifier l'horloge.

heures du matin.	hauteurs.	heures du soir.
$10^h\ 21'\ 43''$	$49^d\ 41'\ 0''$	$1^h\ 30'\ 43''$
26. 58.	50. 23. 30.	25. 26.

Par ces correspondances l'horloge marquoit à midy, $11^h\ 56'\ 12''$

Outre qu'elle avoit été arrêtée par les tremblemens de terre des jours passez, elle l'avoit encore été en montant le petit poids, comme j'ai dit cy-dessus; ainsi je ne pûs comparer l'heure de midy qu'elle marquoit avec celle qui marquoit le midy au jour précedent, pour connoître son retardement.

Le lieu du Soleil fut trouvé à midy par le calcul au $6^d\ 5'\ 41''$ des ♊.

& sa declinaison septentrionale de $21^d\ 21'\ 52''$

J'observai son diametre à son passage par le Meridien de $0^h\ 2'\ 12''$

& la hauteur meridienne de son bord superieur de $56^d\ 55'\ 0''$

1709. May. D'où je conclus la hauteur du Pole de 12ᵈ 1′ 29″

Nous eûmes toute la journée les vents au Sud-Ouest.

XXVIII. *May.*

Le Soleil ne parut qu'à midy; je ne pûs observer que la hauteur meridienne de son bord superieur, qui fut de	56^d 45′ 30″
Je trouvai par le calcul son lieu dans le Zodiaque, au des ♊.	7. 3. 7″
& sa declinaison septentrionale de	22. 31. 36.
Par sa hauteur meridienne je calculai la hauteur du Pole de	12. 1. 18.

I. *Juin.*

1709. Juin. Depuis le 28. du mois de May le Soleil n'avoit pas paru, le vent qui avoit soufflé fort foiblement, n'avoit pas eu la force de dissiper les nuages; & ayant entiérement calmé, l'air demeura fort obscur. Le 2. le vent souffla au Nord-Ouest; & le 3. les vents n'ayant pas changé, nous eûmes sur les onze heures du matin un tremblement de terre qui arrêta mon horloge.

La rosée qui tomboit depuis quelques jours, & qui commençoit ordinairement sur les cinq heures du soir, continuoit toûjours, avec cette difference qu'elle commençoit trois heures plus tard; c'est-à-dire environ à 8. heures: le même temps dura jusques au 12. Je passai tout ce temps à dessiner des plantes & autres choses; & j'aurois passé de mauvais momens, si je n'eusse pas eu d'autre occupation que celle d'observer les Astres.

REMARQUE

sur la piqûre d'un Serpent à sonnettes.

LA Nature a répandu dans la grande multitude de ses composez tant d'effets surprenants, qu'un Physicien, quelque habile qu'il soit, trouve continuellement des nouveautez, & la Physique est trop vaste, & encore trop peu connuë, pour ne pas croire que la Nature ne luy cache pas ses plus beaux secrets. La seule expérience peut nous découvrir ses effets les plus inconnus, & c'est devenir sçavant, apprenant de cette maniere. Qui auroit crû que la piquûre d'un Serpent à sonnettes eût été capable de désunir dans un moment toutes les parties d'un composé? c'est ce qui arriva dans le *Perou* auprès d'une source qui est entre le 5. & 6. degré de latitude australe, & à 70. lieües du bord de la mer, terre habitée par les Indiens.

Un Medecin Flamand, que la seule curiosité avoit attiré dans les Indes, étoit arrivé depuis deux jours à *Lima*, de retour d'un voyage de deux ans, qu'il avoit fait dans les terres, à dessein de découvrir de nouvelles plantes, & de s'informer de tout ce qu'il y avoit de plus curieux. Ce Medecin me vint voir, & me raconta plusieurs faits dont il étoit témoin, entre lesquels celuy que je rapporte icy me parut assez singulier, & meriter une place dans mon Journal.

Une Indienne âgée environ de 18. ans, étoit allé querir de l'eau à une source éloignée de sa maison de 50. pas, & n'ayant pas apperçu un Serpent à sonnettes qui étoit caché dans les herbes, au milieu desquelles étoit la source, elle eut le malheur d'être piquée de cet animal pendant qu'elle remplissoit sa cruche. Comme cette Indienne n'ignoroit pas la subtilité de son venin, elle cria à son secours. Le Medecin qui étoit en la compagnie d'un de ses amis, & qui cherchoient ensemble des plantes dans les bois assez près delà, ac-

1709. Juin. coururent tous deux à cet éclat de voix ; & ayant appris de cette fille l'accident qui venoit de luy arriver, sçachant d'ailleurs par d'autres expériences combien le venin de ces animaux est violent ; l'un d'eux court à la maison du Curé pour le faire venir en diligence administrer la malade, pendant que l'autre tâchoit de la soulager. Le Curé se rend promptement auprès de la blessée, qu'il trouve malheureusement morte ; & ce qui est bien surprenant, c'est que voulant relever ce corps, les chairs s'en détachoient comme si elles eussent été déja pourries ; desorte qu'on fut obligé de mettre ce cadavre dans un drap, pour le transporter à l'Eglise. Cette dissolution si précipitée est une preuve de la violence avec laquelle les parties qui composent le venin de ces animaux, avoient agi sur ce corps, ayant désuni dans si peu de temps les parties de ce composé, & fait encore connoître combien ces animaux sont à craindre. Ce fait rapporté par une personne qui étoit dans les Indes pour contenter sa curiosité, & démêler le vray d'avec le faux, meritoit sans doute que j'y fisse attention : & encore que j'aye promis au commencement de mon Journal, de n'y rapporter simplement que ce que j'aurai vû ou experimenté par moi-même, je me persuade cependant que le Lecteur ne me sçaura pas mauvais gré de luy avoir fait part d'un fait si singulier.

XII. *Juin.*

Dans le dessein où j'étois de découvrir, si dans les observations que j'avois faites dans la mer du Nord en 1704. entre dix & onze degrez de hauteur du Pole septentrional, je ne me serois pas trompé, en assurant que le pendule est plus court près de la Ligne que du côté des Poles ; dans ce dessein, dis-je, je perdois peu d'occasions de verifier mon horloge. Le vent étoit au Nord depuis le matin, il chassa les nuages, & nous rendit le Ciel clair.

Hauteurs correſpondantes du bord ſuperieur du Soleil pour verifier l'Horloge.

1709. Juin.

heures du matin.	hauteurs.	heures du ſoir.
8h 4' 21"		3h 46' 54"
6. 58.	23d 42' 0"	44. 19.
9. 58.	24. 50. 40.	41. 20.

Par ces trois correſpondances qui convenoient enſemble à deux ſecondes près, l'horloge marquoit à midy, 11d 55' 39"

XIII. *Juin.*

Le vent continuoit encore au Sud, il nous fit voir le Soleil à ſon Orient ; ce qui n'étoit pas encore arrivé depuis que j'étois à *Lima*.

J'obſervai le paſſage de ſon diametre par le Meridien de 0h 2' 18"

qui donnerent en minutes & ſecondes le diametre du Soleil reduit dans un grand cercle, de la maniere que j'ai démontré cy-deſſus, de 0d 31' 41"

& ſon demy-diametre de 15. 50. ½.

Le lieu du Soleil dans l'Ecliptique fut trouvé par le calcul au 22d 20' 13" de ♊.

& ſa declinaiſon ſeptentrionale de 23d 15' 20"

Elemens neceſſaires pour trouver dans un grand cercle le diametre apparent du Soleil.

La hauteur meridienne apparente de ſon bord ſuperieur fut obſervé de 55d 1' 15"

D'où je calculai la hauteur du Pole de 12. 1. 50"

Le 14. les vents revinrent au Nord ; nous eumes le matin un tremblement de terre peu conſiderable. Le 15. les vents ſe rangerent une autre fois au Sud.

1709. Juin.

XVI. *Juin.*

Il tomba pendant la nuit une rosée fort abondante, qui avoit commencé sur les huit heures du soir du jour précedent; elle passa à plusieurs endroits de la maison à travers des nattes faites de roseaux qui la couvroient. La même chose arriva dans plusieurs autres maisons; ce qu'on regardoit comme un évenement extraordinaire. Cette rosée & le vent de S[illegible] nous rendirent le Ciel serain.

Hauteurs correspondantes du bord superieur du Soleil pour verifier l'Horloge.

Heures du matin.	hauteurs.	heures du soir
9h 6' 45"	37d 0' 0"	2h 32' 46"
13. 29.	38. 12. 0.	26. 1.
19. 11.	39. 13. 0.	20. 23.

Prenant un milieu entre ces correspondances qui ne differoient entre elles que de deux secondes, on eut midy à	11h 49' 46"
Le 12. midy fut à	11. 55. 39.
Donc l'horloge retardoit en 4. jours de	5. 53.
Pour être au temps moyen, l'horloge devoit avoir avancé de	50.
Donc elle retardoit sur le temps moyen en 4. jours de	6. 43.
& en 24. heures de	1. 41.

Je conclus de ce retardement, qu'il falloit encore racourcir le pendule; ce que je fis, en elevant le petit poids qui étoit le long de la verge d'une quantité connuë.

J'observai le diametre du Soleil à son passage par le Meridien de	0h 2' 18"
& la hauteur meridienne apparente de son bord superieur de	54d 52' 50"

Son lieu dans l'Ecliptique fut trouvé par le

calcul au des ♊.	25.	11.	51.
& sa declinaison tirée du même lieu, toûjours septentrionale de	23.	23.	44.
Je conclus de ces élemens la hauteur du Pole de	12.	1.	51.

REMARQUE

Sur une Colique extraordinaire.

Les maux douloureux ayant leur cause mieux connuë que les autres maladies, il semble que ceux qui en sont attaquez, sont moins à plaindre; parce qu'on peut apporter des remedes convenables à leur guérison.

Un Indien âgé de 36. ans, se plaignant depuis longtemps d'une douleur extraordinaire au ventre, s'adressa à un Medecin, auquel je montrois actuellement l'Astronomie, qui par un retour honnête me faisoit part aussi de tout ce qui luy arrivoit de plus singulier dans son Art. La premiere ordonnance du Medecin fut *le Semen contra*, pour se convaincre, si ces grandes douleurs ne seroient pas causées par quelques vers à quoy sont sujets ces peuples par la grande quantité de sucre qu'ils mangent. Le malade qui ne respiroit qu'après sa guérison, prit aussi-tôt ce remede; & en effet; peu de temps après il ne sentit plus de si cuisantes tranchées; & étant allé à la selle, rendit un ver de 76. poûces 4. lignes de longueur, & de 4. lignes d'épaisseur. Cet animal étant mort, je le mesurai, & le trouvai tel que je viens de le rapporter, sa longueur même devoit être beaucoup plus grande pendant qu'il vivoit. J'ai crû qu'en rapportant cecy dans mon Journal, je ferois quelque plaisir aux gens qui professent l'Art de la Medecine; & qu'étant déja convaincus que nous nourrissons dans nos corps des animaux, ils ne seront pas surpris d'entendre dire qu'il y en ait d'une longueur égale à celuy-cy. Ce ver étoit rond, d'un

1709. Juin. jaune pâle; sa tête étoit dure; & je luy comptai depuis le derriere de la tête jusques assez près de la queüe 117. anneaux cartilagineux, tous entiers. Le malade n'eut pas plûtôt mis dehors cet animal, qu'il ne ressentit plus aucune douleur; sa couleur blême changea bien-tôt, & on ne l'entendit plus se plaindre.

XVIII. *Juin.*

Les temps étoient toûjours fort inconstans; les vents se rangerent au Nord le 17. le froid devint fort sensible; & le 18. le Soleil ayant paru assez beau, je fis les observations suivantes.

Je calculai le lieu du Soleil auparavant les observations; je le trouvai au de ♊.	27ᵈ 6′ 12″.
& sa declinaison septentrionale, de	23. 27. 5.
J'observai son diametre à son passage par le Meridien de	0ʰ 2′ 18″.
& la hauteur meridienne apparente de son bord superieur de	54ᵈ 46′ 30″.
D'où je calculai la haûteur du Pole de	12. 1. 50.

Après dîner j'allai rendre visite au Medecin Flamand, à dessein de m'informer, s'il n'auroit pas vû dans son voyage, passant par les campagnes de *Bombon*, la celebre plante dont les Indiens font tant de cas, lesquels ont donné le nom de *Machas* à ces racines; il me dit qu'il l'avoit vûë, que la tige de cette plante n'avoit pas plus d'un pied de hauteur, que ses feüilles étoient semblables à nôtre *Nasturtium hortense*, & que ses graines en étoient aussi peu differentes; que sa racine étoit un oignon semblable aux nôtres, d'un goût merveilleux, & d'une qualité chaude, qu'on ne doutoit plus de la fecondité qu'on luy attribuoit, puisque par une infinité d'expériences qu'on en avoit faites sur des femmes steriles qu'on avoit conduites à *Bombon*, on avoit remarqué, qu'après s'en être nourries pendant quelques jours, elles étoient devenuës fecondes.

Bombon

Bombon eſt un terrain des plus élevez du *Perou* à dix degrez de la Ligne du côté du Sud. Cette élevation rend ſes campagnes extrémement froides, & fait qu'il y tombe auſſi tres-ſouvent de la grêle. Le *Maragnon*, ou Riviere des *Amazones* prend ſa naiſſance dans cette Province, d'un grand lac appellé *Laguna de Chinchacocha*, qui a environ dix lieües de circuit, aux environs duquel les naturels du pays font leur demeure. Le grand froid rend ce pays peu fertile, le *Mays* même qui ſert aux Indiens à faire du pain, n'y vient que tres-difficilement; & ſi la Providence n'avoit pourvû à ces peuples de *Machas*, ce pays reſteroit deſert. La Province de *Bombon* dépend du Reſſort de *Guanuco*, Ville bâtie par les Eſpagnols ſur les confins de cette Province, dans laquelle on voyoit avant la conquête du *Perou* par les Eſpagnols, un celebre Palais bâti par les *Incas*, avec tant d'art, qu'on ne pouvoit pas même diſtinguer la jonction des pierres qui étoient d'une longueur & d'une largeur déméſurée. On voyoit encore auprès de *Ganuco* un Temple dedié au Soleil, avec ſes Veſtales qui vivoient dans une perpetuelle continence; la mort étoit le châtiment de celles qui la perdoient. Pour ſe délivrer du dernier ſupplice, elles ſe diſoient être enceintes du Soleil; & cependant elles n'étoient crûës qu'après un jurement ſolemnel, fait devant le Sacrificateur, & en preſence de tout le peuple. Ce jurement étoit par le Soleil & par la terre. Ces peuples regardant le Soleil comme leur pere, & la terre comme leur mere, croyoient que l'impudence d'une femme n'iroit pas juſques au point de jurer par les deux Divinitez dont dépendoient toutes les productions qui ſervoient à leur nourriture. Ces Veſtales ne s'occupoient qu'à filer du coton & de la laine pour faire des étoffes; elles avoient le ſoin de ramaſſer auſſi les oſſemens des brebis blanches, & les joignant à leurs étoffes, elles y mettoient le feu, jettant enſuite au vent, du côté où le Soleil ſe levoit, les cendres qui en étoient produites. Outre ces Veſtales il y avoit encore trente mille Indiens pour le ſervice du Temple.

1709. Juin.

XX. *Juin.*

J'étois fort satisfait de voir le Soleil tous les deux jours, j'en avois l'obligation aux vents de Sud, qui nettoyant le milieu du Ciel vers l'heure du midy, me donnoit le moyen de pouvoir l'observer. La hauteur meridienne apparente de son bord superieur fut de 54d 48′ 0″

D'où je conclus la hauteur du Pole de 12. 1. 47.
La hauteur du Mercure fut de 27p 6l 0″

XXVI. *Juin.*

Depuis le 20. je n'avois plus vû le Soleil à midy, les vents varierent tout ce temps-là du Nord au Sud; je trouvai à 10. heures du matin le Barometre à 27p 6l 0″
J'observai à midy la hauteur meridienne apparente du bord superieur du Soleil de 54d 52′ 50″
Son lieu dans le Zodiaque fut trouvé après le calcul au 4. 43. 34″ des ♋.
& sa declinaison septentrionale, de 23. 23. 56.

D'où je conclus la hauteur du Pole de 12. 1. 36.

EXAMEN DU PENDULE.

JE trouvai par le calcul de quelques hauteurs du Soleil, que l'horloge retardoit encore sur le temps moyen. J'avois déja monté le petit poids qui étoit le long de la verge du pendule, six lignes plus haut qu'il n'étoit à la *Conception*. Je le haussai encore de deux lignes; de sorte que le petit poids se trouvoit plus élevé le long de la verge qu'à la *Conception* de huit lignes : preuve assez convaincante que le pendule est plus court plus on approche de la Ligne, & qu'elle doit être par consequent racourcie. 1709. Juin.

Nous ne vîmes plus le Soleil de tout le reste du mois. Le 27. fut calme. Le 28. le vent fut au Nord; nous eûmes le matin un tremblement de terre. Le 29. le vent revint au Sud, & le 30. il retourna au Nord. La rosée commençoit toûjours à tomber sur les huit heures du soir, & elle duroit jusques à huit heures du lendemain matin.

1. *Juillet.*

J'observai le matin la hauteur du Barometre de	27p	6l	0"	1709. Juillet.
Le lendemain 2. du mois, le Soleil ayant paru fort clair à midy, j'observai la hauteur meridienne apparente de son bord superieur, de	55d	12'	40"	
D'où je conclus la hauteur du Pole de	12.	1.	29.	

REMARQUE

Sur une Etoile de la premiere grandeur, qui est à un des pieds du Centaure.

IV. *Juillet.*

SUr les deux heures du matin, en attendant que je pûsse observer l'Emersion du premier Satellite de Jupiter, que des nuages me cacherent, j'observai avec une lunette de 18. pieds l'Etoile de la premiere grandeur, qui est au pied Boreal du devant du Centaure; je trouvai cette Etoile composée de deux, dont l'une est de la troisiéme grandeur, & l'autre de la quatriéme. Celle de la quatriéme grandeur est la plus occidentale, & leur distance est égale au diametre de cette Etoile.

La rosée qui tomboit dans le mois de Juin à 8. heures du soir, & ne finissoit que sur les 7. à 8. heures du len-

1709. Juillet. demain matin, commença au mois de Juillet à tomber sur les 8. heures du matin, & duroit ordinairement jusques à 6. ou 7. heures du soir. Quoy qu'elle soit de peu de consequence, & qu'on ne s'en apperçoive presque pas dans les ruës, elle est si favorable aux plantes, qu'elles croissent plus en 24. heures, qu'elles ne croissent en 6. jours dans l'Europe. Le 5. & le 6. les vents furent au Nord-Oüest, & le Barometre fut observé le 6. à midy à 27. poûces 7. lignes 0''.

IX. *Juillet.*

Un grand bruit m'ayant éveillé à une heure du matin, connoissant par expérience que c'étoit ce qui devançoit ordinairement le tremblement de terre, je me levai promptement, assuré que dans ces occasions les plus alertes sont les plus prudens. Je me trouvai dans la ruë lorsque le tremblement commença, & j'y ressentis trois ou quatre secousses si violentes, que je crus que la maison & celles de nos voisins alloient être renversées; mais comme elles sont fort basses, n'ayant qu'un étage, elles resistent plus long-temps. Les Espagnols ont appris à leur dépens l'importance qu'il y a de ne pas bâtir de superbes édifices, & ont enfin reconnu que les Indiens n'avoient pas tort de se moquer d'eux, voyant leurs projets, & de leur dire qu'ils se bâtissoient des sepulchres. Ceux-cy en furent convaincus par l'évenement, car un tremblement étant survenu, ils furent tous accablez sous les ruines de leurs maisons.

Sur les 7. heures un second tremblement, plus violent que le premier, se fit ressentir lorsque j'étois en prieres dans le jardin; les Indiens qui travailloient actuellement, abandonnerent leur travail; & s'étant rangez près de moy, ils me supplierent de les confesser, dans la crainte que la terre ne s'ouvrît. Ce tremblement ayant cessé, j'allai à ma chambre voir dans quelle situation étoit mon horloge, je la trouvai arrêtée, & apprehendant que dans un autre rencontre, les clous qui la tenoient suspenduë, ne manquassent, j'en plaçai d'autres auprès de ceux-là pour la rassurer davantage.

1709.
Juillet.

X. *Juillet.*

A deux heures du matin il se fit un autre tremblement de terre, semblable à celuy que nous ressentîmes le 9. Tant de funestes accidens les uns sur les autres me causerent beaucoup de frayeur; ensorte qu'étant devenu presque aussi timide que ceux du pays, je commençai à craindre qu'il n'arrivât enfin un tremblement de terre comme autrefois, lequel renversât les maisons, brisât mon horloge, & la mît hors d'état de pouvoir m'être utile; ce qui m'obligea de la démonter, & de la renfermer dans sa caisse, jusques à un nouveau changement. Les vents varierent ces jours-là du Nord au Sud; les nuages furent toûjours fort épais, & la rosée tomba à l'heure ordinaire.

XIII. *Juillet.*

Les vents furent au Nord-Nord-Est, les temps devinrent plus froids, & on vit les montagnes à l'Est de *Lima* toutes couvertes de neige.

J'observai la hauteur du Barometre de $27^{p}\ 5^{l}\ \frac{1}{2}$.

XIV. *Juillet.*

Nous eûmes le même vent que le jour précedent; la rosée devança l'heure ordinaire, elle commença à tomber sur les six heures du matin, & continua toute la journée, ce qui rendoit l'air fort obscur, & le temps mélancolique, & elle ne cessa qu'au soir. J'observai sur les dix heures du matin que le Barometre avoit extrémement baissé, puis qu'il ne fût trouvé qu'à $27^{p}\ 0^{l}\ \frac{2}{5}$.

Cet abbaissement marquoit une rarefaction dans l'air fort considerable. Le lendemain 15. le vent se rangea au Nord, les nuages descendirent fort bas, & rendirent l'air d'une obscurité tres-grande; le Mercure se soutint dans le tuyau à la hauteur de $27^{p}\ 1^{l}\ \frac{1}{3}$.

Les Astres ne paroissoient plus, mes instrumens n'étoient plus d'usage, & j'employois tout mon temps au

1709. Juillet. deſſein. Un de mes amis me préſenta ce jour-là un oiſeau fort curieux. Je connus d'abord que c'étoit un *Tocan*, je le deſſinai auſſi-tôt, & le repréſentai au naturel dans l'Hiſtoire des animaux, à laquelle je m'occupois alors.

DESCRIPTION

d'un Oiſeau appellé Tocan.

CEt oiſeau eſt de la groſſeur d'un de nos pigeons; ſon bec qui eſt extraordinaire l'a rendu ſi recommandable, qu'on a placé cet animal dans le Ciel parmi les Conſtellations Auſtrales. Le bec de celuy-cy avoit à ſa naiſſance deux poûces & demy de groſſeur, & ſa longueur étoit de ſix poûces. Je croyois d'abord qu'un ſi grand poids étoit fort à charge au *Tocan;* mais ayant examiné ce bec de près, je trouvai qu'il étoit creux & vuide au dedans, & d'une grande legereté. La partie ſuperieure arrondie au deſſus, étoit en forme de faux, émouſſée à ſa pointe. Les deux bords qui le terminoient, étoient découpez en dents de ſcie, d'un tranchant ſubtil, prenant leur naïſſance vers la racine du bec, & continuant juſques à ſon extrémité. On voyoit le long du ſommet de cette partie une bande jaune, large environ de quatre lignes, qui regnoit ſur toute ſa longueur. Cette même couleur s'étendoit depuis l'origine du bec juſqu'à un demy poûce au-delà, embraſſant toute cette partie terminée vers ſes bords par une petite bande azurée d'une ligne & demie de largeur, qui faiſoit un effet admirable. Tout le reſte de cette partie du bec étoit un mélange de noir & de rouge, tantôt clair, tantôt obſcur.

La partie inferieure du bec un peu recourbée avoit à ſa naiſſance une bande azurée, de huit lignes de longueur, & tout le reſte étoit un mélange ſemblable à celuy de la partie ſuperieure. Ses bords étoient ondez, à la difference de l'autre partie, qui étoient en dents de ſcie.

Sa langue, presque aussi longue que le bec, étoit composee d'une membrane blanchâtre fort déliée, découpée profondément de chaque côté, & avec tant de délicatesse, qu'elle ressembloit à une plume.

Ses yeux plaquez sur deux joües nuës, couvertes d'une membrane azurée, étoient grands, ronds, d'un noir vif & étincellant.

Son couronnement, le dessus de la tête, tout son manteau, & son vol étoient noirs, hors une grande bande d'un beau jaune, laquelle étoit peu distante du dessus de la queüe, & qui se terminoit à la naissance de cette partie.

Son parement étoit d'un blanc de lait, qui continuoit jusques à la poitrine, où une bande jaune, large de deux lignes, divisoit ce beau blanc d'une couleur rouge environ de quatre lignes de largeur; après quoy suivoit une autre couleur noire, qui alloit se perdre au dessous du ventre, où un rouge clair prenoit naissance, qui continuoit le même jusques à l'Anus. La queüe toute noire avoit quatre poûces de longueur, & son extrémité étoit arrondie.

Ses jambes bleuâtres, couvertes de grandes écailles, avoient deux poûces de longueur; chacun de ses pieds étoit composé de quatre serres, dont deux étoient devant, & les deux autres derriere. Deux de ces serres étoient longues d'un poûce & demy, & les deux autres d'un poûce. Les plus courtes étoient en dedans, & les longues en dehors, & elles étoient toutes terminées par un ongle de trois lignes, noir & émoussé.

On s'apperçoit si peu des narines de cet oiseau, que l'on croiroit qu'il n'en a pas, parce qu'elles sont cachées entre la tête & la racine du bec, & j'eus de la peine à les découvrir.

Le *Tocan* se familiarise facilement ainsi que les poules, il se présente quand on l'appelle, & n'est nullement difficile à nourrir, mangeant indifferemment de tout ce qu'on luy donne.

1709. Juillet.

XVI. *Juillet.*

Les vents varierent du Nord-Eſt au Sud ; les montagnes étoient couvertes de neiges ; & les vents paſſant par deſſus, ſe chargeoient d'une qualité ſi froide, qu'elle nous obligeoit dans la Zone Torride non ſeulement de porter des habits d'hyver, mais même de nous approcher du feu.

Le Barometre fut à la hauteur de 27p 1l 0".

XIX. *Juillet.*

L'air commença à ſe débroüiller, les nuages n'étoient plus ſi épais, & le vent de Sud qui ſouffloit depuis le 16. les ayant diſſipez en partie, avoient auſſi diminué la roſée, qui n'étoit plus, à beaucoup près, ſi forte, & étoit devenuë preſque imperceptible ; le Barometre indiquoit ce changement, je l'obſervai à la hauteur de 27. poûces 2. lignes $\frac{2}{3}$.

La mort enleva ce jour-là un de mes meilleurs amis, qui étoit tombé depuis deux jours en apoplexie ; ce fut le fameux Don Jean Ramon, Maître de la Chapelle du Roy, & Profeſſeur Royal de Mathematique. Son âge aſſez avancé donna aux Medecins mauvais augure de ſa maladie dès ſon commencement ; & cela d'autant plus, que c'étoit la premiere fois de ſa vie qu'il avoit été malade. Cet homme, depuis plus de cinquante ans qu'il étoit à *Lima*, n'avoit jamais reſſenti la moindre douleur de tête ; & c'étoit une merveille de le voir à quatre-vingt-cinq ans marcher ſans bâton, ſe tenir debout comme une perſonne de trente ans, & avoir l'eſprit auſſi dégagé qu'à la fleur de ſon âge. L'application continuelle à la Geometrie lineaire, l'avoit rendu, ſans contredit, un des plus ſçavans Geometres de toutes les Indes. Son Traité de la Duplication du Cube, dont il avoit corrigé les erreurs de la premiere impreſſion, tomba entre les mains d'un homme, que je priai ſouvent avec inſtances de me la communiquer ; mais lors qu'il eſperoit paſſer

en

en France, & de la donner au public, la mort l'enleva au milieu de son plus bel âge; ensorte que tous les papiers de Don Jean Ramond, de qui il les avoit reçus, pendant que ce grand Geometre vivoit, tomberent entre les mains des domestiques qui n'en connoissant pas le prix, en laisserent perdre la plus grande partie, & l'autre fut brûlée par une personne qui crut rendre au mort un grand service, brûlant, disoit-elle, des secrets que nul homme ne devoit lire. Cette perte a privé le public de la connoissance de tout le Perou. Feu Jean Ramond avoit fait par ordre du Roy d'Espagne la Carte de plusieurs Provinces dans plusieurs de ses voyages; elles se trouverent malheureusement enveloppées dans cet embrasement, & périrent avec tous les travaux de cet excellent homme, qui avoit sacrifié les plus beaux jours de sa vie pour se rendre utile à l'Etat: malheur assez ordinaire aux plus celebres Ecrivains.

Les instrumens de Mathematique desquels Don Jean Ramond se servoit, étoient des ouvrages sortis de ses mains; il avoit gravé luy-même sur un grand plan d'argent une Carte geographique de tout ce nouveau continent, elle paroissoit assez exacte dans les distances d'un lieu à un autre qu'il avoit prises seulement par estime, & il ne manquoit plus à la perfection de cet ouvrage que les veritables positions en longitude & en latitude, dans lesquelles cette Carte n'étoit pas reguliere, n'ayant été dressée que par l'estime. Don Jean Ramond faisant son testament, me nomma en presence de l'assemblée, heritier de tous ses instrumens de Mathematique, & ordonna même qu'ils me fussent remis sur le champ; mais n'ayant pas voulu pour lors les recevoir, esperant qu'il releveroit de sa maladie, & que nous pourrions encore nous en servir ensemble, ainsi que je luy dis après l'en avoir tres-humblement remercié. Je les laissai chez luy; & comme il étoit déja tard, luy trouvant la poitrine fort dégagée, & la parole assez libre, je pris congé de luy, esperant de l'embrasser le lendemain; mais cette brillante lumiere s'éteignit tout-à-coup; ensorte que le lendemain matin, m'étant rendu chez le malade, je trouvai, en en-

1709. Juillet.

trant dans sa salle, son corps dans le cercüeil, autour duquel on avoit mis quatre flambeaux, & un Prêtre qui prioit le Seigneur pour le repos de l'ame de ce cher défunt. On peut juger quelles furent ma surprise & ma douleur à la vûë d'un si triste objet, qui fut pour moy comme un coup de foudre qui faillit à me renverser. Je ne pûs retenir mes larmes; & après l'avoir pleuré quelque temps, je luy rendis tous les devoirs que la Religion, la reconnoissance, & les liens d'une étroite amitié pouvoient exiger de moy.

Quelques jours après, ayant appris qu'on avoit mis en vente sa Bibliotheque, où étoient tous ses instrumens de Mathematique, je me transportai à la maison du défunt, pour demander à l'Executeur du testament de satisfaire à ses ordres. Comme celuy-là ne sçavoit pas de quoy il s'agissoit, je luy dis que Don Jean Ramond m'avoit legué, en presence de plusieurs personnes, tous ses instrumens de Mathematique; l'Executeur testamentaire me répondit, qu'il le sçavoit; mais que le mort avoit laissé beaucoup de dettes, qu'il falloit premierement les acquitter, & qu'après on verroit ce qu'on pourroit faire. A cette réponse je me retirai, me doutant bien que les instrumens que j'estimois au moins huit cens écus, ne tomberoient jamais entre mes mains, quoique Don Jean Ramond, toutes ses dettes payées, laissât encore plus de cinquante mille livres de biens.

XXI. *Juillet.*

Les nuages se rarefierent, nous vîmes le Soleil par leur travers, l'air reprit sa premiere force elastique; ce que je connus à la hauteur du Barometre, qui monta ce jour-là à 27. pouces 6. lignes $\frac{1}{3}$.

Les tremblemens de terre ne s'étant pas fait sentir depuis quelques jours, je crus qu'il n'y avoit plus rien à craindre, & que je pouvois remonter ma pendule, ce que je fis, & je pris le lendemain 22. quelques hauteurs correspondantes, pour sçavoir quelle heure mon horloge marquoit à midy; le vent souffloit au Sud, le Barometre fut obſervé à midy à la hauteur de 27. poûces 6. lignes $\frac{1}{2}$. 1709. Juillet.

Je ne m'apperçus plus d'aucun changement ſenſible dans le Barometre juſques au 28. que les nuës s'étant condenſées, le Mercure baiſſa, & reſta ſuſpendu dans le tuyau à la hauteur de 27. poûces 4. lignes $\frac{1}{4}$.

REMARQUES

Sur la Petrification des Eaux d'une Source.

ON voit à *Guancabalica*, Ville du Perou, à ſoixante-dix lieües de *Lima*, une ſource qui ſort du milieu d'un baſſin quarré, dont les côtez ont environ dix toiſes, & dont les eaux extrémement chaudes à leur ſortie, ſe petrifient dans les campagnes, en s'y répandant à peu de diſtance de leur ſource. Ces eaux ainſi petrifiées, ont une couleur d'un blanc tournant ſur le jaune, & leurs ſuperficies ſont ſemblables à celles des glaces qui ſortent des mains de l'ouvrier, qu'il faut polir pour les rendre tranſparantes. On s'eſt ſervi de ces pierres dans la conſtruction de la plus grande partie des maiſons de cette Ville. Leur coupe ne donne guéres de peine aux tailleurs de pierres; ils n'ont pour cela qu'à remplir de ces eaux les moules qui ont la figure qu'ils prétendent donner à leurs pierres, & ſans regle ni marteau, les ouvriers trouvent peu de jours après leurs pierres avec la figure qu'ils ſouhaitent. Les Sculpteurs ſont délivrez du long travail qu'il faut employer à la recherche de la draperie & des traits de leurs ſtatuës; car lorſque leur moule eſt bien fini, ils n'ont qu'à le remplir d'eau de cette ſource, & lors qu'elle eſt petrifiée, il ne leur reſte plus qu'à leur donner, en retirant du moule leurs ſtatuës, un beau poli, pour les rendre tranſparantes. J'ai vû une infinité de ces ſtatuës, & tous les benitiers qui ſont dans la plûpart des Egliſes de *Lima*, ſont de la même matiere, & d'une telle beauté, que l'on ne croiroit jamais que leur matiere ne fût qu'une eau petrifiée, ſi l'on n'étoit prévenu là-deſſus.

1709. Juillet.

C'eſt auprès de *Guancabalica* où eſt la grande mine d'où l'on tire le Mercure qui ſert dans toutes les mines de l'Amerique meridionale à purifier l'argent. Elle eſt creuſée dans une montagne fort vaſte, qui menaçoit ruine cette année-là, les bois qui la ſoûtiennent en pluſieurs endroits étant à moitié pourris; les dépenſes qu'on y avoit faites ſeulement en bois juſques alors, ſe montoient à trois millions deux cens mille livres. On trouve dans cette mine des places, des ruës, & une Chapelle où l'on celebre la Meſſe les jours de Fêtes, on y eſt éclairé par une grande quantité de chandelles allumées; les parties ſubtiles du Mercure qui s'évaporent, rendent tres-mauvais & fort dangereux l'air qu'on y reſpire; & les Indiens qui y travaillent, vivent ordinairement fort peu; & pluſieurs ſont obligez d'en ſortir, parce qu'ils deviennent perclus de leurs membres, après y avoir demeuré quelque temps.

XXIX. *Juillet.*

L'air reprit ſa premiere extenſion, les nuages étoient fort élevez, bien differents des jours paſſez où ils étoient fort bas. Leur rarefaction nous laiſſa voir par leur travers pluſieurs fois le Soleil la même journée, & le Mercure monta à la hauteur de 27. poûces 7. lignes, hauteur à laquelle je ne l'avois pas encore obſervé; le lendemain 30. il fut encore à la même hauteur.

I. *Août.*

1709. Août.

Le Soleil nous fut encore caché, le Mercure continua dans ſa même hauteur, les vents varierent toûjours du Nord-Eſt à l'Eſt, & le temps froid qui duroit encore, nous obligeoit quelquefois de nous approcher du feu, ce que ceux qui n'ont pas été dans la Zone Torride auront ſans doute de la peine à croire.

X. *Août.*

Depuis le premier du mois il n'étoit rien arrivé de

considerable; j'observai le 10. la hauteur du Mercure à 27. poûces 7. lignes ½, le 11. & le 12. il fut à la même hauteur, les vents au Sud & le Ciel couvert de nuages fort élevez. 1709. Août.

XIII. *Août.*

Après avoir été long-temps privez de la vûë du Soleil, il parut enfin sur les dix heures. Je n'avois pas pris de hauteurs correspondantes depuis le 22. du mois de Juillet, je le fis ce jour-là pour sçavoir l'état de mon horloge.

Hauteurs correspondantes du bord superieur du Soleil pour l'Horloge.

heures du matin.	hauteurs.	heures du soir.
10^h 13' 40"	50^d 4' 50"	2^h 17' 26"
19. 0.	51. 3. 0.	12. 4.
24. 25.	52. 2. 0.	6. 34.

Par la premiere correspondance l'horloge marquoit à midy,	12^h 15' 33"
Par la seconde,	12. 15. 32.
Par la troisiéme,	12. 15. 29.
Prenant un milieu, on eut midy à	12. 15. 31.
Le 22. du mois de Juillet on avoit eu midy à	12. 5. 50.
Donc l'horloge avançoit en 22. jours de	9. 41.
Pour être au temps moyen elle devoit retarder de	1. 25.
Donc elle avançoit dans le même nombre de jours sur le temps moyen de	11. 6.
& en un jour de	0. 30.

Le lendemain 14. les nuages nous couvrirent encore le Soleil, le 15. le 16. le 17. & le 18. de même, les vents varierent du Sud-Sud-Est au Sud, & le Barometre resta tout ce temps-là constamment suspendu à la hauteur de 27. poûces 7. lignes ½.

1709. Août.

XIX. *Août.*

Le Soleil commença de paroître après dix heures, le vent étoit au Nord-Nord-Eſt, & le Barometre fut obſervé à la hauteur de 27. poûces 7. lignes $\frac{1}{3}$.

Hauteurs correſpondantes du bord ſuperieur du Soleil pour l'Horloge.

heures du matin.	hauteurs.	heures du ſoir.
10h 48' 45"	57d 15' 0"	1h 45' 50"
53. 32.	58. 1. 30.	40. 58.
58. 45.	58. 50. 0.	35. 46.

Par la premiere hauteur l'horloge marquoit à midy,	12h 17' 17"
Par la ſeconde,	12. 17. 15.
& par la troiſiéme,	12. 17. 15. $\frac{1}{2}$.
Prenant un milieu, on eut midy à	12. 17. 16.
Le 13. l'horloge marquoit à midy,	12. 15. 31.
Donc l'horloge avoit avancé en 6. jours de	1. 45.
Pour être au temps moyen, elle devoit retarder de	1. 11.
Donc l'horloge avançoit ſur le temps moyen en 6. jours de	2. 56.
& en 24. heures de	29. $\frac{1}{3}$.

D'abord que j'eus comparé l'heure de midy que donnoient ces hauteurs correſpondantes avec celles qu'avoient donné les correſpondances priſes le 13. voyant que l'horloge avançoit ſur le temps moyen, je baiſſai d'une ligne le petit poids qui étoit le long du pendule, pour chercher ſur ce pendule un point, ſur lequel le petit poids étant poſé, l'horloge ſe trouvât au temps moyen. Dans cette ſituation le petit poids ſe trouvoit plus élevé de ſept lignes le long du pendule, que je ne l'avois trouvé à la *Conception*, où il étoit aſſez bien reglé au temps moyen.

J'obſervai à midy la hauteur apparente du bord ſuperieur du Soleil de 65d 32' 30"

D'où je conclus la hauteur de l'Equateur de 77. 59. 3. 1709. Août.

& la hauteur du Pole de 12. 0. 57.

20. *Août.*

A midy le Soleil parut beau, son diametre demeura dans son passage par le Meridien, $0^h\ 2'\ 10''\frac{1}{2}$.

J'observai la hauteur meridienne apparente de son bord superieur, de $65^d\ 52'\ 30''$

D'où je calculai la hauteur du Pole, qui fut trouvée de 12. 0. 29.

Le lendemain 21. les vents se tirerent au Sud-Est, le Barometre fut observé à 27. poûces 6. lignes 0.

Il fut encore observé à la même hauteur le 22. & le 23. le 24. & le 25. les vents s'étant rangez au Sud, la hauteur du Mercure monta d'une demy ligne plus haut. Le 28. les nuages s'épaissirent, la rosée qui n'étoit pas tombée depuis quelques jours recommença; & le Barometre qui nous marquoit dans ses hauteurs les changemens des temps, ne monta qu'à 27. poûces 5. lignes $\frac{1}{2}$.

IV. *Septembre.*

Un valet-de pied du Viceroy vint m'avertir le matin que son Excellence desiroit de me voir. Après que j'eus celebré la sainte Messe, j'allai au Palais, j'eus l'honneur de saluer ce Seigneur, qui me pria de me souvenir de luy lever le plan de la Ville de *Lima*, dont il m'avoit déja parlé; mais comme j'étois tout occupé à l'Histoire naturelle & au dessein, j'avois oublié cette commission, qui d'ailleurs demandoit & du temps & des gens qui portassent mes instrumens; c'est pourquoy je suppliay le Viceroy de me donner un ou deux soldats, ce qui fut executé dès le lendemain 5. Alors je commençai à satisfaire à mon engagement, je passai toute cette journée à construire un grand compas, dont j'arrêtai par un traversier les deux branches éloignées l'une de l'autre d'une 1709. Septembre.

1709. Septembre. varre, mesure ordinaire d'Espagne, afin de me conformer aux usages de cette nation. Pendant que je travaillois à lever ce plan, mes autres occupations que je regardois comme un devoir indispensable, furent suspenduës; cependant je ménageois si-bien mon temps, que je ne laissois pas de dessiner tous les matins pendant une heure quelque plante ou quelque animal, qu'un Indien que je payois pour cela, m'apportoit ordinairement tous les soirs, n'ayant pas le loisir de les aller chercher moy-même.

OBSERVATION

Sur l'Inclinaison de l'Aimant.

J'Ay déja dit ailleurs quel étoit l'instrument qui me servoit pour faire ces observations. J'en avois fait plusieurs dans la même Ville pour le même sujet; je ne trouvai entre les unes & les autres qu'une tres-petite difference, je pris un milieu qui donna l'Inclinaison de l'Aiman du côté du Sud, de 3^d 25' 0"

Il tomba tout ce jour-là une petite rosée fort legere, qui ne moüilla pas même mes habits, quoique je restasse une partie du jour exposé à l'air. Le vent fut tout le jour au Sud-Sud-Est, & le Barometre fut observé à la hauteur de 27. poûces 6. lignes $\frac{1}{2}$.

v. *Septembre.*

Depuis le 21. du mois d'Août le Ciel nous avoit été caché. Sur les trois heures du soir, le Soleil ayant paru, je montai une lunette de 18. pieds, pour observer si je ne verrois pas sur son Disque quelque tache, mais je n'en vis aucune. Les nuages nous le cacherent peu de temps après, & il ne parut plus de plusieurs jours. Le 7. il tomba sur les cinq heures du matin une pluye qui surprit toute la Ville, les habitans avoüerent que depuis plus de vingt ans ils n'en avoient pas vû de semblable, il n'y eut dans la Ville la Ville aucun couvert de maiſon qui pût reſiſter. J'ay remarqué ailleurs dans mon Journal, que ces couverts ne ſont que des nattes faites de roſeaux, ſur leſquelles on ſeme un peu de cendre. Je fus obligé pour garantir de la pluye mes papiers & mes inſtrumens, hors mon horloge que je laiſſai toûjours en mouvement, de les mettre ſous mon lit. Un Soleil ardent parut enſuite ſur les onze heures, & ſecha en un inſtant & les matelats & les couvertures. Cette pluye dura l'eſpace d'une demy heure; on vit dans les ruës des ruiſſeaux d'eau, choſe extraordinaire dans ce pays. Le Mercure reſta ſuſpendu dans le tuyau à la hauteur de 27. poûces 6. lignes o.

1709. Septembre.

Le vent fut le matin au Nord-Oueſt, & le ſoir il ſe rangea au Sud-Sud-Oueſt. Le lendemain 8. l'air fut extrémement calme, les nuages s'épaiſſirent, la roſée qui tomba fut un peu plus conſiderable que celle des jours paſſez, & le Barometre fut trouvé comme le jour précedent à la hauteur de 27. poûces 6. lignes o''.

Le 9. le calme continua, nous eûmes pendant toute la matinée une roſée conſiderable, & le Barometre fut à 7. poûces 5. lignes ½. Le 10. le Barometre fut à la même hauteur, & le temps dans la même diſpoſition que le jour précedent. Le 12. les nuages devinrent plus obſcurs, le Barometre baiſſa encore d'une ligne. Le 13. le vent ſouffla à l'Eſt-Sud-Eſt, & la hauteur du Barometre fut de 27. poûces 5. lignes.

Je vis ce même jour dans la maiſon d'un de mes amis un pigeon femelle, qui avoit pondu en ſept jours ſept œufs; & qui après les avoir couvez, en fit éclorre un pareil nombre de petits, que cet animal nourriſſoit. Cette fecondité me parut extraordinaire; car on void rarement en Europe que les pigeons pondent plus de deux œufs.

Les vents ne changerent que le 17. qui ſe tirerent à l'Oueſt-Sud-Oueſt; le Barometre étoit revenu à la hauteur de 27. poûces 6. lignes & demie, où il ſe tint juſques au 21.

1709. Septembre.

XXI. *Septembre.*

Le Soleil parut à midy, j'obſervai ſon diametre paſſant par le Meridien, de	0^h	2′	9″
Ce diametre en temps, reduit par le calcul en minutes & ſecondes de grand Cercle, donna le diametre du Soleil de	0^h	32′	15″
& ſon demi-diametre de		16.	7. ½.
La hauteur meridienne apparente de ſon bord ſuperieur fut obſervée de	77^d	40′	0″
D'où je conclus la hauteur de l'Equateur de	77.	58.	15.
& la hauteur du Pole de	12.	1.	45.

XXII. *Septembre.*

Le Soleil ſe découvrit ſur les 9. heures du matin, & ne ſe cacha que quelques minutes après midy. Son diametre paſſa par le Meridien en	0^h	2′	9″
La hauteur meridienne apparente de ſon bord ſuperieur fut obſervée de	78^d	3′	20″
D'où je calculai la hauteur du Pole, qui fut trouvée de	12.	1.	28.

Le 24. & le 25. des nuages épais rendirent l'air obſcur; ils nous donnerent une grande roſée, les vents furent au Sud, & le Barometre fut à la hauteur de 27. poûces 5. lignes une demie.

Les jours ſuivans le Soleil nous fut encore caché, & ne parut que quelques minutes de temps le ſoir du 28. J'avois obſervé ce jour-là la hauteur du Mercure de 27. poûces 7. lignes 0′.

XXIX. *Septembre.*

Nous eûmes une belle journée, le Ciel parut clair, le Soleil nous fit reſſentir l'ardeur de ſes rayons; ce qui nous persuada facilement que nous étions dans la Zone Torride ; les vents furent tout le jour au Sud-Est, & le lendemain 30. ils se rangerent à l'Ouest-Sud-Ouest. Le Ciel s'éclaircit le soir ; je vis Jupiter pour la seconde fois dans mon sejour à *Lima*. Il étoit fort proche de Venus ; je ne pûs découvrir ses Satellites, quoique je me servis pour les observer d'une bonne lunette de 18. pieds, en ayant été empêché par des vapeurs qui étoient extrémement épaisses sur l'horison de la mer, au dessus duquel Jupiter n'étoit pas fort élevé.

1709. Septembre.

XVIII. *Octobre.*

1709. Octobre.

Depuis la fin du mois de Septembre il ne se passa rien de particulier ni dans le Ciel ni dans l'air ; je ne trouvai durant ce temps-là presque point de changement au Barometre ; & s'il en arriva, il ne fut jamais plus que d'une ligne ou d'une ligne & demie. Le Ciel fut toûjours couvert, les vents varierent du Sud-Sud-Ouest au Sud-Est, & une petite rosée humectant les plantes, leur donnoit un accroissement merveilleux ; c'est ce que je remarquai en semant de petites raves, dont j'avois apporté les graines de Provence en 1707. lesquelles j'avois soigneusement conservées. J'en semois ordinairement tous les mois, sans avoir égard aux jours de la Lune, ausquels nos Jardiniers s'attachent si scrupuleusement ; celles que je semai au commencement de ce mois crûrent en dix jours autant qu'elles croissoient dans quinze en une autre saison, & ces petites raves étoient d'un goût excellent. Celles du pays sont d'une grosseur extraordinaire ; il n'y en a pas qui ne soient plus grosses que la jambe, & il faut être fait à leur goût pour pouvoir en manger.

Nous vîmes le Soleil le 18. je demeurai ce jour-là dans ma chambre pour prendre des hauteurs correspondantes, & regler mon horloge ; j'avois déja beaucoup avancé le plan de la Ville de *Lima*, que je levois par ordre du Viceroy, ainsi que j'ai dit cy-dessus.

1708. Octobre.

Hauteurs correſpondantes du bord ſuperieur du Soleil pour l'Horloge.

heures du matin.	hauteurs.	heures du ſoir.
9h 34′ 56″	56d 37′ 30.	2h 9′ 21″
42. 0.	58. 21. 0.	2. 29.
47. 27.	59. 41. 0.	1. 56. 51.

Par la premiere & derniere correſpondance l'horloge marquoit à midy, 11h 52′ 9″
& par la ſeconde, 11. 52. 11.
prenant un milieu on eut midy à 11. 52. 10.

Depuis huit heures du matin juſques à cinq heures du ſoir nous reſſentîmes une chaleur brûlante, le Mercure reſta ſuſpendu à la hauteur de 27. poûces 7. lignes 0″.

XIX. *Octobre.*

Hauteurs correſpondantes du bord ſuperieur du Soleil pour l'Horloge.

heures du matin.	hauteurs.	heures du ſoir.
9h 53′ 27″	61d 12′ 50″	1h 50′ 41″

L'horloge marqua à midy, 11h 52′ 4″
Le 18. on eut midy à 11. 52. 10.
Donc l'horloge retardoit en un jour de 6.
Pour être au temps moyen elle devoit retarder de 10.
Donc l'horloge retardoit ſur le temps moyen de 4.

Après que j'eus pris les correſpondances du ſoir, j'avançai l'aiguille des minutes de l'horloge de 0h 8′ 0″.

1709. Octobre.

OBSERVATIONS

des Taches qui parurent sur le Disque du Soleil.

PRenant le matin les hauteurs correspondantes du Soleil, j'apperçus deux taches sur son Disque. La lunette du quart de cercle avec laquelle je les découvris, n'étoit pas assez longue pour m'en marquer la figure; c'est pourquoi je montai une lunette de 18. pieds, qui me découvrit quatre taches au lieu de deux, dont trois étoient renfermées dans une même Atmosphere; celle du milieu de ces trois taches-cy, terminée d'un côté en pointe, étoit la plus grande; les deux autres qui étoient à ses côtez, étoient petites & plus longues que larges. On peut les voir représentées icy dans la premiere figure A; l'autre tache peu éloignée de celles-cy, étoit aussi environnée d'un Atmosphere dont la figure représentée en B, étoit semblable à celle de la tache. Il me fut impossible de déterminer leurs hauteurs meridiennes, ni le temps entre leur passage & celuy de l'un des bords du Soleil, à cause que le Soleil passoit alors fort près du Zenith. Je choisis pour faire ces observations une heure plus commode; ce fut sur les 4. heures du soir, le Soleil entrant alors dans ma chambre par une fenêtre qui tournoit à l'Ouest, j'eus toutes les commoditez que je pouvois souhaiter pour mes observations, ayant tout près de moy l'horloge dont je comptois les vibrations en même temps que j'observois.

Je disposai donc la lunette de mon quart de Cercle, en sorte qu'un des fils qui se croisent au foyer de la lunette à angles de 45. degrez, étant parallele à l'Equateur, celuy qui luy étoit perpendiculaire représentoit un Cercle horaire; faisant donc suivre exactement le bord superieur du Soleil le long de ce parallele, je trouvai qu'à 4. heures 2' du soir le centre de la grande tache précedoit le bord superieur du Soleil de 0^h 0' 23"
& la difference en declinaison du bord superieur du Soleil au centre de la tache étoit de 0^h 0' 56".

1709. Octobre.

Lesquelles reduites en minutes & secondes de degré donnoient o^d 14' o''.

XX. *Octobre.*

Le Soleil n'ayant pas paru, je ne pûs observer les taches que j'avois vûës le jour précedent, les vents furent au Nord-Oueſt, & le Barometre fut observé à la hauteur de 27. poûces 6. lignes o''.

XXI. *Octobre.*

Sur les quatre heures du matin un bruit épouventable qui devança de tres-peu un tremblement de terre, nous fit sortir du lit avec beaucoup de précipitation, chacun courut en chemise dans la ruë, de peur d'être enseveli sous les ruines de leur maison. On vit tout-à-coup dans toutes les ruës de *Lima* une décoration grotesque, & capable dans une autre occasion que celle-cy de donner la Comedie. De trois secousses il n'y eut que la premiere qui fut violente; si les deux qui suivirent eussent été pareilles à celles-cy, nulle maison ne seroit restée debout; il tomba toute la nuit précedente une forte rosée, dont ceux qui se trouverent le matin dans les ruës à l'occasion de ce tremblement de terre, furent tout moüillez. Les vents étoient encore au Nord-Oueſt.

Les nuages se dissiperent d'abord après midy, & le temps demeura clair le reste de cette journée.

A 4. heures 8' du soir le centre de la grande tache devançoit le bord du Soleil de o^h o' 6''
& la difference en declinaison entre le centre de la même tache & le bord superieur du Soleil étoit de o^h o' 44''

Il ne parut dans ces taches aucun changement que celuy que l'on y voit, lors qu'elles s'approchent des bords du Soleil, où elles paroissent se retrecir par l'effet de l'Optique.

XXII. *Octobre.*

Le bruit qui devance les tremblemens de terre se fit entendre de meilleure heure que celuy qui arriva le jour précedent. On l'entendit à une heure & demie du matin; nous sortîmes promptement de la maison. Dès que le tremblement fut fini, chacun rentra chez soy pour se reposer; mais à peine étoit-on assoupi, qu'un second tremblement fort violent se fit sentir; nous crûmes qu'il auroit de funestes suites, ainsi on n'osa plus se recoucher, appréhendant toûjours quelques nouvelles allarmes; mais nous ne nous apperçûmes plus de rien de toute cette journée-là, nous apprîmes seulement que quelques maisons de campagne de peu de consequence, & dont les fondemens étoient fort foibles, avoient été renversées.

Le Barometre fut à midy à la hauteur de 27. poûces 6. lignes deux tiers, & les vents au Sud-Ouest.

OBSERVATIONS GEOMETRIQUES

Pour connoître la hauteur d'une Montagne.

XXIV. *Octobre.*

DEpuis mon arrivée à *Lima* j'avois toûjours eu dessein de faire quelques expériences du Barometre au pied & sur le sommet d'une montagne, pour examiner si à 12. degrez de la Ligne la pesanteur de l'air conservoit les mêmes proportions, que le sçavant Monsieur Maraldy de l'Académie Royale des Sciences a si ingenieusement trouvé en Europe; il falloit avant cet examen s'assurer de la hauteur d'une montagne, en la mesurant geometriquement; & c'est ce que je fis.

Après midy, ayant trouvé un temps tout propre à mon dessein, je priai un Medecin à qui j'enseignois actuellement l'Astronomie, de m'aider dans cette opera-

1709. Octobre.

tion ; nous nous transportâmes tous les deux au pied d'une montagne, avec nos instrumens. Le quart de Cercle dont je me servis pour prendre les hauteurs de la montagne, donnoit toûjours les hauteurs trop grandes de deux minutes ; ce que je verifiai encore le même jour, quoique j'eusse déja fait plusieurs fois la même verification pour m'assurer d'avantage, & m'ôter tous les scrupules que j'aurois pû avoir dans mes observations.

Au pied de cette montagne il y a une belle plaine presque de niveau, sur laquelle je pris deux points éloignez l'un de l'autre, qui répondoient directement à un troisiéme point qui étoit sur le sommet de la montagne ; en sorte que les trois points que je marquai par trois signaux differents, se trouvoient dans la même ligne de direction.

Cette ligne étant donc établie, je mesurai fort exactement avec un grand compas, dont l'ouverture des pointes étoient d'une toise juste, une baze de deux cens toises, le long d'une corde que j'avois tenduë d'un point à l'autre, pour ne pas m'égarer en mésurant d'un côté ou d'autre de la ligne, précautions absolument necessaires pour la justesse d'une operation qui me paroissoit assez delicate.

Comme la plaine n'étoit pas tout-à-fait de niveau, après avoir établi mes deux Stations éloignées de deux cens toises, je posai mon quart de Cercle sur la premiere, & sur la seconde (qui se trouvoit directement dans la même ligne qui répondoit au sommet de la montagne) je mis un signal que le Medecin eut soin d'élever & de baisser jusques à ce que j'eusse trouvé son niveau par le quart de Cercle, dans lequel nous arrêtâmes le signal. Nous nous servîmes pour le signal du sommet de la montagne d'une Croix qui y étoit plantée, & nous y attachâmes un papier avec de petits clouds, que je voyois fort distinctement avec la lunette de mon quart de Cercle. Etant donc assuré que les trois points qui devoient me servir dans la mesure geometrique de la hauteur de la montagne, passoient dans la même ligne de direction, & que les deux signaux des deux Stations où je devois poser

poser mon quart de Cercle, pour prendre les Angles de la hauteur de la montagne, étoient précisément dans le même niveau; je fis les operations suivantes. 1705. Octobre.

PREMIERE STATION.

Les deux Stations ayant été déterminées, je posai sur la premiere, qui étoit la plus éloignée de la montagne, mon quart de Cercle, & je pris la hauteur du signal que nous avions attaché à la Croix, qui étoit au sommet de la montagne; je trouvai ce signal à la hauteur de 11d 52' 0"

Le quart de Cercle donnant les hauteurs trop grandes de 2.

il resta pour la veritable hauteur, 11. 50. 0.

SECONDE STATION.

La hauteur de la montagne ayant été prise dans la premiere Station, je transportai mon quart de Cercle dans la seconde; je pris de cette seconde Station la hauteur du même signal que nous avions mis le long de la Croix, je la trouvai de 16d 24' 10"

Otant les minutes que le quart de Cercle donnoit de trop, 2. 0.

il resta pour la veritable hauteur, 16. 22. 10.

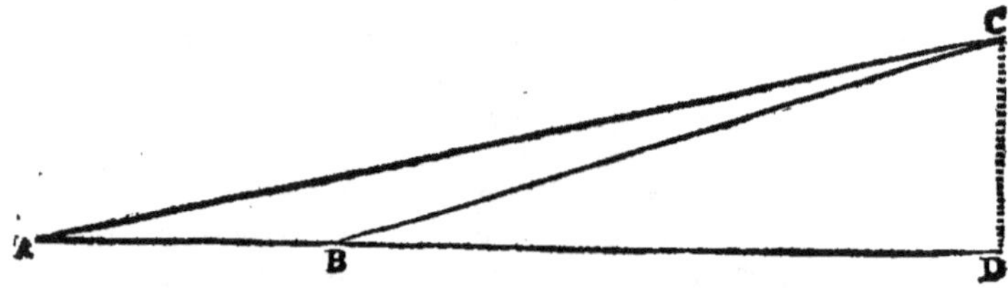

Les deux hauteurs étant prises, je traçai sur un papier une ligne indéfinie A D, sur laquelle je mesurai 200. toises de A vers D, j'eus donc A B, partie de la ligne indefinie A D. A au commencement de cette ligne représentoit la premiere Station, & B la seconde. Je fis

1709. Octobre.

au point A un angle égal à celuy que j'avois trouvé dans cette premiere Station de 11^d 50', & au point B celuy de la seconde Station. Je tirai ensuite la ligne droite AC, & la ligne BC, qui se rencontrant au point C, où étoit le signal attaché à la Croix, formoient un angle aigu ACB.

Or dans le triangle obliquangle ABC, le côté AB, l'angle CAB, interieur au triangle ABC, & l'angle exterieur CBD étant connus, on connoîtra tres-facilement les deux autres angles du triangle ABC, & les deux autres côtez AC, BC.

DEMONSTRATION.

Si dans le triangle obliquangle ABC on retranche l'angle CAB de l'angle exterieur CBD, il restera la soustraction faite, l'angle ACB par la 32. *prop. du* 1. *liv. d'Euclid.* Or si par la même les trois angles d'un triangle sont égaux à deux angles droits, ajoûtant les deux angles connus CAB & ACB en une somme, le Complement de cette somme à deux angles droits, sera justement le troisiéme angle inconnu ABC.

De plus, si par la 13. *prop. du* 1. *livre d'Euclid.* une ligne droite tombant sur une autre ligne droite, fait deux angles droits ou égaux à deux droits, il est évident que la ligne CB, tombant sur la ligne droite indéfinie AD, fait avec elle deux angles droits ou égaux à deux droits; or si un de ces angles est connu, sçavoir CBD, prenant le Complement de cet angle qui est icy de 16^d 22' 10" à 180. degrez, il restera l'angle inconnu ABC de 163^d 37' 50"; ajoûtant donc cet angle alors connu avec l'angle CAB, on aura une somme de 175^d 27' 50", le Complement de laquelle à 180^d sera l'angle ACB le même que dessus 4^d 32' 10"; ce qu'il falloit démontrer.

ANALISE DES TRIANGLES

Pour la hauteur de la montagne.

TRIANGLE OBLIQUANGLE.

Angle obtus à la droite de la baze,	163d 37′ 50″
Angle aigu à la gauche de la baze,	11. 50. 0.
Donc angle au ſommet,	4. 32. 10.

ANALOGIE

pour le côté C B.

Comme le Sinus de l'angle A C B. 4d 32′ 10″	l. 8. 89810.
eſt à 200. toiſes ou 1200. pieds,	l. 3. 07918.
ainſi le Sinus de l'angle C A B 11d 50′ 0″	l. 9. 31189.
	12. 39107.
	8. 89810.
au côté B C.	3. 49297.

Logarith. de 3111. pieds 3. poûces, ou 518. toiſes 3. pieds 3. poûces.

TRIANGLE RECTANGLE.

Côté B C trouvé par l'Analiſe du Triangle obliquangle, de	3111. pieds 3. poûces
Angle de hauteur,	16d 22′ 10″

1709.
Octobre.

ANALOGIE

pour la hauteur de la montagne, ou côté DC *du Triangle-Rectangle* B D C.

Comme le Sinus total,	10.00000.
est au côté B C, hypotheneuse du Triangle-Rectangle B D C, 3111. pieds 3. poûces,	l. 3. 49297.
ainsi le Sinus de l'angle C B D, 16^d 22' 10"	l. 9. 44998.
	12. 94295.
	10. 00000.
à	2. 94295.

Logarithme de 877. pieds, ou 146. toises 1. pieds, côté C D du Triangle-Rectangle B D C, hauteur de la montagne; ce que je m'étois proposé de trouver.

Cette operation fut faite avec toute l'exactitude possible, & je ne crois pas y avoir rien oublié pour la rendre juste; les consequences que j'esperois en tirer demandoient aussi beaucoup d'attention, comme on verra dans la suite.

XXV. *Octobre.*

Le Soleil parut le matin, le vent de Sud avoit chassé les nuages; & le Ciel étant resté clair toute la journée, nous eumes de grandes chaleurs. Après le dîner je retournai à la montagne dans le dessein de finir les observations que j'avois commencées le jour précedent.

1709. Octobre.

OBSERVATIONS PHYSIQUES
du Barometre.

ETant arrivé avec le Medecin qui m'avoit accompagné le jour précedent au pied de la montagne, & à l'endroit où j'avois pris la seconde Station, qui étoit l'extrémité de la baze du Triangle obliquangle, la plus proche de la montagne; nous nettoyâmes soigneusement deux tubes de verre, parfaitement égaux en longueur & en diametre. Leur longueur étoit de trente-trois poûces. Nous passâmes aussi plusieurs fois par un linge à plusieurs doubles le Mercure qui nous servit pour ces expériences, jusques à ce que nous ne nous apperçûmes plus d'aucune saleté. Ces préparations faites, nous remplîmes, à l'ordinaire, avec de petits entonnoirs de verre, nos tubes, observant qu'il ne resta dedans aucune ampoulle; & les ayant renversez dans deux vases differents, remplis à moitié de Mercure, nous trouvâmes dans les deux tubes que le Mercure avoit constamment resté suspendu à la hauteur de 27. poûces 5. lignes 0''

Ces deux expériences étant faites, nous nettoyâmes une seconde fois les deux tubes; après quoy j'allai sur la montagne, ayant laissé le Medecin au lieu où nous venions de faire nos deux expériences. Etant arrivé au sommet & au pied de la Croix, où nous avions posé un de nos signaux, je refis à cet endroit-là la même expérience que nous avions déja faite. Je fis signal au Medecin avec un mouchoir avant que de remplir mon tube de Mercure, afin qu'il fist dans le même temps l'expérience au bas de la montagne. L'expérience faite, je trouvai la hauteur du Mercure au sommet de la montagne de 26. poûces 6. lignes $\frac{1}{2}$.
& le Medecin la trouva au pied la même que nous l'avions observée de 27. poûces 5. lignes 0''

Je crus qu'à deux observations faites avec tant d'exactitude, dans le même moment & dans un temps égal,

1709. Octobre.

on ne pouvoit rien ajoûter davantage, & qu'on devoit être assuré de leur justesse.

REMARQUES

Sur les differentes hauteurs du Barometre, comparées ensemble pour connoître les hauteurs des montagnes.

Les avantages qu'on tire des observations & des expériences qu'on fait dans les voyages, sont d'une si grande consequence, qu'on ignoreroit encore sans elles une infinité de nouvelles découvertes faites par nos voyageurs. On ne se feroit jamais apperçu, par exemple, qu'un pendule fût plus court, plus on approche la ligne, qu'il n'est vers les Poles; & on croiroit encore que les refractions sont égales par toute la terre, si on n'avoit pas verifié le contaire par une infinité d'observations faites par nos voyageurs Astronomes dans des lieux éloignez.

Par les observations que je fis des hauteurs du Mercure au sommet & au pied de la montagne dont j'ay parlé, je remarquai que l'air est moins condensé dans ce climat, qu'il n'est dans l'Europe, & qu'une progression geometrique établie, qui répondroit à chaque ligne de difference de hauteur du Mercure, seroit plus grande que celle qu'on trouve dans nos climats; ce que je tâchai de découvrir par des expériences que je fis des hauteurs du Barometre, qui me servirent de fondement pour dresser la table suivante, que je ne rapporte icy que pour exciter les curieux qui se plaisent dans les voyages à faire les mêmes observations, & à reformer cette table, s'ils y trouvent par leurs expériences des changemens à y faire. C'est de cette maniere que les Sciences & les Arts se perfectionnent; car si on s'étoit arrêté à plusieurs découvertes qu'on a crû infaillibles dans leurs principes, on n'auroit pas corrigé une infinité de petits défauts, lesquels encore qu'ils ne soient pas d'une grande consequence, il est pourtant tres necessaires de connoître, puis qu'ils nous dévelopent la verité, cachée quelquefois sous une bagatelle.

1709. Octobre.

Par les observations du Barometre que je viens de rapporter, on voit par celle qui fut faite au pied de la montagne, que le Mercure resta suspendu

dans le tube à la hauteur de	27. poûc. 5. lig. o".
& par celle qu'on fit au pied, à la hauteur de	26. poûc. 6. lig. ½.
La difference entre ces deux hauteurs fut de	o. poûc. 10. lig. ½.

J'ai supposé dans les Tables suivantes, que le Mercure, sur les bords de la mer, demeure suspendu dans les tuyaux à la hauteur de vingt-huit pouces justes. Cette hypothese est fondée sur plusieurs observations & expériences que j'avois déja faites sur le bord de la mer à *Callao*, petite Ville à deux lieües de *Lima*.

1719. Octobre.

USAGE

Des Tables suivantes.

POur trouver la hauteur de la montagne par les Tables suivantes, il faut prendre vis-à-vis la quantité des pieds, qui correspond à la ligne de difference de hauteur du Mercure dans le Barometre.

EXEMPLE.

La difference entre les deux observations ayant donc été trouvée de dix lignes & demie, je prends dans la Table les nombres des pieds qui correspondent à la premiere ligne de cette difference, qui est de soixante-quatorze pieds. Je fais la même chose pour toutes les autres. Je trouve donc tous les nombres suivans, qui correspondent chacun à leur ligne de difference de hauteur. 74+76+78+80+82+84+86+88+90+92+ pour la demi ligne 47. pieds d'air; c'est-à-dire 877. pieds ou 146. toises 1. pied d'air, qui font équilibre à 10. lignes ½ de difference de hauteurs de Mercure trouvée dans les deux expériences.

Je conclus donc de ces observations, que la montagne étoit élevée au dessus du plan de niveau de l'endroit d'où j'avois mesuré geometriquement la hauteur de la montagne, & où fut faite l'expérience du Barometre de 146. toises 1. pieds.

J'avois trouvé cette hauteur par la mesure geometrique de 146. toises 1. pied & environ 4. pouces, que le signal que nous avions planté avec des clous sur la barre, à plomb de la Croix, se trouvoit plus élevé au dessus du plan du bout d'en haut du tube pendant l'expérience. Cette convenance entre l'observation geometrique, & l'expérience physique du Mercure m'excita à chercher une progression qui pût convenir à ces differences de hauteur du du Mercure, & qui s'accordât avec d'autres observations que j'avois déja faites.

Quelques jours avant que de faire ces observations, j'avois nivelé la distance qui est entre nôtre Convent & l'endroit au pied de la montagne où je fis l'expérience de la hauteur du Barometre. Par le niveau je trouvai que nôtre Convent étoit plus bas que le lieu où l'expérience fut faite, de 35. pieds + quelques poûces.

Le même jour que j'allai faire l'expérience du Barometre à la montagne, avant que de sortir du Convent, je la fis dans ma chambre, je trouvai la hauteur du Mercure de 27. poûces 6. lignes, demy ligne plus élevé qu'il ne fut dans l'observation faite au pied de la montagne, à laquelle demy ligne répondent dans la table 36. pieds d'air qui font équilibre à cette demy ligne.

Selon la progression établie dans les tables suivantes, on trouve près de la ligne, que la hauteur de l'Atmosphere, ou la distance de la superficie de la mer à l'Ether, est environ de 10. lieües $\frac{3}{4}$ moyennes de France.

TABLE
DE LA HAUTEUR DE L'AIR
qui répond à la hauteur du Mercure dans le Barometre.

hauteur du Mercure.	*hauteur de l'air qui répond à chaque ligne du Mercure.*	*hauteur de l'air sur la surface de la mer, suivant mes observations.*	*hauteur du Mercure.*	*hauteur de l'air qui répond à chaque ligne du Mercure.*	*hauteur de l'air sur la surface de la mer, suivant mes observations.*	*hauteur du Mercure.*	*hauteur de l'air qui répond à chaque ligne du Mercure.*	*hauteur de l'air sur la surface de la mer, suivant mes observations.*
pouces.	*pieds.*	*pieds.*	*lignes.*	*pieds.*	*pieds.*	*pouces.*	*pieds.*	*pieds.*
XXVIII	00	00	6	118	2670	XXIII	178	7150
11. *lig.*	60	60	5	120	2790	11 *lig.*	180	7330
10	62	122	4	122	2912	10	182	7512
9	64	186	3	124	3036	9	184	7696
8	66	252	2	126	3162	8	186	7882
7	68	320	1	128	3290	7	188	8070
6	70	390	XXV.	130	3420	6	190	8260
5	72	462	11	132	3552	5	192	8452
4	74	536	10	134	3686	4	194	8646
3	76	612	9	136	3822	3	196	8842
2	78	690	8	138	3960	2	198	9040
1	80	770	7	140	4100	1	200	9240
XXVII.	82	852	6	142	4242	XXII.	202	9442
11	84	936	5	144	4386	11	204	9646
10	86	1022	4	146	4532	10	206	9852
9	88	1110	3	148	4680	9	208	10060
8	90	1200	2	150	4830	8	210	10270
7	92	1292	1	152	4982	7	212	10482
6	94	1386	XXIV.	154	5136	6	214	10696
5	96	1482	11	156	5292	5	216	10912
4	98	1580	10	158	5450	4	218	11132
3	100	1680	9	160	5610	3	220	11350
2	102	1782	8	162	5772	3	222	11572
1	104	1886	7	164	5936	1	224	11796
XXVI.	105	1992	6	166	6102	XXI.	226	12012
11	108	2100	5	168	6280	11	218	11250
10	110	2210	4	170	6450	10	230	12480
9	112	2322	3	172	6622	9	332	12712
8	114	2436	2	174	6796	8	234	11946
7	116	2552	1	176	6972	7	236	13182

TABLE
DE LA HAUTEUR DE L'AIR
qui répond à la hauteur du Mercure dans le Barometre.

hauteur du Mercure.	hauteur de l'air qui répond à chaque ligne du Mercure.	hauteur de l'air sur la surface de la mer, suivant mes observations.	hauteur du Mercure.	hauteur de l'air qui répond à chaque ligne du Mercure.	hauteur de l'air sur la surface de la mer, suivant mes observations.	hauteur du Mercure.	hauteur de l'air qui répond à chaque ligne du Mercure.	hauteur de l'air sur la surface de la mer, suivant mes observations.
lignes.	*pieds.*	*pieds.*	*poûces.*	*pieds.*	*pieds.*	*lignes.*	*pieds*	*pieds.*
6	238	13420	XVIII.	298	21490	6	358	31360
5	240	13660	11 *lig.*	300	21790	5	360	31720
4	242	13902	10	302	22092	4	362	32082
3	244	14146	9	304	22396	3	364	32446
2	245	14392	8	306	22702	2	366	32812
1	248	14640	7	308	23010	1	368	33180
XX.	250	14890	6	310	23320	XV.	370	33550
11	252	15142	5	312	23632	11	372	33922
10	254	15396	4	314	23946	10	374	34296
9	256	15652	3	316	24262	9	376	34672
8	258	15910	2	318	24580	8	378	35050
7	260	16170	1	320	24900	7	380	35430
6	262	16432	XVII.	322	25222	6	382	35812
5	264	16696	11	324	25546	5	384	36196
4	266	16962	10	326	25872	4	386	36582
3	268	17230	9	328	26200	3	388	36970
2	270	17500	8	330	26530	2	390	37360
1	272	17772	7	332	26862	1	392	37752
XIX.	274	18046	6	334	27196	XIV.	394	38148
11	276	18322	5	336	27532	11	396	38542
10	278	18600	4	338	27870	10	398	38940
9	280	18880	3	340	28210	9	400	39340
8	282	19162	2	342	28552	8	402	39742
7	284	19446	1	344	28896	7	404	40146
6	286	19732	XVI	346	29242	6	406	40552
5	288	20020	11	348	29590	5	408	40900
4	290	20310	10	350	29940	4	410	41370
3	292	20602	9	352	30292	3	412	41782
2	294	20896	8	354	30646	2	414	42196
1	296	21192	7	356	31002	1	416	42612

TABLE

DE LA HAUTEUR DE L'AIR

qui répond à la hauteur du Mercure dans le Barometre.

hauteur du Mercure.	*hauteur de l'air qui répond à chaque ligne du Mercure.*	*hauteur de l'air sur la surface de la mer, suivant mes observations.*	*hauteur du Mercure.*	*hauteur de l'air qui répond à chaque ligne du Mercure.*	*hauteur de l'air sur la surface de la mer, suivant mes observations.*	*hauteur du Mercure.*	*hauteur de l'air qui répond à chaque ligne du Mercure.*	*hauteur de l'air sur la surface de la mer, suivant mes observations.*
poûces.	*pieds.*	*pieds.*	*lignes.*	*pieds.*	*pieds.*	*poûces.*	*pieds.*	*pieds.*
XIII.	418	43030	6	478	56510	VIII.	538	71780
11 *lig.*	420	43450	5	480	56990	11	540	72320
10	422	43872	4	482	57472	10	542	72862
9	424	44296	3	484	57956	9	544	73406
8	426	44722	2	486	58442	8	546	73952
7	428	45160	1	488	58930	7	548	74500
6	430	45590	X.	490	59420	6	550	75000
5	432	46022	11	492	59912	5	552	75552
4	434	46456	10	494	60406	4	554	76106
3	436	46892	9	496	60902	3	556	76662
2	438	47330	8	498	61400	2	558	77220
1	440	47770	7	500	61900	1	560	77780
XII.	442	48212	6	502	62402	VII.	562	78342
11	444	48656	5	504	62906	11	564	78906
10	446	49102	4	506	63412	10	566	79472
9	448	49550	3	508	63920	9	568	80040
8	450	50000	2	510	64430	8	570	80610
7	452	50452	1	512	64942	7	572	81182
6	454	50906	IX.	514	65456	6	574	81756
5	456	51362	11	516	65972	5	576	82332
4	458	51820	10	518	66490	4	578	82910
3	460	52280	9	520	67010	3	580	83490
2	462	52742	8	522	67532	2	582	84072
1	464	53206	7	524	68056	1	584	84656
XI.	466	53672	6	526	68582	VI.	586	85242
11	468	54140	5	528	69110	11	588	85830
10	470	54610	4	530	69640	10	590	86420
9	472	55082	3	532	70172	9	592	87012
8	474	55556	2	534	70706	8	594	87606
7	475	56032	1	536	71242	7	596	88202

TABLE

DE LA HAUTEUR DE L'AIR

qui répond à la hauteur du Mercure dans le Barometre.

hauteur du Mercure.	*hauteur de l'air qui répond à chaque ligne du Mercure.*	*hauteur de l'air sur la surface de la mer, suivant mes observations.*	*hauteur du Mercure.*	*hauteur de l'air qui répond à chaque ligne du Mercure.*	*hauteur de l'air sur la surface de la mer, suivant mes observations.*	*hauteur du Mercure.*	*hauteur de l'air qui répond à chaque ligne du Mercure.*	*hauteur de l'air sur la surface de la mer, suivant mes observations.*
lignes.	*pieds.*	*pieds.*	*lignes.*	*pieds.*	*pieds.*	*lignes.*	*pieds.*	*pieds.*
6	598	88800	8	642	101464	10	686	117094
5	600	89400	7	644	103108	9	688	117784
4	602	90002	6	646	103754	8	690	118472
3	604	90606	5	648	104402	7	692	119164
2	606	91212	4	650	105052	6	694	119858
1	608	91810	3	652	105704	5	696	120554
V.	610	92430	2	654	106358	4	698	121252
11	612	93042	1	656	107014	3	700	121952
10	614	93656	III.	658	107672	2	702	122654
9	616	94272	11	660	108332	1	704	123358
8	618	94890	10	662	108994	I.	706	124064
7	620	95510	9	664	109658	11	708	124772
6	622	96132	8	666	110314	10	710	125482
5	624	96756	7	668	110992	9	712	126194
4	626	97382	6	670	111662	8	714	126908
3	628	98010	5	672	112334	7	716	127624
2	630	98640	4	674	113008	6	718	128342
1	632	99272	3	676	113684	5	720	129062
IV.	634	99908	2	678	114362	4	722	129784
11	636	100544	1	680	114042	3	724	130508
10	638	101182	II.	682	115724	2	726	131234
9	640	101822	11	684	116408	1	728	131962

1709. Octobre.

XXVI. *Octobre.*

Le temps continua le même que les deux jours précedent. Je partis le matin pour aller à *Callao*, dans le dessein de faire sur le bord de la mer l'expérience du Barometre. Sur les trois heures du soir je me rendis avec mes instrumens sur le bord de la mer; je remplis de Mercure un tube de verre, & je trouvai par l'expérience que je fis, que le Mercure resta suspendu dans le tube à la hauteur de 28. poûc. o. lig. o.

Je choisis à peu près la même heure où j'avois fait à *Lima* les jours précedens les mêmes expériences. Le temps qui étoit aussi le même me persuada que cette observation ne devoit pas être differente de celle que j'avois faite en cette derniere Ville le même jour que j'observai à la montagne, & que je pouvois par elle déterminer la hauteur de *Lima*, au dessus du niveau de la mer, en prenant dans les Tables précedentes les nombres qui répondent à la difference des six lignes de hauteur, lesquelles, selon la même hypothese, font équilibre avec 60+62+64+66+68+70. pieds d'air, ou 65. toises, dont *Lima* seroit plus haute que le plan de la mer. Le lendemain 27. étant de retour à *Lima*, j'observai à midy la hauteur du Barometre de 27. pouc. 6. lig. o" le vent étant encore au Sud-Sud-Ouest, où il souffloit depuis quelques jours.

XXX. *Octobre.*

Il tomba pendant la nuit une rosée assez abondante, le vent se rangea le matin au Sud, il dissipa les nuages qui nous cachoient le Soleil, & nous le fit voir sur les dix heures. Je l'observai avec une lunette de 18. pieds, je ne découvris sur son Disque aucune tache; je n'attendois le retour de celles que j'avois déja observées que le 5. ou le 6. du mois de Novembre suivant.

1709. Octobre.

Hauteurs correspondantes du bord superieur du Soleil pour verifier l'horloge.

heures du matin.	hauteurs.	heures du soir.
10h 38' 52"	70d 29' 50"	1h 21' 27"
43. 2.	71. 44. 30.	17. 19.

Par ces hauteurs correspondantes l'horloge marquoit le 30. à midy,	12h 0' 10"
Le 19. on eut midy, en ajoûtant les huit minutes dont j'avois avancé l'aiguille des minutes, après avoir pris les hauteurs du 19. à	12. 0. 4.
Donc l'horloge avançoit en 11. jours de	6.
Pour être au temps moyen elle devoit retarder de	0. 1. 14.
Donc l'horloge avançoit sur le temps moyen en 11. jours de	1. 20.
& en 24. heures de	0. 7.

III. *Novembre.*

1709. Novembre.

Le Soleil s'étoit tenu caché depuis le 30. du mois d'Octobre, les nuages descendirent fort bas, & vinrent une autre fois nous changer la temperature de l'air. Nous avions ressenti de grandes chaleurs les jours précedents, & il devint tout d'un coup si froid, qu'il nous obligea de reprendre nos habits d'hyver ; ce que l'on auroit de la peine à croire à douze degrez de la Ligne. Nous eûmes le matin une forte rosée, les vents furent à l'Ouest, & la hauteur du Mercure à 27. pouces 6. lig. 0".

IV. *Novembre.*

Le 4. & le 5. les vents varierent du Sud au Sud ¼ Sud-Ouest, il tomba une rosée égale à celle du jour précedent, & le Barometre fut à la hauteur de 27. pouces 6. lignes ½. Le lendemain 6. les nuages devinrent plus épais, des-

1709. Novembre.

cendirent plus près de la surface de la terre ; & les particules qui les composent, se mêlant avec celles de l'air, diminuerent de leur ressort ou de leur poids ; ce que je reconnus au Barometre, puisque le Mercure fut plus bas que les jours d'auparavant, n'ayant été observé que de 27. poûces 5. lignes 0". Les vents se tirerent au Sud-Sud-Ouest, le Ciel nous fut encore caché ; les nuages parurent fort élevez, & d'une couleur blanchâtre, l'air reprit son premier ressort, & le Mercure demeura suspendu à la hauteur de 27. poûces 6. lignes ½.

OBSERVATIONS

du retour des Taches qui avoient paru sur le Disque du Soleil.

LE Soleil parut le 7. sur les quatre heures du soir, je l'observai avec une lunette de huit pieds, esperant de revoir sur son Disque les taches que j'y avois observées au mois d'Octobre, supposant leurs revolutions de 27. jours 12. heures ou environ. J'en découvris une assez grande, auprès de laquelle il en paroissoit une autre petite, & toutes deux étoient environnées d'un même Atmosphere. J'observai leurs situations sur le Disque du Soleil avec la lunette de mon quart de Cercle, faisant suivre exactement le bord superieur apparent du Soleil le long du parallele à l'Equateur, représenté au foyer de la lunette par une des soyes.

A 4. heures 3' du soir la tache précedoit le bord du soleil ; c'est-à-dire, le vray bord oriental de 0h 0' 18"

Et la distance de la tache au bord superieur du Soleil, qui étoit le bord meridional qu'on trouve par le temps que la tache demeure à passer depuis un des fils obliques jusques à l'horaire. Cette distance, dis-je, fut de 0h 0' 38".

VIII. *Novembre.*

J'avois appris le soir precedent par des gens qui venoient de *Callao*, qu'il étoit arrivé un Navire François. On

On attendoit tous les jours celuy qui m'avoit porté à la mer du Sud, ayant reçû, ainsi que tous les autres Vaisseaux François qui étoient sur les côtes du *Perou* & du *Chily*, un ordre exprès du Viceroy de se rendre incessamment au port de *Callao*, où l'on appréhendoit la descente de sept Navires de guerre Anglois que l'on avoit eu avis par un soldat, qu'ils avoient paru devant *Baldivia*. Cette fausse nouvelle avoit mis *Lima* & tout le *Perou* en alarme, plusieurs particuliers de *Lima* songeoient déja à transporter leurs effets dans les terres, pour les sauver des mains des Anglois.

1709. Novembre.

Ayant vû le matin le peu de disposition à pouvoir observer les taches, le Ciel étant couvert à son ordinaire, je partis pour *Callao* dans le dessein d'aller voir les gens de ma patrie, avec qui j'esperois repasser en Europe. Avant que de partir j'observai la hauteur du Barometre, je la trouvai de 27. poûces 7. lignes 0'', les vents étoient à l'Oueſt, & les nuages fort élevez.

Les deux jours suivans 9. & 10. nous eûmes le même temps, & il me fut impossible d'observer les taches, le Soleil n'ayant pas paru.

XI. *Novembre.*

Il tomba le matin une grande rosée qui contribua à purifier l'air ; les vents qui s'étoient tirez au Sud-Sud-Oueſt, chasserent après midy le reste des nuages ; & le Soleil commençant de paroître sur les trois heures du soir, je disposai la lunette de mon quart de cercle, pour observer à la même heure que j'avois fait le 7. les taches que j'avois découvertes sur le Disque du Soleil.

A 4 heures 6' du soir le centre de la tache précedoit le bord du Soleil de — 0^h 1' 0''

Et la difference en declinaison du centre de la tache & du bord superieur du Soleil, fut observée de — 0^h 0' 58''

Comme la tache s'approchoit du centre du Soleil, ne pouvant pas avec la lunette du quart du cercle découvrir parfaitement sa figure, je montai une lunette de 18.

1709. Novembre.

pieds, avec laquelle je découvris distinctement ses bords & la petite tache qui paroissoit au dessous, qui nageoit dans la même Atmosphere que la grande, dont elle étoit tres-peu distante. Elle étoit semblable à ces petites isles, qu'on voit au milieu des mers autour des grandes, qui n'en sont separées que par un petit espace de mer de tres-peu de profondeur, où les Vaisseaux ne trouvent pas assez de fond pour naviger ; ce qu'on verifie en les traversant.

Il y a quelque apparence que les petites taches qu'on voit autour des grandes, n'en sont pas separées, lors qu'elles nagent dans le même Atmosphere ; mais qu'à l'endroit où elles paroissent s'en détacher, il s'y rencontre de petits enfoncemens remplis de la matiere fluide du Soleil, qui se trouvant plus grossiere autour des taches qu'ailleurs, elle y représente un Atmosphere.

XII. *Novembre.*

Le Soleil ayant paru sur les 11. heures du matin ; & dans la crainte qu'il ne parût plus le soir, je tâchai de déterminer sur son Disque le lieu des taches, ce qui me fut assez difficile, le Soleil s'approchant du Zenith.

Je trouvai par l'observation que je fis, que le bord du Soleil précedoit le centre de la grande tache de 0h 1'. 3"

Et que la difference en declinaison du centre de la tache au bord superieur du Soleil, étoit de 0h 1' 10"

XIII. *Novembre.*

Le Ciel nous fut caché tout le jour, les vents furent au Nord-Ouest ¼ Nord, & je ne pûs faire d'autre observation que celle de la hauteur du Barometre, que je trouvai de 27. pouces 7. lignes 0". Le lendemain 14. il fit le même temps, le Barometre fut à la même hauteur, & le vent se rangea à midy au Sud-Sud-Est.

1709.
Novembre.

xv. *Novembre.*

Sur les quatre heures du soir, les nuages qui occupoient la partie occidentale du Ciel s'étant dissipez, nous vîmes le Soleil. J'observai sur son Disque le lieu de la tache, elle commençoit à s'approcher du bord du Soleil, & comme elle n'étoit vûë que de côté, la petite tache étoit confonduë dans son apparence, & elle ne paroissoit plus.

Je trouvai par l'observation que le bord du Soleil précedoit le centre de la tache de 0h 0' 22".

Et la difference en declinaison entre la tache & le bord superieur du Soleil, étoit de 0h 0' 58".

xvi. *Novembre.*

Sur les trois heures du soir le Ciel se découvrit vers la partie occidentale. A quatre heures 9' le bord du Soleil précedoit la tache de 0h 0' 11".

Et la difference en declinaison du bord superieur du Soleil & de la tache fut observée de 0h 0' 52".

Les vents furent tout le jour au Sud-Ouest, & le Barometre à 27. poûces 6. lignes ½.

xx. *Novembre.*

Depuis le soir du 16. nous ne vîmes plus le Soleil, les vents varierent du Sud-Ouest au Sud ¼ Sud-Ouest, le Barometre fut observé durant ces quatre jours à la hauteur de 27. poûces 7. lignes. Les chaleurs qui avoient cessé depuis quelques jours, revinrent; les nuages s'étoient rarefiez, & le 20. le vent de Sud ¼ Sud-Ouest les ayant chassez, ils nous firent voir un beau Ciel, & ressentir les ardeurs du Soleil. Je l'observai le matin avec une lunette de dix huit pieds, je ne vis sur son Disque aucune tache. Je pris ensuite les correspondances suivantes, pour m'assurer de l'heure de mon horloge, pour corriger le temps des observations que j'avois faites les

1709. Novembre. jours passez des taches qui parurent sur le Disque du Soleil.

Hauteurs correspondantes du bord superieur du Soleil pour verifier l'Horloge.

heures du matin.	hauteurs.	heures du soir.
9^h 37' 46''	54^d 16' 0''	2^h 31' 52''
42. 18.	55. 33. 30.	26. 20.

Par ces deux hauteurs correspondantes l'horloge marquoit à midy,	12^h	4'	49''
Depuis le 30. du mois d'Octobre, le Soleil n'ayant pas paru le matin, je n'avois pû prendre aucune correspondance. Le vray midy arriva le 30. à	12.	0.	10.
Donc l'horloge avançoit en 21. jours de		4.	39.
Pour être au temps moyen, elle ne devoit avancer que de		2.	7.
Donc l'horloge avançoit sur le temps moyen en 21. jours de		2.	32.
& en 24. heures de			7.

Cette acceleration convenoit avec celle que j'avois déja trouvée le 30. du mois d'Octobre ; de sorte que je pouvois m'assurer de mon horloge à une seconde près. Le 21. nous eûmes des nuages qui abattirent les grandes chaleurs, les vents à l'Ouest-Nord-Ouest, & le Barometre à la hauteur de 27. poûces 6. lignes ½. Le 22. & le 23. les nuages descendirent plus bas, rendirent par leur descente l'air fort obscur, & nous ramenerent le froid. Les vents toûjours inconstants se tirerent à l'Ouest-Sud-Ouest, & le Barometre fut à 27. poûces 6. lignes 0''.

XXVI. *Novembre.*

Les nuages des jours précedents se reduisirent en rosée, qui commença à tomber sur les huit heures du matin, & continua jusques à quatre heures du soir, un vent de Sud qui se leva en même temps, contribua à purifier le

Ciel des nuages qui étoient restez, la rosée étant finie. La hauteur du Barometre fut observée de 27. poûces 6. lignes $\frac{1}{2}$, & les étoiles qui nous avoient été cachées depuis si long-temps, parurent dans la nuit pendant quelques momens.

1709. Novembre.

OBSERVATION

d'Acarnar.

CEtte Etoile, appellée *Acarnar*, de la premiere grandeur, est à la naissance du fleuve *Eridan*; elle fut la premiere, qui parut s'étant trouvée assez proche du Meridien, j'observai à son passage sa hauteur meridienne, je la trouvai de

meridienne, je la trouvai de	43d	23'	20''
Quart de Cercle,		2.	
Premiere Correction,	43.	21.	20.
Refraction,		1.	2.
Hauteur corrigée,	43.	20.	18.
Hauteur du Pole de *Lima*,	12.	0.	57.
Distance d'*Acarnar* au Pole,	31.	19.	21.
Donc la declinaison australe d'*Acarnar* fut de	58.	40.	39.

XXVII. *Novembre.*

Les nuages revinrent, & n'ayant aucune observation à faire que celle du Barometre, que je trouvai à la hauteur de 27. poûces 6. lignes, je dessinai & représentai au naturel trois petits oiseaux rapportez dans mon Histoire des Animaux des Indes Occidentales, qu'un Indien qui venoit de la montagne m'apporta. Après dîné j'allai rendre visite au Seigneur Don *Antonio Portocarrero*, dont le pere avoit été cy-devant Viceroy, dans le dessein de voir son cabinet, sçachant qu'il renfermoit plusieurs curiositez du pays.

1709.
Novembre.

REMARQUES

Sur une Pepite d'or.

LEs Espagnols donnent le nom de *Pepite* à un monceau d'or ou d'argent qui n'a pas encore été purifié, & qui sort seulement de la mine. J'en vis une ce jour-là dans le cabinet de Don *Antonio Portocarrero*, pesant 33. livres & quelques onces, qu'un Indien avoit trouvée, passant dans une ravine, que les eaux avoient découverte. ce que j'admirai dans cette *Pepite* étoit que sa partie superieure étoit beaucoup plus parfaite que l'inferieure, & que cette perfection conservoit, à mesure qu'elle s'approchoit de la partie inferieure, une proportion admirable. Vers l'extrémité de la partie superieure l'or étoit de 22. q. 2. grains; un peu plus bas de 21. q. ½ grain; à deux poûces de distance de sa partie superieure elle n'étoit plus que de 21. q. & vers l'extrémité de sa partie inferieure, la *Pepite* n'étoit plus que de 17. q. ½.

REFLEXIONS

Sur la Disposition de la Pepite.

LA disposition & l'arrangement des parties qui composent cette *Pepite*, marquent que la nature qui travailloit à sa formation, étoit aidée des influences du Soleil pour la purifier. Cette lumiere primitive, qui revient tous les ans redonner la vie aux plantes, repoussant de haut en bas les parties heterogenes mêlées avec ces petits corps, dont l'assemblage fait ce précieux métal, les obligeoit de descendre insensiblement, d'abandonner, & de laisser ce métal entiérement pur; aussi c'est l'unique de nos métaux dans lequel il n'y a aucun mélange, l'expérience en a convaincu les Chimistes; car ayant une fois acquis ce point de perfection, il ne diminuë plus de son poids, quoy qu'on le mette à la coupelle, ni même lors qu'on le laisse quelque temps en fusion. Sa densité qui le rend le plus pesant de tous les métaux, n'a pas d'autre cause que la petitesse inconcevable de ses parties accrochées les unes avec les autres, comme on le voit par la resistance que l'on trouve, voulant le mettre en fusion. Nous devons conclure de cette admirable disposition, qu'il n'y a rien dans la nature qui ne garde un ordre reglé dans l'obéïssance des loix qu'elle a établies.

Res sic quæque suo ritu procedit; & omnes
Fœdere naturæ certo discrimina servant,

Lucrece, *lib. 6. de naturâ rerum.*

XXVIII. *Novembre.*

La rosée ordinaire commença sur les cinq heures du matin, & finit à huit heures, le vent de Sud-Ouest $\frac{1}{4}$ Sud nous débroüilla l'air dès le matin, nous ramena les chaleurs; & nous faisant voir le Soleil, me donna occasion d'en prendre les hauteurs pour verifier mon horloge, & observer si la longueur du pendule subsistant la même, l'horloge seroit dans le même état que je l'avois trouvé les jours précedents.

Hauteurs correspondantes du bord superieur du Soleil pour verifier l'Horloge.

heures du matin.	hauteurs.	heures du soir.
10h 54' 54"	70d 32' 0"	1h 21' 21"
11. 4. 39.	72. 32. 50.	1. 11. 33.

Par la premiere correspondance l'horloge marquoit à midy,	12h	8'	7" ½.
Par la seconde,	12.	8.	5. ½.
Prenant un milieu on eut midy à	12.	8.	6.
Le 20. l'horloge marquoit à midy,	12.	4.	49.
Donc elle avoit avancé dans 8. jours de		3.	17.

1709. Novembre.

Pour être au temps moyen elle ne devoit avancer que de 2. 25.
Donc elle avoit trop avancé en huit jours de 0. 52.
Et par jour (ce qu'il falloit connoître exactement) de 0. 7.

Le Soleil ayant paru ce jour-là assez long-temps, je pris depuis 25. degrez jusques à 22. plusieurs hauteurs de son bord superieur; mais s'étant ensuite caché, je ne pûs plus continuer les mêmes observations. Je reduisis au centre du Soleil toutes ces hauteurs, & à chaque heure & minute de ces observations je cherchai par le calcul des tables rapportées à la fin de ce Journal le vray lieu du Soleil. Son lieu étant donné, il étoit facile de trouver ensuite sa declinaison, qui servoit pour trouver à toutes les heures & minutes des observations la hauteur de son centre sur l'horison. Mon dessein dans ces observations étoit de déterminer à ces hauteurs observées quelles étoient ses refractions.

METHODE

dont je me suis servi pour trouver les Refractions.

IL est tres-certain que les rayons des Astres, passant de l'Ether dans un air grossier, dont la densité augmente en approchant de la superficie de la terre, ces rayons, dis-je, se plient, & en se pliant décrivent une courbe dont la nature ne sçauroit être déterminée. Il faudroit pour cette détermination faire autant d'operations differentes ou de calculs, qu'il se trouve de differentes couches de cet air grossier, qu'on nomme ordinairement Atmosphere, qui s'étend au dessus de la superficie de la terre, à une distance qui nous est encore inconnuë. Il seroit necessaire dans ces calculs de sçavoir la quantité de ces couches; mais comme elles sont d'un nombre presque infini, la détermination de la Courbe est presque impossible.

Les differentes hauteurs des Astres causent les differentes

rentes Refractions. Comme c'eſt par le travers de cet Atmoſphere, ou air groſſier, que nous les voyons, les rayons qui le penetrent, & qui viennent juſques à nos yeux, placez ſur la ſuperficie de la terre, traverſant obliquement cet Atmoſphere, en paſſant d'un milieu plus rare dans un milieu plus condenſé, ſe plient, & nous font voir un Aſtre dans un endroit où il n'eſt pas réellement; ce qui n'arriveroit pas, ſi ces rayons étoient dirigez au centre de la terre, nous verrions alors tous les Aſtres dans leur propre lieu, de même qu'un corps plongé dans l'eau vû par une ligne perpendiculaire au plan de cette eau; mais ſi ce corps eſt regardé obliquement, on le verra dans un autre lieu que celuy qu'il occupe.

Cette apparence trompeuſe a obligé les Aſtronomes de chercher des regles pour trouver à differentes hauteurs, quelles ſont les differentes Refractions qui y arrivent, pour avoir dans les mêmes hauteurs le vray lieu des Aſtres; ce qui eſt abſolument neceſſaire pour la perfection de l'Aſtronomie.

Les plus grandes Refractions ſont celles qui arrivent ſur l'horiſon, ſur lequel nous voyons paroître un Aſtre qui eſt encore au deſſous, & cependant il y eſt élevé par la Refraction. Ces Refractions diminuent enſuite juſques au Zenith, comme l'a démontré M. Caſſini, nous aſſurant que les Aſtronomes s'étoient trompez, croyant que les Refractions ceſſoient entiérement, lorſque les Aſtres étoient arrivez à la hauteur de 45. degrez. Leurs rayons à cette hauteur penetrent encore obliquement l'Atmoſphere, & ne tombent perpendiculairement ſur la ſurface de la terre que lorſque les Aſtres ſont directement au Zenith, dirigez alors au centre de la terre, ils ne ſe détournent ni d'un côté ni d'autre; & nôtre œil qui ſe trouve dans le même endroit par où paſſe cette perpendiculaire, voit les Aſtres dans leur veritable lieu.

Pour trouver les Refractions par la methode dont je me ſuis ſervi, il faut ſuppoſer trois choſes connuës dans un triangle, ſçavoir deux côtez & l'angle compris entre

1709. Novembre.

les deux côtez. On connoîtra ces trois choses lors qu'on aura trouvé par des observations sûres la hauteur du Pole du lieu, la declinaison du Soleil qu'on tire du lieu vray du Soleil trouvé par le calcul des tables, & l'heure & minute du jour. Par les observations précedentes je connoissois parfaitement la hauteur du Pole, dont le Complement au Zenith étoit un des côtez du triangle ; je trouvai par le calcul la declinaison du Soleil dans son vray lieu, laquelle étant ajoûtée ou retranchée du quart de cercle, il restoit le second côté du même triangle, qui étoit la distance du centre du Soleil au Pole. L'heure & la minute du jour étoit encore connuë, dont le Complement à midy, converti en degrez, minutes & secondes, à raison de 15. degrez par heure, donnoit l'ouverture de l'angle formé par les deux côtez, qui étoit la troisiéme chose requise pour trouver le troisiéme côté du triangle, distance du Soleil au Zenith, dont le Complement est la hauteur du Soleil sur l'horison, en retranchant cette hauteur de la hauteur observée du Soleil, & ajoûtant la parallaxe au reste de la soustraction, on aura la Refraction du Soleil, qui convient au degré de hauteur observée ; ce que je cherchois.

Par les calculs que je fis ce jour-là pour trouver à differentes hauteurs les Refractions, j'observai que depuis 22. degrez jusques à 25. les Refractions étoient moindres que celles qui sont marquées dans la connoissance des temps de 20. à 25. secondes. Ces observations prouvoient que l'air étoit moins condensé près de la Ligne, qu'il n'est du côté des Poles, & par consequent il devoit y être plus leger.

XXIX. *Novembre.*

Le Ciel fut couvert de gros nuages, le vent fut au Sud Ouest, & le vif-argent resta suspendu dans le tuyau à la hauteur de 27. pouces 5. lig. $\frac{2}{3}$.

Le 30. nous eûmes le même temps, & le Barometre à la même hauteur.

1709. Decembre.

II. *Decembre.*

Les vents se rangerent à l'Ouest, les nuages devinrent beaucoup plus épais que les jours passez. Nous ressentîmes sur les huit heures du soir ce changement par un tremblement de terre assez sensible, qui n'eut pourtant aucunes mauvaises suites.

III. *Decembre.*

Les temps étoient toûjours plus ennuyeux, le Soleil qui paroissoit rarement, ne se voyoit jamais un jour entier. Il ne parut ce jour-là qu'après 11. heures, je pris quelques correspondances, pour sçavoir, si le tremblement de terre n'auroit pas dérangé mon horloge, les vents revinrent le matin au Sud-Ouest, & la hauteur du Barometre fut observée à 27. poûces 6. lig. 0″

Hauteurs correspondantes du bord superieur du Soleil pour verifier l'Horloge.

heures du matin.	hauteurs.	heures du soir.
11h 20′ 36″	74d 45′ 0″	1h 0′ 21″
27. 39.	76. 0. 40.	0. 53. 13.

Par la premiere hauteur l'horloge marquoit à midy,	12h 10′ 28″
Et par la seconde,	12. 10. 26.
prenant un milieu on eut midy à	12. 10. 27.
Le 28. du mois de Novembre l'horloge marquoit à midy,	12. 8. 6.
Donc elle avançoit en 5. jours de	2. 21.
Pour être reglé au temps moyen, elle devoit avancer de	1. 53.
Donc elle avançoit en 5. jours sur le temps moyen de	0. 28.
& en un jour de	6.

Je trouvai après ces observations que le tremblement

1709. Decembre.

de terre avoit fait sur mon horloge quelque legere impression, puis qu'elle devoit avancer sur le temps moyen de 7. secondes, comme j'avois trouvé dans les observations précedentes; cependant elle n'avoit avancé que de 6. secondes.

Les deux jours suivants les vents ne changerent pas, & le Barometre fut à la hauteur de 27. pouces 6. lig. $\frac{1}{4}$.

REMARQUES

Sur une Maladie appellée Pasme.

ON a donné à *Lima* le nom de *Pasme* à une maladie, dont ceux qui en sont attaquez, échapent tres-rarement. C'est une contraction de nerfs qui suspend le mouvement de toutes les parties du corps, en détruisant son principe; ensorte qu'il faut par une necessité absoluë, que ceux qui sont atteints de cette maladie, cedent à la violence du mal, contre lequel on n'a pas encore pû jusques icy trouver de remede dans la Medecine, dans laquelle ceux du *Perou* ne sont pas encore fort versez.

Le corps humain est une machine composée de tant de ressorts differens, que quelque étude qu'en fassent les Anatomistes pour les découvrir, il y aura toûjours de quoy occuper ceux qui leur succederont, s'ils prétendent expliquer méchaniquement tous les mouvemens qui en dépendent. Les nerfs qui sont les organes du sentiment, & par lesquels se font les mouvemens de toutes les parties de cette machine, doivent dans sa conservation joüir absolument de tous leurs privileges. Nous voyons que lorsque quelqu'un d'eux ne peut plus faire ses fonctions, la partie de la machine à qui il sert pour se mouvoir, demeure dans l'inaction, & devient entierement inutile; & lorsque ces parties ne sont pas essentielles à la vie, l'homme peut subsister sans elles. On en voit des exemples dans des personnes, qui n'ayant ni bras ni jambes, ne laissent pas de joüir d'une santé parfaite; mais si tous les nerfs se trouvent affectez & privez de la matiere subtile ou d'esprits animaux qui les vivifient, tous les mouvemens de cette machine se détruisent infailliblement.

Il faut considerer dans les nerfs trois choses qui leur sont absolument essentielles ; la premiere est la moëlle, ou la substance interieure étenduë comme de petits filets depuis le corps cortical & le cervelet jusques aux extrémitez des membranes ; la seconde est les membranes qui environnent les petits filets, & forment de petits tuyaux dans lesquels ils sont enfermez ; & la troisiéme, les parties subtiles ou esprits animaux portez depuis le cervelet, & la moëlle de l'épine jusques aux muscles. Ces parties subtiles sont les premiers principes de la Sensation ; & on ne sçauroit toucher les petits filets tendus, sans que le mouvement qu'on leur imprime ne soit transmis au cerveau par le moyen des parties subtiles. C'est la fuite de ces parties qui est la cause essentielle de la maladie dont je parle icy, que j'ay déja dit n'être qu'une cessation du mouvement des nerfs, produite par la privation des parties subtiles qui les vivifient.

Le Cacique de *Pisco* étant venu à *Lima* pour disputer quelques droits sur des biens qu'on luy detenoit injustement, eut le malheur d'être attaqué de cette cruelle maladie. Elle commença par des sueurs, qui augmentant sensiblement, évacuerent des nerfs toutes les parties subtiles qui s'y trouverent ; & les ayant laissez sans mouvement, ils se roidirent d'une telle force, que dans trente-six heures de temps, tout robuste qu'étoit cet homme, il luy fut impossible de remuer aucune partie de son corps. Tout le mouvement qui luy resta fut dans les yeux ; ils devinrent si étincelans, qu'il sembloit que tous les esprits animaux s'y étoient réünis. Le second jour de sa maladie sa bouche se ferma, & on ne remarqua plus aucun mouvement dans toutes les parties de son corps. Le Medecin qui avoit soin de ce malade, voyant l'impossibilité de luy faire prendre des boüillons, ordonna qu'on luy arrachât une ou deux dents : le Chirurgien qui fut appellé pour executer cette ordonnance, les luy trouva si serrées, qu'il luy fut impossible de sepa-

1709. Decembre.

rer la mâchoire inferieure de la superieure ; de sorte que le malade ne pouvant plus prendre aucune nourriture, & transpirant continuellement, se vit mourir, dès que toutes les parties subtiles qui animoient son corps, & entretenoient les muscles, furent dissipées. La constance avec laquelle ce Cacique attendoit la mort, & les dispositions qu'il apporta au milieu de ses plus violentes douleurs, pour la recevoir, servirent d'un grand exemple à tous ceux qui le virent dans ce pitoyable état. Dès le commencement de sa maladie, il me fit appeller pour le confesser ; ce qu'il fit avec beaucoup de pieté & de confiance en la misericorde de Dieu ; il se fit ensuite donner le Crucifix, & le tint toûjours entre ses bras ; mais ne pouvant plus le tenir, ses bras s'étant entiérement roidis, il le fit mettre au pied de son lit, & ne cessa de le regarder & de l'adorer, qu'en cessant de vivre.

On peut facilement prévenir les causes de ces maladies ; elles se contractent ordinairement, lorsque sortant du lit où l'on a chaud, on s'expose tout d'un coup au grand air. Ce Cacique s'en trouva saisi, s'étant comporté de cette maniere. Au sortir de son lit il alla se promener dans un jardin, les pieds nuds, pour prendre le frais, croyant que l'air de *Lima* étoit de la même temperature que celuy de *Cusco* ; mais la fatale expérience qu'il fit du contraire, luy fit bien-tôt changer de sentiment. Pour éviter donc cette maladie dans ce pays, il ne faut pas mettre les pieds nuds à terre quand on se leve ; & c'est pour prévenir ces accidens, qu'on voit dans toutes les maisons de *Lima* de grands tapis étendus le long des lits. Il faut encore outre cette précaution demeurer renfermez dans sa chambre pendant un quart d'heure, avant que s'exposer à l'air.

VI. *Decembre.*

Nous ressentîmes sur les six heures du matin un tremblement de terre assez violent ; les gens du pays ne les trouvoient pas alors extraordinaires, ils m'apprirent que ç'en étoit la saison, & que ceux que nous avions déja ressentis, étant arrivez dans un temps où ils s'y attendoient le moins, ils en avoient été surpris. Les vents étoient au Sud-Ouest depuis le 3. nous ne vîmes pas le Soleil, & le Barometre fut à 27. pouces 6. lig. 0"

1709. Decembre.

IX. *Decembre.*

Les vents se tirerent après midy au Sud ¼ Sud-Est. Le Barometre fut observé à la hauteur de 27. pouc. 6. lig. 0". Le soir le Ciel se découvrit, & j'observai la hauteur apparente d'*Aldebaram*, passant par le Meridien, de

dien, de	62d	7'	30"
Quart de Cercle,		2.	
Premiere Correction,	62.	5.	30.
Refraction,			31.
Hauteur corrigée,	62.	4.	59.
Declinaison septentrionale,	15.	53.	23.
Hauteur de l'Equateur,	77.	58.	22.
Donc hauteur du Pole,	12.	1.	38.

La même nuit hauteur apparente meridienne de *Capella*, de

dienne de *Capella*, de	32.	23.	0.
Quart de Cercle,		2.	
Premiere Correction,	32.	21.	0.
Refraction,		1.	33.
Hauteur corrigée,	32.	19.	27.
Declinaison septentrionale,	45.	39.	28.
Hauteur de l'Equateur,	77.	58.	55.
Donc la hauteur du Pole de *Lima* fut de	12.	1.	5.

Ces hauteurs de Pole trouvées par les hauteurs meridiennes d'*Aldebaram* & de *Capella*, differoient de peu de celles que j'avois déja observées par les hauteurs meridiennes du Soleil.

1709. Decembre.

OBSERVATIONS

De la Conjonction de Saturne avec une Etoile de la troisiéme grandeur au bras de Castor, que Bayer marque δ.

JE m'apperçus, en observant les hauteurs meridiennes d'*Aldebaram* & de *Capella*, que *Saturne* alors retrogradè, avoit passé au-delà de l'Etoile du bras droit de *Castor*, & qu'il étoit plus oriental. Le peu de distance qui paroissoit entre *Saturne* & cette Etoile, me fit conjecturer qu'ils se rencontreroient bien-tôt une seconde fois. Le Ciel étoit beau, je resolu d'observer cette distance en ascension droite & en declinaison, esperant dans la suite déterminer par les observations que j'esperois faire, la conjonction de cette planete avec cette Etoile. Je n'eus pas plûtôt disposé pour cette observation la lunette de mon quart de Cercle, que des nuages cacherent *Saturne* & l'Etoile, & me priverent d'un plaisir dont je m'étois flatté par avance.

XV. *Decembre.*

Le Ciel n'ayant pas paru depuis le 9. je ne pûs observer *Saturne*, ni faire aucune observation que celle du Barometre, qui fut presque tout ce temps-là à la hauteur de 27. poûces 6. lig. 0''

Je le trouvai à midy du 15. à 27. poûces 6. lig. $\frac{1}{2}$.

Depuis le 9. j'avois passé une partie du temps à dessiner plusieurs oiseaux, & à les représenter selon leur couleur naturelle, & quelques plantes curieuses, à quoy je n'employois que le soir, continuant le jour à lever le plan de *Lima*, pour satisfaire aux desirs du Viceroy.

Le vent de Sud ayant commencé de souffler le matin, nettoya le Ciel, chassa les nuages, & le soir je vis fort à clair *Saturne*, qui étant encore retrogradè, étoit plus occidental que l'étoile du bras droit de *Castor*. J'eus tout le temps qu'il me falloit pour les comparer ensemble, & déterminer

déterminer le mouvement de *Saturne*, par rapport à cette étoile, tant en ascension droite, qu'en declinaison. 1709. Decembre.

Dans ces observations je me servis de la lunette fixe de mon quart de Cercle, qui avoit au foyer, comme je l'ai dit ailleurs, des soyes qui se croisoient & faisoient entre elles des angles de 45. degrez. Je faisois courir *Saturne* sur une de ces soyes, qui décrivoit un parallele à l'Equateur. Je marquai le temps auquel cette planete arrivoit au centre des soyes, & celuy auquel l'Etoile arrivoit au premier fil oblique, à l'horaire, & au second fil oblique. J'observai chaque jour plusieurs Phazes, pour choisir après la meilleure que j'ai rapportée icy.

XV. *Decembre au soir.*

à 9h 25′ 7″ *Saturne* arrive au centre des soyes.
9. 26. 4. L'Etoile arrive à l'horaire.
Saturne suivant toûjours exactement le Parallele.
9h 27′ 13″ L'Etoile au premier fil horaire.
9. 28. 5. L'Etoile arrive à l'horaire.
9. 28. 57. L'Etoile arrive au second fil horaire.

Par ces observations la difference en ascension droite en temps, dont *Saturne* précedoit l'Etoile, étoit de 0h 0′ 57″

Et la difference de declinaison en temps, dont *Saturne* étoit plus meridional de 0. 0. 52.

XVI. *Decembre.*

Le Ciel commença à se découvrir le matin, & demeura découvert toute la journée. Je verifiai mon horloge par des hauteurs correspondantes; le Soleil n'ayant pas paru depuis plusieurs jours, je ne sçavois pas si durant ce temps-là, elle ne se seroit pas dérangée.

1709. Decembre.

Hauteurs correspondantes du bord superieur du Soleil pour verifier l'Horloge.

heures du matin.	hauteurs.	heures du soir.
10^h 16′ 6″	59^d 30′ 0.	
27. 58.	62. 5. 0.	2^h 6′ 26″
46. 10.	65. 59. 0.	1. 48. 13.

Par ces deux correspondances l'horloge marquoit à midy, 12^h 17′ 12″
Il n'y eut point de correction à faire.
Le 3. on eut midy à 12. 10. 27.
Donc l'horloge avançoit en 13. jours de 6. 45.
Pour être au temps moyen elle devoit avancer de 5. 26.
Donc elle avançoit trop en 13. jours sur le temps moyen de 1. 19.
& en un jour de 0. 6 $\frac{1}{4}$

Je connus par ces hauteurs que l'horloge avoit été parfaitement bien reglée durant les 13. jours que le Soleil n'avoit pas paru, ayant suivi exactement le temps moyen.

Les vents furent au Sud $\frac{1}{4}$ Sud-Ouest & le Barometre à 27. poûces 6. lig $\frac{1}{2}$.

OBSERVATION

de la declinaison de l'Aiguille aimantée.

LA hauteur meridienne du Soleil étoit trop grande pour pouvoir se servir de la Methode que l'on employe ordinairement pour observer la variation ou la declinaison de l'Aiguille aimantée; ce qui m'obligea sur les trois heures après midy de prendre avec le quart de Cercle la hauteur du Soleil, pendant qu'on marquoit sur une table de niveau, au même moment, l'ombre d'un fil de Pite qui étoit suspendu sur la table à plomb par le moyen d'une bale. La ligne étant tracée par l'ombre de ce fil, je cherchai par le calcul l'Azimuth du Soleil à l'heure donnée, qui étoit celle de l'observation de sa hauteur.

Ce calcul suppose la hauteur du Soleil bien connuë sur l'horison, dont le Complement au Zenith est un des côtez d'un triangle qu'il faut resoudre, le second côté est le Complement de la hauteur du Pole, & le troisiéme celuy de la declinaison du Soleil : ces trois côtez connus, on trouve ensuite tres-facilement l'Azimuth du Soleil.

L'Azimuth ou Cercle Vertical étant trouvé, on décrit un Cercle sur la table qu'on a mise de niveau, dont le centre qui représente le Zenith est sur la ligne Azimuthale qu'on y a tracée à la faveur de l'ombre du fil de Pite. Prenant d'un des points de l'intersection de cette ligne avec le cercle, les degrez & minutes de la distance de l'Azimuth au meridien, trouvée par le calcul, on tire une ligne droite passant par le centre du cercle, qui représente la ligne meridienne, qui passe par le vray Nord & le vray Sud du monde, sur laquelle on pose la boussole, & l'on y voit de quel côté varie ou decline l'Aiguille aimantée, & de combien est cette declinaison, je la trouvai ce jour-là de 6ᵈ 10′ Nord-Est.

Le Ciel étant resté clair, je continuai le soir les observations que j'avois déja faites le jour précedent, par lesquelles je déterminai la difference en ascension droite, & en declinaison entre *Saturne* & l'Etoile du bras droit de *Castor*.

XVI. *Decembre au soir.*

à 9ʰ 14′ 12″ *Saturne* arrive au centre des fils.
à 9 15. 28. L'Etoile à l'horaire.

Donc la difference en temps, dont *Saturne* précedoit l'Etoile, étoit de 0ʰ 1′ 16″

Mais le 15. à 9ʰ 26′ la difference en ascension droite étoit de 0. 0. 57.

Donc le mouvement de *Saturne* en ascension droite étoit en un jour de 0ʰ 0′ 19″

1709. Decembre.

à 9h 15′ 56″ l'Etoile arrive au premier fil oblique.
à 9. 16. 46. l'Etoile arrive à l'horaire.
à 9. 17. 36. l'Etoile arrive au second fil oblique.

Donc la difference en declinaison entre *Saturne* & l'Etoile étoit de 0h 0′ 50″
Mais le jour précedent la difference en declinaison étoit de 0. 0. 52.
Donc le mouvement de *Saturne* en declinaison en un jour étoit de 0. 0. 2″

Durant ces observations *Saturne* suivoit exactement le fil parallele à l'Equateur, comme dans les observations précedentes, & dans celles qui suivent.

XVII. *Decembre au soir.*

Le Ciel parut encore le soir, je continuai les observations précedentes.

à 9h 54′ 17″ *Saturne* arrive au centre des foyes.
à 9. 55. 53. l'Etoile arrive à l'horaire.

Donc la difference en ascension droite en temps, dont *Saturne* précedoit l'Etoile, étoit de 0. 1. 36.
Donc le mouvement de *Saturne* en ascension droite en temps, en un jour, étoit de 0. 0. 20.

à 9h 55′ 3″ l'Etoile arrive au premier fil oblique
à 9. 55. 51. l'Etoile arrive à l'horaire.
à 9. 56. 39. l'Etoile arrive au second fil oblique.

Donc *Saturne* étoit plus méridional en temps que l'Etoile, de 0. 0. 48.
Le 16. sa difference en declinaison étoit de 0. 0. 50.
Donc le mouvement de *Saturne* en declinaison, en un jour, étoit de 0. 0 2.

Par ces trois observations je trouvai que la conjonction en ascension droite de *Saturne* avec l'Etoile qui est au bras droit de *Castor*, étoit arrivée le 12. à 10h 33′ 16″ après midy.

J'aurois souhaité que le Ciel eût paru clair quelques jours auparavant, pour observer si le mouvement de *Saturne* à l'égard de cette Etoile, avoit suivi la même proportion que celle que j'avois trouvée les trois jours que je l'observai. 1709. Decembre.

En supposant que le mouvement de declinaison de *Saturne* gardoit avant le 15. la même proportion que celle que j'observai depuis le 15. jusques au 17. sa declinaison à l'égard de l'Etoile au temps de la conjonction a dû être de $0^h\ 0'\ 57''$

Connoissant donc l'ascension droite & la declinaison de cette Etoile qu'on peut trouver par des Tables ou par l'observation, on déterminera facilement l'ascension droite & la declinaison de *Saturne* au temps de ces observations, ce qui peut servir à la perfection des Tables des mouvemens de cette Planete; ce que je m'étois proposé dans ces observations.

OBSERVATION

D'un Arc-en-Ciel fait par la Lune.

LE même soir sur les $8^h\ 30'$ me préparant pour observer *Saturne*, il parut un Arc-en-Ciel fait par la Lune, tres-bien formé, la lumiere duquel étoit refléchie par un foible nuage étendu sur les *Pleyades*, & sur l'Etoile de la premiere grandeur de l'Epaule orientale d'*Orion*. Cette lumiere nous représentoit des couleurs pâles qu'on distinguoit aisément les unes des autres sur le même nuage, pendant que cet Arc-en-Ciel parut.

Tum color in nigris existit nubibus arqui. Lucrece, *lib.* 6.

Ce que je remarquai de singulier dans ce phenomene, fut qu'il ne paroissoit dans le Ciel que le seul nuage qui le formoit, & qu'on voyoit confusément les étoiles à travers de ce nuage, marque de sa rareté. Cet Arc-en-Ciel se conserva tout entier durant 4. à 5. minutes, quoique poussé par un petit vent qui separa en petites parties le nuage qui le représentoit, & peu de temps après il disparut.

1709. Decembre.

OBSERVATION

De la Declinaiſon de l'aiguille aimantée.

XVIII. *Decembre.*

NOſtre départ s'approchoit ; les obſervations de la declinaiſon de l'Aiman, faites par des angles de poſition, ne me paroiſſoient pas entiérement juſtes. Je tentay ce jour-là de l'obſerver plus sûrement, en me ſervant à l'ordinaire de l'ombre d'un fil de Pite, à la faveur de laquelle je traçay ſur un plan de niveau une ligne meridienne, pendant que l'horloge marquoit le vray midy. Le Soleil paſſoit pour lors près du Zenith, & l'ombre des corps étoit fort retrécie. Le fil dont je me ſervis étoit fort long, & donna une ombre de deux poûces & demy. Cette longueur me parut ſuffiſante pour le deſſein que je me propoſai, je la prolongeai, & je poſai deſſus mes deux bouſſoles ; je trouvai dans cette obſervation que la declinaiſon de l'Aiman étoit vers le Nord-Eſt de 6ᵈ 20′ 0″

Par pluſieurs obſervations que j'avois faites, en ſuivant la methode que j'ai expliquée cy-deſſus, j'avois trouvé la declinaiſon de l'Aiman de 6. 10. 0.

La difference entre ces obſervations étoit de 0. 10. 0.

La moitié de cette difference ajoûtée à la moindre declinaiſon obſervée, donna un milieu de 6. 15. 0.

1709. Decembre.

DESCRIPTION

d'un Monstre.

LA nature incessamment occupée à la nouveauté, a un pouvoir si absolu, qu'il n'est rien dans l'univers qui puisse empêcher les changemens qu'elle impose à ses êtres.

Omnia commutat natura, & vertere cogit.

Lucrece, *lib. 5. de natura rerum.*

Elle nous présenta un monstre de la maniere qu'on voit icy dans la premiere figure. Aristote a voulu que la production ou formation des monstres fût un défaut de la nature, qui agissant pour une fin, elle ne sçauroit y arriver, à cause, dit-il, que quelques-uns de ses principes sont corrompus. Ce grand Philosophe n'avoit pas encore compris que la nature se divertît, & qu'elle nous marquât dans la production de ses êtres les plus imparfaits le pouvoir qu'elle a sur ses principes, puis qu'elle en fait dans ses jeux des assemblages qui nous paroissent tout-à-fait extraordinaires.

Le monstre dont je parle icy avoit la tête fort grosse, peu proportionnée au reste du corps, il descendoit de son sommet un monceau de chair, plat, de couleur de foye, attaché par une de ses extrémitez à la partie superieure du front, qui pendoit sur le milieu du visage, & alloit se terminer par l'autre extrémité à la lévre inferieure; ensorte que lorsque la nourrice vouloit luy donner à têter, elle étoit obligée de lever ce monceau de chair pour découvrir la bouche de ce monstre. Il n'avoit point de nez, sa bouche étoit extrémement grande, ses yeux de même, ses joües étoient fort gonflées; il n'avoit presque pas de col, & sa tête naissante directement sur ses épaules étoit appuyée sur deux grosses mammelles. A côté de la mammelle gauche il paroissoit trois doigts, qui ne sortoient du corps de ce monstre qu'à

1709. Decembre.

moitié, & de l'autre côté de la mammelle gauche il paroissoit quatre doigts, depuis le col jusques à la ceinture, le corps ne gardoit aucune proportion; les cuisses étoient difformes, les doigts des pieds naissoient à l'extrémité de chacune, & on ne voyoit à cet enfant ni bras ni jambes. Sa vie fut courte; car trois jours après sa naissance il mourut. On eut assez de peine au commencement à l'allaiter; mais ayant trouvé le secret de luy faire prendre nourriture, en élevant ce monceau de chair qui pendoit au milieu du visage, on trouva en même temps le secret de le faire vivre. Son pere & sa mere étoient Indiens. Ce monstre est représenté icy dans la premiere figure.

DESCRIPTION

de deux Enfans attachez ensemble.

ON avoit vû à *Lima* depuis peu de jours deux enfants joints ensemble vers la poitrine. Leurs têtes étoient parfaitement proportionnées, leurs cols étoient courts & gros; l'enfant qui est représenté icy dans la seconde figure à gauche, embrassoit son frere du bras gauche. Ce bras qui passoit sur le derriere, étoit collé sur les épaules, & il n'y avoit de détaché de tout le bras que la main, qui sortoit au dessous de l'aisselle du bras droit. Son bras droit étoit proportionné à celuy d'un enfant de son âge. L'enfant qui est à droite avoit son bras droit collé & étendu sur les épaules de son frere, & il ne paroissoit au dessous du col par où passoit la main, que quatre doigts, le poûce étant caché dans le col. Son bras gauche étoit tout-à-fait semblable au bras droit de son frere. Depuis la partie inferieure des mammelles ces deux corps n'en composoient plus qu'un seul. Le nombril ou le cordon, ainsi que l'anus & la verge étoient communs à tous les deux, ils n'avoient entr'eux que deux jambes, qui étoient entiérement proportionnées à un de ces corps.

Ces deux enfans ayant été portez à l'Eglise, afin qu'on leur

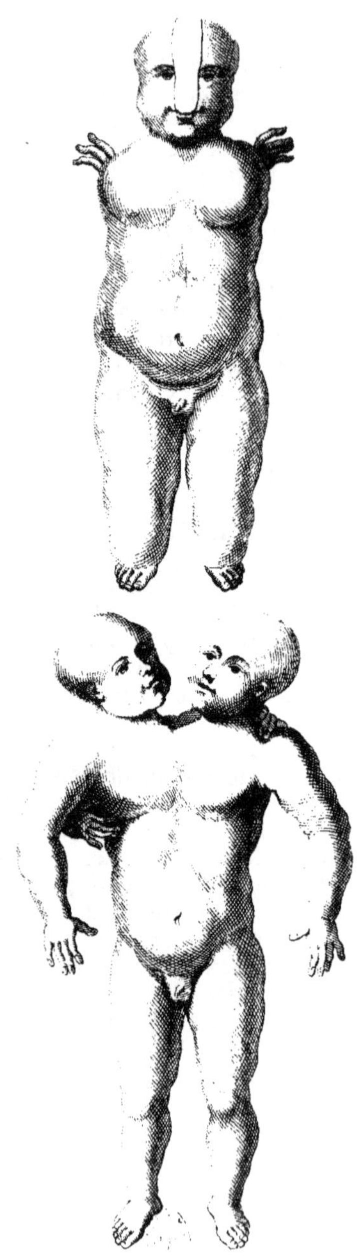

leur conferât le Baptême, le Curé se trouva fort embarrassé, il interrogea la nourice, si elle ne s'étoit point apperçuë dans ces deux têtes de deux volontez opposées, elle répondit que oüy, qu'en allaitant un, elle avoit connu que l'autre desiroit la même chose; que l'un pleurant, elle avoit remarqué que l'autre étoit fort gay; & que pendant que l'un veilloit, l'autre dormoit fort tranquillement. Le Curé n'osa passer outre, il renvoya l'enfant, & il proposa au Grand Vicaire (le Siege étant alors vacant par la mort de l'Archevêque) de quelle maniere il devoit se comporter dans cette occasion, laquelle luy paroissoit d'une grande difficulté. Le Grand Vicaire n'osant rien conclure par luy-même, ordonna à l'Université de s'assembler. Tout le corps de la Medecine s'y trouva; la cause y fut proposée, & l'on conclut qu'on observeroit, si dans les deux têtes on pourroit remarquer des volontez differentes; & qu'en ce cas le Curé baptiseroit separément les deux enfans, étant pour lors hors de doute que chacune de ces têtes avoit une ame particuliere, puis qu'il y avoit deux cerveaux, qu'on croit communément être le siege de l'ame. On deputa un de la Faculté de Medecine, pour examiner de plus près tout ce qu'avoit rapporté la nourrice. Quatre jours après il donna son rapport, qui se trouva entiérement conforme à ce que la nourice avoit avancé; ainsi l'ordre fut envoyé au Curé par le Grand Vicaire de baptiser separément ces deux têtes, quoy qu'elles n'eussent qu'un même corps. 1709. Decembre.

Le Ciel n'ayant pas paru la nuit suivante, je ne pùs continuer mes observations. Le lendemain 19. il fut encore caché. Le 20. à trois heures du matin un bruit épouventable nous débusqua du lit; ce bruit fut suivi d'un grand tremblement de terre qui renversa quelques maisons dans la campagne.

XXI. *Decembre.*

N'étant pas pleinement satisfait des observations de la declinaison de l'Aiman que j'avois déja faites. Le Soleil ayant paru fort clair sur les quatre heures, je pris

1709. Decembre.

avec mon quart de Cercle sa hauteur sur l'horison ; & suivant la même methode que j'ay expliquée cy-dessus, je trouvai la declinaison de l'Aiman semblable à celle que j'avois déja observée de 6d 10′ 0″

J'observai le soir la hauteur meridienne apparente d'*Acarnar* de 43. 23. 30.

XXII. *Decembre.*

La journée commença par un beau Soleil qui me servit à verifier, si le tremblement de terre du 20. n'avoit pas dérangé le mouvement de mon horloge. L'esperance de quelque belle nuit me flattoit encore ; *Jupiter* qui étoit sorti de conjonction avec le Soleil, en étoit déja assez éloigné pour pouvoir être observé ; & la connoissance du temps que marquoit mon horloge, m'étoit absolument necessaire pour déterminer celuy des observations que j'esperois faire.

Hauteurs correspondantes du bord superieur du Soleil pour l'Horloge.

heures du matin.	hauteurs.	heures du soir.
9h 37′ 20″	50d 5′ 30″	3h 3′ 22″
44. 24.	51. 42. 10.	56. 18.
51. 58.	53. 22. 50.	2. 48. 45.

Par ces trois correspondances l'horloge marquoit à midy, 12h 20′ 21″

Il n'y avoit point de correction à faire.

Le 16. l'horloge marquoit à midy, 12. 17. 12.

Donc l'horloge avançoit en six jours de 3. 9.

Pour être au temps moyen elle devoit avancer de 3. 0.

Donc elle avoit avancé en six jours sur le temps moyen de 9.

Selon les observations précedentes elle dût avancer de 6.

Ce retardement me fit connoître que les violentes secousses du tremblement de terre que nous avions ref-

1709. Decembre.

ſenties le 20. avoient dérangé mon horloge.

Les vents furent tout le jour au Sud-Eſt, & le Mercure demeura ſuſpendu à la hauteur de 27ᵖ 6ˡ ½.

La variation de l'Aiman fut encore obſervée à midy de 6ᵈ 15′ 0″

XXIII. *Decembre.*

Sur les dix heures du matin un tremblement de terre beaucoup plus violent que celuy que nous avions reſſenti le 20. dérangea de nouveau mon horloge. Le 24. à 5. heures du matin nous fûmes encore effrayez par un autre tremblement. Le 30. à la même heure, un nouveau tremblement interrompit nôtre repos, & nous obligea de fuïr dans les ruës pour n'être pas accablez ſous les ruines de nos maiſons. A dix heures un ſecond tremblement luy ſucceda, en ſorte que toutes ces differentes ſecouſſes commençoient à nous imprimer de la crainte. Le 31. à 4. heures du matin nous fumes encore ſecoüez par un tremblement de terre.

REMARQUES

Sur les Orangers.

ETant allé un jour me promener dans le jardin d'un de mes amis, à un quart de lieüe de la Ville, à deſſein d'y chercher quelques plantes, je remarquay parmy une grande quantité d'Orangers, que deux de ces arbres avoient à leur tronc & à quelques branches une raiſine qui ſe configuroit en larmes, leſquelles étoient d'un verd clair, & preſque auſſi tranſparantes qu'un verre de la même qualité, qui auroit une épaiſſeur égale. Je pris tout d'un coup ces larmes pour une gomme ſemblable à celle de nos amandiers; je les mis en infuſion dans de l'eau commune, & les y laiſſay pendant deux jours, au bout deſquels je ne m'apperçus d'aucun changement,

1709. Decembre. ſinon qu'elles étoient un peu ramollies; l'eau dans laquelle elles infuſoient, étoit encore auſſi claire & auſſi liquide qu'elle l'étoit, lorſque je la verſay dans le vaze. Je pris de ces larmes & les mis ſur la langue, je les trouvay d'un goût doucereux, & je remarquay que d'abord que la ſalive les touche, elle en déſunit les parties, j'appris par là que les acides ſervoient de diſſolvant à ces larmes; je remarquay encore dans cette diſſolution que les parties qui les compoſent ne s'uniſſent avec aucun corps, & que le goût fade & doucereux qu'on y trouve ne vient que du mélange de quelques parties de la féve, que les petites goûtes de ces larmes qui paſſent par les pores des troncs & des branches des Orangers emportent avec elles. Ces mêmes corps de la féve leur donnent la couleur qu'elles ont, & ſans leur mélange il y a quelque apparence qu'elles ſeroient entiérement tranſparantes, & qu'elles prêteroient leurs petits vuides aux corpuſcules lumineux.

Je cüeillis ſur ces mêmes arbres une Orange d'une groſſeur extraordinaire; je l'ouvris par curioſité, je trouvay dedans quelques graines qui avoient germé, quoique le fruit ne fût pas encore détaché de l'arbre; je meſuray le germe de deux de ces graines, je les trouvay de 2. poûces 6. lignes de longueur, qui eſt une preuve de la fecondité de ces climats.

Ce jardin eſt un des plus beaux & des plus curieux de toutes ces campagnes; on y voit pluſieurs ſortes de fruits inconnus en Europe, j'en deſſinay quelques-uns dont je parleray à la fin de mon Journal. Une grande quantité de fleurs rares donnent beaucoup de relief à la beauté de ce jardin; mais ce qu'il y a de plus ſingulier, c'eſt que les quatre ſaiſons de l'année s'y ſuccedent les unes aux autres, ſans y voir de décorations differentes.

1709.
Decembre.

REMARQUES

Sur un Abcès.

UNe Dame enceinte ayant un Abcez qui paroissoit exterieurement sur le côté droit du ventre, fit appeller un Medecin François pour le consulter sur cette tumeur. Le Medecin luy conseilla de la faire ouvrir, & s'offrit de faire luy-même cette operation. Elle paroissoit difficile, & on n'en avoit pas encore vû dans *Lima* de si hardie. Comme cette Dame se sentoit beaucoup incommodée, & que son mal augmentoit tous les jours, elle resolut de se mettre entre les mains du Medecin, esperant guérir après que les matieres que le Medecin luy avoit dit être enfermées dans cet Abcès, en seroient sorties. Le Medecin, après avoir fait une incision, sonda le côté de cette Dame, & sentit que sa sonde touchoit non pas une matiere liquide, mais un corps solide; ce qui le détermina à faire une plus grande ouverture, pour découvrir la cause de cette tumeur; mais craignant que la Dame ne s'opposât à cette seconde operation, il la prévint; la malade l'ayant trouvé bon, il continua son operation; & la premiere chose qu'il tira de cette ouverture fut le crâne d'un petit enfant. La Dame tomba aussi-tôt en défaillance; ce qui obligea le Medecin à mettre sur la playe un appareil, pour donner du repos à la malade. Il retourna chez elle le lendemain, il la trouva agitée de douleurs fort aiguës; il leva l'appareil; & continuant durant plusieurs jours son operation, il sortit de cette ouverture plusieurs ossemens; cependant il ne laissa refermer la playe que lors qu'il crut que tous les ossemens du corps d'un petit enfant en étoient sortis. Le Medecin connoissant alors parfaitement la maladie, demanda à cette Dame depuis quel temps elle étoit enceinte; elle luy répondit qu'il y avoit deux ans, & qu'elle n'avoit ressenti de douleurs qu'un an après sa grossesse. Cette cure demandoit de l'habileté dans le Medecin qui traittoit cette Dame,

1709. Decembre.

à qui il rendit en effet une parfaite santé. Le bruit de cette guérison fut bien-tôt répandu dans la Ville & ailleurs ; & la nouveauté qui ne plaît pas moins dans les Indes qu'en Europe, attira au Medecin l'estime de tout le Perou.

Il arriva dans le même temps qu'une Negresse criole se disloqua le bras droit, en tombant, on appella le même Medecin. Avant que d'entreprendre de remettre l'os en sa place naturelle, il demanda à cette femme, si elle étoit enceinte, elle luy répondit qu'elle l'étoit de seize mois ; le Medecin surpris, & curieux de sçavoir si elle avoit eu auparavant d'autres enfans, elle luy dit qu'elle avoit porté onze mois dans son sein le premier enfant qu'elle avoit mis au monde, lequel étoit pour lors âgé de six ans, & étoit fort & robuste, & plein de santé, qu'elle avoit été enceinte dix-huit mois du second, qui avoit été enlevé à sept mois par un *Pasme*, maladie tres-dangereuse dont j'ay déja parlé, n'ayant jamais été possible d'ouvrir la bouche de cet enfant pour luy faire avaler quelque chose, tant ses dents étoient serrées. Le même jour le Medecin à qui j'enseignois l'Astronomie, & qui venoit regulierement me voir deux fois par jour, me rapporta tout cecy. Pour mieux m'assurer de ce qu'il venoit de me dire, je l'accompagnay le soir chez sa malade, à dessein de m'informer de son maître, si ce que la negresse avoit dit au Medecin étoit veritable, il nous le confirma, & nous assura qu'il étoit témoin de tout ce que cette femme avoit avancé.

Pendant tout le mois de Decembre nous ne vîmes plus ni le Soleil ni les Etoiles ; c'est pourquoy voyant que je ne devois plus esperer de pouvoir faire aucune observation, étant à la veille de mon départ, je serray tous mes instrumens, & partis peu de jours après pour la Ville de *Callao*. Je pris congé de tous mes amis qui me chargerent de mille provisions pour mon grand voyage, c'est-à-dire de chocolat, de sucre, de biscuit, & de plusieurs autres choses semblables. Le Viceroy que j'avois prévenu sur mon départ quelques jours auparavant, n'oublia rien pour me retenir à *Lima* jusques à son retour en Europe, qui devoit être deux ans après. Pour m'y engager même plus puissamment, il m'offrit la Chaire de Mathematique, vacante par la mort de Don Jean *Ramond*, mais je l'en remerciay; j'eus cependant beaucoup de peine à me défendre de ses pressantes sollicitations; & si je ne luy eusse pas apporté toutes les plus fortes raisons qui m'obligeoient de passer en Europe, les ordres du Roy, des personnes qui avoient un grand credit sur l'esprit de ce Seigneur, lesquelles le sollicitoient continuellement de m'arrêter à *Lima*, m'y auroient infailliblement fait rester. 1709. Decembre.

x. *Janvier* 1710.

Le commencement de l'année n'auroit pas été plus favorable pour mes observations que celle que nous venions de finir, ainsi mes instrumens étoient inutiles; il sembloit que j'avois eu, en les serrant, quelque pressentiment de tout le temps qu'il fit le peu de jours que nous restâmes encore à *Lima*. La consolation qui me resta en quittant cette Ville, fut d'y laisser un homme capable d'y faire toutes les observations que je m'étois proposées, & que je n'avois pû exécuter, n'ayant pu pendant tout le séjour que j'y fis, qui fut de sept mois, trouver une seule nuit favorable pour déterminer la longitude de cette capitale du Royaume. La personne que je laissay fut le Medecin François dont j'ay parlé, homme tres-habile dans son Art; il avoit appris en France les premiers élemens de Mathematique, & avoit toujours conservé beaucoup d'inclination pour ces belles Sciences. Peu de jours après mon arrivée à *Lima*, dans une visite qu'il me rendit, il me supplia de luy enseigner l'Astronomie, ce que je luy accorday. Son application me fit esperer dès les commencemens les progrez que je remarquay dans la suite, je n'eus aucune peine à luy faire comprendre dans les démonstrations que luy faisois les mouvemens des corps celestes, & il apprit avec tant de facilité la Trigonometrie, quoy qu'assez difficile à ceux qui commencent, qu'en moins de deux mois il sçut resoudre toutes sortes de Triangles; je luy expliquay ensuite 1709. Janvier.

1710. Janvier.

l'usage des Tables Astronomiques ; & je ne l'eus pas exercé trois fois dans les observations, que je connus son exactitude ; ce qui me fit esperer que les Sciences pourroient dans la suite retirer de grands avantages d'un si bon Eleve. Quelque temps après mon départ de *Lima*, il me donna de nouvelles marques de son application, en m'envoyant des observations sur les Immersions du premier Satellite de Jupiter qu'il avoit faites, dont je parleray dans la suite, lesquelles comparées à celles que j'avois faites dans le Royaume de Chily, & à celles qui avoient été faites à l'Observatoire Royal de Paris, déterminerent immediatement la veritable position en longitude de *Lima*, connoissance qui nous étoit encore inconnuë, & que les Mathématiciens de cette Ville qui se croyoient fort habiles, & qui l'étoient effectivement pour des gens de ce pays là, n'avoient pas encore pû déterminer.

DESCRIPTION

de Lima, capitale du Perou.

LIma est une des plus belles & des plus riches Villes des Indes Occidentales. En 1534. François *Pizzare* en jetta les premiers fondemens le jour de l'Epiphanie, ce qui luy donna en sa naissance le nom de la Ville des Rois. Elle est bâtie dans une vallée, appellée, avant l'arrivée des Espagnols dans le Perou, la vallée de *Rimac*, nom d'une fausse divinité représentée sous la figure d'un homme. Tous les grands Seigneurs du *Perou* envoyoient à cette idole des Ambassadeurs, pour la consulter sur les affaires les plus importantes de l'Empire, & ses réponses à toutes les demandes qu'on luy proposoit, luy avoient fait donner le nom de *Rimac*, en nôtre langue, *celuy qui parle* ; mais les Espagnols corrompirent dans la suite le nom de *Rimac*, changerent la premiere lettre R en L, & appellerent cette Ville, *Lima*, nom qu'elle conserve encore aujourd huy.

Ce

Ce seroit icy le lieu de raconter la maniere dont les *Yncas* reduisirent sous leur obéïssance, non seulement cette vallée, mais encore celle de *Pachacamac*, distante de quatre lieuës seulement de *Lima*, & qui porte le nom du Dieu inconnu que les *Yncas* reconnoissoient dans leur ame pour le souverain createur de toutes choses, *Pachacamac* signifiant en leur langue, *celuy qui a fait l'univers, & qui le conserve*; comment ils s'emparerent de *Chancai* & des quatre autres vallées qui lui sont voisines, dont le grand Cacique *Cuysmancu*, que ces peuples appelloient en leur langue *Atum Apu*, étoit le souverain Seigneur; mais comme je me suis limité à ne parler dans mon Journal que de ce qui pouvoit être de quelque utilité aux Sciences & aux Arts, je renvoye le Lecteur curieux de l'Histoire, à *Garcillasso de la Vega*, qui a écrit avec exactitude celle du Perou, & les guerres civiles qui regnerent parmy les Espagnols lors de la conquête de ce vaste Empire.

Lima est située dans une vaste plaine à 12^{d} 0' 57" de latitude australe, & distante de Paris vers l'Ouest de 5^{h} 16' 38", lesquelles reduites en degrez, donnent la distance de *Paris* à *Lima* en longitude de 79^{d} 9' 30". Cette Ville a à son Orient les hautes montagnes des *Andes*, autrement appellées *la Cordeliere*, qui prennent leur commencement à *Sainte-Marthe*, petite Ville avec Evêché, dans la partie du Nord de l'Amerique, dans le Gouvernement de même nom, bâtie sur le bord de la mer à 11^{d} 19' 55" de latitude septentrionale, de laquelle je parleray dans le voyage que je fis en 1704. dans l'Amerique septentrionale par ordre de Sa Majesté, & pour le même dessein que j'avois fait celuy-cy. Au Nord de *Lima*, & le long de ses murailles, passe une belle riviere qui descend des hautes montagnes. Je trouvai ses eaux en équilibre avec mon Areometre dans l'expérience que j'en fis, de 2. onces 3. dragmes 17. grains ½. Cette riviere arrose toute la vallée par une infinité de petits canaux qu'on a fait au milieu des plaines, par lesquels on conduit les eaux dans tous les jardins & dans les campagnes cultivées, sans lesquelles elles seroient brûlées par les grandes

1710. Janvier. chaleurs, particulierement dans le temps où il ne tombe pas dans cette vallée une rosée suffisante pour pouvoir y conserver la fraîcheur. On voit sur cette riviere un magnifique pont que le Marquis de *Montes-Claros* y fit bâtir pendant sa Viceroyauté au Perou. Ce pont communique à un grand faubourg, appellé par les Indiens *Malambo*, & par les Espagnols *S. Lazare*, qui est aujourd'huy une belle Ville, dont les ruës sont tirées au cordeau, de même que celles de *Lima*. La principale ruë va de l'Est à l'Ouest; elle est vaste, & a près d'une lieüe de longueur, huit carosses pourroient y passer de front, sans embarras; de larges canaux, dont les eaux font tourner plusieurs moulins à bled & à poudre, traversent tout ce faubourg, & arrosent plusieurs jardins, dans lesquels on voit des orangers, des citroniers, & une infinité d'autres arbres du pays; je mangeai dans plusieurs de ces vergers des figues d'un goût merveilleux, & de tres-excellents raisins. Il y a dans ce faubourg une belle place où l'on tient le marché deux fois la semaine, un grand nombre d'Indiens des campagnes voisines s'y rendent pour y vendre leur volaille & leurs bestiaux, & y acheter leur necessaire. On voit encore dans le même faubourg des Eglises magnifiques, celle des Minimes qui étoit autrefois le Seminaire, & qui leur fut donnée par le dernier Archevêque, est une des plus belles & des plus grandes; elle est dédiée à la Sainte Vierge; cependant la moitié du devant, c'est-à-dire depuis le haut de la porte jusques au toit, fut renversé par un tremblement de terre; ce qui empêche que ce Temple ne soit un ouvrage fini. Il y a encore d'autres Eglises qui marquent par leur beauté la veneration que ces peuples ont pour la Maison du Seigneur. Au Nord de *Malambo* on voit un cours fort spacieux, avec plusieurs grandes allées d'orangers, au milieu duquel il y a trois belles fontaines. Ce cours appellé par les Espagnols *Lalameda*, conduit à un magnifique Monastere de Cordeliers, Religieux d'une grande regularité, où il y a un Noviciat. On voit dans leur jardin une infinité d'arbres tres-rares, entre les autres des orangers & des citroniers de toutes sortes d'espece, des *Lucumas*, des *Cherimolas*, & une infinité d'autres arbres qu'il feroit trop long de rapporter icy.

A l'Oueſt de *Lima* eſt une grande plaine de deux lieües, qui s'étend juſques à la Ville de *Callao*, bâtie ſur le bord de la mer, ainſi que je l'ay dit ailleurs, & que je le feray voir cy-après. On voit dans cette plaine des maiſons de campagne fort propres, & des jardins charmans, dans leſquels les *Paltas*, les *Lucumas*, les *Cherimolas*, & d'autres fruits domeſtiques & étrangers ſe trouvent en grand nombre. Les campagnes dans leſquelles on ne ſeme pas de bled ſont remplies d'*Alfarfares*. On appelle *Alfarfar* un champ ſemblable à nos prairies, dans lequel on ſeme une graine qui pouſſe une plante que nous appellons *Luſerne* ou *Medica* en France, à cauſe que ſa ſemence nous fut apportée de la *Medie*. Elle eſt un genre de plante à fleurs legumineuſes, dont la tige eſt longue de plus de deux pieds, diviſée vers ſon ſommet à pluſieurs branches chargées de petites fleurs bleües, qui lors qu'elles ſont épanoüies, rendent ces campagnes d'une beauté admirable. Ces prairies ou *Alfarfares* ſont vertes toute l'année. On n'a pas plûtôt coupé ces plantes, qu'elles pouſſent une autre fois; & tous les matins on voit entrer dans *Lima* une infinité d'aſnes chargez d'*Alfarfar*, auſquels leur conducteur mettent en la bouche un gros os, en maniere de mor, pour les empêcher de manger ces herbes. Ces plantes ſervent à nourrir toutes les bêtes de charge pendant toute l'année, & on n'a pas d'autre foin à leur donner dans ce pays-là que l'*Alfarfar*.

Un jour étant allé me promener dans cette plaine pour y voir les ruines d'une ancienne Ville qui avoit été bâtie du temps des *Incas*; je remarquai que les ruës en étoient fort étroites, & que par les chemins qui traverſoient les champs, & qui étoient bordez de murailles abbatuës alors par les Eſpagnols, à peine deux hommes pouvoient-ils y paſſer de front; j'en demandai la cauſe à un Indien, qui me répondit, que leurs peuples étoient plus ménagers du terrain que ne ſont aujourd'huy les Eſpagnols, parce que leur nombre étoit ſi grand, qu'on avoit beſoin de cultiver ſoigneuſement toutes les campagnes, pour

1710. Janvier.

fournir à leur subsistance. Je vis dans les ruines de cette Ville une grande muraille à crénaux, bâtie avec de grands pans de terre, renfermant un grand Palais, qu'on me dit être la maison où logeoit l'*Incas*, lors qu'il alloit de *Cusco* à ces contrées. Les maisons des particuliers dont la plûpart des murailles étoient encore élevées sur le terrain de plus de trois pieds, étoient en quarré long, les unes plus grandes que les autres, ce qui marquoit la different qualité des Indiens qui les habitoient.

Au Sud de *Lima* est la vallée de *Pachacamac*, nom du Dieu inconnu que les Indiens adoroient dans le secret de leur cœur, comme j'ay déja dit ; l'on y voit encore les anciens vestiges du superbe Temple que les sujets du Cacique *Cuysmancu* bâtirent à cette Divinité, qui donna le nom à cette vallée. Les Historiens rapportent que *Ferdinand Pizzare*, après avoir conquis cette vallée, tira de ce Temple, sans compter le pillage des soldats, neuf cens mille ducats, que les Indiens n'eurent pas le loisir de cacher avec l'or & l'argent qu'ils en retirerent aussitôt qu'ils apprirent l'arrivée des Espagnols sur leurs côtes.

Lima est en triangle, comme l'on voit icy dans le plan, que je n'eus pas le temps de lever entiérement, nôtre Navire ayant mis à la voile plûtôt que je ne le croyois. Je n'avois encore commencé que de tracer le faubourg de *Malambo*, qui est au-delà du pont, comme l'on voit icy, où je ne marque que des jardins, pour ne laisser pas de vuide dans les lieux que le faubourg occupe entiérement.

Cette belle Ville est environnée de murailles, bâties de quarrez longs de terre, dont la longueur est environ d'un pied & demy, & l'épaisseur d'un demy-pied. La riviere passe le long d'un des côtez du triangle qui luy tient lieu de défense, & les deux autres côtez du triangle sont défendus par 25. bastions. Les rampars sont élevez environ de trois toises & demy, leur haute allée est de cinq pieds de largeur, & la hauteur de la banquette d'un pied, & large d'un pied & demy. Ces rampars sont sans embrazures, & par consequent sans canon ; & ces murailles n'ont été proprement construites que pour marquer la magnificence de cette Ville, & nullement pour la mettre à couvert des insultes des ennemis.

Toutes les ruës tirées au cordeau divisent la Ville en quarrez, que les Espagnols appellent *Quadras*. On y voit peu de maisons à deux étages, les tremblemens de terre ayant appris aux habitans, que ces superbes édifices élevez avec tant de magnificence par les premiers Fondateurs de cette Ville, avoient servi de sepulcre à leurs ancêtres. Les Espagnols en furent avertis par les Indiens qui se mocquoient d'eux, voyant leurs grands desseins. Les maisons, quoique d'un seul étage, y sont magnifiques en dedans, elles ne sont couvertes que de roseaux, sur lesquels on répand de la cendre, pour empêcher que la rosée ne passe à travers. Ces couverts si legers se font à dessein, & afin que si malheureusement on étoit surpris dans la nuit par quelque tremblement de terre qui renversât les maisons, on ne fût pas du moins écrasé sous leur toit. Chaque maison a son jardin, dans lequel passe un canal dont on tire les eaux du haut de la riviere qui sert pour les arroser, & pour l'usage de chaque logis particulier.

La grande place éloignée du pont d'une *Quadre*, située vers le milieu de la Ville, est tres-belle & quarrée; une belle fontaine qui est au milieu la rend fort agréable. On y voit plusieurs tentes que les Indiens dressent tous les matins pour vendre leurs fruits, & toutes les choses necessaires à la vie que l'on apporte des campagnes voisines. A l'Est de la place est l'Eglise *Major* ou grande Eglise, & le Palais de l'Archevêque. Cette Eglise est à trois nefs magnifiques, elle a aux deux angles du devant deux grandes tours fort élevées, plus éminentes que la voûte de l'Eglise, quoique fort hautes, lesquelles n'étoient pas encore finies lorsque je partis de *Lima*. Ces deux tours sont deux méchans voisins dans un tremblement de terre, & malheur à ceux qui en sont proche. Du côté du Nord de la place est le Palais du Viceroy. A l'Ouest le Greffe, la maison du Prevôt, & quelques maisons de Marchands, qui ont sur le devant de gran-

1710. Janvier. des galeries, au dessous desquelles on peut se promener à l'abri du Soleil. Au Midy il y a de semblables galeries, & le dessous sont des magazins remplis de marchandises. Toutes les maisons de la place sont à deux étages. On voit encore dans *Lima* plusieurs autres places, mais elles ne sont pas de la beauté de celle-là. Outre la grande Eglise il y a quelques autres Paroisses qui ne laissent pas d'avoir leur merite, quoy qu'elles ne soient ni si vastes ni si riches que la *Major*.

Entre les Convens des Religieux, qui sont en assez grand nombre dans cette Ville, celuy de Saint François est le plus somptueux; nous n'avons pas dans toute l'Europe un Monastere dont le bâtiment égale la magnificence ni la grandeur de celuy-cy. Il est toûjours rempli de plus de trois cens Religieux; & quoique le Convent n'ait aucun revenu, les Freres Questeurs trouvent cependant beaucoup plus de vivres qu'ils n'en ont besoin pour leur subsistance, puisque personne ne se présente dans cette Maison Religieuse, qu'il n'y soit reçu avec beaucoup de charité, ces saints Religieux faisant avec beaucoup d'affection part aux hôtes, des aumônes qu'ils reçoivent de la liberalité de ces peuples. Les Cordeliers ont encore deux autres Convens, un dans la Ville, & l'autre au Fauxbourg dont j'ai déja parlé. Après les Peres de Saint François suivent les Jesuites qui ont quatre belles maisons dans la Ville, la premiere est au milieu de la Ville, la seconde qui en est peu éloignée, est le College, où toutes les personnes de qualité du Royaume du Perou envoyent leurs enfans en pension, pour apprendre les Sciences & la vraye Religion. Toutes les maisons de ces Peres sont autant de Seminaires de sainteté & de vertu, d'où l'on tire tous les jours des Religieux pour les envoyer de tous côtez, afin de travailler à la conversion de ces peuples; & quoique plusieurs d'entre eux ayent été massacrez par ces barbares, cependant leur zele ne s'est pas rallenti par ces sanglantes tragedies; au contraire ils n'ont pas craint de porter depuis quelques années la lumiere de l'Evangile dans le grand *Petiti*, l'un des Empires le plus étendu & le

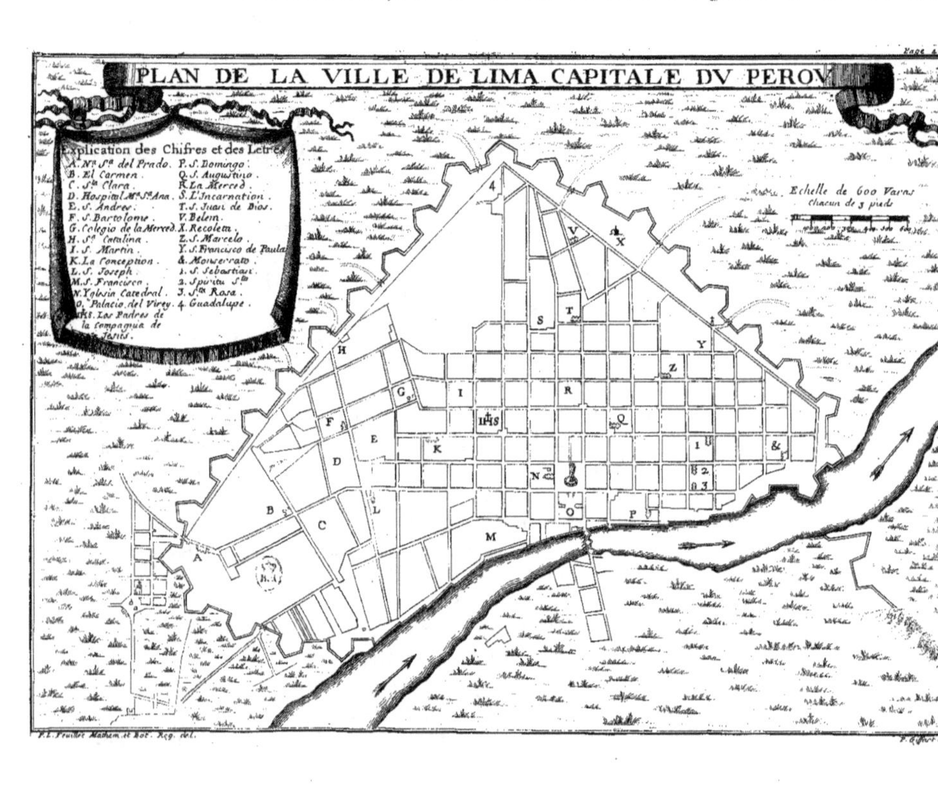

Page 499.
PLAN DE LA VILLE DE LIMA CAPITALE DU PEROU
Explication des Chifres et des Letres
A. Nª Sª del Prado.
B. El Carmen.
C. Sta Clara.
D. Hospital Mª Sª Ana.
E. S. Andres.
F. S. Bartolome.
G. Colegio de la Merced.
H. Sª Catalina.
I. S. Martin.
K. La Conception.
L. S. Joseph.
M. S. Francisco.
N. Yglesia Catedral.
O. Palacio del Virey.
IHS. Los Padres de la Compagnia de Jesus.
P. S. Domingo.
Q. S. Augustino.
R. La Merced.
S. L'Incarnation.
T. S. Juan de Dios.
V. Belem.
X. Recoleta.
Z. S. Marcelo.
Y. S. Francisco de Paula.
&. Monserrato.
1. S. Sebastian.
2. Spiritu Sto.
3. Sta Rosa.
4. Guadalupe.
Echelle de 600 Varas chacun de 3 pieds

plus feroce de toute l'Amerique. Nous n'avons encore qu'une legere connoissance de ce vaste Empire, de laquelle nous sommes redevables aux Peres de cette Societé. Les Dominiquains ont aussi à *Lima* trois Convens, dans lesquels on compte environ quatre cens Religieux. Les Augustins sont en pareil nombre. Il n'y a guéres moins de Religieux de la Mercy. L'Ordre de S. Jean de Dieu y est aussi florissant que les autres. Comme leur Institut est de servir les pauvres, & que leur Regle ne leur permet que d'avoir un seul Prêtre dans chaque Monastere, ils travailloient à la Cour de Rome pour obtenir de Sa Sainteté la permission d'en avoir plusieurs dans chaque Convent; mais comme c'est un point de Regle parmy eux de n'en avoir pas davantage, cette faveur ne leur avoit pas encore pour lors été accordée par le Souverain Pontife.

1710. Janvier.

Les Monasteres des Religieuses n'y sont pas moins celebres que ceux des Religieux; & il seroit à souhaiter que de si superbes Maisons fussent à l'épreuve des tremblemens de terre.

On a vû dans mes Observations la nature de l'air de *Lima*; c'est pourquoy il seroit inutile d'en parler davantage icy. Tout ce qui me reste à dire de cette Ville est de conseiller aux Astronomes de choisir tout autre endroit pour y faire leurs observations; & de vray il semble que le Soleil n'ait pas été fait pour ces peuples: car à peine le voit-on trois mois en toute l'année.

x. *Janvier*.

J'observai à *Callao* l'inclinaison de l'Aiman vers le Sud de 18d 40′ 0″

1710. Janvier.

DESCRIPTION

d'un Instrument dont je me servis pour observer l'Inclinaison de l'Aiguille aimantée.

LE corps de cet Instrument est un Anneau de cuivre parfaitement rond, d'un demy pied de diametre, & sa circonference est d'un poûce & demie de largeur. Le dedans ou la partie interieure de cette circonference est divisée sur le milieu de sa largeur en 360. degrez, & chaque degré en quatre parties, dont chacune est de 15. minutes. Son épaisseur ne surpasse pas une ligne. Vers le centre de cet Instrument il y a deux paralleles de la même matiere, fort déliées, qui sont deux diametres du cercle représenté par cet anneau, au milieu desquelles il y a deux trous fort petits, qui répondent directement au centre de l'Anneau. L'usage de ces paralleles est de soûtenir une aiguille aimantée, dont l'Axe entre dans les petits trous sans y être gêné; ensorte que l'aiguille tourne librement sur cet Axe autour du cercle interieur divisé, comme j'ai dit, en degrez & en quart de degrez, & marque sur cette division l'inclinaison de l'Aiman, tant sur mer que sur terre. Cette Aiguille est d'un fin acier; sa longueur est un peu moindre que le diametre interieur de l'Anneau, afin qu'elle puisse se mouvoir librement dans sa circonference. L'anneau est suspendu à plomb par un petit anneau mobile, qui tourne sur un petit pivot, qui sert pour diriger le grand anneau vers le Meridien magnetique, qu'on cherche avant que d'observer l'inclinaison avec une Boussole ordinaire; car c'est sous ce Meridien magnetique où arrivent ordinairement les plus grandes inclinaisons.

L'usage de cet Instrument est facile à comprendre, selon que je viens de le décrire. Lors qu'on a donc trouvé par une Boussole commune le Meridien magnetique, on suspend l'Instrument sur ce Meridien; & lorsque l'anneau est dans le même parallele que le Meridien magnetique,

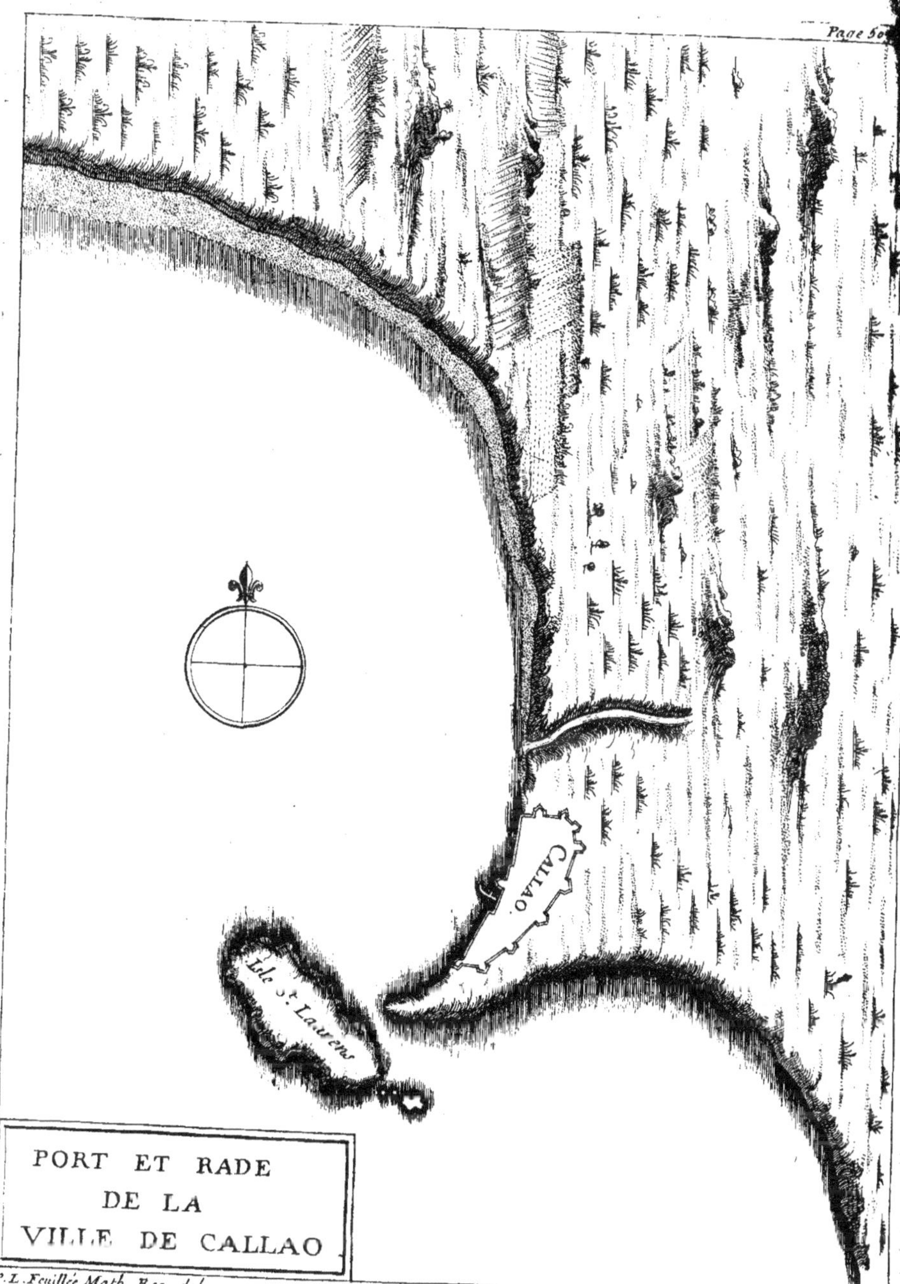

P. L. Feuillée Math. Reg. del.

P. Giffart Sculp.

tique, on laiſſe repoſer l'Aguille mobile qui eſt à ſon centre, & l'on trouve dans le point où elle s'arrête l'inclinaiſon qu'on cherchoit. Je la trouvai à *Callao* égale à celle que j'avois trouvée avec le même Inſtrument, qu'elle étoit à *Lima*.

Le même jour 10. je levai le Plan du Port de *Callao*. Cette Ville eſt éloignée de *Lima* de deux lieües, elle eſt étenduë le long de la mer, & eſt beaucoup plus longue que large. Elle a au Nord la riviere qui paſſe au long des murailles de *Lima*, & un petit faubourg, dont les murailles de la plûpart des maiſons ne ſont conſtruites que de roſeaux. A l'Eſt ce ne ſont que des grandes plaines, dans leſquelles on voit pluſieurs belles maiſons de campagne, où ſont de beaux vergers arroſez par des canaux qui reçoivent leurs eaux de la riviere. Il y a dans ces vergers pluſieurs arbres fruitiers; le plus grand nombre ſont des oliviers, dont les fruits ſont infiniment plus gros que tous ceux que nous avons en Europe. Les autres arbres ſont tous propres au pays, hors les orangers & les citroniers qui ſont aſſez communs parmy nous. A l'Oueſt eſt la rade ou le port, ouvert du côté du Nord-Nord-Eſt, d'où vient ſon vent traverſier; mais comme il ſouffle rarement dans ces climats, & qu'il y a peu de force, étant abattu par les chaleurs, cela fait qu'il n'y eſt pas beaucoup à craindre. L'Iſle de S. Laurens met ce Port à l'abri du vent d'Oueſt, qui y feroit le plus dangereux, & encore de celuy du Sud, ne laiſſant entre elle & une pointe de la Terre-ferme qui avance en mer, qu'une petite entrée où il ne peut paſſer que de petits bâtimens; tres-peu même oſent s'y expoſer à cauſe des courans qui portent ſur les côtes preſque toujours du Nord au Sud, & du peu de fond que la mer a dans ce paſſage. Ce Port n'eſt jamais ſans pluſieurs navires; le Roy d'Eſpagne y entretient trois vaiſſeaux qui étoient en mauvais état, & deux ou trois galiotes qui n'étoient pas mieux équipées. Le Plan du Port qu'on voit icy ſuffit pour faire comprendre ſa ſituation & celle de l'Iſle de S. Laurent. La Ville, dont le Plan eſt repréſenté icy, a ſes ruës tirées au cordeau, larges & ſpacieuſes. Les mai-

SSſ

1710. Janvier.

sons sont pour la plupart d'un seul étage, celles qui sont sur le bord de la mer servent de magazins, où l'on renferme les marchandises qu'on apporte de divers endroits, & qu'on transporte ensuite delà à *Lima* sur des mules ou sur des charettes tirées par des bœufs, conduits par des Negres qui oublient leur fidelité en sortant de leurs maisons; ainsi on n'a qu'à prendre garde à ce qu'on charge, & accompagner la charette, si on n'en veut pas être la dupe. Il y a dans la Ville plusieurs Maisons Religieuses, dont on voit les situations dans le plan. La Paroisse & toutes les autres Eglises de *Callao* sont fort belles, en quoy ces peuples marquent l'estime infinie qu'ils ont pour le culte du vray Dieu. Les habitans de cette Ville sont presque tous gens de mer, la plûpart sans politesse & sans honnêteté; elle est entourée de bonnes murailles à neuf bastions, terrassées sur le derriere. Au reste *Callao* seroit assez agréable, si les chaleurs qu'on y ressent continuellement, y étoient temperées par quelques pluyes; ce qu'on n'y voit pas.

Les jours suivans, n'ayant aucune occupation dans le Navire, & attendant qu'on mît à la voile, je dessinai la vuë de la Ville de *Callao*, représentée icy.

Fin du premier Volume.

P.L. Feuillée Mathe. et Botan. Reg. delin. P. Sifart Sculp.

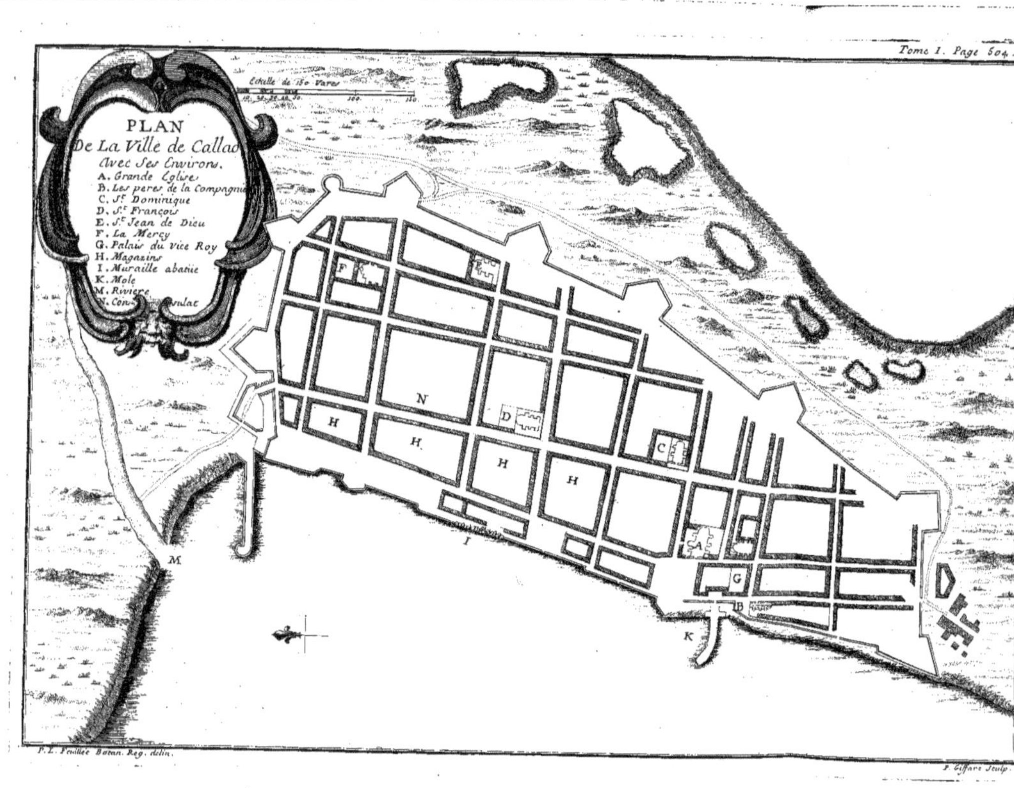
PLAN
De La Ville de Callao
Avec Ses Environs.
A. Grande Eglise
B. Les peres de la Compagnie
C. S.t Dominique
D. S.t François
E. S.t Jean de Dieu
F. La Mercy
G. Palais du Vice Roy
H. Magazins
I. Muraille abatüe
K. Mole
M. Riviere
N. Con sulat
Echelle de 150 Vares
10. 20. 30. 40. 50. 100. 150.
N
H
F
E
D
C
A
G
B
I
K
M
P. L. Feuillée Bar. Reg. delin.
P. Giffart Sculp.

www.ingramcontent.com/pod-product-compliance
Lightning Source LLC
LaVergne TN
LVHW010120230826
846091LV00001BA/99

9782329605647